HYDRANGEAS
수국도감

하순혜 編著

머리말

수국은 주로 북반구에서 자생하는 식물로 동아시아, 특히 중국, 한국, 일본, 북미 등지에 흩어져 있고 베트남, 인도 등을 포함한 다른 많은 나라에서도 발견되고 있지만, 현재에는 남반구인 남아메리카의 콜롬비아 등지에서도 새로운 품종(品種)*들이 많이 생산되어 전 세계로 수출되고 있다. 이 책에서는 원종(原種) 71종(種)*과 10아종(亞種)*, 4변종(變種)*을 비롯하여 876품종을 수록하였으며, 저자가 현지에서 촬영한 사진을 첨부하였다.

수국이라 하면 보통 개인이 경험한 몇 몇 품종들만을 생각하는 사람들이 많이 있지만, 사실은 그렇지 않으며, 수백에서 수천의 품종이 개발되고 있는 현실이다. 그러나 이 품종명(品種名)*을 그대로 사용하면 발생되는 '로열티'나 '특허권' 문제까지 연결되어 있으므로, 수입자나 재배하는 농장, 판매자들이 다양한 수국 품종을 통칭해서 '수국'이라고 말하고 있다. 이러한 현실들은 좀처럼 복잡한 문제가 아니므로 향후 바람직한 방법 등이 요구될 것으로 생각한다.

이 책에 실은 수국은 학명(学名)* 순으로 나열하였고, 현재에는 잘 알려지지 않은 오래된 종, 거의 재배하지 않는 종들은 분류와 특징만을 서술하였다. 재배 방법은 같은 종일지라도 개인적인 경험이 매우 중요하다고 생각된다. 즉 일조량이나 토양의 성분, 물의 성분 등 여러 가지 환경 조건에 따라 다르기 때문에, 이 책을 통하여 조금이나마 그러한 문제가 해결되기를 바라는 마음이다.

때때로 혼란스러운 명명법(命名法)* 또는 분류학적(分類學的)* 문제에 대해 명확성을 얻으려고 노력하였으며, 많은 참고문헌과 식물관련 홈페이지를 비교해서 연구를 하였지만, 부족한 점들은 차후 후학들의 지속적인 연구가 절실하다고 생각된다. 지난 십 수년 동안 수국에 대한 지식 및 열정을 공유했던 많은 사람들을 통해, 수국을 만나는 즐거움을 누린 모든 분들과, 이 책을 만들도록 도와주신 모든 분들께 감사드립니다.

2024. 5. 17

일러두기

- 목록의 배열순서는 Cronquist(1988)의 분류체계를 따랐으며, 현대에는 Cronquist의 세분화된 체계가 더 인정을 받으며, Engler(1954, 1964)의 분류체계에서는 Saxifragaceae(범의귀과)에 포함했었지만, Cronquist는 Hydrangeaceae(수국과)에 넣었다. 그 외의 속명(屬名, generic name)*, 종소명(種小名, species epithet)*, 품종명(品種名, forma), 이명(異名, synonym)* 등은 알파벳순으로 정리하였다.

- 원종을 위주로 오래된 식물은 분류체계, 특징, 참고만을 설명하였고, 대부분은 시중에서 판매되고 있는 품종 즉 재배종(栽培種, cultivar)*들은 분류체계를 비롯하여 특징과 대표되는 종의 재배방법 등을 설명하였다.

- 형태는 공 모양, 낮은 공 모양, 평평한 모양, 원뿔 모양 등으로 표기하였다.

- 식물의 높이는 자라는 환경에 따라 차이가 많으므로, 일반적인 수치를 표하였으며, 줄기 부분에서의 식물학적인 용어로는 줄기는 'stem'이며, 가지는 'branch'로 이해하면 된다.

- 대부분의 수국 잎에는 톱니가 있지만, 품종이나 환경에 따라 없는 경우도 있다. 잎의 끝은 뾰족하고 잎의 아래 부분은 같은 품종이라도 자라는 환경에 따라 차이가 있을 수 있다.

- 일본명의 표기는 현지에서 사용하는 수국도감을 위주로 하였고, 중국명의 경우에는 '중국식물도감'에 준하여 4성 표기를 제외했다. 참고로 이 책에서는 국립국어원의 '외래어표기법'에 준하였다.

- 모든 지명(地名)은 현지에서 불리는 명칭으로 표기하였고, 우리말 표기는 괄호 속에 추가하였다.

- 번식법과 색명(色名)은 주로 우리말로 표기하되, 더 친숙하게 사용하는 외래어도 같이 표기하였다.

- 내한성과 관련해서는 미국농무성(USDA)*에서 발표한 13구역의 기온을 기준으로 하였지만, 급격한 기후 변화의 영향으로, 내한성이 다를 수 있어 본인의 경험을 참고하는 것이 바람직하다. 일반적으로 수국은 미국농무성(USDA)기준으로 6구역(−18°~−23℃)에서 잘 자란다고 알려져 있지만 종에 따라서 차이가 많다.

- 품종명(品種名)과 유통명(流通名), 상품명(商品名), 상표명(商標名), 시리즈 관련 설명은 별도로 구분하여 표시하였으며, 이 책에서는 유통명과 상품명에 대하여는 상표명으로 통일하였다.

- 용어설명은 같은 용어가 계속 나오므로 처음 나오는 단어에만 영어도 같이 표기하였다.

주요촬영지

- 진주 발산리, 바람의 언덕
- 경상남도, 천성산 무제치늪
- 경기도, 한택식물원
- 경기도, 화담숲
- 부산 태종사
- 밀양 단장면 법흥리
- 한라산, 지리산, 아미산 등

- 하코네, 고라수국전시회
- 하코네, 싯세이카엔 산수국전시회
- 시즈오카현, 고텐바농원
- 이즈반도, 조가사키 아지사이엔
- 이즈반도, 시모다 아지사이고엔
- 도쿄, 토시마엔
- 도쿄, 쇼와메모리얼고엔
- 도쿄, 다카하다후도산 아지사이마츠리
- 도쿄, 하쿠산 아지사이마츠리
- 도쿄, 수미다고엔 아지사이마츠리
- 가마쿠라 하세데라 아지사이마츠리
- 가마쿠라 메이게츠인 아지사이마츠리
- 키타가마쿠라 고민가뮤지움 아지사이마츠리

- 일리노이 주, 시카고식물원
- 일리노이 주, 몰톤수목원
- 일리노이 주, 시카고 페스체스화원
- 미주리 주 미주리식물원
- 노스캐롤라이나 주, 노스캐롤라이나식물원
- 매사추세츠 주, 샌드위치의 헤리테이지뮤지움앤가든
- 매사추세츠 주, 케이프코드 일원
- 매사추세츠 주, 케이프코드 수국축제

- 상하이식물원
- 상하이천샨식물원
- 광저우화난꽃시장

- 영국 런던, 큐 가든 등

목차

목차

수국에 대하여

Hydrangea L.

본 수국과(科, family)*에는 2속(屬, genus)*, 85종(種, species)* 즉, 원종(原種, pure species)* 71종(種)과 10아종(亞種, sub species)*, 4변종(變種, variety)* 등과 수많은 품종(品種, forma)*과 재배종(栽培種, cultivar)*들이 알려져 있고, 동아시아(일부는 자바, 수마트라), 인도와 북아메리카 동남부로부터 남아메리카 중서부에 이르는 지역에 분포한다.

수국은 주로 낙엽관목 또는 덩굴성으로 가끔은 상록성도 있다. 잎은 마주나거나 턱잎[托葉, stipule]*이 없는 잎이 돌려나고[윤생, 輪生, whorled]*, 드물게 어긋나기도 하며, 잎자루[葉柄, petiole]*가 있는 편이다. 꽃차례[花序, inflorescence]*는 이른 봄부터 가을까지 줄기 끝에서 대부분 산방화서(繖房花序, corymb)*, 취산화서(聚繖花序, cyme)*, 산형화서(傘形花序, umbel)*, 원추화서(圓錐花序, panicle)* 등으로 피며, 난형 또는 피침형의 포엽(苞葉, bract)*이 있다.

꽃은 방사상칭형(放射相稱形, actinomorphic)*으로 양성화(兩性花, bisexual flower)* 이외에도 임성(稔性)이 낮은 장식화(裝飾花, ornamental flower)*를 갖는 종이 많다. 장식화는 악편(萼片, sepal)*이 변화한 것이며, 양성화의 꽃받침[악, 萼, calyx]*은 씨방과 붙은 악통(萼筒)*과 악편(萼片)으로 나뉘어져 있다.

첫째 흔히 말하는 'Mophead'는 큰 둥근 꽃차례를 가지는 'pom-poms' 형으로 이름에서 알 수 있듯이 둥근 모양이고, 둘째 'lacecap' 형은 둥그스름하고 평평한 꽃차례를 중심으로 장식되어 있으며, 큰 꽃받침 조각들은 작은 꽃잎들 바깥에 고리처럼 둘러 싸여 화려한 꽃받침 또는 꽃받침조각을 즐기고 있다. 양성화의 꽃잎은 작고 악통(萼筒)의 윗부분 가장자리에 붙어 있고, 일반적으로 조락성(凋落性, fugaciousness)*의 경향이 있다. 야생은 전형적으로 장식화가 거의 없지만, 재배된 수국은 더 화려하면서 오래가는 큰 유형의 꽃을 많이 갖도록 선택되어진다.

자방은 하위 또는 중위로 성숙해서 삭과(蒴果, capsule)*로 되고, 이생한 암술대 사이로 심피(心皮, carpel)*의 결합선에 따라서 갈라진다. 씨[種子, seed]*는 작고 길이 1mm 전후이다. 기본 염색체 수는 16개라고 생각되어 진다.

수국의 역사 및 분류에 대하여

수국은 식물학자 Carl von Linnaeus(1707~1778)에 의해 명명(命名, nomenclature)* 되었으며, 1753년에 그의 저서 'Species Plantarium'에 게시 되었었다. 수국 '마크로필라'는 수국 속(屬)중에서 가장 잘 알려진 종(種)이며, '마크로필라'로부터 수백여 개의 명명된 품종(品種)이 전 세계에서 수년~수십 년에 걸쳐 선정 또는 개발되었다. *H. macrophylla*의 일반적인 이름은 '홀텐시아 (hortensia)'로 불러져, 분류학적 기반을 떠나 이 속(屬)이 수국으로 알려진 19세기 말까지 여러 식물학자들에 의해 사용되었으므로, 정원사와 재배자들의 가장 친숙한 이름으로 되었다.

'홀텐시아'라는 이름의 기원은 모호하며 여기에는 많은 설명이 따랐다. 프랑스의 식물학자 Philibert Commerson은 1771년에 천문학자 Lengentil de la Galaisiere가 동인도에서 발견 한 식물로 이 이름을 처음 사용하였으며, 그 발견자는 유명한 시계 제작자의 아내이자 자신의 공로인 천문학자인 Lepaute 부인의 이름을 따서 '르뽀시아'라고 부르겠다고 제안했지만 (Coats 1992), 커머슨은 '홀텐시아'라고 불렀다.

또 다른 설명은 '홀텐시아'라는 이름은 모리셔스에서 발견되었고 Commerson에 의해 파리로 보낸 식물의 정원에서 그 기원을 나타낸다. 라틴어에서 hortensis라는 단어는 '정원에서'를 의미한다. '홀텐시아'는 황제 조세핀 드 보 하르의 딸인 홀텐세 여왕의 이름을 따서 명명된 것이 아니며, 이 여왕은 1773년 Commerson이 죽었을 때 태어나지 않았다고 알려지고 있다.

또한 McClintock과 Makino는 산수국(*H. serrata*)을 *H. macrophylla*의 아종(亞種)으로 간주하였고, Haworth-Booth는 *H. macrophylla*를 *H. japonica*, *H. maritima*, *H. acuminata*, *H. thunbergii*, *H. serrata*로 생각하였지만, 최종적으로 *H. macrophylla* 자체로 간주하였다. 그러나, McClintock은 Haworth-Booth가 제시한 분류군을 포함하여 *H. macrophylla*와 *H. serrata*를 하나의 다양한 종으로 보았다. 또한 일본의 Yamamoto(1998)는 var. *acuminata*, var. *angustata* 및 var. *yesoensis* 세 가지 변종(變種)을 인정하였다는 등의 역사가 있으며, 한편 Ben JM Zonneveld의 DNA 연구는 Krussmann(1978~1979), Been(1991), Mallet, Lawson-Hall 및 Rothera(1995), Church 및 Dussine은 이미 의심을 받고 있어, Haworth-Booth의 그룹으로 나누는 계획이 더 정확하다고 생각하는 등의 분류 역사는 매우 다양하다고 할 수 있다.

속명(屬名)의 유래는 물과 용기를 의미하는 hydro와 angeion이 결합해서 합쳐진 그리스어 기원의 라틴어로 열매의 모양이 '물 항아리'와 닮은 것에 비유한 것이다. 분류체계는 성장하는 환경과 지리적기원에 따라 상당히 다르기 때문에 일반적으로 어려울 것으로 간주한다. 수국은 매력적이고 화려한 꽃과 단풍 덕분에 인기 있는 관목(灌木, shrub)* 이다. 최근에는 절화 생산을 위해 상용화되었으며, 식물 조직 배양을 이용한 대량 번식은 배양 배지 및 배양 조건이 시험관 내 식물 성장에 미치는 영향 등을 연구할 필요가 있다.

토양의 성분과 꽃 색깔에 대하여

수국의 꽃 색깔은 일반적으로 일조량과 토양의 pH, 물의 종류에 따라 변한다. pH가 5.5 이하인 토양은 파란색 수국을, 6.5 이상의 토양 pH는 분홍색이나 붉은색 계통의 수국을, 토양 pH 5.5와 6.5 사이의 토양은 보라색 수국을 나타낸다. 흰색 수국은 토양 pH에 의해 조작 될 수 없으며, 그 이유는 색소를 함유하지 않기 때문이다. 또한 대부분의 종(種)에서 꽃은 흰색이지만, 일부 종 (특히 *H. macrophylla*)에서는 파란색, 빨간색, 분홍색, 연 보라색 또는 진한 보라색을 볼 수 있다. 수국의 색깔은 토양 pH에 따라 다르며, 토양에 섞여 있는 황산알루미늄 이온의 존재에 의해 영향을 받는다. *H. macrophylla* 및 *H. serrata* 재배 품종의 꽃 색깔은 토양의 상대적 산도 (즉, 산성 토양의 경우는 pH 7 미만)에 따라 결정되며, 일반적으로 보라색에서 파란색으로 변하는 꽃을 나타내며, 이것은 즉 황산알루미늄 이온을 묶어두면 분홍색 또는 붉은 색 꽃이 된다. 이러한 현상은 과다 축적되어 식물에 흡수 될 수 있는 황산알루미늄 이온이 있는 상태에서 꽃 물감의 색상 변화로 인해 발생한다고 본다. 인공 토양이나 다른 혼합물을 사용하여 토양 pH를 낮추면 꽃 색깔이 파란색으로 바뀌지 않는다. 왜냐하면 이 토양에는 황산알루미늄 이온이 없기 때문이다. 수국을 파란색이나 분홍색으로 하는 능력은 수국 고유의 품종에 의해서도 영향을 받는다. 일부 식물은 파란색으로 키울 수 있는 능력을 위해 선택되며, 다른 식물들은 붉은색, 분홍색 또는 흰색으로 선정된다. 대부분의 수국 종의 꽃 색깔은 황산알루미늄의 영향을 받으며, 변경되거나 이동 될 수 있지만, 또 다른 수국은 '로즈 변경'이라는 애칭도 있다. 수국 품종 중에서 쉽게 파란색 계통으로 변하는 픔종들은 'Blaumeise', 'Bodensee', 'Enziandom', 'Frillibet', 'Général Vicomtesse de Vibraye', 'Madame Faustin Travoullon', 'Nikko Blue', 'Otaksa' 등이 있다. 이러한 현상들을 통해 수국의 꽃 색깔이 얼마나 불안한가를 감안할 수 있으며, *H. paniculata*(나무수국)는 꽃이 피는 기간에 발생하는 색깔의 변화와 다르게, 가을에 발생하는 색깔 변화는 토양 조건에 의해 특별히 영향을 받지 않는다고 본다.

일조량

수국은 일반적으로 물과 그늘을 좋아한다고 생각하지만, 대부분의 식물성장에는 햇볕이 필수적이다. 따라서 수국의 품종에 따라서 다르게 생각해야하며, 보편적으로 부분적인 햇볕을 선호하지만 예를 들어, *H. paniculata* (나무수국)는 햇볕을 종일 쬐더라도 생육에 지장이 없지만, 반면에 *H. serrata* (산수국)는 잎사귀부터 햇볕에 타버릴 수도 있으므로 주의가 필요하다. 각 식물이 자라는 데 필요한 최적의 햇볕 또는 그늘의 양에 대해서는 다음과 같다. 햇볕의 경우 하루 6시간이상 햇볕이 가득해야 하며, 부분 햇볕의 경우에는 하루 4~6시간, 그늘은 최대 4시간 정도 햇볕이 들어오는 것을 말한다.

물주기

물주기는 보통으로 하면서 물 빠짐이 잘 되어야 한다. 건조한 상태에서는 수국에 물을 주어야 하며, 온도가 너무 따뜻하거나 충분한 물이 부족할 때 대부분의 수국이 즉시 시들어지기 시작하지만 온도가 떨어지거나 충분한 물이 주어지면 거의 항상 빨리 회복된다. 식물의 구조적 손상은 매우 드물며, 따뜻한 봄에는 많은 수국이 너무 일찍 새로운 성장을 일으킬 수 있고, 늦은 봄에 내리는 서리가 새로운 성장을 손상시키기도 하므로 주의해야 한다. 특히 수국은 항상 촉촉한 토양을 선호한다. 가장 중요한 부분은 어떤 식물이라도 바람이 잘 통하고, 토양은 비옥하며 부식질(腐植質, humus)*과 유기질(有機質, organic matter)*성분이 풍부하여야 한다. 그러나 점액질(粘液質, mucilage)* 성분이 풍부한 토양은 물 빠짐이 나쁘기 때문에 좋지 않다. 일반적으로 생각할 때 표토층이 건조하거나, 햇볕이 너무 강하지도 않는데 식물이 축 늘어지거나 하면 물이 필요하다고 생각하면 된다. 다시 말하지만, 수국은 꽃을 덜 자유롭게 생산하지만 일반적으로 놀라 울 정도로 잘 회복된다. 칼슘이 함유된 물을 사용하지 말고 될 수 있으면 빗물을 사용하는 것이 유리하다.

번식시키기

거의 모든 수국은 올해 자란 부분을 잘라 사용하고, 그 중에서도 튼튼한 가지가 유리하다고 생각한다. 그러나 번식시키는 품종에 따라서 다소 차이가 있으므로 유의해야 한다. 잎을 절반으로 자르는 것은 잎의 호흡을 줄이는 데 도움이 된다. 휘묻이나 꺾꽂이도 좋은 번식 방법이며, 둥치가 커지면 포기를 나누는 방법도 유리하다. 또한 씨뿌리기도 가능하지만, 상업적인 목적에는 그다지 적합하지 않으며, 조직배양(組織培養, tissue culture)* 이나 꺾꽂이 등 신중한 선택이 필요하다. 일반적으로 많이 하는 번식 방법은 꺾꽂이, 휘묻이, 물 꽂이, 포기나누기, 씨뿌리기 등이며, 상업적으로는 조직배양이나 꺾꽂이 등이 있다.

가지치기

수국은 엄격한 필수 가지치기가 필요하지 않고, 죽은 나무를 제거하여 건강을 유지하기만 하면 잘 자라고 꽃을 피울 수 있다고 한다. 우선, 시든 꽃차례 자르기와 가지치기는 서로 다른 방법으로, 전자는 식물을 깔끔하게 보이기 위해 언제든지 행할 수 있으며, 꽃을 청소하는 기분으로 하면 된다. 다른 잎 아래가 아닌 꽃과 줄기(가지)를 잘라내는 것만 하면 된다. 후자는 봄에 새로운 성장이 시작될 때 전년도에 남아있는 꽃이나, 볼품없거나 방치된 식물 밑 부분의 모든 가지를 잘라서 완전히 개조할 수 있다. 그러나 이 방법은 그해 여름의 모든 꽃을 제거해 버릴 수 있어, 다음 해까지 새로운 가지에 꽃이 피지 않으므로 참고해야 한다. 내년에 피는 꽃의 새싹은 금년의 늦여름과 가을에 낮이 짧아지고 기온이 낮아짐에 따라 형성된다. 일반적으로 죽거나 병에 걸리거나 부러진 가지를 잘라내어 모양, 크기 및 건강한 상태의 식물을 유지하려면 다듬기만 필요하므로 가혹한 가지치기는 피한다. 다듬기는 여름에 개화가 멈춘 직후에 하면 좋지만, 늦어도 1월 하순까지는 해야 한다. 가을, 겨울, 봄에 가지치기를 하지 않으면 새 새싹이 잘릴 수 있다. 또한, 봄에 잎이 나올 때 줄기(가지)를 끝으로 가지치기하면 더 적은 수의 큰 꽃차례가 아닌 여러 개의 작은 꽃차례를 볼 수 있다.

대부분의 가지치기는 늦은 겨울이나 이른 봄에 하지만, 단 덩굴수국은 여름에 꽃핀 후 가지치기를 한다. 가지치기는 오래된 식물을 형성하거나 되살리기 위하여 더 깊이 자르기도 한다. 가지치기의 시기의 중요성은 수국의 유형에 따라 다르며, 수국 가지치기 도구는 멋진 것이 필요하지 않으며 좋은 전정 가위 하나만 있으면 된다. 가위의 날이 예리해서 살아있는 식물에 훨씬 더 건강하고 깨끗하게 잘리기 때문에 전정가위 가지치기를 권장한다. 모든 가지치기는 줄기를 부수고 손상시킬 수 있으므로 신중해야 된다.

최근에는 왜성종(矮性種, dwarf cultivar)* 이나 오래된 나무와 새 나무 모두에 피는 'reblooming, 재 개화' 또는 'remont-ant, 여러 번 피기'라는 새로운 품종이 많이 나오고 있다. 이러한 유형은 가지치기가 전혀 필요하지 않으며, 죽거나 병에 걸리거나 손상되거나 혹은 교차하는 가지를 잘라내는 것과 같은 식물 건강을 위한 유지 관리만 필요하다.

꽃차례 크기는 가지치기와 관련 될 수 있으며, 더 공격적인 가지치기로 하면, 싹이 더 활발해지고 꽃차례가 더 커지고 수는 적어지지만, 덜 공격적인 가지치기는 꽃차례의 크기는 더 작지만 더 많은 꽃차례가 달릴 수 있으므로 신중한 가지치기가 필요하다.

거름주기

이른 봄에 주는 거름(춘비)과 늦은 가을에 주는 거름(추비)로 나눌 수 있으며, 춘비는 겨울이 끝나자마자 발효가 잘 된 깻묵, 오래된 젖소 거름, 이탄이나 시중에 나오는 계분 등을 주는 것이 좋다. 이런 거름이 잘 된 수국은 꽃의 색깔이 선명하거나 꽃 달림이 매우 좋다, 또한 기온이 올라가고 생육이 왕성해지면 덧거름을 충분히 주어야 한다. 그리고 가을철의 거름은 질소 성분이 적고 인산이나 칼리성분이 많은 거름이 겨울눈을 튼튼하게 만든다. 늦가을이 되면 식물의 겨울잠으로 인해 거름이 필요치 않으며, 거름을 줄 때는 식물을 잘 관찰하여 거름으로 인한 피해나 식물에 문제가 생겼다면 즉시 거름주기를 중단한다. 거름을 주는 목적은 식물의 생육에 도움을 주면서 부족한 영양분을 보충하는 기분으로 하고, 과하면 오히려 해로우므로 이 점을 잊어서는 안 된다.

내한성

일반적으로 수국은 미국농무성에서 발표한 USDA 안전구역 6 Zone(−18°∼−23℃)에서 성공적으로 재배할 수 있다고 하지만, 모든 품종들마다 속한 환경이 달라서 개인적인 경험이나 시행착오를 통해 추위를 이겨내는 것이 가장 중요하다고 생각된다. 겨울철 보호를 위해서는 전연재료(나무껍질, 왕겨 등)를 사용한다. 만약, 날씨가 추워지면 뿌리 부분을 덮어 수분 증발을 줄이고 토양을 지키는 방법도 좋다. 또한 해당 지역의 최저 평균 겨울 온도를 알게 되면, 내 정원이 속하는 내한성의 온도를 파악할 수 있어서 그에 준하여 키우면 된다. 예를 들어 *Hydrangea arborescens*(미국수국)는 안전구역이 Zone 6이므로 그 이상에서 잘 자랄 수 있다.

병충해에 대하여

일반적으로 신경 쓰지 않아도 된다고 말하지만, 모든 다른 식물과 마찬가지로 진딧물(aphid), 작은 벌레(bugs), 비늘곤충(scale insects), 스립스(thrips), 덩굴바구미(vine weevils), 흰 파리(white fly), 진드기(ticks), 응애(mites) 등에 취약하다. 곰팡이(mildew)는 잎을 손상시키며, 특히 회색(잿빛)곰팡이(gray mould), 흰 가루 병(powdery mildew), 잎 반점(leaf spot)이나 새싹마름병(leaf blight)에도 신경을 써야한다. 뿌리 썩음의 주병원균인 꿀 곰팡이(honey fungus) 등은 주로 썩은 나무에 생기므로 조심스럽게 파내어 태워 없애든지 해야 한다. 수국 종에 따라 특히 주의해야 될 병충해를 소개하면 다음과 같다.

- 회색(잿빛)곰팡이(gray mould); 산수국 등
- 흰 가루 병(powdery mildew); 나무수국 등
- 잎 반점(leaf spot), 잎 진드기(spide mite) ; 큰잎수국, 산수국 등
- 새싹마름병(leaf blight); 산수국 등
- 뿌리썩음(root rot); 미국수국, 떡갈잎수국 등에 유의해야 한다.

용도에 대하여

일반적으로 꽃이 오래가고 눈에 뛰므로 정원 장식용으로 많이 선호하지만, 높이가 비교적 낮은 왜성종(矮性種)들은 화분용이나 재 개화 또는 여름 내내 계속 피는 품종들이 많이 개발되고 있다. 최근에는 실내 장식용으로도 이용가치가 높아, 절화용이나 마른 꽃으로 많이 사용되어져 남미의 콜롬비아지역 등에서 수입해서 사용하는 경우가 많고, 또한 국내에서도 다양한 품종이 재배되어 활발히 유통되고 있는 실정이다. 그리고 경계화단, 울타리, 강조용, 표본용, 절화용, 마른 꽃으로도 가치가 높다. 주로 삼림지대에서 잘 자라는 덩굴성의 경우에는 풍경, 건물 벽 (벽돌, 암석 또는 나무), 울타리, 나무 등걸, 구조물, 암석더미를 꾸미는 데도 이용되며, 길거리의 화단 장식이나 결혼식이나 모임, 축제 등에도 많이 이용된다.

- 수국꽃의 구조 -

장식화

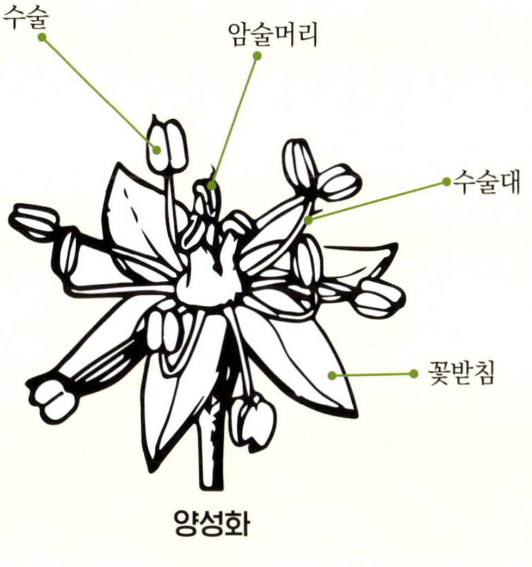

양성화

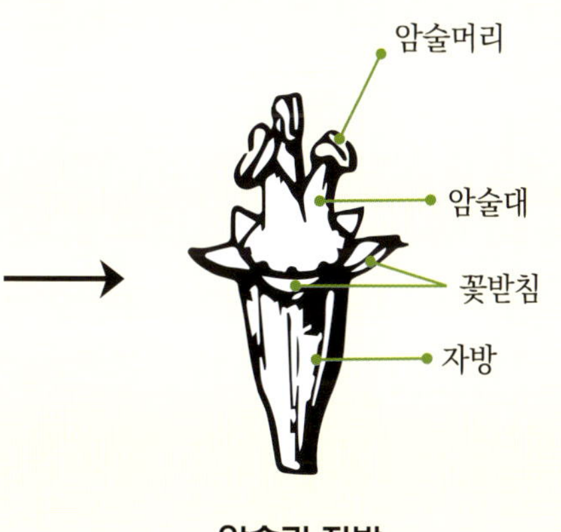

암술과 자방

앰프라수국

학명: *Hydrangea ampla* (Chun) Y. De Smet & Granados

이명: *Schizophragma ampla* Chun

***Schizophragma integrifolium* Hayata**

영명: Ampla hydrangea

원산지: 중국남중부, 중국남부, 동히말라야, 하이난, 미얀마, 베트남 등

특징

식물형은 반 상록성의 덩굴성으로 줄기는 늘어지듯 자란다. 잎자루는 1.5~4cm 정도이고, 잎은 마주나며 긴 타원형으로 녹색이며, 광택이 있고 톱니가 없다. **꽃차례[花序, inflorescence]* 는 평평하고 자유롭게 퍼져있다. 장식화(裝飾花, ornamental flower)* 는 1개로 길쭉한 마름모 모양으로 보이는 흰색이며, 양성화(兩性花, bisexual flower)* 는 흰색~크림색으로 피며 향기가 조금 있다.** 2024년 국제식물명색인 및 세계관속식물 체크 목록에 게재되어 있다. RHS: Royal Horticultural Society[영국의 왕립원예협회]의 (AGM: Award of Garden Merit; 정원상)*을 수상했다.

앙구스티페타라수국

학명: *Hydrangea angustipetala* Dan Hinkley

영명: Angustipetala hydrangea

원산지: 일본, 중국남부, 대만 등

특징

식물형은 반 상록성으로 높이는 90~120cm 정도이며, 줄기는 튼튼하며 피목이 나타난다. 잎은 버드나무처럼 보이며 부드러운 털이 있는 진한 녹색이며, 광택과 잔잔한 톱니가 있다. **꽃차례는 평평하고 퍼져있다. 장식화는 3~4개로 흰색으로 톱니가 있으며, 큰 편이지만 변화가 많다. 양성화는 늦은 봄에 흰색~크림색으로 피며 향기가 있다.** 특히 흰 가루 병에 대한 내성이 있다고 알려지고 있다.

*생존 가능한 종자는 암꽃으로 *H. macrophylla*를 사용하고 수꽃으로 *H. angustipetala*를 이용한 교잡종(交雜種, cross species)*이다.

**H. luteovenosa*는 *H. angustipetala*와 밀접하며, 모두 *H. scandens* (L.) Ser.의 아종(亞種, sub species)*으로 본다(Dirr, 2004: McClin.,1957).

골든크레인수국

학명: *Hydrangea angustipetala* 'MonLongShou' Dan Hinkley

이명: *Hydrangea scandens* subsp. *chinensis* 'MonLongShou'

영명: MonLongShou angustipetala hydrangea

상표명: Golden Crane(골든크레인)

원산지: 중국남부 등

특징

식물형은 반 상록성으로 높이 60~90cm 정도이며, 줄기는 튼튼하며 피목(皮目, lenticel)* 이 나타난다. 잎은 마주나며 광택이 있고 타원형으로, 녹색이며 톱니가 있다. **꽃차례는 산방상(繖房狀)의 취산화서(聚繖花序, cyme)* 로 평평한 모양이다. 장식화(裝飾花)는 4개로 화려하며 톱니가 있고, 옅은 노란색으로 흩어져 있다. 양성화(兩性花)는 작으며 크림색이다.** 늦은 봄에는 오래된 나무에서 꽃이 피고 여름에는 새 나무에서 계속 꽃이 핀다. 늦은 봄에 매우 향기로운 꽃을 피우는 것으로 유명하다. 꽃피는 시기는 5~8월이다. 일반적으로 'Golden Crane'이라는 상표명* 으로 판매되며, Dan Hinkley가 중국 남부에서 수집 한 종자에서 개량되었다.

재배방법

토양 : 비옥하며 부식질이 풍부하고, 물 빠짐이 좋고 촉촉한 토양

높이와 넓이 : 60~90cm/90~150cm

일조량과 물주기 : 반그늘~햇볕/보통

번식 : 꺾꽂이, 휘묻이 등

가지치기 : 꽃핀 후 즉시 정리하여 다음 해 꽃이 손상되지 않도록 하고, 이른 봄에 약하거나 겨울에 손상된 줄기를 자른다.

내한성 : −23°~4℃(겨울철 보온이 필요)

병충해 : 마름병, 세균성 울음, 잎 반점, 곰팡이, 진딧물 등

용도 : 정원용, 경계화단, 강조용, 삼림지대 등

덩굴수국(등)

학명: ***Hydrangea anomala*** D. Don

이명: ***Hydrangea altissima*** Wallich

Hydrangea anomala var. ***sericea*** C. C. Yang

Hydrangea glabra Hayata

Hydrangea glaucophylla C. C. Yang

Hydrangea glaucophylla var. ***sericea*** (C. C. Yang) C. F. Wei

영명: Climbing hydrangea

일명: ツルアシサイ **(츠루아지사이)**

중국명: 冠盖绣球(guan gai xiu qiu, 관개수구)

원산지: 히말라야 삼림지대, 중국 남 · 중부, 한국, 일본, 미안마 북부 등

특징

식물형은 덩굴성 낙엽관목(灌木, shrub)* 으로 길이는 600~1200cm 정도로 자란다. 줄기에서 작은 기근(氣根, aerial root)*이 나와서 기어가면서 자라고, 오래되면 수피(樹皮, bark)*가 벗겨진다. 잎자루[葉柄, petiole]*는 길며, 잎은 마주나고 타원형으로 아래 부분은 쐐기(V자) 모양이거나 얕은 심장형이다. 양면에는 털이 없거나 부드러운 털이 조금 있다. **꽃차례는 산방상의 취산화서로 평평하게 피며 큰 편이다. 어린 꽃차례에는 드문드문한 연한 털이 있기도 한다. 장식화는 4개로 흰색이며 둥그스름하다. 양성화의 꽃잎은 크림색으로 덮개가 있으며, 일찍 떨어지는 편이다.** 자방(子房, ovary)*은 하위이다. 꽃피는 시기는 5~6월이며, 열매는 삭과(蒴果, capsule)*로 익는다. 씨앗은 옅은 갈색으로 주변에 날개가 있다. 야생에서는 해발 500~2900m의 산 계곡 주변이나 산등성이의 수풀이나 그 외에서 볼 수 있다.

*중국고등식물 제 6권, 287쪽

*시베리아 동부, 한국, 일본이 원산지인 *H. petiolaris*는 *H. anomala*와 유연관계가 있으며, *H. anomala*의 아종(亞種)이라고도 한다. 두 종의 차이는 길이가 2000cm 정도까지 자라며 꽃차례의 크기도 다르다. 영명이나 보통명의 Climbing hydrangea는 이 두 종을 말한다.

H. anomala 시카고식물원

아종덩굴수국

학명: ***Hydrangea anomala*** subsp. ***petiolaris*** (Sieb. & Zucc.) McClint.

영명: Climbing hydrangea

일명: ツルアシサイ **(츠루아지사이)**

원산지: 사할린, 한국, 일본, 타이완 등

특징

식물형은 덩굴성 낙엽관목 또는 교목(喬木, tree)* 으로 길이는 900~1500cm 정도로 자란다. 처음에는 천천히 자라지만 이후에는 아주 활발하다. 줄기에서 작은 기근(氣根)이 나와서 기어가면서 자라고, 오래되면 수피가 벗겨진다. 성숙한 식물의 붉은 갈색의 수피(樹皮)는 겨울에 매력적이다. 잎은 마주나고 난형으로 짙은 녹색이며, 톱니가 있으며 아래 부분은 심장 모양이다. **꽃차례는 산방상의 평평한 모양이다. 장식화는 흰색이고, 양성화는 크림색, 흰색~녹색 계통이다.** 꽃피는 시기는 5~7월이며, 향기가 있다. 열매는 9~10월에 익고, 이전에는 *H. petiolaris*로 알려졌다.

재배방법

토양: 비옥하며 부식질이 풍부하고, 물 빠짐이 좋고 촉촉한 토양

높이와 넓이: 900~1500cm/1500~1800cm

일조량과 물주기: 부분그늘~햇볕/중간

번식법: 꺾꽂이, 휘묻이, 포기나누기, 씨뿌리기 등

가지치기: 대부분의 꽃은 식물 위쪽으로 나오므로 가능한 한 가지치기를 하지 않은 상태로 두지만, 대부분의 가지치기는 늦은 겨울이나 이른 봄에 한다. 단, 덩굴수국은 여름에 꽃핀 후 가지치기를 하며, 꽃이 핀 직후에 너무 긴 새싹을 자른다. 이렇게 확립된 식물은 2~3년 동안 현재 위치에 있었기 때문에 건강한 잎과 꽃으로 강한 성장을 할 수 있는 잘 발달된 뿌리 체계가 있다. 기존 식물은 봄에 단단한 가지치기를 견딜 수 있지만 한 번에 광범위하게 자르면 다음 해 여름 몇 년 동안 꽃피기가 줄어들 가능성이 있으므로 꽃의 손실을 방지하기 위해 3~4년에 걸쳐 과감하게 전정을 하고 식물의 크기를 점차적으로 조절한다. 작년의 성장이나 오래된 나무에 피고 늦여름에 가지치기를 한다.

내한성: -7℃~-34℃ (겨울철에 다소 관심이 필요)

병충해: 일반적으로 신경 쓰지 않아도 된다고 말하지만, 모든 다른 식물과 마찬가지로 진딧물(aphid), 캡시드벌레(capsid bugs), 비늘곤충(scale insects), 스릴(thrips), 덩굴 바구미(vine weevils), 흰 파리(whitefly) 등에 취약하다. 곰팡이(mildew)는 잎을 손상시키며, 특히 회색곰팡이(gray mold)도 잘 생기고 잎 반점(leaf spots)이나 새싹마름병(leaf blight)에도 신경을 써야한다. 꿀 곰팡이(armillaria mellea=honey fungus)는 주로 썩은 나무에서 생기므로 조심스럽게 파내어 태어서 없애든지 해야 한다.

용도: 풍경, 건물 벽 (벽돌, 돌 또는 나무), 울타리, 나무 등걸, 구조물, 암석더미 등

* subsp. *petiolaris* (이전에 수국 *petiolaris*로 알려진) 종과 다른 점은 더 크게 자라며, 더 큰 꽃이다. 종소명(種小名, specific epithet)* 의 *petiolaris*는 긴 잎자루와 관련되며, *anomala*는 덩굴 모양의 식물 습관에 관하여 그리스어에서 유래되었다.
* 종의 식물은 아종(亞種)보다 덜 관상적이라고 생각되어 상업상 이용 빈도가 못하지만, subsp. *petiolaris* 및 cultivars는 매우 인기 있는 식물이 되었다.

H. anomala subsp. *petiolaris* 시카고식물원

H. anomala subsp. *petiolaris* 시카고식물원

브룩사이드리틀리프덩굴수국

학명: *Hydrangea anomala* subsp. *petiolaris* 'Brookside Littleleaf'

영명: Brookside Littleleaf climbing hydrangea

특징

식물형은 덩굴성 낙엽관목 또는 교목으로 길이는 300~800cm 정도이며, 처음에는 천천히 자라지만 이후에는 아주 활발하다. **잎은 마주나고 난형으로, 짙은 녹색으로 작으며, 톱니가 있고, 아래 부분은 심장 모양이다. 꽃차례는 산방상의 평평한 모양이다. 장식화는 흰색이고, 양성화는 크림색 계통이다.** 꽃피는 시기는 5~9월이며, 향기가 있다. 열매는 삭과(蒴果)로 익는다. 첫 서리가 내린 후에도 일 년 내내 계속 피는 경향이 있으며, 다른 덩굴성 수국에 비해 작다. *Schizophragma*속에 포함시키기도 한다.

H. anomala ssp. *petiolaris* 'Brookside Littleleaf' 케이프코드

H. anomala ssp. *petiolaris* 'Brookside Littleleaf' 케이프코드

H. anomala ssp. *petiolaris* 'Brookside Littleleaf' 케이프코드

파이어플라이덩굴수국

학명: *Hydrangea anomala* subsp. *petiolaris* 'Firefly'

영명: Firefly climbing hydrangea

원산지: 일본, 중국, 한국 및 동 시베리아 원산의 원예품종

특징

식물형은 덩굴성 낙엽관목 또는 교목으로 길이는 900~1500cm 정도로 자란다. 처음에는 천천히 자라지만 이후는 아주 활발하다. **잎은 마주나고, 난형이고 밝은 노란색 계통으로 얼룩덜룩한 무늬가 있으며 톱니가 있고, 아래 부분은 심장 모양이다. 꽃차례는 산방상의 평평한 모양이다. 장식화는 흰색이고, 양성화는 크림색, 흰색~녹색 계통이다.** 꽃피는 시기는 5~6월이며, 향기가 있다. 열매는 삭과(蒴果)로 9~10월에 익는다. 미국 식물특허 USPP 11,038을 받고, 보호되고 있다.

H. anomala ssp. *petiolaris* 'Firefly' 시카고식물원

H. anomala ssp. *petiolaris* 'Firefly' 시카고식물원

H. anomala ssp. *petiolaris* 'Firefly' 시카고식물원

미란다덩굴수국

학명: *Hydrangea anomala* subsp. *petiolaris* 'Miranda'

영명: Miranda climbing hydrangea

원산지: 히말라야와 중국의 산골짜기, 제방 및 산 경사지

특징

식물형은 덩굴성 낙엽관목 또는 교목으로 길이는 900~1500cm 정도로 자란다. 처음에는 천천히 자라지만 이후는 아주 활발하다. 잎은 마주나며 난형으로 톱니가 있다. 아래 부분은 심장 모양이며, **노란색 얼룩무늬가 특징이다. 가장자리는 시간이 지나면서 흰색으로 희미해 질 수 있다.** 꽃피는 시기는 5~6월이다. 일부에서는 'Miranda'가 'Firefly'(Dirr는 'Miranda'를 'Firefly'의 상표명으로 사용)와 동의어(同義語, synonymy)*로 간주한다. 두 재배 품종(品種, forma)* 모두 노란색 얼룩무늬를 즐기며 구분하기 어렵다. 미국식물특허 즉 USPP(United States Plant Patent)* 11,038을 받고 보호되며, 'Firefly'와 'Miranda'가 거의 동시에 같은 품종에서 재배되었다.

H. anomala ssp. *petiolaris* 'Miranda' 시카고식물원

H. anomala ssp. *petiolaris* 'Miranda' 시카고식물원

H. anomala ssp. *petiolaris* 'Miranda' 시카고식물원

틸리폴리아덩굴수국

학명: ***Hydrangea anomala*** subsp. ***petiolaris*** **'Tiliifolia'**

이명: ***Hydrangea tilaefolium*** Léveillé

영명: Tiliifolia climbing hydrangea

특징

식물형은 덩굴성 낙엽관목 또는 교목으로 길이는 900~1200cm 정도로 자란다. 처음에는 천천히 자라지만 이후는 아주 활발하다. **잎은 마주나고 난형으로 짙은 녹색으로 작으며, 톱니가 있고, 아래 부분은 심장 모양이다. 꽃차례는 산방상의 평평한 모양이다. 장식화는 흰색으로 가장자리에 조금 있고, 양성화는 많은 편이다.** 꽃피는 시기는 5~6월이며, 향기가 있다. '틸리아'는 피나무 잎과 닮은 데서 비롯되었다.

H. anomala ssp. *petiolaris* 'Tiliifolia' 바람의 언덕

트리칼라덩굴수국

학명: ***Hydrangea anomala*** subsp. ***petiolaris*** **'Tricolor'**

이명: ***Hydrangea petiolaris*** **'Tricolor'**

영명: Tricolor climbing hydrangea

원산지: 한국, 일본, 중국, 미얀마, 히말라야 등

특징

식물형은 덩굴성 낙엽관목으로 길이는 300~1200cm 정도로 자라지만, 성장이 느린 편이다. 줄기는 붉은 빛이 돌고, 기근(氣根)이 나타나 잘 기어 올라간다. 잎은 마주나고 광택이 있으며, 난상 타원형으로 밝은 삼색의 잎이 특징이다. 잎 가장자리에는 다소 굵은 톱니가 있으며, 약간 뒤집어지는 듯하다. **꽃차례는 산방상의 평평한 모양으로 큰 편이다. 장식화는 3~4개로 흰색이며, 양성화는 많다.** 꽃피는 시기는 5~7월이고, 열매는 삭과로 7~8월에 익는다.

H. anomala ssp. *petiolaris* 'Tricolor' 바람의 언덕

H. anomala ssp. *petiolaris* 'Tricolor' 바람의 언덕

변종덩굴수국

학명: ***Hydrangea anomala*** var. ***sericea*** C. C. Yang

이명: ***Hydrangea glaucophylla*** var. ***sericea*** (C. C. Yang) C. F. Wei

영명: Climbing hydrangea

일명: ツルアシサイ(츠루아지사이)

중국명: 绢毛绣球(juan mao xiu qiu, 견모수구)

원산지: 히말라야, 중국 남 · 중부, 미얀마 북부 등

특징

덩굴수국(*Hydrangea anomala*)이나 아종덩굴수국(*Hydrangea anomala* subsp. *petiolaris*)과 거의 비슷하며, 중국식물지 35(1): 258, 1995에 의하면, *Hydrangea anomala*와 차이점은 잎의 아래 부분에 명주처럼 길고 부드러운 털이 빽빽하게 덮여 있다는 점이다. 쓰촨(四川) 지방의 해발 1500~2100m의 수풀 아래에서 볼 수 있다.

◉참고: 중국고등식물 제 6권, 287쪽

H. anomala var. *sericea* 시카고식물원

미국수국

학명: *Hydrangea arborescens* L.

영명: Smooth leaf hydrangea, Hills-of-snow hydrangea, Sevenbark hydrangea, Wild hydrangea, Smooth hydrangea

일명: アメリカノリノキ(아메리카노리노키)

중국명: 亚木绣球(ya mu xiu qiu, 아목수구)

원산지: 북아메리카동부~동남부 등

특징

식물형은 낙엽관목이며 높이는 100~200cm 정도이며, 줄기는 여러 개이며 솜털이 나타나기도 한다. 줄기의 껍질은 특유의 성질이 있는데, 다른 색의 엷은 층이 연달아 떨어져나가므로 세븐바크(sevenbark)라는 이름이 붙여졌다. 또 포복경(匍匐莖, stolon)*을 내어 번는 성질이 있다. 잎은 마주나며 부드럽고 난형에 가깝고 잎의 표면에는 눈에 잘 띄지 않는 녹색의 털이 나타난다. 아래 면은 녹색~회백색으로 잎맥을 따라 분비모(分泌毛, trichome)*가 나타난다. 가장자리에는 규칙적인 톱니가 있고 아래 부분은 심장형에 가깝다. **꽃차례는 산방화서로 지름 5~20(+30)cm로 다수의 줄기를 내고, 처음에는 엷은 녹색으로 나타나지만 시간이 지나면서 흰색으로 활짝 피었다가 다시 녹색으로 바뀐다. 장식화는 4개(드물게 3개)로 흰색이고 양성화는 장식화 아래에서 잘 보이지 않거나 가운데에 많다.** 수술은 10개이다. 꽃피는 시기는 5~7월이며, 열매는 갈색의 삭과(蒴果)로 골이 파져 있으며, 길이는 2mm 정도로 많이 생산된다. 대부분이 삼림을 따라 제방이나 개울 주변이나 숲이 우거진 계곡의 축축한 토양에서 주로 볼 수 있다. 델라웨어 강 계곡이나 애팔래치아 산에서도 보인다.

H. arborescens 시카고식물원

H. arborescens 시카고식물원

H. arborescens 몰톤수목원

재배방법

토양: 비옥하며 부식질이 풍부하고, 물 빠짐이 좋고 촉촉한 토양

높이와 넓이: 90~120(+300)cm/90~120cm

일조량과 물주기: 반그늘 또는 항상 촉촉하면서 전체적인 햇볕가능/보통

번식법: 꺾꽂이, 휘묻이, 포기나누기, 씨뿌리기 등 줄기의 낮은 틀을 만든다.

가지치기: 유일한 필수 작업은 매년 늦은 겨울이나 이른 봄에 죽은 나무를 제거하는 것이지만, 매년 최소한의 가지치기만 해도 더 많이 꽃을 피운다. 그러나 최상의 형태를 유지하기 위해 작년의 줄기를 건강한 새싹으로 잘라낸다. 또한 강하고 곧은 줄기에 큰 꽃을 피게 하려면 가장 낮은 건강한 새싹의 쌍을 단단하게 잘라내어 일반적으로 높이가 25cm 정도로 낮은 틀을 만들면 줄기의 활력에 유리하다. 더 큰 높이가 필요 한 경우 약 60cm 정도로 자른다. 참고로 미국수국은 새로운 성장에서 꽃이 핀다.

내한성: −7°~−34℃(겨울철에 관심이 필요)

병충해: 시들음, 잎 반점, 곰팡이, 흰 가루 병, 뿌리 썩음, 진딧물, 진드기, 응애 등

용도: 정원용, 경계화단, 울타리, 강조용, 절화용, 말린 꽃, 삼림지대 등

참고

1. 줄기의 껍질은 특성이 있고, 다른 색의 옅은 층이 계속적으로 떨어지므로 영명의 세븐바크(sevenbark)라는 이름이 붙여졌으며, 포복경(匍匐莖)을 내어 번는 성질이 있다.
2. 잎의 뒷면에 회색의 털이 밀생한 아종[subsp. *discolor* (Ser.) McClint.]이 있고, 꽃차례 전체가 장식화로 된 품종 [f. *sterilis* (Torr. et A. Gray) Rehd.]이 알려져 있다. 우리나라에서는 품종인 '아나벨'과 '에비투'가 인기가 많다.
3. 종소명(種小名)의 arborescens는 작은 나무와 비슷하다는 뜻에서 나무를 뜻한다.

스트롱아나벨미국수국(애비투)

학명: *Hydrangea arborescens* 'Abetwo'

이명: *Hydrangea arborescens* 'Strong Annabelle'

영명: Incrediball smooth hydrangea

상표명: 인크레디블, 스트롱아나벨

특징

식물형은 낙엽관목이며 높이는 100~200cm 정도이며, 줄기는 곧고 솜털이 나타난다. 잎은 마주나며 난상타원형으로 부드럽고, 녹색으로 톱니가 있다. **꽃차례는 산방상의 둥근 모양이며 크다. 장식화는 연두색으로 나타나지만, 차차 순수한 흰색으로 성숙하게 되며, 시간이 지나면서, 다시 녹색으로 마르게 된다.** 새로운 나무에서 꽃이 피며, 꽃피는 시기는 6~8월이다. 'Abetwo'는 일반적으로 Incrediball이라는 상표명(商標名, brand name)* 으로 판매된다. 일리노이 주 애나 (Anna) 근처의 야생에서 처음 발견 된 *H. arborescens* 'Annabelle'의 개선된 품종으로 개발되었으며, 'Abetwo'는 꽃 머리가 비에 젖어 무거워지더라도 똑바른 줄기가 '아나벨'과 다르며, 꽃 머리가 더 크다. 잎의 색깔도 '아나벨'보다 옅은 녹색이다. 2009년에 미국식물특허 USPP 20,571을 받고, 보호되고 있다.

H. arborescens 'Abetwo' 시카고식물원

H. arborescens 'Abetwo' 시카고식물원

H. arborescens 'Abetwo' 시카고식물원

아나벨미국수국

학명: *Hydrangea arborescens* 'Annabelle'

영명: Annabelle smooth hydrangea

상표명: 아나벨

특징

식물형은 낙엽관목이며 높이는 100~200cm 정도이며, 줄기는 둥그스름하며 포복지가 많다. 잎은 마주나며 난상타원형으로 부드럽고, 짙은 녹색으로 톱니가 있다. **꽃차례는 산방상의 둥근 모양이며 크다. 장식화는 연두색으로 나타나지만, 차차 순수한 흰색으로 성**

숙하게 되며, 시간이 지나면서, 다시 녹색으로 마르게 된다. 양성화는 장식화 속에서 잘 보이지 않는다. 꽃은 새로운 나무에서 피며, 꽃피는 시기는 6~8월이다. 때때로 초가을에 작은 꽃이 다시 피기도 한다. 'Annabelle'은 일리노이 주 애나(Anna)근처 야생에서 발견 된 자연 발생 품종이다. RHS (AM, AGM)을 수상했다.

H. arborescens 'Annabelle' 시카고식물원

H. arborescens 'Annabelle' 시카고식물원

H. arborescens 'Annabelle' 미주리식물원

발삼미국수국

학명: *Hydrangea arborescens* 'Balsam'

이명: *Hydrangea arborescens* 'Highland Lace'

영명: Balsam smooth hydrangea

상표명: 발삼, 하이랜드레이스

특징

식물형은 낙엽관목이며 높이는 80~120cm 정도이며, 줄기는 둥그스름하며 포복지가 많다. 잎은 마주나며 난상타원형으로 부드럽고, 짙은 녹색으로 톱니가 있다. **꽃차례는 산방상의 둥근 모양이다. 장식화는 연두색으로 나타나지만, 차차 순수한 흰색으로 성숙하게 되며, 시간이 지나면서, 다시 녹색을 띠면서 마르게 된다. 양성화는 장식화 속에서 잘 보이지 않는다.** 꽃피는 시기는 6~9월이다. 도시 오염에 강하며 번성하게 자란다. '발삼'은 노스캐롤라이나 주의 지명이며 '하이랜드레이스'는 '보니'가 명명하였다.

H. arborescens 'Balsam' 시카고식물원

바운티미국수국

학명: *Hydrangea arborescens* 'Bounty'

영명: Bounty smooth hydrangea

상표명: 바운티

특징

식물형은 낙엽관목이며 높이는 90~120cm 정도이며, 줄기는 곧고 둥그스름하며 포복지가 많다. 잎은

마주나며 난상타원형으로 부드럽고, 짙은 녹색으로 톱니가 있다. **꽃차례는 산방상의 둥근 모양으로 큰 편이다. 장식화는 연두색으로 나타나지만, 차차 순수한 흰색으로 성숙하게 되며, 시간이 지나면서 녹색으로 마르게 된다. 양성화는 장식화 속에서 잘 보이지 않는다.** 꽃피는 시기는 6~9월이지만, 때때로 가을에 작은 꽃이 다시 만발한다.

H. arborescens 'Bounty' 몰톤수목원

화이트도움미국수국(달돔)

학명: *Hydrangea arborescens* 'Dardom'

이명: *Hydrangea arborescens* 'White Dome'

영명: Dardom smooth hydrangea

상표명: 화이트도움

특징

식물형은 낙엽관목이며 높이는 120~200cm 정도 이상이며, 줄기는 곧고 느슨하며 회갈색을 띤다. 잎은 마주나며 난상타원형으로 부드럽고, 짙은 녹색으로 톱니가 있으며 잎의 뒷면에 털이 빽빽하여 하얗게 보인다. **꽃차례는 산방상의 평평한 모양으로 큰 편이다, 장식화의 꽃잎은 3~4개로 꽃차례의 가장자리에 조금 나타나며, 양성화가 대부분이다.** 꽃피는 시기는 6~7월이다. 미국식물특허 USPP 14,168을 받고, 보호되고 있다.

H. arborescens 'Dardom' 시카고식물원

H. arborescens 'Dardom' 시카고식물원

H. arborescens 'Dardom' 시카고식물원

에코핑크퍼프미국수국

학명: *Hydrangea arborescens* 'Eco Pink Puff'

영명: Eco Pink Puff smooth hydrangea

상표명: 에코핑크퍼프

특징

식물형은 낙엽관목이며 높이는 90~150cm 정도이며, 줄기는 곧고 덤불처럼 자란다. 잎은 마주나며 난상타원형으로 부드러운 털이 있으며, 옅은 녹색으로 톱니가 있다. **꽃차례는 산방상의 평평한 모양이다. 장식화는 없고 양성화만으로 피는 특징이 있으며, 색깔은 옅은 분홍색이다.** 꽃피는 시기는 6~7월이다. 미국의 돈 제이콥스가 Eco Gardens에서 발견했다.

고울든아나벨미국수국

학명: *Hydrangea arborescens* 'Golden Annabelle'PBR

영명: Golden Annabelle smooth hydrangea

상표명: 고울든아나벨

특징

식물형은 낙엽관목이며 높이는 60~130cm 정도이며, 줄기는 곧고 강건하며 회갈색을 띤다. 잎은 마주나며 난상타원형으로 부드러운 털이 있으며, 황금빛이 인상적인 잡색의 잎과 톱니가 있다. **꽃차례는 산방상의 둥근 모양이다. 장식화는 크고 둥글며 처음에는 밝은 연두색이나 시간이 지나면서 흰색 계통으로 활짝 핀다.** 꽃피는 시기는 6~9월이다. 꽃이 피지 않는 시기에도 잎 색깔이 장식적인 가치가 높다.

그랜디플로라미국수국

학명: *Hydrangea arborescens* 'Grandiflora'

영명: Grandiflora smooth hydrangea

상표명: 그랜디플로라

특징

식물형은 낙엽관목이며 높이는 90~180(+250)cm 정도이며, 줄기는 곧고 더부룩하며 회갈색을 띤다. 잎은 마주나며 난상타원형으로 부드러운 털이 있으며, 짙은 녹색으로 톱니가 있다. **꽃차례는 산방상의 둥근 모양으로 매우 크다. 처음에는 밝은 연두색이나 시간이 지나면서 흰색으로 활짝 핀다. 비가 오면 아래로 쳐질 수가 있으므로 지지대를 하면 좋다.** 꽃피는 시기는 7~9월이다. 때때로 가을에 반복적으로 작은 꽃이 피기도 한다. 1900년경에 오하이오에서 야생에서 자라는 것을 발견했다. RHS (AM, AGM)을 수상했다.

H. arborescens 'Grandiflora' 시카고식물원

H. arborescens 'Grandiflora' 시카고식물원

그린드래건미국수국(에메랄드레이스)

학명: *Hydrangea arborescens* 'Green Dragon'

이명: *Hydrangea arborescens* 'Emerald Lace'

***Hydrangea arborescens* 'Riven Lace'**

영명: Green Dragon smooth hydrangea

상표명: 그린드래건, 에메랄드레이스

특징

식물형은 낙엽관목으로, 높이는 120~150cm 정도이며, 줄기는 덤불처럼 자라고 회갈색을 띤다. **잎은 마주나며 뒤틀려 있고 고사리 잎처럼 깊게 갈라진 모양이 매우 특징적이며, 짙은 녹색으로 톱니도 깊은 편이고 불규칙하다. 꽃차례는 산방상의 평평한 모양이다. 장식화는 3~5개로 조금 피며, 양성화가 대부분이다.** 꽃피는 시기는 6~8월이며, 열매는 삭과(蒴果)로 10~11월에 익는다. 미국 일리노이 주에서 스탠 타이슨이 발견하였으며, 'Riven Lace' 및 'Emerald Lace'로도 알려져 있다. Michael Dirr는 공식 이름으로 'Emerald Lace'로 표기 하고 있다.

캔디벨마쉬맬로우미국수국

학명: *Hydrangea arborescens* 'Grhyar1406'PBR

이명: *Hydrangea arborescens* 'Candybelle®Marshmallow'

영명: Candybelle Marshmallow smooth hydrangea

상표명: 캔디벨마쉬맬로우

특징

식물형은 낙엽관목이며 높이는 60~90cm 정도이며, 줄기는 타박하고 회갈색을 띤다. 잎은 마주나며 난상타원형으로 부드럽고, 짙은 녹색으로 톱니가 있다. **꽃차례는 산방상의 둥근 모양이며 크다. 장식화는 밝고 옅은 분홍색이며 양성화는 장식화 속에서 거의 보이지 않는다.** 꽃피는 시기는 6~9월이다. 미국식물특허 USPP 31,121을 받고, 보호되고 있다.

H. arborescens 'Candybelle®Marshmallow' 시카고식물원

캔디벨버블검미국수국

학명: *Hydrangea arborescens* 'Grhyar1407'PBR

이명: *Hydrangea arborescens* 'Candybelle Bubblegum'

***Hydrangea arborescens* 'Candybelle Lollipop'**

영명: Candybelle Bubblegum smooth hydrangea

상표명: 캔디벨버블검

특징

식물형은 낙엽관목이며 높이는 80~120cm 정도이며, 줄기는 곧은 편으로 조밀하며 회갈색을 띤다. 잎은 마주나며 난상타원형으로 부드럽고, 녹색 또는 청동색으로 톱니가 있다. **꽃차례는 산방상의 둥근 모양이며 큰 편이다. 장식화는 투명한 풍선껌처럼 분홍색이며, 양성화는 장식화 속에 있으며 거의 보이지 않는다.** 꽃피는 시기는 6~9월이다.

H. arborescens 'Candybelle Bubblegum 시카고식물원

하스헤일로미국수국

학명: *Hydrangea arborescens* 'Haas' Halo'

영명: Haas' Halo smooth hydrangea

상표명: 하스헤일로

특징

식물형은 낙엽관목이며 높이는 90~150cm 정도이며, 줄기는 곧고 강건하며 회갈색을 띤다. 잎은 마주나며 난상타원형으로 부드러운 털이 있으며, 녹색으로 톱니가 있다. **꽃차례는 산방상의 평평한 모양이며 크다. 장식화는 3~4개이며 고리 모양으로 흰색이고, 양성화는 옅은 연두색이지만 시간이 지나면서 흰색 계통으로 많다.** 꽃피는 시기는 6~9월이다. 때때로 가을에 반복적으로 작은 꽃이 피는 경우가 있다. 미국 식물특허 USPP 24,783을 받고, 보호되고 있다.

H. arborescens 'Haas' Halo' 시카고식물원

헤이즈스타버스트미국수국

학명: *Hydrangea arborescens* 'Hayes Starburst'

영명: Hayes Starburst smooth hydrangea

상표명: 헤이즈스타버스트

특징

식물형은 낙엽관목이며 높이는 60~120cm 정도이며, 줄기는 덤불처럼 많으며 회갈색을 띤다. 잎은 마주나며 긴 타원형으로 부드럽고, 짙은 녹색이며 톱니가 있다. **꽃차례는 산방상의 둥근 모양이지만 자유분방하게 흩어진다. 장식화는 겹으로 별처럼 빽빽하며, 흰색~연두색이 도는 흰색이다. 양성화는 잘 보이지 않는다.** 꽃피는 시기는 6~9월이다.

H. arborescens 'Hayes Starburst' 시카고식물원

H. arborescens 'Hayes Starburst' 시카고식물원

매지칼핑커벨미국수국

학명: *Hydrangea arborescens* 'Kolpinbel'[PBR]

이명: *Hydrangea arborescens* 'Magical Pinkerbell'

영명: Magical Pinkerbell smooth hydrangea

상표명: 매지칼핑커벨(네덜란드육종)

특징

식물형은 낙엽관목이며 높이는 80~150cm 정도이며, 줄기는 강하며 회갈색이 난다. 잎은 마주나며 타

원형으로 부드럽고, 녹색이지만 가을에는 노란 단풍이 든다. **꽃차례는 산방상의 둥근 모양이다. 장식화는 분홍색으로 화려하다. 양성화는 잘 보이지 않는다.** 꽃피는 시기는 6~9월이다. 네덜란드 Boskoop의 Peter R kolster가 Pink Annabelle과 Strong Annabelle의 교배종으로 만들었고, 2018년 미국식물특허 USPP 29,597을 받고, 보호되고 있다.

H. arborescens 'Kolpinbel'PBR 시카고식물원

매리넬미국수국

학명: *Hydrangea arborescens* 'Mary Nell'

영명: Mary Nell smooth hydrangea

상표명: 매리넬

특징

식물형은 낙엽관목이며 높이는 120~150cm 정도이며, 줄기는 강건하며 회갈색을 띤다. 잎은 마주나며 타원형으로 부드럽고, 녹색이며 톱니가 있다. **꽃차례는 산방상의 평평한 모양이다. 장식화는 4개로 고리 모양이며 흰색이고, 양성화는 처음에는 옅은 연두색이지만 시간이 지나면서 흰색 계통으로 핀다.** 꽃피는 시기는 6~7월이다. 일리노이 대학의 JC McDaniel박사의 정원에서 온 식물로 아내 이름을 따서 명명되었다.

인빈시벨스피릿미국수국

학명: *Hydrangea arborescens* 'Ncha1'

영명: Invincibelle Spirit smooth hydrangea

상표명: 인빈시벨스피릿

특징

식물형은 낙엽 관목이며, 높이는 90~120cm 정도이며, 줄기는 강한 편이고 넓게 퍼진다. 잎은 마주나며 타원형으로 부드럽고, 녹색이며 톱니가 있다. **꽃차례는 산방상의 둥근 모양이다. 장식화는 짙은 분홍색으로 나타나지만 차차 밝은 분홍색으로 활짝 핀다. 양성화는 장식화 속에서 잘 보이지 않는다.** 꽃피는 시기는 6~8월이다. 일반적으로 Invincibelle Spirit의 상표명으로 판매되며, 시중에 도입 된 첫 번째 분홍색 꽃이다. 'Nach1'은 노스캐롤라이나 주립 대학의 원예작물 연구 단지에서 개발되었다. 꽃은 새로운 나무에서 피며, 2010년에 미국식물특허 USPP 20,765를 받고, 보호되고 있다.

H. arborescens 'Ncha1' 시카고식물원

H. arborescens 'Ncha1' 시카고식물원

H. arborescens 'Ncha1' 시카고식물원

H. arborescens 'Ncha1' 시카고식물원

H. arborescens 'Ncha1' 시카고식물원

스피릿투미국수국

학명: *Hydrangea arborescens* 'Ncha2'

영명: Invincibelle Spirit Two smooth hydrangea

상표명: 인빈시벨스피릿투

특징

식물형은 낙엽 관목이며, 높이는 90~120cm 정도로 자라며, 줄기는 강하고 넓게 퍼진다. 잎은 마주나며 타원형으로 부드럽고, 녹색이며 톱니가 있다. **꽃차례는 산방상의 둥근 모양이다. 장식화는 짙은 분홍색으로 나타나지만 차차 밝은 분홍색으로 활짝 핀다. 양성화는 잘 보이지 않는다. 꽃피는 시기는 6~8월이며, 많은 다른 수국과 다르게 꽃 색깔은 토양 pH에 영향을 받지 않는 특징이 있다.** Invincibelle® Spirit II는 'Ncha1'의 개선 된 품종이다. 미국식물특허 USPP 28,316을 받고, 보호되고 있다.

H. arborescens 'Ncha2' 시카고식물원

H. arborescens 'Ncha2' 시카고식물원

H. arborescens 'Ncha2' 시카고식물원

H. arborescens 'Ncha2' 시카고식물원

루비미국수국

학명: *Hydrangea arborescens* 'Ncha3'

영명: Incrediball® Ruby smooth hydrangea

상표명: 인크레디벌루비

특징

식물형은 낙엽 관목이며, 높이는 90~120cm 정도이며, 줄기는 매우 강하고 밝은 녹색이 난다. 잎은 마주나며 타원형으로 부드럽고, 녹색이며 톱니가 있다. **꽃차례는 산방상의 둥근 모양이다. 장식화는 짙은 분홍색 계통이지만, 시간이 지나면서 밝은 루비 레드와 은빛 분홍색의 두 색으로 조합된다. 이후 가을이 되면 다시 화려한 꽃이 달린다. 양성화는 장식화 속에서 잘 보이지 않는다.** 꽃피는 시기는 6~8월이며, 많은 다른 수국과 다르게 꽃 색깔은 토양 pH에 영향을 받지 않는 특징이 있다. 미국식물특허 USPP 28,317을 받고, 보호되고 있다.

H. arborescens 'Ncha3' 시카고식물원

H. arborescens 'Ncha3' 시카고식물원

브러쉬미국수국

학명: *Hydrangea arborescens* 'Ncha4'

영명: Incrediball® Blush smooth hydrangea

상표명: 인크레디벌브러쉬

특징

식물형은 낙엽 관목으로 높이는 120~150cm 정도이며, 줄기는 매우 강하고 녹색이 난다. 잎은 마주나며 타원형으로 부드럽고, 녹색이며 톱니가 있다. **꽃차례는 산방상의 둥근 모양이다. 장식화는 옅은 분홍색이지만, 시간이 지나면서 짙은 분홍색으로 천천히 짙어지며 가을에는 다시 옅은 색으로 변한다.** 꽃피는 시기는 6~9월이고, 열매는 삭과(蒴果)로 10~11월에 익는다. 미시건 주 그랜드 헤이븐의 농장에서 제공하

는 Proven Winners® Color Choice®에 속하며, 노스 캐롤라이나 주립 대학의 Thomas G. Ranney 박사와 Spring Meadow Nursery와의 공동 프로젝트로 개발되었다. 미국식물특허 USPP 28,280을 받고, 보호되고 있다.

H. arborescens 'Ncha4' 시카고식물원

H. arborescens 'Ncha4' 헤리테이지뮤지엄가든

H. arborescens 'Ncha4' 시카고식물원

H. arborescens 'Ncha4' 시카고식물원

위화이트미국수국

학명: *Hydrangea arborescens* 'Ncha5'

영명: Invincibelle Wee White smooth hydrangea

상표명: 인빈시벨위화이트

특징

식물형은 낙엽관목이며 높이는 30~75cm 정도로 왜성종이며, 줄기는 강하며 녹색이 난다. 잎은 마주나며 타원형으로 부드럽고, 짙은 녹색이며 톱니가 있다. **꽃차례는 산방상의 둥근 모양이다. 장식화는 빽빽하며 분홍색이 도는 흰색으로 나타나지만 차차 흰색으로 성숙한다. 여름동안 계속 피며, 꽃피는 시기는 6~9월이며, 열매는 삭과(蒴果)로 10~11월에 익는다.** 'Invincibelle Wee White'라는 이름으로 판매되며, 꽃은 새로운 나무에서 피며, 난장이 아나벨이라고도 한다. 미국식물특허 USPP 30,296을 받고, 보호되고 있다.

H. arborescens 'Ncha5' 시카고식물원

가네타미국수국

학명: *Hydrangea arborescens* 'Ncha6'

영명: Incrediball Garnetta® smooth hydrangea

상표명: 인크레디벌가네타

특징

식물형은 낙엽관목이며 높이는 60~75cm 정도로 왜성종이며, 줄기는 강하며 녹색이 난다. 잎은 마주나며 타원형으로 부드럽고, 녹색이며 톱니가 있다. **꽃차례는 산방상의 둥근 모양이며, 장식화는 짙은 분홍색~가넷(석류)색깔이다.** 꽃피는 시기는 6~9월이고 한 번 더 피기도 한다, 열매는 삭과로 10~11월에 익는다. 다른 품종들보다 약간 늦게 꽃을 피우므로, 조화롭게 정원을 장식한다. 미국식물특허 USPP 33,142를 받고, 보호되고 있다.

H. arborescens 'Ncha6' 시카고식물원

인빈시벨미니모벳미국수국

학명: *Hydrangea arborescens* 'Ncha7'

영명: Invincibelle Mini Mauvette smooth hydrangea

상표명: 인빈시벨미니모벳

특징

식물형은 낙엽관목이며 높이는 60~90cm 정도이며, 줄기는 튼튼하며 녹색이 난다. 잎은 마주나며 타원형으로 부드럽고, 녹색이며 톱니가 있다. **꽃차례는 산방상의 둥근 모양이다. 장식화는 짙은 자주색이 도는 분홍색이며, 꽃피는 시기는 6~9월이지만, 한 번 더 피기도 한다.** 열매는 삭과로 10~11월에 익는다. 꽃은 새로운 나무에서 열린다. 시중에서는 '인빈시블미니모벳'이라고 하며, 미국식물특허 USPP 30,358을 받고, 보호되고 있다.

인빈시벨리메타미국수국

학명: *Hydrangea arborescens* 'Ncha8'

영명: Invincibelle Limetta® smooth hydrangea

상표명: 인빈시벨리메타

특징

식물형은 낙엽관목이며, 높이는 90~120cm 정도이며, 줄기는 타박하며 '위화이트'와 비슷하다. 잎은 마주나며 타원형으로 부드럽고, 짙은 녹색으로 톱니가 있다. **꽃차례는 산방상의 둥근 모양이며 색깔은 연두색 계통이다. 장식화는 녹색이며 차차 비취색으로 변하기 전에 부드러운 녹색~흰색으로 밝아진다. 양성화는 작으며 조금 나타난다.** 꽃피는 시기는 6~9월로 길며, 한 번 더 피기도 한다. 미국식물특허 USPP 30,431을 받고, 보호되고 있다.

H. arborescens 'Ncha8' 페스체스화원

피카딜리미국수국

학명: ***Hydrangea arborescens* 'Picadilly'**

영명: Picadilly smooth hydrangea

상표명: 피카딜리(벨기에육종)

특징

식물형은 낙엽관목으로 높이는 90~200cm 정도이며, 줄기는 약하며 늘어지기도 한다. 잎은 마주나며 긴 타원형으로 부드럽고, 밝은 녹색이며 톱니가 있다. **꽃차례는 산방상의 평평한 모양이지만 약간 볼록하다. 장식화는 드물며, 양성화 위주로 꽃이 피는 특징이다.** 꽃피는 시기는 6~9월로 길며, 한 번 더 피기도 한다. 열매는 삭과로 10~11월에 익는다.

H. arborescens 'Picadilly' 시카고식물원

벨라애나미국수국

학명: ***Hydrangea arborescens* 'Piiha-1'**

영명: Endless Summer Bella Anna smooth hydrangea

상표명: 엔드레스서머벨라애나

특징

식물형은 직립의 낙엽관목이며 높이는 60~100cm 정도이며, 줄기는 곧고 회갈색이다. 잎은 마주나며 타원형으로 부드럽고, 짙은 녹색이며 톱니가 있다. **꽃차례는 산방상의 둥근 모양이다. 장식화는 자홍색이 나는 분홍색으로 크고 화려하며 여름 내내 핀다. 양성화도 사이에서 잘 보인다.** 꽃피는 시기는 7~9월이며, 열매는 삭과로 10~11월에 익는다. 꽃은 새로운 나무와 오래된 나무에서 피며, 2010년 미국식물특허 USPP 21,227을 받고, 보호되고 있다.

H. arborescens 'Piiha-1' 시카고식물원

H. arborescens 'Piiha-1' 시카고식물원

핑크핀쿠션미국수국

학명: ***Hydrangea arborescens* 'Pink Pincushion'**

영명: Pink Pincushion smooth hydrangea

특징

식물형은 직립의 낙엽관목이며 높이는 90~150cm 정도이며, 줄기는 강건하지만 덤불 같다. 잎은 마주나며 타원형으로 부드럽고, 짙은 녹색이며 톱니가 있다. **꽃차례는 산방상의 평평한 모양이다. 장식화는 나타나지 않고 모두 섬세하고 연한 분홍색의 양성화만 핀다. 처음에는 양성화의 흰 꽃이 피기 위해 벌어지는**

분홍색으로 뭉쳐진 덩어리에서 차차 핀다. 꽃피는 시기는 7~8월이다. 꽃은 새로운 나무와 묵은 나무에서 피며, '에코 핑크 퍼프' 매우 유사하다. 훗날 '인빈시벨 스피릿' 육종의 초석이 되었다.

라이언게이니미국수국

학명: *Hydrangea arborescens* 'Ryan Gainey'
영명: Ryan Gainey smooth hydrangea
품종명: 라이언게이니(미국육종)
특징

식물형은 직립의 낙엽관목이며 높이는 60~120cm 정도이며, 줄기는 곧고 회갈색으로 넓게 분기 된다 잎은 마주나며 타원형으로 부드럽고, 짙은 녹색이며 톱니가 있다. **꽃차례는 산방상의 둥근 모양이다. 장식화는 흰색으로 빽빽하다. '아나벨'보다는 꽃송이가 적으므로 무거워서 쓰러질 가능성이 적고, 더 강한 꽃줄기를 갖는 장점이 있다.** 꽃피는 시기는 6~9월이다. 품종명은 조지아 주 Decatur의 정원 디자이너 겸 작가인 Ryan Gainey를 기리는 것이다.

H. arborescens 'Ryan Gainey' 시카고식물원

발-하버미국수국

학명: *Hydrangea arborescens* 'Smhamwm'
영명: Bar Harbor smooth hydrangea
상표명: 발-하버(미국육종)
시리즈: 시사이드세레나데
특징

식물형은 낙엽관목이며 높이는 90~120cm 정도이며, 줄기는 강건하며 타박하게 자라고 회갈색을 띤다. 잎은 마주나며 타원형으로 부드럽고, 녹색이며 톱니가 있다. **꽃차례는 산방상의 둥그스름한 모양이다. 장식화는 연두색이지만 시간이 지남에 따라 흰색 계통으로 변한다. 양성화는 장식화 속에서 잘 보이지 않는다.** 꽃피는 시기는 7~9월이다. 미국식물특허 USPP 28,729를 받고, 보호되고 있다.

H. arborescens 'Smhamwm' 시카고식물원

라임리키미국수국

학명: *Hydrangea arborescens* 'Smnhalr'
이명: *Hydrangea arborescens* 'Lime Rickey'®
영명: Lime Rickey smooth hydrangea
상표명: 라임리키(미국PW육종)
특징

식물형은 낙엽관목이며 높이는 120~150cm 정도이며, 줄기는 강건하며 타박하게 자라고 회갈색을 띤다. 잎은 마주나며 타원형으로 부드럽고, 녹색이며 톱니가 있다. **꽃차례는 산방상의 둥그스름한 모양이다. 장식화는 연두색이지만 시간이 지남에 따라 흰색 계통으로 변한다. 양성화는 장식화 속에서 잘 보이**

지 않는다. 꽃피는 시기는 7~9월이다. 미국식물특허 USPP 28,858을 받고, 보호되고 있다.

H. arborescens 'Smnhalr' 바람의 언덕

인빈시벨서브라임미국수국

학명: *Hydrangea arborescens* 'Smnhrl'
이명: *Hydrangea arborescens* ' Invincibelle Sublime'™
영명: Invincibelle Sublime smooth hydrangea
상표명: 인빈시벨서브라임(미국PW육종)
특징

식물형은 낙엽관목으로 높이는 100~150cm 정도이며, 줄기는 튼튼하며 회녹색이다. 잎은 마주나며 타원형으로 부드럽고, 짙은 녹색이며 톱니가 있다. **꽃차례는 산방상의 둥근 모양으로 큰 편이다. 장식화는 옅은 연두색이고 양성화는 장식화 사이에서 드문드문 나타난다.** 꽃피는 시기는 6~9월로 계속 피며, 한 번 더 피기도 한다. 상표명은 Invincibelle Sublime™이며, 미국식물특허 USPP 34,418을 받고, 보호되고 있다.

H. arborescens 'Smnhrl' 화담숲

토우틀이클립스미국수국

학명: *Hydrangea arborescens* 'Total Eclipse'
영명: Total Eclipse smooth hydrangea
품종명: 토우틀이클립스(미국육종)
특징

식물형은 낙엽관목이며 높이는 120~150cm 정도이며, 줄기는 튼튼하며 회갈색이 난다. 잎은 마주나며 타원형으로 부드럽고, 짙은 녹색이며 톱니가 있다. **꽃차례는 산방상의 평평한 모양으로 흰색 계통이다. 장식화는 양성화 둘레에 가끔씩 나타나며, 대부분이 양성화이다.** 꽃피는 시기는 6~7월이며, 열매는 삭과로 8~10월에 익는다.

H. arborescens 'Total Eclipse' 시카고식물원

비지테이션미국수국

학명: *Hydrangea arborescens* 'Visitation'
영명: Visitation smooth hydrangea
품종명: 비지테이션(네덜란드육종)
특징

식물형은 낙엽관목이며 높이는 90~120cm 정도이며, 줄기는 튼튼하며 회갈색이 난다. 잎은 마주나며 타원형으로 부드럽고, 녹색이며 톱니가 있다. **꽃차례는 산방상의 공 모양으로 자유롭게 핀다. 장식화는 흰색~크림색이지만 시간이 지남에 따라서 흰색으로 퇴색한다. 양성화는 장식화 사이에서 잘 보이지 않는다.** 꽃의 무게가 다소 있더라도 지탱할 수 있고, 꽃피는 시기는 6~8월이다.

H. arborescens 'Visitation' 몰톤수목원

웨슬폴스미국수국

학명: ***Hydrangea arborescens* 'Wesser Falls'**
영명: **Wesser Falls smooth hydrangea**
품종명: **웨슬폴스(미국육종)**
특징

식물형은 낙엽관목이며 높이는 100~150cm 정도이며, 줄기는 튼튼하며 회갈색이 난다. 잎은 마주나며 타원형으로 부드럽고, 짙은 녹색이며 톱니가 있으며, 아래는 털이 밀생하여 흰색으로 보인다. **꽃차례는 산방상의 평평한 모양으로 주로 양성화로만 이루어져 있고, 옅은 분홍색이지만 시간이 지남에 따라서 흰색~옅은 분홍색으로 퇴색한다.** 장식화는 드물게 분홍색으로 나타날 때도 있다. 꽃피는 시기는 6~8월이며, 열매는 삭과로 10~11월에 익는다.

아종미국수국

학명: ***Hydrangea arborescens*** subsp. ***arborescens*** L.
영명: **Smooth leaf hydrangea, Hills-of-snow hydrangea, Sevenbark hydrangea, Wild hydrangea, Smooth hydrangea**
일명: **アメリカノリノキ(아메리카노리노키)**
중국명: **亚木绣球(ya mu xiu qiu, 아목수구)**
원산지: **북아메리카동부~동남부 등**
특징

식물형은 낙엽관목으로 높이는 100~150cm 정도이며, 줄기는 가늘고 어수선하다. 잎은 달걀모양으로 녹색이고 톱니가 있으며 아래쪽 표면은 광택이 있다. **꽃차례는 산방상의 평평한 모양이다. 장식화는 긴 꽃줄기가 있고 3~4개의 꽃잎(꽃받침)이 있다. 양성화는 많다.** 1736년경 Peter Collinson에 의해 영국에 소개되었으며, 루이지애나에서 플로리다 북쪽에서 아이오와까지 미국 동부에 서식한다. 대부분 품종으로 분류되는 명칭들은 동의어(同義語)로 간주되고 있고, 일부는 번식해서 변종으로 불린다. 예를 들면 var. *acarpa* 및 var. *australis* 등이다.

H. arborescens subsp. *arborescens* 시카고식물원

디스칼라미국수국

학명: ***Hydrangea arborescens*** subsp. ***discolor***

(Seringe) McClint.

영명: Discolor smooth hydrangea

원산지: 미국중남부 등

특징

식물형은 낙엽관목으로 높이는 150~200cm 정도이며, 줄기는 덤불이 많고, 어린 줄기에는 솜털이 있다. 잎은 마주나며, 달걀 모양으로 녹색이고 아래 부분에는 회색의 털이 촘촘히 나고, 톱니가 있다. **꽃차례는 산방상의 평평한 모양이다. 장식화는 작고 흰색으로 양성화의 주위에 고리 모양을 이룬다.** 아종(亞種, subsp.)은 아칸사스(Arkansas), 인디애나(Indiana), 오클라호마(Oklahoma) 등 인접 지역에서 자라는 고유종(固有種, endemic species)*이다. 미국의 Pilatowski (1982)는 이 아종(亞種)을 유효한 종(種)인 *H. cinerea* Small, 1898로 간주하기도 한다고 알려져 있다.

래디아타미국수국

학명: *Hydrangea arborescens* subsp. ***radiata***
(Walter) McClint.

영명: Radiata smooth hydrangea

원산지: 미국동부 등

특징

식물형은 낙엽관목으로 높이는 100~200cm 정도이며, 줄기는 불그스름하며 포복경(匍匐莖)을 내어 뻗는 성질이 있다. 잎은 마주나며 긴 타원형이며 녹색으로 톱니가 있다. **아래 부분에는 희끄무레 한 부드러운 털이 있는 것이 특징이다. 꽃차례는 산방상의 평평한 모양이며, 장식화는 긴 꽃자루에 흰색으로 피며, 양성화는 많이 나타나며 흰색 계통이다. 미국의 노스캐롤라이나와 사우스캐롤라이나의 고유종이다.** 대부분이 삼림을 따라 제방이나 개울 주변이나 숲이 우거진 계곡의 축축한 토양에서 주로 볼 수 있다. RHS (AM, AGM)을 수상했다.

H. arborescens subsp. *radiata* 몰톤수목원

서맨타미국수국(은엽)

학명: *Hydrangea arborescens* subsp. ***radiata*** 'Samantha'

영명: Samantha smooth hydrangea, Silverleaf smooth hydrangea

원산지: 미국동부 등

특징

식물형은 낙엽관목으로 높이는 100~200cm 정도이며, 줄기는 불그스름하여 특징적이다. 잎은 마주나며 긴 타원형으로 윗면은 녹색이지만, 뒷면에는 펠트 같은 털이 밀집하여 흰색이고, 잔잔한 톱니가 있다. **꽃차례는 산방상의 평평한 모양이며, 장식화는 긴 꽃자루에 흰색으로 피며, 양성화는 많이 나타나며 흰색 계통이다.**

인빈시벨레이스미국수국

학명: *Hydrangea arborescens* subsp. ***radiata*** 'Smnhrll'

영명: Invincibelle Lace smooth hydrangea

원산지: 미국동부 등

특징

식물형은 낙엽관목으로 높이는 100~200cm 정도이며, 줄기는 불그스름하여 특징적이다. 잎은 마주나며 긴 타원형이며 녹색으로 톱니가 있다. **꽃차례는 산방**

상의 평평한 모양이며, 장식화는 긴 꽃자루에 옅은 분홍색으로 피며, 양성화는 많이 나타나며 짙은 분홍색 계통이다. 미국식물특허 USPP 33,290을 받고, 보호되고 있다.

아스페라수국(히말라야)

학명: *Hydrangea aspera* D. Don
이명: *Hydrangea kawakamii* Hayata
***Hydrangea villosa* Rehd.**
영명: Rough-leaved hydrangea
일명: ヒマラヤアマャ(히말라야아마챠),
タイワンゴトウヅル(타이완고토주르)
중국명: 马桑绣球(ma sang xiu qiu, 마상수구),
土常山(tu chang shan, 토상산)
원산지: 깐수(甘肃)남부, 산시(陕西)남부, 쓰촨(四川), 시짱(西藏)동남부, 윈난(云南), 구이저우(贵州), 광시(广西), 후난(湖南), 후베이(湖北)~타이완 (台灣), 스리랑카 등

특징

식물형은 낙엽관목 또는 소교목으로 높이는 200~400(+1000)cm 정도로 자라지만, 드물게 덩굴성 목본도 있다. 어린 줄기는 회갈색이다. 잎자루는 1~4.5cm이다. 잎은 마주나고 난상 피침형~긴 타원형으로 길이 5~25cm 정도 되고, 보통 황녹색으로 뒷면에는 압축된 비로드 모양의 털이 밀생한다. **꽃차례는 산방상의 취산화서로, 빽빽한 회백색의 털로 덮여 있고, 늦은 여름에 윗부분이 평평하게 자란다. 장식화는 흰색 계통~보라색으로 4개이고, 둥그스름하며 톱니가 있는 것도 있다. 양성화는 보라색 계통이다.** 자방은 하위이다. 꽃피는 시기는 다소 늦은 7~9월이며, 열매는 삭과로 10~11월에 익는다. 씨앗은 갈색으로 양쪽에 짧은 날개가 있다. 해발 700~4000m의 산지 계곡 주변이나 수풀이 우거진 곳에 서식한다. Hydrangea aspera subsp. robusta (Hook. f. et. T. Thoms.) McClint. 이명의 H. robusta Hook. f. et. T. Thoms.는 잎의 폭이 넓은 난형으로 아래 면에는 엎드린 억센 털이 있다. *H. aspera* subsp. *villosa*가 포함된다.

◉ 중국고등식물 제 6권, 285쪽

◉ 종소명의 aspera는 라틴어의 '거칠다'라는 뜻이다.

H. aspera 바람의 언덕

H. aspera 바람의 언덕

H. aspera 바람의 언덕

H. aspera 바람의 언덕

H. aspera 바람의 언덕

재배방법

토양: 비옥하며 부식질이 풍부하며, 물 빠짐이 좋고 촉촉한 토양이 좋으며, 산성이나 중성, 석회질 토양은 나쁘다.

높이와 넓이: 200~400(+1000)cm/200~300cm

일조량과 물주기: 부분그늘~부분햇볕, 햇볕/ 보통

번식법: 꺾꽂이, 휘묻이, 포기나누기, 씨뿌리기 등

가지치기: 봄에 최소한의 가지치기만 하면 죽은 가지나 지나치게 긴 가지를 제거할 수 있다. 문제점은 봄에 서리 피해가 있는 경우 살아있는 건강한 나무에서 손상되지 않은 첫 번째 새싹 바로 위까지 손상된 새싹을 가지치기 한다. 또한 약하고 느슨한 가지를 제거한다. 특히 땅에 붙어 있는 가지는 잘라낸다.

내한성: −25℃(겨울철 보호가 필요)

병충해: 시들음, 잎 반점, 곰팡이, 녹 및 흰 가루병, 진딧물, 진드기, 응애 등

용도: 정원용, 울타리, 강조용, 화분용 등

안토니불리밴트아스페라수국

학명: ***Hydrangea aspera* 'Anthony Bullivant'**

영명: **Anthony Bullivant rough-leaved hydrangea**

상표명: **안토니불리밴트**

특징

식물형은 낙엽관목으로 높이는 100~200cm 정도이며, 줄기는 곧은 편이지만 덤불이 많다. 잎은 마주나며 창 모양의 벨벳 같은 짙은 녹색이고, 뒷면은 적자색이며 잔잔한 톱니가 있다. **꽃차례는 산방상의 평평한 모양이다. 장식화는 옅은 흰색~옅은 분홍색 계통이고, 양성화는 짙은 색으로 많고 화려하다.** 꽃피는 시기는 6~8월이며, 열매는 삭과로 8~9월에 익는다. RHS (AGM)을 수상했다.

핫초코릿아스페라수국

학명: ***Hydrangea aspera* 'Haopr012'**

이명: ***Hydrangea aspera* 'Hot Chocolate'**

영명: **Hot Chocolate rough-leaved hydrangea**

상표명: **핫초코릿(벨기에육종)**

특징

식물형은 낙엽관목으로 높이는 200~400cm 정도이며, 줄기는 강건하며 깊은 주황색에서 다소 짙은 색을 띤다. 잎자루와 잎맥의 색깔도 비슷하며, 잎은 마주나며 거친 편이고, 넓고 긴 피침형이다. 처음에는 은 녹색~녹색으로 나타나지만 뒷면은 차차 어두운 부르고뉴 빛의 적색일 때가 더욱 매력적이다. 시간이 지남에 따라 짙은 녹색으로 변했다가 누르스름한 호박색으로 변한다. **꽃차례는 산방상의 평평한 모양으로, 장식화는 옅은 분홍색으로 톱니가 나타나기도 하고, 양성화는 보라색 계통이다.** 수분이 끝나면 장식화는 천천히 뒤집어 진다. 꽃피는 시기는 7~9월이다.

H. aspera 'Haopr012' 바람의 언덕

카와카미아스페라수국

학명: *Hydrangea aspera* 'Kawakami'

영명: Kawakami rough-leaved hydrangea

원산지: 대만 등

특징

식물형은 낙엽관목으로 높이는 100~150(+300)cm 정도이며, 줄기는 곧고 덤불이 많다. 잎은 마주나며 부드럽고 좁으며, 털이 많은 벨벳 같은 녹색을 띤다. **꽃차례는 산방상의 평평한 모양이며, 장식화는 3~4개로 톱니 모양의 흰색~옅은 분홍색으로 작은 편이다. 양성화는 처음에는 분홍색이지만 시간이 지남에 따라서 파란색 계통~보라색으로 핀다.** 꽃피는 시기는 늦으며 보통 늦여름~초가을이다. 대만이 원산이며 현재는 품종으로 간주된다.

H. aspera 'Kawakami' 바람의 언덕

마크로필라아스페라수국

학명: *Hydrangea aspera* 'Macrophylla'

영명: Macrophylla rough-leaved hydrangea

상표명: 마크로필라

특징

식물형은 낙엽관목으로 높이는 150~200(+300)cm 정도이며, 줄기는 다소 털이 있으며 자유분방하게 뻗는다. 잎은 마주나며 벨벳 같고 넓은 타원형이며 녹색으로 뒷면에는 회녹색의 털이있다. 어릴 때는 잎자루가 없으나 차차 길어진다. **꽃차례는 산방상의 평평한 모양이다. 장식화는 흰색으로 고리 모양을 만들고, 양성화는 보라색 계통으로 많다.** 꽃피는 시기는 6~9월이다. 이 품종은 매우 활발하고 쉽게 자란다. 겨울에는 잎이 떨어진 후 수피가 벗겨진다. RHS (AGM)을 수상했다.

H. aspera 'Macrophylla' 화담숲

H. aspera 'Macrophylla' 화담숲

모벳아스페라수국

학명: *Hydrangea aspera* 'Mauvette'
영명: Mauvette rough-leaved hydrangea
상표명: 모벳
특징

식물형은 낙엽관목으로 높이는 150~250cm 정도이며, 줄기는 다소 털이 있으며 자유분방하게 뻗는다. 잎은 마주나며 크고 넓은 타원형이며 녹색이며 아래 부분에는 부드러운 털이 있고, 어릴 때는 잎자루가 없으나 차차 길어진다. **꽃차례는 산방상의 평평한 모양이다. 장식화는 옅은 분홍색이고 톱니가 보이며, 양성화는 보라색 계통으로 많다.** 꽃피는 시기는 6~9월이다. 이 품종은 매우 활발하고 쉽게 자란다. 겨울에는 잎이 떨어진 후 수피가 벗겨진다.

피터채플아스페라수국

학명: *Hydrangea aspera* 'Peter Chappell'
영명: Peter Chappel rough-leaved hydrangea
품종명: 피터채플(영국육종)
특징

식물형는 낙엽관목으로 높이는 120~150cm 정도이며, 줄기는 덤불처럼 자라며 튼튼한 편이다. 잎은 마주나며 녹색으로, 털이 많으며 좁은 달걀모양으로 큰 편이다. **꽃차례는 산방상의 평평한 모양이다. 장식화 4개로 흰색 계통으로 톱니가 나타나고, 양성화는 많으며 옅은 분홍색~보라색 계통이다.** 품종명의 'Peter Chappell'은 영국의 유명한 식물원이자 농장인 이름에서 명명되었으며, 영국 켄트의 모리스 포스터(Maurice Foster)가 재배했다. RHS (AGM)을 수상했다.

H. aspera 'Peter Chappell' 바람의 언덕

록클린아스페라수국

학명: *Hydrangea aspera* 'Rocklin'

영명: Rocklin rough-leaved hydrangea

특징

식물형은 낙엽관목으로 높이는 150~250cm 정도이며, 줄기는 곧은 편으로 작고 덤불성이다. 잎은 마주나며 좁은 난형으로 위 부분은 짙은 녹색이고, 아래 부분은 옅은 녹색으로 약간 거칠다. **꽃차례는 산방상의 평평한 모양이다. 장식화는 흰색~연한 분홍색 계통이고, 양성화는 보라색 계통으로 많다.** 꽃피는 시기는 7~11월로 길지만, 찬바람은 피한다.

H. aspera 'Rocklin' 바람의 언덕

스피너아스페라수국

학명: *Hydrangea aspera* 'Spinners'

영명: Spinners rough-leaved hydrangea

특징

식물형은 낙엽관목으로 높이는 150~200cm 정도이며, 줄기는 곧은 편으로 털이 많고 덤불성이다. 잎은 마주나며 좁은 난형으로 윗면은 짙은 녹색이고, 뒷면은 옅은 녹색으로 약간 거칠다. **꽃차례는 산방상의 평평한 모양이다. 장식화는 흰색~연한 분홍색이고, 양성화는 보라색 계통으로 많다.** 꽃피는 시기는 7~11월로 길다.

H. aspera 'Spinners' 화담숲

아종라버스타아스페라수국

학명: *Hydrangea aspera* subsp. *robusta* (Hooker f. & Thomson) McClint.

이명: *Hydrangea aspera* subsp. ***robusta*** f. ***rosthorrii*** Diels

영명: Robusta rough-leaved hydrangea

원산지: 부탄(Bhutan), 시킴(Sikkim) 등

특징

식물형은 낙엽관목으로 높이는 200~400cm 정도이며, 줄기는 옆으로 퍼지는 경향이 있으며, 오래되면 연한 갈색 껍질이 벗겨진다. 잎은 마주나며 난상 피침형으로 녹색이고, 연한 털이 많고 다소 큰 편이고 톱니가 있다. **꽃차례는 산방상의 평평한 모양으로 크다. 장식화는 흰색이고 양성화는 분홍빛이 도는 보라색이다.** 꽃피는 시기는 7~8월이며, 시중에는 *H. longipes* 와 같은 형태가 나와 있고, 100년 이상 알려져 왔지만, 아종은 재배가 매우 드물며, 부탄(Bhutan)과 시킴(Sikkim)이 원산이기 때문에 내한성이 약한 편이다.

◎동의어의 *H. aspera* subsp. *robusta* f. *rosthorrii* 는 더 큰 잎과 잎자루가 긴 것이 다르다.

아종롱기페스아스페라수국

학명: *Hydrangea aspera* subsp. ***robusta*** var. ***longipes*** (Franch.) Diels

영명: Longipes rough-leaved hydrangea

원산지: 중국북서부 등

특징

식물형은 낙엽관목으로 높이는 100~150cm 정도이며, 줄기는 덤불지며 회갈색이 난다. 잎자루는 불그스름하다. 잎은 마주나며 피침형으로 녹색이며, 털이 빽빽하여 폭신하다. **꽃차례는 산방상의 평평한 모양이다. 장식화는 크고 흰색이며, 양성화는 많은 편이다.** 꽃피는 시기는 7~8월이며, 열매는 삭과로 9~10월에 익는다. 그늘을 선호하는 편이다.

아종살젠티아나아스페라수국

학명: *Hydrangea aspera* D. Don subsp. ***sargentiana*** McClint.

영명: Sargentiana rough-leaved hydrangea

원산지: 중국 후베이(湖北)서부 등

특징

식물형은 낙엽관목으로 높이는 150~250cm 정도이며, 줄기는 매우 튼튼하고 뻣뻣한 털로 덮여 있다. 잎은 마주나고 피침형으로 크고 짙은 녹색이며, 벨벳느낌이 나며 톱니가 있고 뻣뻣하다. **꽃차례는 산방상의 평평한 모양이다. 장식화는 4~5개로 고리모양으로 배열되어 있으며, 옅은 파란색이 도는 흰색이다. 양성화는 불규칙한 모양의 옅은 분홍색~라일락색이다.** 꽃피는 시기는 6~8월이며, 열매는 삭과로 9~11월에 익는다. 풍토성이 있으며 1908년 윌슨에 의해 소개되었다. RHS (AM, AGM)을 수상했다.

아종스트리고사아스페라수국

학명: *Hydrangea aspera* D. Don subsp. ***strigosa*** (Rehd.) McClint.

이명: *Hydrangea strigosa* var. ***angustifolia*** Rehd.

영명: Strigosa rough-leaved hydrangea

특징

식물형은 낙엽관목으로 높이는 100~200cm 정도이며, 줄기는 촘촘하면서 뻣뻣하다. 잎은 마주나며 크고 피침형으로, 뒷면은 뻣뻣하다. **꽃차례는 산방상의 평평한 모양이다. 장식화는 흰색을 띤 보라색이며, 양성화는 라일락 색에 가깝다.** 진정한 아종(亞種)은 드물고 종종 시중에서 *H. aspera* 'Macrophylla'와 혼동되기도 한다. Wynn-Jones는 북베트남의 사파(Sapa)지역에서 이 아종을 소개했다. McClintock의 설명과 다소 다른 부분이 있다.

H. aspera subsp. *strigosa* 다카하다후도산

빌로사아스페라수국

학명: *Hydrangea aspera* Villosa Group

영명: Villosa rough-leaved hydrangea

특징

식물형은 낙엽관목으로 높이는 150~350cm 정도이며, 줄기는 튼튼하며 회갈색이다. 잎은 마주나며 긴 타원형으로 큰 편이며, 벨벳 같은 털이 많으며, 짙은 녹색으로

톱니가 있다. **꽃차례는 산방상의 평평한 모양이다. 장식화는 옅은 분홍색~흰색으로 가장자리에 고리를 이루며 톱니가 있기도 한다. 양성화는 보라색 계통이다.** 꽃 피는 시기는 7~9월이며, 열매는 삭과로 10~11월에 익는다. RHS (AM, AGM)을 수상했다.

몽고리안수국

학명: *Hydrangea bretschneideri* Dipp.

이명: *Hydrangea heteromalla* 'Bretschneideri'

영명: Mongolian hydrangea

중국명: 东陵绣球(dong ling xiu qiu, 동릉수구)

원산지: 허베이(河北), 허난(河南), 간쑤(山西), 깐수(甘肃), 칭하이(青海)동부, 산시(陕西), 시짱(西藏)동남부, 윈난(云南)남북부, 쓰촨(四川)~후베이(湖北)서부 등

특징

식물형은 낙엽관목 높이는 100~300(+500)cm 정도이며, 어린 줄기는 적갈색~갈색으로 털은 없다. 수피는 차차 얇게 벗겨진다. 잎자루는 1~3.5cm로 부드러운 털이 있다. 잎은 마주나며, 긴 타원형으로 길이 7~16cm, 폭 2.5~7cm이다. 잎의 끝은 짧게 뾰족하고, 아래 부분은 쐐기(V자) 모양~둥그스름하며, 톱니가 있고 짙은 녹색이다. 잎의 윗면에는 털이 없거나 혹은 부드러운 털이 있기도 하고, 뒷면에는 회백색의 굽고 긴 털이 밀생하지만 차차 없어진다. **꽃차례는 산방상의 취산화서로 평평하며, 지름이 8~15cm이다. 장식화는 4개이고, 양성화는 흰색으로 수분이 되면 장식화는 뒤집어진다.** 꽃피는 시기는 6~7(+8)월이며, 열매는 삭과로 9~10월에 익는다. 자방은 하위이다. 씨앗은 갈색으로 좁은 타원형으로 양족 끝에 긴 날개가 있으며, 씨껍질에는 줄 무늬가 있다. 야생에서는 해발 1200~2800m의 산 계곡 주변의 울창한 산림에서 볼 수 있다.

◉중국고등식물 제 6권, 282쪽

캔디다수국

학명: *Hydrangea candida* Chun

이명: *Hydrangea coenobialis* Chun

중국명: 珠光绣球(zhu guang xiu qiu, 주광수구)

원산지: 광시(广西)남부 등

특징

식물형은 낙엽관목으로 높이는 90~150cm 정도이며, 어린 줄기는 흰색에 가깝지만, 수피는 차차 얇게 벗겨진다. 잎자루는 0.5~1cm이다. 잎은 마주나며, 긴 타원형~난형이며, 길이 5~12cm, 폭 2.5~5cm이다. 잎의 맥을 따라 부드러운 털이 몇 개 있으며, 톱니가 있고 짙은 녹색이다. **꽃차례는 산방상의 취산화서로 둥그스름하며 작은 편이다. 장식화는 없으며, 양성화는 흰색 계통이다.** 꽃피는 시기는 6~7월이며, 열매는 삭과로 7~8월에 익는다. 씨앗은 갈색으로 날개가 없으며, 씨껍질에는 그물 무늬가 있고 자방은 하위이다. 야생에서는 해발 1000m 산 계곡 울창한 숲에서 볼 수 있다.

카우다티폴리아수국

학명: *Hydrangea caudatifolia* W. T. Wang & M. X. Nie

이명: *Hydrangea chungii* Rehd.

중국명: 尾叶绣球(wei ye xiu qiu, 미엽수구)

원산지: 장시(江西)동부 등

특징

식물형은 낙엽관목으로 높이는 100~120cm 정도이며, 어린 줄기, 잎자루, 꽃자루 및 작은 꽃자루는 짙은 황색의 부드러운 털이 있으며, 둥그스름하다. 잎자루는 두껍고 2~3cm이다. 잎은 마주나며 타원형으로 길이 7~19.5cm, 폭 2.5~8.5cm이다. 잎의 양쪽 표면이 부드러운 털로 덮여 있고 톱니 모양이다. **꽃차례는 산방상의 취산화서로 평평하다. 장식화는 3~5개로 가장자리에 있으며, 양성화는 톱니 모양으로 자주색에 가깝다.** 꽃피는 시기는 6~10월이고, 열매는 삭과로 9~12월에 익는다. 씨앗은 갈색으로 날개가 없거나 때로는 한쪽 또는 양쪽 끝에 짧은 날개가 있다. 씨껍질은 그물맥이다. 야생에서는 해발 600~700m 주변의 대나무 숲 등에서 보인다.

중국수국(산형, 화팔선)

학명: ***Hydrangea chinensis*** Maxim.

이명: ***Hydrangea umbellata*** Rehd.

중국명: 中国绣球(zhong guo xiu qiu, 중국수구), 伞形绣球(san xing xiu qiu, 산형수구), 華八仙(hua ba xian, 화팔선)

원산지: 저장(浙江), 안후이(安徽), 푸지안(福建), 장시(江西), 허난(河南), 타이완(台灣), 후베이(湖北) 동부, 후난(湖南), 일본, 미얀마 등

특징

식물형은 상록활엽관목(또는 낙엽)으로 높이는 50~200cm 정도이며, 줄기가 어릴 때에는 적갈색~갈색으로 부드러운 털이 있지만, 차차 얇은 껍질이 벗겨진다. 잎자루는 0.5~2cm이고, 잎은 마주나며 좁은 타원형으로, 부드러운 털로 덮여 있고 톱니 모양이다. **꽃차례는 산방상의 취산화서로 평평하며, 장식화는 흰색으로 아래 부분이 좁은 특징이 있으며, 톱니가 있는 것도 보인다. 양성화는 옅은 노란색이다.** 꽃피는 시기는 5~6월이고, 열매는 삭과로 9~10월에 익는다. 씨앗은 갈색으로 날개는 없다. 야생에서는 산 경사면, 산 정상 또는 계곡의 울창한 숲 해발 360~2000m 등에서 보인다.

◉중국고등식물 제 6권, 276쪽

푸지안수국(청기)

학명: ***Hydrangea chungii*** Rehd.

이명: ***Hydrangea caudatifolia*** W. T. Wang & M. X. Nie

중국명: 福建绣球(fu jian xiu qiu, 복건수구)

원산지: 푸지안 남동부 등

특징

식물형은 낙엽관목으로 높이는 30~70cm 정도이며, 어린 줄기는 촘촘하게 퍼지고, 둥그스름하며 반투명이다. 껍질이 쉽게 벗겨지는 특징이 있다. 잎자루는 두껍고 1~4cm이다. 잎은 마주나며 긴 타원형으로 길이 12~20cm, 폭 4.5~8.5cm의 톱니 모양으로 녹색이다. **꽃차례는 산방상의 취산화서로 평평하며 작다. 장식화는 3~4개로 넓고 구부러져 있으며 가장자리에, 양성화는 자주색에 가깝다.** 꽃피는 시기는 6~7월이고, 열매는 삭과로 9~10월에 익는다. 씨앗은 갈색으로 날개가 없거나 때로는 양쪽 끝에 짧게 날개가 있다. 씨껍질은 그물맥이다. 야생에서는 해발 230~800m산 경사면이나 길가의 울창한 숲이나 덤불에서 볼 수 있다.

애쉬수국(시네레아)

학명: ***Hydrangea cinerea*** Small

영명: Ashy hydrangea, Gray hydrangea, Deam's hydrangea

원산지: 미국남동부 및 중부 등

특징

식물형은 낙엽관목으로 높이는 60~300cm 정도이며, 줄기가 어릴 때에는 흰색에 가깝고 드물게 털이 있다. 잎자루 0.8~8.6cm이다. 잎은 마주나며 타원형에 가깝고 길이는 8~15cm로 톱니 모양이며 녹색이다. 잎의 아래 부분은 털이 많아 은회색으로 보이며,

털에는 융기가 나타난다. **꽃차례는 산방상의 취산화서로 평평하다. 장식화는 넓은 난형으로 연두색~흰색에 가깝고, 양성화는 드물게 핀다.** 꽃피는 시기는 5~7월이고, 열매는 삭과로 7~8월에 익는다. 씨앗은 갈색이다. 야생에서는 해발 100~700m 정도의 고지대와 삼림 지대, 그늘진 절벽, 계곡, 냇가 등에서 볼 수 있다. 현재 매사추세츠 주에서 육종(育種, breeding)*하고 있다.

⊙ 미국 원주민 체로키족은 구토제, 카타르제, 부인과 및 간 보조제로 껍질이나 뿌리를 먹었다는 보고가 있다(D. E. Moerman 1998).

잔마오수국(코악타)

학명: ***Hydrangea coacta*** C. F. Wei

중국명: 毡毛绣球(zhan mao xiu qiu, 점모수구)

원산지: 산시(陕西)남서부, 난정(南鄭), 시안(西安) 등

특징

식물형은 낙엽관목으로 높이는 100~300cm 정도이며, 줄기는 적갈색이며 세로로 뻗으며 돋보인다. 잎자루는 0.5~1.5cm로 두터운 편이다. 잎은 마주나며, 난상 피침형~타원형으로 길이는 9~14.5cm, 폭은 3.5~6cm로 녹색이고 잎의 양면에는 부드러운 털이 있고, 톱니가 있으며 녹색이다. **꽃차례는 산방상의 취산화서로 평평하다. 장식화는 4개로 자주색 계통이고, 양성화는 톱니가 있는 삼각형이다.** 꽃피는 시기는 6~7월이며, 열매는 삭과로 9월에 익는다. 씨앗은 갈색을 띠며, 타원형이며 압축되어 있고 양쪽 끝에 날개가 있다. 씨껍질에는 줄 무늬가 있다. 야생에서는 해발 1300m산 경사면의 불모의 지역에서 볼 수 있다.

수라오수국

학명: ***Hydrangea coenobialis*** Chun

중국명: 酥醪绣球(su lao xiu qiu, 수료수구)

원산지: 광둥(广东)~광시(广西) 등

특징

식물형은 낙엽관목으로 높이는 100~300cm 정도이며, 어린 줄기는 자홍색~짙은 자홍색이지만, 오래된 줄기는 껍질이 조각으로 벗겨진다. 잎자루는 1~2cm로 두터운 편이다. 잎은 마주나며, 타원형으로 길이는 9~20cm, 폭은 2.5~5cm로 두터운 편이고, 짙은 녹색으로 톱니가 있다. **꽃차례는 산방상의 취산화서로 평평하며 두껍고 부드러운 털이 조밀하게 나 있다. 장식화는 없고 양성화는 옅은 노란색을 띤다.** 꽃피는 시기는 5~6월이며, 열매는 삭과로 9월에 익는다. 씨앗은 옅은 갈색을 띠고, 날개가 없다. 야생에서는 해발 250~800m 정도의 산비탈의 실가에 산재한 계곡이나 빽빽한 숲에서 볼 수 있다.

⊙중국고등식물 제 6권, 279쪽

시난수국(다비디)

학명: ***Hydrangea davidii*** Franch.

이명: ***Hydrangea arbostiana*** H. Lév

Hydrangea yunnanensis Rehd.

중국명: 西南绣球(xi nan xiu qiu, 서남수구)

원산지: 쓰촨(四川), 윈난(云南), 구이저우(贵州)~광시(广西) 등

특징

식물형은 낙엽관목으로 높이는 100~250cm 정도이며, 어린 줄기는 갈색~짙은 적갈색으로 부드러운 털이 있지만 차차 황갈색으로 되며, 2년차의 줄기는 껍질이 불규칙한 조각으로 벗겨진다. 잎자루는 1~1.5cm이다. 잎은 마주나며 좁고 긴 타원형으로 황록색~황갈색이며, 톱니가 있다. **꽃차례는 산방상의 취산화서로 평평하고 작다. 장식화는 3~4개로 타원형이고, 흰색~옅은 파란색으로 가끔 톱니가 있는 것도**

있다. 양성화는 짙은 파란색으로 좁은 톱니가 있다. 꽃피는 시기는 4~6월이고, 열매는 삭과로 9~10월에 익는다. 씨앗은 갈색으로 날개는 없다. 야생에서는 산 경사면이나 계곡의 숲 해발 1400~2400m 정도에서 보인다.

◉중국고등식물 제 6권, 277쪽

디플로스트모나수국

학명: ***Hydrangea diplostemona*** (Donn. Sm.) Standl.

영명: Diplostemona hydrangea

원산지: 코스타리카, 볼리비아, 콜롬비아, 파나마, 페루 등

특징

식물형은 덩굴성의 상록 또는 낙엽관목으로 우거지게 자란다. 어린 줄기는 부드럽고 털이 있다. 잎은 마주나고 타원형으로 길이 15~25cm 정도 되며, 잎의 윗면은 광택이 있으며, 뒷면에는 때로는 부드러운 털이 있다. 잎 가장자리는 톱니가 없는 특징이 있다. **꽃차례는 산방상의 취산화서로 평평한 모양이다. 장식화는 흰색~분홍색으로 피고, 양성화는 옅은 보라색 계통으로 핀다.** 야생에서는 해발 1500~2700m 안데스 산맥의 북쪽이나 코스타리카 등에서 볼 수 있다.

인젠수국

학명: ***Hydrangea dumicola*** W. W. Smith

이명: ***Hydrangea heteromalla*** D. Don

중국명: 银针绣球(yin zhen siu qiu, 은침수구)

원산지: 윈난(雲南)서부 등

특징

식물형은 낙엽관목으로 높이는 150~250(+500)cm 정도이며, 줄기는 검은 갈색이며 피목과 털이 보인다. 잎자루의 길이는 2~4.5cm이다. 잎은 좁은 타원형으로 약간 비대칭으로 길이는 13~16cm, 폭은 4~5cm 정도 된다. 잎맥을 따라 드문드문한 털이 있으며, 가장자리에는 톱니가 있다. **꽃차례는 산방상 취산화서로 평평하다. 장식화는 4개로 황색을 띠고 꽃자루는 짧다. 양성화는 보라색~파란색 계통이다.** 꽃피는 시기는 6~7월이며, 열매는 삭과로 9월에 익는다. 씨앗은 갈색으로 길며 양쪽 끝에 길고 좁은 날개가 있다. 씨껍질에는 줄무늬가 있다. 야생에서는 해발 1900~2500m의 계곡이나 산 경사면, 숲, 덤불에서 볼 수 있다.

상산수국

학명: ***Hydrangea febrifuga*** (Lour.) Y. De Smet & C. Granados

이명: ***Dichroa febrifuga, Dichroa versicolor, Dichroa parviflora***

영명: Blue Himalayan hydrangea, Blue Evergreen hydrangea, Chinese Quinine hydrangea

중국명: 常山(chang shan, 상산)

원산지: 히말라야동부, 네팔, 중국, 동남아시아 2400m의 고지 등

특징

식물형은 반 상록성의 활엽관목으로 높이는 100~200cm 정도로 자라는 매력적인 관상용이다. 잎은 마주나며 광택이 있으며, 타원형으로 톱니가 있고 짙은 녹색이다. **꽃차례는 산방상의 둥그스름한 모양이다. 장식화는 없고, 양성화가 어릴 때에는 흰색이고 꽃잎의 바깥쪽은 흰색이나 안쪽은 푸른색으로 이중의 색이지만, 시간이 지나면서 분홍색으로 변한다.** 꽃이 진 뒤에 둥근 모양의 용담처럼 생긴 열매가 블루베리처럼 달려 성숙한다. 더 짙은 파란색으로 피우려면 토양에 산성 비료를 첨가한다. 꽃피는 시기는 5~7월이며, 열매는 삭과로 6~7월에 익는다. 중국 전통 의학에 쓰였으며, 유효 성분은 페브리푸긴(febrifugine)*이다.

H. febrifuga 하코네고라식물원

그랜둘로사수국

학명: *Hydrangea glandulosa* Elmer
이명: *Hydrangea integrifolia* Hayata
영명: Glandulosa hydrangea
원산지: 필리핀북부 루손 등
특징

식물형은 덩굴성의 상록활엽관목으로 길이는 400~1200cm 정도이며, 줄기는 주변 등걸이나 암벽을 타고 뻗는다. 잎은 마주나며 긴 난형으로 광택이 있고, 약간 청동색이 나며 잎맥이 뚜렷하다. 잎 가장자리에는 톱니가 없으며 밋밋하거나 약한 물결모양이다. **꽃차례는 산방상의 취산화서로 평평하며 작다. 장식화는 2~4개이고 흰색으로 둥글게 보이지만 모양이 일정하지 않으며, 밋밋하거나 약간 물결 모양이다. 양성화는 많으며 흰색 계통이다.** 꽃피는 시기는 5~7월이며, 열매는 삭과로 6~7월에 익는다.

그라실리스수국

학명: *Hydrangea gracilis* W. T. Wang & M. X. Nie
중국명: 细枝绣球(xi zhi xiu qiu, 세지수구)
원산지: 중국 후난(湖南), 장시(江西) 등
특징

식물형은 낙엽관목으로 높이는 30~100cm 정도이며, 어린 줄기는 자홍색에서 적갈색이며, 부드러운 털이 드문드문하고, 오래된 나무껍질은 얇은 조각으로 벗겨진다. 잎자루 3~12mm로 부드러운 털이 드문드문 있다. 잎은 마주나며 타원형으로, 길이 3~8.5cm, 폭 1~3cm 정도 된다. 잎의 양면에 부드러운 털이 보인다. 가장자리에는 톱니가 있으며 황록색이다. **꽃차례는 산방상의 취산화서로 장식화는 없으며, 양성화는 황록색이다.** 꽃피는 시기는 5~6월이고, 열매는 삭과로 9~10월에 익는다. 씨앗은 황색을 띠고, 씨앗 껍질은 그물맥으로 날개는 없다. 야생에서는 해발 400~700m에서 볼 수 있다.

히말라야수국(헤테로말라)

학명: *Hydrangea heteromalla* D. Don
이명: *Hydrangea kamienskii* Léveillé
영명: Shaggy hydrangea, Mongolian hydrangea
일명: トウアジサイ(토우아지사이)
중국명: 微绒绣球(wei rong xiu qiu, 미융수구)
원산지: 히말라야, 중국서부 및 북부, 동남아시아, 티베트남부, 윈난(云南)서북부, 쓰촨(四川)서남부~중서부 등
특징

식물형은 낙엽관목 또는 소교목으로 높이는 300~500cm 정도이며, 야생에서는 900cm이상 자란다. 어린 줄기는 털이 있고, 수피는 종종 껍질이 벗겨진다. 일반적으로 양모수국, 히말라야수국 또는 중국수국으로 알려져 있다. 잎자루는 2~4cm로 붉은색이며 털이 있다. 잎은 마주나며, 타원형으로 길이 8~20cm, 폭 5~8cm이고, 가장자리에는 작은 톱니가 있다. 잎의 윗면에는 털이 있거나 없고, 뒷면에는 회백색의 부드러운 털이 조밀하게 나 있다. **꽃차례는 산방상의 취산화서로 평평하다. 장식화는 2~4개로**

흰색~옅은 노란색이고 시간이 지남에 따라 분홍색 또는 불그스름한 색으로 변한다. 양성화는 옅은 노란색으로 긴 난형이다. 자방은 하위이다. 꽃피는 시기는 5~6월이며, 열매는 삭과로 8~9월에 익는다. 씨앗은 황갈색으로 양쪽 끝에 긴 날개가 있다. 야생에서는 해발 2400~3400m 삼림이나 정상 주변에서도 볼 수 있다.

◉중국고등식물 제 6권, 284쪽

◉종소명의 heteromalla는 그리스어 이종(異種)에서 유래하며, 유럽에서는 다양한 품종이 재 배되고 있다.

재배방법

토양: 비옥하며 부식질이 풍부하고, 물 빠짐이 좋고 촉촉한 토양

높이와 넓이: 150~450cm/150~250cm

일조량과 물주기: 그늘~부분그늘/ 보통

번식법: 꺾꽂이, 휘묻이, 포기나누기, 씨뿌리기 등

가지치기: 일반적으로 필요하지 않지만, 이른 봄에 최소한의 가지치기만 하고, 죽은 가지와 지나치게 긴 가지를 제거한다. 한 번에 광범위하게 자르면 다음 여름 몇 년 동안 꽃이 적게 필 수 있으므로, 2~3년에 한 번씩 잘라 크기를 조절한다.

내한성: −12°~−34℃(겨울철 보호가 필요)

병충해: 시들음, 잎 반점, 곰팡이, 녹 및 흰 가루병, 진딧물, 진드기, 응애 등

용도: 정원용, 울타리, 삼림정원 등

H. heteromalla 시카고식물원

브렛슈나이드리히말라야수국

학명: *Hydrangea heteromalla* 'Bretschneideri'

영명: Bretschneideri Shaggy hydrangea,

Bretschneideri Mongolian hydrangea

중국명: 布內施萊德(bu nei shi lai de)

상표명: 브렛슈나이드리

원산지: 베이징주변산지 등

특징

식물형은 낙엽관목이며 높이는 150~450cm 정도이며, 주로 껍질이 더 강하고 견고하다. 수피가 엷게 벗겨지는 특징이 있다. 잎은 마주나며 피침형으로 짙은 녹색이며 톱니가 있다. **꽃차례는 산방상의 취산화서로 평평하다. 장식화와 양성화는 모두 흰색~크림색이다. 시간이 지남에 따라 장식화는 뒤집어지고 분홍색으로 변한다.** 꽃피는 시기는 6~8월이며 열매는 삭과로 9~10월에 익는다. 시중에는 몇 품종이 거래되고 있으며, 이전에는 종(種)으로 간주되었지만 지금은 품종으로 축소되었다. RHS (AGM)을 수상했다.

H. heteromalla 'Bretschneideri' 시카고식물원

H. heteromalla 'Bretschneideri' 시카고식물원

H. heteromalla 'Bretschneideri' 시카고식물원

저민스레이스히말라야수국

학명: *Hydrangea heteromalla* 'Jermyns Lace'

영명: Shaggy hydrangea, Mongolian hydrangea

상표명: 저민스레이스

원산지: 베이징주변산지 등

특징

식물형은 낙엽관목이며 높이는 150~300cm 정도이며, 줄기는 강하지만 느슨하게 자라며, 시간이 지나면 수피가 엷게 벗겨지는 특징이 있다. 잎은 마주나며 긴 타원형으로 짙은 녹색이지만, 뒷면은 회백색이다. 잎 가장자리에는 붉은색이 돌며 톱니가 있다. **꽃차례는 산방상의 취산화서로 평평한 모양이며, 장식화는 4개로 색깔은 흰색~크림색이지만, 시간이 지나면서 분홍색으로 변한다. 양성화는 많은 편이다.** 꽃피는 시기는 6~8월이며, 열매는 삭과로 9~10에 익는다.

애기수국

학명: ***Hydrangea hirta*** (Thunb.) Sieb.

이명: ***Viburnum hirta*** Thunb.

Hydrangea hirta f. ***albiflora*** (Honda) H. Ohba & S. Akiyama

Hydrangea hirta f. ***lamalis*** Seriz.

Hydrangea hirta var. ***albiflora*** Honda

영명: Hirta hydrangea

일명: コアジサイ(코아지사이)

별명: シバアジサイ(시바아지사이)

원산지: 동아시아, 일본의 혼슈, 시코쿠, 큐슈, 히말라야, 중국 등

특징

식물형은 낙엽관목으로 높이는 80~120cm 정도이지만 보통은 더 작다. 어린줄기는 옅은 자갈색을 띤다. 잎은 마주나고 광택이 있으며, 난형으로 길이 5~9cm, 양면에는 털이 있고 밝은 담황녹색이다. 잎 가장자리에는 규칙적인 깊은 톱니가 있으며 뾰족하다. 가을에는 노랗게 단풍이 든다. **꽃차례는 산방상의 취산화서로 다소 평평한 모양이지만, 작고 장식화가 없는 것이 특징이다. 양성화는 옅은 파란색 또는 옅은 분홍색으로 한여름부터 만추까지 간다. 가끔 흰색의 꽃도 있어 흰 애기수국[**f. ***albiflora*** Okuyama**] 이라고 한다. 또는 꽃받침과 꽃잎이 잎처럼 변화한 품종을 녹색애기수국[**f. ***laminalis*** Serizawa**]이라 한다.** 꽃피는 시기는 6월부터이며, 재배는 잘 하지 않지만, 원예 가치가 있다. 혼슈, 오키나와, 류큐 열도에 대한 풍토성이 있으며, 언덕에서 산에 이르기까지 숲에서 볼 수 있다.

◎종소명의 hirta는 짧은 털이 있다는 뜻이다.

◎'쐐기풀잎 수국'으로도 알려지고 있다.

재배방법

토양: 비옥하며 물 빠짐이 좋고 촉촉한 토양

높이와 넓이: 80~120cm/50~100cm

일조량과 물주기: 밝은 그늘~부분그늘/ 보통

번식법: 꺾꽂이, 휘묻이, 포기나누기, 씨뿌리기 등

가지치기: 일반적으로 필요하지 않지만, 이른 봄에 최소한의 가지치기만 하고, 죽은 가지와 지나치게 긴 가지를 제거한다. 한 번에 광범위하게 자르면 다음 여름 몇 년 동안 꽃이 적게 필 수 있으므로, 2~3년에 한 번씩 잘라 크기를 조절한다.

내한성: −12°~−34℃(겨울철 보호가 필요)

병충해: 시들음, 잎 반점, 곰팡이, 녹 및 흰 가루병, 진딧물, 진드기, 응애 등

용도: 정원용, 화분용 등

아마기히르타수국

학명: *Hydrangea hirta* 'Amagi'
영명: Amagi hirta hydrangea
일명: アマギコアジサイ(아마기코아지사이)
원산지: 일본 아마기산
특징

식물형은 낙엽관목으로 높이는 50~75cm 정도이며, 줄기는 약한 편이다. 잎은 마주나며 난형~타원형에 가깝고 옅은 황녹색이다. 잎 가장자리에는 규칙적으로 깊은 톱니가 있다. 꽃차례는 산방상의 취산화서로 평평하게 피며, 장식화는 보이지 않는다. **꽃이 피는 시기는 여름부터 늦게까지 핀다. 일본 아마기산에서 발견된 이 식물은 *H. hirta*와 *H. scandens* subsp. *chinensis* f. *luteovenosa* 사이의 자연잡종이다.** Corinne Mallet은 2000년 일본에서 이 잡종(雜種, hybrid)*을 발견했지만 이름을 언급하지 않았다. 잎이 쐐기풀처럼 보인다고 '쐐기풀잎수국' 이라고도 한다.

벤사키히르타수국

학명: *Hydrangea hirta* 'Bensaki'
영명: Bensaki hirta hydrangea
일명: ベンサキ(벤사키, 弁咲き)
품종명: 벤사키
특징

식물형은 낙엽관목으로 높이는 60~80cm 정도이며, 줄기는 약한 편이며 부드럽다. 잎은 마주나며 긴 타원형으로 작고 톱니가 있으며 밝은 녹색이다. **꽃차례는 산방상의 평평한 모양이며, 장식화는 없으며, 양성화로만 이루어진다.** 꽃의 색깔은 토양 성분에 따라 다르지만, 일반적으로 옅은 보라색 계통이다. 꽃피는 시기는 5~7월로 빠른 편이며, 열매는 삭과로 8~9월에 익는다.

H. hirta 'Bensaki' 하코네싯세이카엔

오쿠타마히르타수국

학명: *Hydrangea hirta* 'Okutama'
영명: Okutama hirta hydrangea
일명: オクタマコアジサイ(오쿠타마코아지사이)
원산지: 일본
특징

식물형은 낙엽관목으로 높이는 50~75cm 정도이며, 줄기는 약하며 옅은 갈색이다. 잎은 마주나며 타원형으로 짙은 녹색이며 규칙적으로 깊은 톱니가 있다. **꽃차례는 산방상의 취산화서로 평평하게 피며, 장식화는 보이지 않고, 양성화는 보통이다.** 꽃이 피는 시기는 여름부터 늦게까지 핀다. 원산지는 일본이다.

H. hirta 'Okutama' 토시마엔

하이포그라우카수국

학명: *Hydrangea hypoglauca* Rehd.

중국명: 白背绣球(bai bei xiu qiu, 백배수구)

원산지: 후난(湖南)~구이저우(贵州), 쓰촨(四川)동부, 윈난(云南)서북부 등

특징

식물형은 낙엽관목으로 높이는 100~300cm 정도이며, 어린 줄기는 적갈색이 나고, 짧은 털이 있으며 자라면서 수피가 벗겨진다. 잎자루는 가늘고 1.5~3cm이다. 잎은 마주나며 긴 타원형 가는 톱니가 있다. 잎 양면에는 털이 없거나 혹은 윗면에는 엉성한 털이 조금 있고, 잎맥을 따라 짧고 두껍고 털이 있으며, 뒷면에는 회백색의 털이 있으며 선상(腺狀, glandular)*이 있다. **꽃차례는 산방상의 취산화서로 평평한 모양이다. 장식화는 4개로 흰색이며 난형~타원형이다. 양성화도 흰색으로 부드러운 털이 덮여 있다.** 꽃피는 시기는 6~7월이며, 열매는 삭과로 9~10월에 익으며, 돌출된 정단부는 원추형이다. 씨는 옅은 갈색을 띠며 방추형으로 양쪽 끝에 날개가 있다. 씨껍질에는 줄 무늬가 있다. 야생에서는 900~1900m의 산 경사면 덤불숲에서 볼 수 있다.

⊙중국고등식물 제 6권, 281쪽

인테그리폴리아수국

학명: *Hydrangea integrifolia* Hayata

중국명: 全缘绣球(quan yuan xiu qiu, 전연수구)

원산지: 타이완(台湾), 필리핀 등

특징

식물형은 덩굴성 상록관목으로 일 년 내내 자라지만, 활발하게 자라기까지 2~3년 정도 걸린다. 어린 줄기는 적갈색이 나며, 차차 줄기에서 공중뿌리가 나와 암벽 등을 기어오르면서 자란다. 잎자루는 1.5~4.5cm로 불그스름하다. 잎은 광택이 있고 길쭉하며 길이 7~22cm, 폭 3.5~8cm으로 짙은 녹색이다. 잎의 가장자리는 톱니가 없으며, 아래 부분은 쐐기(V자) 모양이거나 약간 둔한 편이다. 잎의 양면에는 털이 없다. **꽃차례는 산방상의 취산화서로 평평하다. 처음 꽃이 피기까지는 5~7년 정도로 오래 걸린다. 꽃차례에는 황갈색의 단모(單毛)*나 별 모양의 털이 있다. 봉오리는 터지기 전에 큰 골프공을 닮았다. 장식화는 흰색으로 2~4개이고 둥글게 보이지만 모양이 일정하지 않으며, 밋밋하거나 물결 모양이다. 양성화는 긴 원형으로 흰색의 꽃이 많이 핀다.** 자방은 하위이다. 꽃피는 시기는 6~7월이며, 열매는 삭과로 10~12월에 익는다. 씨앗은 갈색이며 양쪽 끝에 짧은 날개가 있다. 온화한 기후에서 잘 자란다. 야생에서는 1000~2800m의 덤불숲이나 또는 해안 절벽이나 암석 주변 등에서 볼 수 있다.

⊙중국고등식물 제 6권, 287쪽

옥수국

학명: *Hydrangea involucrata* Sieb. & Zucc.

영명: Involucrata hydrangea

일명: タマアジサイ(타마아지사이)

중국명: 玉紫陽花(yu zi yang hua, 옥자양화)

상표명: 옥수국, 타마아지사이

원산지: 일본혼슈중부와 이두칠도(伊豆七島), 대만 등

특징

식물형은 낙엽관목으로 높이는 100~150cm 정도이며, 줄기는 덤불처럼 자란다. 잎은 마주나고 긴 타원형으로 매우 크다. 끝은 예리하고 양면에는 딱딱한 털이 밀생하고 마치 고양이 혓바닥처럼 거친 느낌으로 잔잔한 톱니가 있고 녹색이다. *H. aspera*와 비슷하다. **꽃차례는 산방상의 평평한 모양이며, 장식화는 4(드물게 3 또는 5)개로 흰색이다. 양성화는 밝은 보라색**

이다. 처음에는 둥글게 나타나지만, 차차 봉오리가 열리면서 조락성의 큰 포엽(苞葉)으로 싸여있다. 종소명의 뜻은 꽃이 포엽(苞葉)에 둘러싸여 있다는 말이고, 큰 포엽은 새싹일 때 희끄무레 한 덩어리로 보이며, 봉오리의 지름은 2~2.5cm 정도 된다. 꽃은 매우 관상적이며, 품종에 따라 다양하다. 꽃피는 시기는 7~9월로 늦으며, 새로운 나무에 꽃을 피운다.

H. involucrata 바람의 언덕

H. involucrata 바람의 언덕

H. involucrata 하코네싯세이카엔

재배방법

토양: 비옥하며 부식질이 풍부하며, 물 빠짐이 좋고 촉촉한 토양이 좋다.

높이와 넓이: 100~150cm/100~150cm

일조량과 물주기: 부분그늘~부분햇볕, 햇볕/ 보통

번식법: 꺾꽂이, 휘묻이, 포기나누기, 씨뿌리기 등

가지치기: 봄에 최소한의 가지치기만 하면 죽은 가지나 지나치게 긴 가지를 제거할 수 있다. 문제점은 봄에 서리 피해가 있는 경우 살아있는 건강한 나무에서 손상되지 않은 첫 번째 새싹 바로 위까지 손상된 새싹을 가지치기 한다. 또한 약하고 느슨한 가지를 제거한다. 특히 땅에 붙어 있는 가지는 잘라낸다.

내한성: −25℃(겨울철 보호가 필요)

병충해: 시들음, 잎 반점, 곰팡이, 녹 및 흰 가루병, 진딧물, 진드기, 응애 등

용도: 정원용, 울타리, 화분용 등

그린옥수국

학명: *Hydrangea involucrata* 'Green'

영명: Green Involucrata hydrangea

일명: グリン(구린)

원산지: 일본

특징

식물형은 낙엽관목으로 높이는 100~150cm 정도이며, 어린줄기는 늘어지며 편이다. 잎은 마주나며 넓은 피침형 또는 긴 타원형이며 잔잔한 톱니가 있고 녹색이다. **꽃차례는 산방상의 평평한 모양이고 동그란 포엽(苞葉)으로 둘러 싸여 있다. 장식화는 녹색 계통이고, 양성화는 보라색 계통으로, 불규칙하게 벌어지며 겹으로 피고, 많은 편이다.** 잘 보호할 수 있는 장소가 필요하다.

H. involucrata 'Green' 바람의 언덕

H. involucrata 'Green' 조가사키

H. involucrata 'Green' 조가사키

홀텐시스옥수국(교쿠단카)

학명: *Hydrangea involucrata* 'Hortensis'

영명: Hortensis Involucrata hydrangea

일명: ギョクダンカ(교쿠단카)

특징

식물형은 낙엽관목으로 높이는 100~200cm 정도이며, 어린줄기는 늘어지며 편이다. 잎은 마주나며 넓은 피침형 또는 긴 타원형이며 가장자리에는 잔잔한 톱니가 있고 다소 옅은 녹색이다. **꽃차례는 산방상의 평평한 모양이나 동그란 포엽(苞葉)으로 둘러 싸여 있다. 장식화와 양성화가 겹으로 피고, 불규칙하게 벌어지면서 양성화는 많은 편이다.** 잘 보호할 수 있는 장소가 필요하다. 1867년 T. Smith가 일본에서 유럽으로 수입했으며, Carl J. Maximowicz가 묘사했다. RHS (AGM)을 수상했다.

H. involucrata 'Hortensis' 바람의 언덕

프레나옥수국

학명: *Hydrangea involucrata* 'Plena'
영명: Plena Involucrata hydrangea
일명: プレナ(프레나)
원산지: 일본
특징

식물형은 낙엽관목으로 높이는 80~100cm 정도이며, 줄기는 천천히 자란다. 잎은 마주나며 넓은 피침형으로 빳빳한 털이 많으며, 가장자리는 잔잔한 톱니가 있으며 회녹색이다. **꽃차례는 산방상의 평평한 모양이다. 장식화가 겹으로 피며 흰색 계통이다. 양성화는 보라색 계통으로 많은 편이다.** 꽃피는 시기는 6~7월이며, 일본에서 발견되었다.

H. involucrata 'Plena' 바람의 언덕

비리데슨스옥수국

학명: *Hydrangea involucrata* 'Viridescens'
영명: Viridescens Involucrata hydrangea
일명: ビリデスンス(비리데순수)
원산지: 일본 야쿠시마
특징

식물형은 낙엽관목으로 높이는 80~100cm 정도이며, 줄기는 천천히 자란다. 잎은 마주나며 넓은 피침형 또는 긴 타원형으로 가장자리는 잔잔한 톱니가 있으며 밝는 녹색이다. **꽃차례는 산방상의 취산화서로 평평한 모양이며, 장식화가 녹색인 것이 특징이며 톱니도 보인다. 양성화는 보라색 계통으로 많다.** 일본 야쿠시마 섬에서 발견되었으며 다른 종보다 늦게 꽃이 핀다. RHS (AGM)을 수상했다.

요라쿠옥수국

학명: *Hydrangea involucrata* 'Yoraku tama'
영명: Yoraku tama Involucrata hydrangea
일명: ヨウラク(요우라쿠, 瓔珞)
원산지: 일본
특징

식물형은 낙엽관목으로 높이는 80~150cm 정도이며, 줄기는 덤불지며 쳐지는 편이다. 잎은 마주나며 타원형으로 잔잔한 톱니가 있으며 녹색이다. **꽃차례는 산방상의 취산화서로 평평한 모양이다. 장식화는 여러 겹으로 별처럼 보이며, 톱니가 있고 흰색~옅은 분홍색이다. 양성화는 옅은 색으로 많은 편이지만 차차 색깔이 변한다.** 꽃피는 시기는 7~8월로 늦다. RHS (AGM)을 수상했다.

이 이외에도 옥수국에는 'han temari tama', 'leucantha', 'numa ajisai', 'plenissima', 'raseita yama', 'sterilis', 'takaho hira', 'urakisao yae temari', 'yae no gyokudanka', 'yahagi gyokudanka', 'yokudanka' 등 수많은 품종이 소개되고 있다.

H. involucrata 'Yoraku tama' 조가사키

옐스키수국

학명: *Hydrangea jelskii* Szyszy.

영명: Jelskii hydrangea

원산지: 남아메리카의 안데스 (에콰도르남부 및 페루 북부, 볼리비아동부) 등

특징

식물형은 덩굴성의 상록활엽관목이다. 잎은 마주나고 길이 8~13cm, 넓이는 길이의 절반정도 되고 가죽질이며 잔잔한 톱니가 있다. 꽃차례는 산방상의 취산화서로 평평하게 피며, 장식화가 없는 것이 특징이다. **꽃차례가 어릴 때에는 듬성듬성한 털이 있으며, 윗부분은 공 모양이고 가끔씩 약간의 부드러운 털이 있다. 양성화는 작고 흰색이다.** '옐스키'는 잘 알려지지 않았으며 POWO (Plants of the World online)*에 의하면, 두 번 논문집(1999년, 2013년)에 발표되었다고 보고되며. *H. matthewsii**와 관련이 있다.

토카라수국

학명: *Hydrangea kawagoeana* Koidz.

일명: トカラアジサイ(吐噶喇紫陽花)

원산지: 일본 토카라열도 및 아마미오오시마(トカラ列島と奄美大島) 등

특징

식물형은 상록활엽관목으로 높이는 100~200cm 정도이며, 잎은 마주나고 타원형으로 길이는 4~7cm, 넓이 2~3cm이다. 잎의 끝은 매우 뾰족하고 아래 부분은 둥그스름하고 짙은 녹색이며, 가장자리에는 거친 톱니가 있다. **꽃차례는 산방상의 평평한 모양이다. 장식화는 3~5개로 큰 편이고 톱니가 있으며 주로 흰색이다. 양성화는 연한 크림색~노란색이다.** 꽃피는 시기는 5~6월이다. 얼른 보기에는 산수국처럼 보이기도 하고 내한성이 있다. 독립한 종은 없으며, からこんてりぎ(唐紺照り木)에 포함하기도 한다. 야생에서는 계곡을 따라 숲속에 자라는 것을 볼 수 있다. 일본의 고유종이다.

토카라노호시수국

학명: *Hydrangea kawagoeana* 'Tokaranohoshi'

영명: Tokaranohoshi kawagoeana hydrangea

일명: トカラノホシ(토카라노호시, トカラの星)

원산지: 일본토카라열도

특징

식물형은 낙엽관목으로 높이는 70~90cm 정도이며, 줄기에는 피목이 나타난다. 잎은 마주나며, 긴 타원형으로 옅은 녹색이지만, 햇볕이 닿으면 거무스름해지고 가장자리는 톱니가 있다. **꽃차례는 산방상의 평평한 모양이며, 장식화는 큰 편이고 3~4개로 톱니가 있고, 옅은 파란색 계통으로 나타난다. 양성화는 보통이며 작은 꽃들로 이루어진다.** 꽃피는 시기는 6~8월이며, 열매는 삭과로 8~9월에 익는다.

H. kawagoeana 'Tokaranohoshi' 하코네싯세이카엔

토카라노사꾸라수국

학명: *Hydrangea kawagoeana* 'Tokaranosakura'

영명: Tokaranosakura kawagoeana hydrangea

일명: トカラノサクラ(토카라노사꾸라, トカラの桜)

원산지: 일본토카라열도

특징

식물형은 낙엽관목으로 높이는 70~90cm 정도이며, 줄기에는 피목이 나타난다. 잎은 마주나며, 긴 타원형으로 녹색이지만, 햇볕이 닿으면 거무스름해지고 가장자리는 톱니가 있다. **꽃차례는 산방상의 평평한 모양이며, 장식화는 큰 편이고 3~4개로 톱니가 있고, 옅은 분홍색 계통으로 나타난다. 양성화는 보통이며 작은 꽃들로 이루어진다.** 꽃피는 시기는 6~8월이며, 열매는 삭과로 8~9월에 익는다.

토카라노소라수국

학명: *Hydrangea kawagoeana* 'Tokaranosora'

영명: Tokaranozora kawagoeana hydrangea

일명: トカラノソラ(토카라노소라, トカラの空)

원산지: 일본토카라열도

특징

식물형은 낙엽관목으로 높이는 70~90cm 정도이며, 줄기에는 피목이 나타난다. 잎은 마주나며, 넓은 피침형으로 녹색이지만 햇볕이 닿으면 거무스름해지며 가장자리에 톱니가 있다. **꽃차례는 산방상의 평평한 모양이며, 장식화는 크며 4~5개로 톱니가 있고, 옅은 파란색 계통으로 나타난다. 양성화는 보통이며 작은 꽃들로 이루어진다.** 꽃피는 시기는 6~8월이며, 열매는 삭과로 8~9월에 익는다.

H. kawagoeana 'Tokaranosora' 하코네싯세이카엔

토카라노와라베수국

학명: *Hydrangea kawagoeana* 'Tokaranowarabe'

영명: Tokaranowarabe kawagoeana hydrangea

일명: トカラノワラベ(토카라노와라베, トカラの童)

원산지: 일본토카라열도

특징

식물형은 낙엽관목으로 높이는 70~90cm 정도이며, 줄기에 피목이 나타난다. 잎은 마주나며, 긴 타원형으로 녹색이고 가장자리는 톱니가 있다. **꽃차례는 산방상의 평평한 모양이며, 장식화는 3~4개로 둥그스름하게 피며, 옅은 파란색 계통으로 나타난다. 양성화는 많으며 작은 꽃들로 이루어진다.** 꽃피는 시기는 6~8월이며, 열매는 삭과로 8~9월에 익는다.

H. kawagoeana 'Tokaranowarabe' 하코네싯세이카엔

카와카미수국

학명: *Hydrangea kawakamii* Hayata

이명: *Hydrangea aspera* 'Kawakamii'

영명: Kawakamii rough-leaved hydrangea

일명: カワカミィアジサイ(카와카미-아지사이)

중국명: 蝶萼绣球(die e xiu qiu, 접악수구)

원산지: 대만

특징

식물형은 덩굴성 관목으로 높이는 100~300cm 정도이며, 어린줄기는 어두운 회색이다. 잎자루의 길이는 2~9cm이다. 잎은 마주나며, 타원형~난형으로 길이 9~12cm, 넓이 4.5~10cm이고 가장자리에는 불규칙한 톱니가 있다. **꽃차례는 산방상의 취산화서로 평평하며 어릴 때에는 황갈색의 빽빽하고 부드러운 털이 있다. 장식화는 톱니가 있고, 장식화는 3~4개로 흰색이다. 양성화는 큰 편이고 넓은 삼각형처럼 보이며 보라색 계통이다.** 꽃이 피는 시기는 7월에 피고, 열매는 삭과로 10~11월에 익는다. 꽃은 옥수국과 비슷하고, 야생에서는 해발 2200~2300m의 울창한 숲에서 볼 수 있다. 수국 아스페라'카와카미'와의 차이점은 꽃이 더 늦게 피며 꽃차례가 느슨하고, 포엽(苞葉)이 꽃차례를 감싸지 않는다.

H. kawakamii 토시마엔

H. kawakamii 토시마엔

광시엔시스수국

학명: *Hydrangea kwangsiensis* Hu

중국명: 粤西绣球(yue xi xiu qiu, 월서수구), 广西绣球(guang xi xiu qiu, 광서수구)

원산지: 구이저우(贵州)남부, 광시(广西)북부~광둥(广东)동부, 광둥(广东)~후난(湖南)남부 등

특징

식물형은 낙엽관목으로 높이는 100~300cm 정도이며, 어린 줄기에는 털이 없다. 잎자루의 길이는 1~3cm이다. 잎은 마주나고 피침형으로 길이 9~20cm, 폭은 1.5~5.5cm으로 아래 부분은 쐐기(V자) 모양이다. 잎 가장자리는 전연(全緣)* 또는 가는 톱니가 있다. 잎의 윗면에는 털이 없고 뒷면에는 가끔씩 부드러운 털이 있다. **꽃차례는 산방상의 취산화서로 평평한 모양이다. 장식화는 4개로 흰색이고, 양성화는 남색~자홍색이다.** 자방은 4/5하위이다. 꽃피는 시기는 5~6월이며, 열매는 10~11월에 익는다. 씨앗은 일반적으로 날개가 없지만 드물게 볼품없는 날개가 있기도 한다. 야생에서는 해발 1500m 이하 산지 계곡 수풀이지만 산 정상에서도 가끔 볼 수 있다.

◎중국고등식물 제 6권, 279쪽

광둥수국(광튠겐시스)

학명: *Hydrangea kwangtungensis* Merr.

중국명: 广东绣球(guang dung xiu qiu, 광동수구)

원산지: 광둥(广东), 광시(广西)남부~장시(江西)남부 등

특징

식물형은 낙엽관목으로 높이는 100~200cm 정도이며, 어린줄기에는 잎 조각이 붙어있다. 줄기는 적갈색을 띤 갈색으로 얼룩덜룩하며 조밀하게 반투명인 황록색의 융 모양의 털이 많다. 잎자루의 길이는 4~

8mm 정도로 다소 짧은 편이다. 잎은 마주나고 타원형~긴 원형으로 길이 5~13.5cm, 폭은 1.5~3cm으로 아래 부분은 쐐기(V자) 모양이다. 잎 가장자리는 가는 톱니가 있으며, 양면에는 털이 조밀하게 난다. 꽃차례는 산형상(傘形狀)의 취산화서로 평평한 모양이다. **꽃차례에는 반투명의 황록색의 다소 길고 부드러운 털로 덮여 있다. 장식화는 없으며 양성화는 모여서 핀다.** 자방은 반하위이다. 꽃피는 시기는 4~5월이며, 열매는 삭과로 10~11월에 익는다. 씨앗은 노란색의 타원형으로 날개는 없다. 야생에서는 해발 960~1020m 산 계곡의 빽빽한 숲이나 산 정상에서도 가끔 볼 수 있다.

⊙중국고등식물 제 6권, 279쪽

링기아이수국

학명: *Hydrangea lingii* G. Hoo

이명: *Hydrangea minnanica* W. D. Han

Hydrangea vinicolor Chun

중국명: 狭叶绣球(xia ye xiu qiu, 협엽수구)

원산지: 푸지안(福建)서부, 광둥(广东)동중부, 광시(广西)동부, 구이저우(貴州), 후난(湖南), 장시 (江西) 등

특징

식물형은 낙엽관목으로 높이는 70~250cm 정도이며, 어린 줄기는 어두운 자갈색으로 약간 부드러운 털이 있다. 줄기는 오래되면 조각으로 벗겨진다. 잎은 마주나고 피침형~좁은 타원형으로 길이는 5~18cm, 넓이는 1.5~4.5cm 정도이며 짙은 보라색이 난다. 잎 가장자리에는 톱니가 있고 잎의 아래 부분은 쐐기 모양이다. **꽃차례는 산방상의 취산화서로 평평하며 작고, 밀도가 높고 부드러운 털이 있다. 장식화는 없으며, 양성화도 빈약하다.** 꽃피는 시기는 4~5월이며, 열매는 삭과(蒴果)로 8~11월에 익는다. 야생에서는 해발 200~900m 계곡이나 산의 경사면의 산림, 덤불에서 볼 수 있다.

린퀴엔시스수국

학명: *Hydrangea linkweiensis* Chun

이명: *Hydrangea angustipetala* Hayata var. ***subumbellata*** W. T. Wang

Hydrangea linkweiensis var. ***subumbellata*** (W. T. Wang) C. F. Wei

중국명: 临桂绣球(lin gui xiu qiu, 림계수구)

원산지: 광시(广西)동부, 후베이(湖北)남서부 등

특징

식물형은 낙엽관목으로 높이는 100~300cm 정도이며, 줄기가 어릴 때는 어두운 자갈색으로 드문드문한 부드러운 털이 있다. 수피는 불규칙하게 벗겨진다. 잎자루는 4~10mm로 부드러운 털이 빽빽하게 난다. 잎은 마주나며 약간 비뚤어진 피침형이고 적갈색이다. 잎 가장자리는 드문드문한 톱니가 있다. **꽃차례는 산방상의 취산화서로 평평하게 핀다. 장식화는 3개로 불규칙하며 난형으로 꽃자루는 3~5cm정도 되며, 양성화는 많은 편이고 옅은 노란색 계통이다.** 꽃피는 시기는 5~6월이며, 열매는 삭과로 타원형에 가깝고 8~10월에 익는다. 야생에서는 해발 700~1100m 계곡이나 산 경사면의 산림, 덤불 등지에서 볼 수 있다.

로비수국

학명: *Hydrangea lobbii* Maxim.

이명: *Hydrangea scandens* subsp. ***chinensis*** (Maxim.) Kitam.

유통명: 토키와아지사이

원산지: 타이완, 필리핀(루손~민다나오) 등

특징

식물형은 반상록관목으로 높이는 100~150m 정도이다. 잎은 마주나며 넓은 피침형~좁은 타원형으로 광택이 있는 짙은 녹색으로 두텁고 가장자리는 톱니가 있다. **꽃차례는 산방상 취산화서로 평평하며, 장식화는 4개로 큰 편이고 흰색에 가까우며 가벼운 톱니도 보인다. 양성화도 화려하고 흰색~분홍색이다.** 꽃피는 시기는 5~6월이며, 열매는 삭과로 8~10월에 익는다. 영국의 남서부 콘월지방은 습기가 많아 수국이 잘 자랄 수 있는 환경이며, 종소명(種小名)의 '라비'는 콘월의 식물학자 Thomas Lobb에 의해 명명되었다. 야생에서는 해발 1100~2400m의 높은 산의 이끼 낀 숲에서 볼 수 있다.

롱기폴리아수국

학명: ***Hydrangea longifolia*** Hayata

이명: ***Hydrangea involucrata*** Sieb. var. ***longifolia*** (Hayata) Y. C. Liu

Hydrangea strigosa Rehd. var. ***longifolia*** (Hayata) Chun

중국명: 长叶绣球(chang ye xiu qiu, 장엽수구)

원산지: 타이완 등

특징

식물형은 낙엽 또는 상록활엽관목으로 곧게 자란다. 어린줄기는 어두운 홍갈색이 난다. 잎자루는 1.5~2cm이다. 잎은 어긋나며 종이질감 혹은 가죽질에 가깝고, 피침형으로 길이는 10~20cm, 폭 3~4.5cm로 잎 끝은 꼬리처럼 뾰족하고, 아래 부분은 쐐기(V자) 모양이다. 잎 가장자리에는 잔잔한 톱니가 있다. 잎의 윗면에는 털이 드물게 있으나 뒷면에는 짧은 털이 많다. **꽃차례는 산방상 취산화서로 피며 털이 있다. 장식화는 4개로 타원형이지만, 크기가 조금씩 다르다. 양성화는 일찍 떨어지지만 남은 양성화가 수분된다.** 열매는 삭과로 다음해 1월에 익는다. 씨앗은 갈색으로 타원형이며 양쪽 끝에 짧은 날개가 있다. 야생에서는 고산지대의 수풀에서 볼 수 있다.

◉중국고등식물 제6권. 286쪽

롱기페스수국

학명: ***Hydrangea longipes*** Franch.

중국명: 莼兰绣球(chun lan xiu qiu, 순란수구)

원산지: 간쑤(山西), 구이저우(贵州), 허베이(河北), 허난(河南), 후베이(湖北), 후난(湖南), 산시(陕西), 쓰촨(四川), 윈난(云南), 깐수(甘肃) 등

특징

식물형은 낙엽관목으로 높이는 100~300cm 정도이며, 어린 줄기는 황색의 부드러운 털로 덮여있고, 시간이 지남에 따라 껍질이 벗겨지기도 한다. 잎자루는 가늘고 길며 3~15cm로 부드러운 털이 드물게 있다. 잎은 마주나며, 막질(膜質)*이고 난형 또는 도란형으로 길이는 8~20cm로 아래 부분은 평평하며 약간 어긋난다. 잎 가장자리에는 톱니가 있으며, 양면에는 털이 덮여 있다. **꽃차례는 산방상 취산화서로 큰 편이다. 장식화는 4개로 흰색이고 밋밋하다. 양성화도 흰색 계통으로 긴 난형이다.** 자방은 하위이다. 꽃피는 시기는 7~8월이고 열매는 삭과로 9~10월에 익는다. 씨앗은 옅은 갈색으로 양쪽 끝에 짧은 날개가 있다. 야생에서는 해발 1300~2800m의 시냇가, 골짜기 또는 산악 지대에 있는 산림이나 덤불에서 볼 수 있다.

◉중국고등식물 제 6권, 284쪽

변종풀베슨스수국

학명: ***Hydrangea longipes*** var. ***fulvescens*** (Rehd.) W. T. Wang et Wei

이명: ***Hydrangea fulvescens*** Rehd.

중국명: **锈毛绣球(xiu mao xiu qiu, 수모수구)**
원산지: **깐수(甘肃), 쓰촨(四川), 산시(陕西), 후베이(湖北)~허난(河南) 등**

특징

식물형은 낙엽관목으로 높이는 100~300cm 정도이며, 어린줄기는 황색의 부드러운 털로 덮여있고, 시간이 지남에 따라 껍질이 벗겨지기도 한다. 잎자루는 가늘고 길며 길이 3~15cm로 부드러운 털이 드물게 있다. 잎은 마주나며, 막질(膜質)이고 난형 또는 도란형으로 길이는 8~20cm로 아래 부분은 평평하며 약간 어긋난다. **잎 가장자리에는 톱니가 있으며, 양면에는 털이 덮여 있지만, *Hydrangea longipes* 와 차이점은 잎의 아래 부분에 빽빽하고 가늘고 부드러운 털로 덮여있고, 특히 줄기의 맥(脈) 위로 조밀하게 퍼져서 덮이며, 갈색 또는 옅은 갈색의 듬성한 긴 털이 있다.** 야생에서는 해발 1500~2700m 산지 계곡 주변이나 산림이 빽빽하거나 듬성한 곳에서 볼 수 있다.

⊙중국고등식물 제 6권, 285쪽

성널수국(코가쿠우츠기)

학명: ***Hydrangea luteovenosa*** Koidz.
이명: ***Hydrangea liukuensis*** Nakai
Hydrangea scandens subsp. ***liukuensis*** (Nakai) McClint.
일명: **コガクウツギ(코가쿠우츠기, 小額空木), リューキューコムデリキ(류큐코므데리키, 琉球紺照り木)**
원산지: **제주도 성널오름, 일본 이즈반도~오키나와 남서부 등**

특징

식물형은 상록 또는 낙엽관목이며 높이는 100~200cm 정도이며, 줄기는 종이처럼 벗겨지고, 회색~적자색으로 버드나무처럼 부드럽고 아름답다. 잎은 마주나거나 돌려나며, 작은 편이고 타원형~장타원형의 녹색으로 광택이 나지만 햇볕이 닿는 쪽은 감색(紺色, navy blue)* 을 띠고 아름답다. 잎 가장자리에는 드문드문한 톱니가 있다. **꽃차례는 산방상 취산화서로 평평하며 작다. 장식화는 3~4개로 크기는 차이가 있으며, 톱니도 보이고 흰색이다. 양성화는 옅은 노란색이지만 시간이 지남에 따라서 짙은 색으로 변한다.** 품종에 따라 꽃에 향기가 있는 것도 있다. 꽃피는 시기는 5~6월이고, 열매는 삭과로 9~10월에 익는다.

⊙종소명의 'luteo'는 노란색이라는 뜻이고 'venosa'는 줄 무늬를 말한다.

H. luteovenosa 조가사키

하나가사수국

학명: ***Hydrangea luteovenosa*** **'Hanagasa'**
영명: **Hanagasa luteovenosa hydrangea**
일명: **ハナガサ(하나가사, 花笠)**

특징

식물형은 낙엽관목으로 높이는 60~90cm정도이며, 줄기는 회갈색이며 약한 편이다. 잎은 마주나며 긴 타원형으로 녹색이다. 잎 가장자리는 톱니가 있다. **꽃차례는 산방상의 작은 공 모양처럼 보이며, 장식화의 꽃잎은 겹이며 주로 연두색으로 나타나지만 활짝 피면 흰색~크림색이고, 양성화는 잘 보이지 않는다.** 꽃피는 시기는 6~7월이며, 열매는 삭과로 8~9월에 갈색으로 익는다. 사가 현에서 발견한 자연 교잡종으로 알려졌다.

H. luteovenosa 'Hanagasa' 하코네싯세이카엔

킨잔힌지수국

학명: *Hydrangea luteovenosa* 'Kinzanhinji'

영명: Kinzanhinji luteovenosa hydrangea

일명: キンザンヒンジ(킨잔힌지, 金山品寺)

특징

식물형은 낙엽관목으로 높이는 100~200cm 정도이며, 잎은 마주나며, 타원형으로 광택이 있고 녹색이다. 잎 가장자리는 잔잔한 톱니가 있다. **꽃차례는 산방상의 평평한 모양이며, 장식화는 3각형이며 흰색으로 눈에 띄며, 다소 큰 편이다. 양성화는 옅은 노란색으로 작은 꽃들로 이루어진다.** 꽃피는 시기는 6~8월이며, 열매는 삭과로 8~9월에 익는다.

H. luteovenosa 'Kinzanhinji' 조가사키

세토노츠키수국

학명: *Hydrangea luteovenosa* 'Seto no Tsuki'

영명: Seto no Tsuki luteovenosa hydrangea

일명: セトノツキ(세토노츠키, 瀬戸の月)

특징

식물형은 낙엽관목으로 높이는 90~120cm 정도이며, 잎은 마주나며 타원형으로 밝은 녹색이며, 가장자리에는 톱니가 있다. **꽃차례는 산방상의 평평한 모양이며, 장식화는 3~4개로 수면에 비친 달을 잘라낸 것처럼 둥글게 되는 편이다. 양성화도 파란색 계통이다.** 꽃의 색깔은 밝은 파란색으로 자태가 아름답고 가련하다. 꽃피는 시기는 5~7월이며, 열매는 삭과로 6~8월에 익는다. 산수국과 성널수국의 자연교잡종이다.

H. luteovenosa 'Setonotsuki' 토시마엔

H. luteovenosa 'Setonotsuki' 하코네싯세이카엔

마크로카르파수국

학명: *Hydrangea macrocarpa* Handel-Mazzetti

이명: *Hydrangea heteromalla* D. Don var. ***mollis*** Rehd.

Hydrangea mollis (Rehd.) W. T. Wang

중국명: 大果绣球(da guo xiu qiu, 대과수구)

원산지: 윈난(云南)북부, 쓰촨(四川)남부 등

특징

식물형은 낙엽관목으로 높이는 300~400cm 정도이며, 어린줄기는 갈색을 띤 회색이나 2년째의 줄기는 짙은 회갈색이 난다. 잎자루는 두꺼운 편이고, 잎은 마주나며 길이 9~12cm, 넓이는 6~11cm로 타원형으로 두꺼우며 녹색이고 아래 부분은 얕은 심장모양이다. 잎 가장자리는 빽빽한 톱니가 있다. **꽃차례는 산방상 취산화서로 매우 크다. 장식화는 4개이고, 양성화는 많은 편이다.** 꽃피는 시기는 6~7월이며, 열매는 삭과로 9~10월에 익는다. 씨앗은 적갈색~짙은 갈색으로 양쪽 끝에 날개가 있고 씨껍질에는 줄 무늬가 있다. 야생에서는 해발 2500~3500m 골짜기 또는 산 경사면이 있는 물가를 따라 혼합 된 숲에서 볼 수 있다.

수국

학명: *Hydrangea macrophylla* (Thunb. ex J. Murr.) Ser.

영명: Bigleaf hydrangea, French hydrangea, Mophead hydrangea, Lacecaps hydrangea

일명: セイヨウアジサイ(세이요우아지사이), ガクアジサイ(가쿠아지사이), アジサイ(아지사이)

중국명: 绣球(xiu qiu, 수구)

원산지: 동아시아, 한국~일본, 푸지안(福建), 후베이(湖北), 후난(湖南), 광둥(广东), 香港(홍콩), 구이저우(贵州), 윈난(云南)~쓰촨(四川) 등

특징

식물형은 낙엽관목으로 높이는 100~400cm 정도로 자란다. 수관(樹冠, crown)* 은 둥근 편이고 어린줄기는 엉성하고 털이 없다. 차차 수피(樹皮)는 옅은 회갈색으로 옅게 갈라진다. 줄기가 뻗은 모양은 두텁고 세로 길이로 피목(皮目)이 산재한다. 잎줄기는 1~3.5cm 정도 된다. 잎은 광타원형~장타원형으로 길이는 6~15cm, 폭 5~10cm, 잎 끝은 예리하고 아래 부분은 넓은 쐐기(V자) 모양이다. 꽃차례는 산방상(繖房狀)의 취산화서로 지름이 8~20(+30)cm 정도 된다. 꽃차례의 주변에는 2~4cm의 장식화가 있다. 장식화의 악편(萼片)은 3~5개, 대부분이 둥근 모양에 가깝고 톱니가 있는 것도 보이며, 옅은 분홍색~남색을 띤 것도 있지만 흰색이 많다. 일반적으로 양성화는 작은 편이며 길이 1.5~2mm 정도이다. 양성화의 꽃잎은 길이 3~3.5mm정도 되며, 암술은 3개이고 수술은 10개이다. 자방은 중위이다. 꽃피는 시기는 5~8월이다. 산수국과 비교하면 ①잎이 크고 두텁고, 짙은 녹색으로 표면에는 광택이 있고 털이 없다. ②꽃잎은 크고, 길이 3~4mm에 달한다. ③열매는 삭과로 크며 길이 6~8mm에 달한다. ④양성화는 주로 옅은 파란색 계통이지만 다른 색깔도 있다. 보통 정원용이나 실내장식용으로 사용한다. 야생 그루를 그대로 이용해도 무난하다. 일반적으로 장식화가 산성 토양에는 짙은 청색으로, 알칼리성 토양에는 적자색으로 핀다.(높은 산성 토양에서는 파란색, 약간 산성에서 알칼리성 토양에서는 라일락에서 분홍색으로)토양 pH는 흰색을 제외한 대부분의 품종의 꽃 색깔에 영향을 미친다. **늦은 가을 또는 이른 봄 꽃피기 전에 토양에 황산알루미늄을 첨가하여 꽃을 더 파랗게 만들거나,**

또는 돌로마이트 석회 분말을 첨가하여 꽃을 더 분홍색이나 붉은색으로 만들기도 한다. 구미에서는 둥근 모양으로 피는 몹헤드(Mop head) 계통과 평평하게 피는 레이스캡(Lacecaps) 계통으로 구분하고 있고, 일본에서 말하는 가쿠아지사이[額アジサイ]는 원예품종에서 유래한다. 잎을 관상하는 것으로는 흰색과 황색의 무늬가 들어 있는 'Tricolor' 등이 알려져 있다. 중국에서는 수구(绣球), 자양화(紫陽花), 팔선화(八仙花) 등으로 불린다. 야생에서는 해발 1700m 이하의 산지 계곡 주변이나 숲이 울창한 곳에서 볼 수 있지만, 최근에는 기후변화에 민감한 많은 품종이 계속 육종(育種)*되고 있으며, 여름 내내 피거나 두 번 피는 종이 많이 나오고 있다.

◎중국고등식물 제 6권, 280쪽

재배방법

토양: 비옥하며 부식질이 풍부하고, 물 빠짐이 좋고 촉촉한 토양이 좋으며, 토양에 황산알루미늄을 첨가하여 꽃을 더 파랗게, 석회를 토양에 첨가하여 꽃을 더 분홍색으로 할 수 있으며, 이 경우에는 늦가을이나 초봄 개화 이전에 토양 처리한다.

높이와 넓이: 50~200cm/80~200cm (품종에 따라서 차이가 많다).

일조량과 물주기: 부분그늘~햇볕/ 보통

번식법: 꺾꽂이, 휘묻이, 포기나누기, 씨뿌리기 등

가지치기: 둥근 모양의 경우에는 가지치기가 심하면 꽃이 손실되므로 최소한만하고, 꽃이 핀 후 시든 꽃을 제거하고 필요에 따라 가볍게 모양을 만든다. 휴면기를 깨는 이른 봄에 죽거나 병든 가지를 잘라낸다. 서리 보호를 위해 겨울 동안 식물을 그대로 두는 것도 좋다. 평평한 모양의 경우에는 꽃이 만발한 후 시든 꽃차례는 머리 아래 두 번째 마디를 잘라서 식물의 에너지를 흡수하는 종자 발달을 방지하며, 늦겨울이나 이른 봄에 가지 아래 부분에서 오래된 가지 몇 개를 잘라 낸다.

내한성: −18°~−29°C(겨울철 보호가 필요)

병충해: 적절한 조건에서 자라면 큰 잎 수국은 대부분의 해충과 질병에 내성이 있지만, 해충에는 진딧물, 진드기, 비늘, 응애, 민달팽이 또는 달팽이가 포함될 수 있고, 질병에는 botrytis 마름병, 잎 반점, 흰 가루 병, 곰팡이, 회색곰팡이, 뿌리 썩음 등이 있다.

용도: 화분용, 정원용(울타리), 강조용, 절화용, 마른 꽃 등

H. macrophylla 태종사

아도라수국

학명: *Hydrangea macrophylla* 'Adora'

영명: Adora bigleaf hydrangea

품종명: 아도라(네덜란드육종)

특징

식물형은 낙엽관목으로 높이는 80~150cm 정도이며, 줄기는 두터운 편이고 피목(皮目)*이 나타난다. 잎은 마주나며 타원형으로 광택이 있고, 녹색으로 톱니가 있다. **꽃차례는 산방상의 둥근 모양이고, 겹으로 피며 큰 편이다. 꽃의 색깔은 토양 성분에 따라서 변한다.** 꽃피는 시기는 5~7월이다. 꽃차례는 시간이 지남에 따라 'Adora classic'으로 부르며, 마른 꽃으로 많이 사용한다.

H. macrophylla 'Adora' 강진뷰티팜

에게해수국

학명: *Hydrangea macrophylla* 'Aegean Sea'

영명: Aegean Sea bigleaf hydrangea

품종명: 에게해(일본가무화창포원육종)

특징

식물형은 낙엽관목이며 높이는 80~150cm 정도이며, 줄기에는 피목이 뚜렷하게 나타난다. 잎은 마주나며 타원형으로 광택이 있고, 밝은 녹색으로 톱니가 있다. **꽃차례는 산방상의 평평한 모양이다. 장식화는 4개로 고리 모양을 만들고, 양성화는 옅은 파란색으로 많다.** 꽃피는 시기는 5~7월에 피며, 열매는 삭과로 8~9월에 익는다.

H. macrophylla 'Aegean Sea' 고민가뮤지엄

H. macrophylla 'Aegean Sea' 핫세데라

핫레드수국

학명: *Hydrangea macrophylla* 'Agrihydradrie'PBR

이명: *Hydrangea macrophylla* 'Hot Red'

영명: Hot Red bigleaf hydrangea

품종명: 핫레드(네덜란드육종)

특징

식물형은 낙엽관목으로 높이는 80~100cm 정도이며, 줄기는 튼튼하며 피목이 나타난다. 잎은 마주나며

타원형으로 광택이 있고, 짙은 녹색으로 톱니가 있다. **꽃차례는 산방상의 둥근 모양이다. 장식화는 옅은 색으로 나타나지만 시간이 지남에 따라서 밝은 붉은색으로 변했다가 차차 퇴색하게 된다.** 양성화는 잘 보이지 않는다. 꽃피는 시기는 6~9월이다.

H. macrophylla 'Agrihydradrie'[PBR] 강진뷰티팜

아라모드수국

학명: *Hydrangea macrophylla* 'Alamode'

영명: Alamode bigleaf hydrangea

일명: アラモド(아라모도)

품종명: 아라모드(일본가무화창포원육종)

특징

식물형은 낙엽관목이며 높이는 80~120cm 정도이며, 줄기는 두텁고 피목이 나타난다. 잎은 마주나며 타원형으로 광택이 있고, 녹색으로 톱니가 있다. **꽃차례는 산방상의 평평한 모양이고, 겹으로 피며, 장식화는 이중 색이 나고, 끝이 뾰족한 편이다. 양성화는 비슷한 색깔로 많은 편이다.** 꽃피는 시기는 6~7월이며, 열매는 삭과로 8~9월에 익는다.

H. macrophylla 'Alamode' 이즈반도시모다

H. macrophylla 'Alamode' 핫세데라

알바트로스수국

학명: *Hydrangea macrophylla* 'Albatros'

영명: Albatros bigleaf hydrangea

품종명: 알바트로스(네덜란드육종)

특징

식물형은 낙엽관목이며 높이는 60~120cm 정도이며, 줄기는 굵은 편으로 피목이 나타난다. 잎은 마주나며 타원형으로 광택이 있고, 짙은 녹색으로 톱니가 있다. **꽃차례는 산방상의 둥근 모양으로, 장식화는 흰색이다. 양성화는 잘 보이지 않는다. Albatros classic은 시간이 지나면서 차차 연두색~밝은 녹색으로 변한다.** 꽃피는 시기는 5~7월이다.

H. macrophylla 'Albatros' 토시마엔

올서머뷰티수국

학명: *Hydrangea macrophylla* 'All Summer Beauty'
영명: All Summer Beauty bigleaf hydrangea
품종명: 올서머뷰티
특징

식물형은 낙엽관목으로 높이는 90~120cm 정도이며, 줄기는 굵은 편이고 피목이 나타난다. 잎은 마주나며 타원형으로 광택이 있고, 녹색으로 톱니가 있다. **꽃차례는 산방상의 둥근 모양으로 큰 편이다. 장식화는 분홍색~짙은 보라색까지 다양하게 나타난다.** 꽃 피는 시기는 6~9월이다. 일반적으로 오래된 나무와 새 나무에 꽃이 피며, 환경만 맞으면 초가을에 다시 한 번 꽃을 피운다.

H. macrophylla 'All Summer Beauty' 홋카이도대학

그로우잉엠블즈수국

학명: *Hydrangea macrophylla* 'Alpenglühen'
영명: Alpen Glow bigleaf hydrangea
상표명: 그로우잉엠블즈, 알펜그뤼헨(독일육종)
특징

식물형은 낙엽관목으로 높이는 90~130cm 정도이며, 줄기는 굵고 피목이 나타난다. 잎은 마주나며 넓은 타원형으로 광택이 있으며, 붉은색을 띤 짙은 녹색으로 톱니가 있다. **꽃차례는 산방상의 둥근 모양이다. 장식화는 짙은 홍색 계통이고, 양성화는 잘 보이지 않는다.** 꽃피는 시기는 6~8월이다. 'Alpenglühen'은 Alpen Glow라고도 한다. Glowing Embers라는 상표명으로 판매되기도 하지만, 일부 업체에서는 Glowing Embers가 산성 토양에서 붉은 색보다는 자주색에 가깝기 때문에 'Alpenglühen'이 아니라고도 한다.

H. macrophylla 'Alpenglühen' 케이프코드

알토나수국

학명: *Hydrangea macrophylla* 'Altona'
이명: *Hydrangea macrophylla* 'Althone'
영명: Altona bigleaf hydrangea

한명: 阿尔托那(a er tou na, 아이탁나)

특징

식물형은 낙엽관목은 높이는 90~120cm 정도이며, 줄기는 굵으며 피목이 나타난다. 잎은 마주나며 타원형으로 광택이 있고, 녹색으로 톱니가 있다. **꽃차례는 산방상의 둥근 모양이다. 장식화는 파란색~짙은 분홍색이며 톱니가 있다.** 'Hamburg' 와 'Europa'와 혼동하기 쉽지만 'Altona'는 더 작은 톱니 모양이다. 꽃피는 시기는 5~9월까지로 길며, 1931년 독일 H. Schadendorff가 번식하였으며, RHS (AM, AGM)을 수상했다.

H. macrophylla 'Altona' 상하이천샨식물원

아메노모노가타리수국

학명: *Hydrangea macrophylla* 'Ame-no-Monogatari'

영명: Ame-no-Monogatari bigleaf hydrangea

품종명: 아메노모노가타리(일본육종)

시리즈: 카모설렉션더오리지날

특징

식물형은 낙엽관목으로 높이는 90~120cm 정도이며, 줄기는 곧고 피목이 나타난다. 잎은 마주나며 타원형으로 광택이 있고, 녹색으로 톱니가 있다. **꽃차례는 산방상의 둥근 모양이다. 장식화는 옅은 노란색 계통이지만 차차 가장자리부터 파란색으로 변하며, 작아서 '아나벨'처럼 보인다. 양성화는 잘 보이지 않는다.** 꽃피는 시기는 6~8월이다.

H. macrophylla 'Ame-no-Monogatari' 하쿠산진자

아미빠스끼에수국

학명: *Hydrangea macrophylla* 'Ami Pasquier'

영명: Ami Pasquier bigleaf hydrangea

품종명: 아미빠스끼에(프랑스육종)

특징

식물형은 낙엽관목으로 높이는 90~120cm 정도이며, 줄기는 어두운편이고 피목이 나타난다. 잎은 마주나며 타원형으로 광택이 있고, 녹색으로 톱니가 있다. **꽃차례는 산방상의 둥근 모양이다. 장식화는 파란색 계통~짙은 분홍색 계통이지만, 토양 성분에 따라 다르다.** 일부 새로운 품종은 오래된 나무와 새 나무 모두에 꽃이 핀다. 꽃피는 시기는 6~8월이다. 1930년 프랑스의 Emile Mouilléré의해 선발되었으며, RHS (AM, AGM)을 수상했다.

H. macrophylla 'Ami Pasquier' 바람의 언덕

H. macrophylla 'Ami Pasquier' 조가사키

H. macrophylla 'Ankong' 상하이천샨식물원

앙콩수국

학명: *Hydrangea macrophylla* 'Ankong'

영명: Ankong bigleaf hydrangea

품종명: 앙콩

특징

식물형은 낙엽관목으로 높이는 90~120cm 정도이며, 줄기는 굵고 곧으며 피목이 나타난다. 잎은 마주나며 타원형으로 광택이 있고, 짙은 녹색으로 톱니가 있다. **꽃차례는 산방상의 둥근 모양이다. 장식화는 파란색 계통~분홍색 계통으로, 토양의 성분에 따라서 다르며, 앙콩블루와 앙콩로우즈로 구별된다.** 꽃피는 시기는 7~9월이다.

H. macrophylla 'Ankong' 상하이천샨식물원

아쿠아마린수국

학명: *Hydrangea macrophylla* 'Aquamarin'

영명: Aquamarin bigleaf hydrangea

품종명: 아쿠아마린

특징

식물형은 낙엽관목으로 높이는 80~100cm 정도이며, 줄기는 튼튼하며 피목이 나타난다. 잎은 마주나며 타원형으로 광택이 있고, 짙은 녹색으로 톱니가 있다. **꽃차례는 산방상의 평평한 모양이다. 장식화는 옅은 파란색의 여러 겹으로 나타나고 길쭉하다. 양성화는 많으며 옅은 색깔이다.** 꽃피는 시기는 6~7월이며, 열매는 삭과로 8~9월에 익는다.

H. macrophylla 'Aquamarin' 고민가뮤지엄

아리가토우수국

학명: *Hydrangea macrophylla* 'Arigatou'

영명: Arigatou bigleaf hydrangea

일명: アリガトウ(아리가토우)

품종명: 아리가토우(일본가무화창포원육종)

특징

식물형은 낙엽관목으로 높이는 80~120cm 정도이며, 줄기는 굵은 편이고 피목이 나타난다. 잎은 마주나며 타원형으로 광택이 있고, 녹색으로 톱니가 있다. **꽃차례는 산방상의 둥그스름한 모양이다. 장식화의 가장자리에는 흰색의 테두리가 특징적이다. 양성화도 장식화 사이사이에서 보인다.** 꽃의 색깔은 토양 성분에 따라서 다르게 나타나며, 꽃피는 시기는 5~7월이다.

H. macrophylla 'Arigatou' 조가사키

아야오미수국

학명: *Hydrangea macrophylla* 'Ayaomi'

영명: Ayaomi bigleaf hydrangea

일명: アヤオミ(아야오미, 綾波)

품종명: 아야오미(일본육종)

특징

식물형은 낙엽관목으로 높이는 70~100cm 정도이며, 줄기는 굵고 피목이 나타난다. 잎은 마주나며 타원형으로 광택이 있고, 녹색으로 톱니가 있다. **꽃차례는 산방상의 둥글납작한 모양이다. 장식화는 여러 겹으로 피며 보라색이다. 양성화도 장식화 사이에서 보인다.** 꽃의 색깔은 토양 성분에 따라서 다르게 나타나며, 꽃피는 시기는 5~7월이다. 열매는 삭과로 8~9에 익는다.

H. macrophylla 'Ayaomi' 핫세데라

에이사수국(팝콘)

학명: *Hydrangea macrophylla* 'Ayesha'

이명: *Hydrangea macrophylla* 'Silver Slipper'

***Hydrangea macrophylla* 'Uze azisai'**

***Hydrangea macrophylla* var. 'Concavosepala'**

영명: Ayesha bigleaf hydrangea

일명: ウズ(우주)

품종명: 에이사, 우즈

상표명: 팝콘

특징

식물형은 낙엽관목으로 높이는 60~120cm 정도이며, 줄기는 굵은 편이고, 피목이 나타난다. 잎은 마주나며 타원형으로 광택이 있고, 밝은 녹색으로 톱니가 있다. **꽃차례는 산방상의 둥글납작한 모양이다. 장식화가 봉오리 때에는 흰색~옅은 연두색으로 나타나지만, 토양의 성분과 시간이 지남에 따라서 옅은 분홍색에서 보라색으로 피며, 약간 향기가 있다. 장식화의**

모양이 매우 특징적으로 오목하다. 꽃피는 시기는 6~8월이다. RHS (AM, AGM)을 수상했다.

H. macrophylla 'Ayesha' 수미다고엔

H. macrophylla 'Ayesha' 이즈반도시모다

베일데이수국

학명: *Hydrangea macrophylla* 'Bailday'

이명: *Hydrangea macrophylla* 'Light-O-Day'

영명: Bailday bigleaf hydrangea

품종명: 라이트오데이

특징

식물형은 낙엽관목으로 높이는 100~150cm 정도이며, 줄기는 굵고 피목이 나타난다. 잎은 마주나며 타원형으로 광택이 있으며, 변화무쌍하여 다소 좁은 흰색 테두리 또는 연한 노란색의 얼룩무늬가 들어간 짙은 녹색으로 톱니가 있다. **꽃차례는 산방상의 평평한 모양이다. 장식화는 흰색 계통이지만, 종종 옅은 파란색이나 옅은 분홍색의 부드러운 색조를 띤다. 양성화는 많고 파란색~분홍색으로 토양 성분에 따라서 다르다.** 꽃피는 시기는 6~9월로 긴 편이다. 정원에 흥미로움을 더하기 위해 심기도 한다.

H. macrophylla 'Bailday' 핫세데라

서머크러쉬수국

학명: *Hydrangea macrophylla* 'Bailmacfive'

이명: *Hydrangea macrophylla* 'Summer Crush'®

영명: Summer Crush bigleaf hydrangea

품종명: 서머크러쉬

시리즈: 엔드레스서머

특징

식물형은 낙엽관목으로 높이는 45~90cm 정도이며, 줄기는 튼튼하며 피목이 나타난다. 잎은 마주나며 타원형으로 광택이 있으며 짙은 녹색이고, 가장자리에는 톱니가 있다. **꽃차례는 산방상의 공 모양이다. 장식화는 붉은색 계통이지만, 종종 옅은 파란색이나 옅은 분홍색으로 부드럽다. 양성화는 잘 보이지 않는다.** 꽃피는 시기는 6~9월로 긴 편이다. 미국식물특허 USPP 30,359를 받고, 보호되고 있다.

H. macrophylla 'Bailmacfive' 태종사

베일머수국

학명: *Hydrangea macrophylla* 'Bailmer'

영명: The Original bigleaf hydrangea

상표명: 엔드레스서머디오리지날(미국육종)

시리즈: 엔드레스서머

특징

식물형은 낙엽관목으로 높이를 90~120cm 정도이며, 줄기는 굵으며 피목이 나타난다. 잎은 마주나며 타원형으로 광택이 있고, 밝은 녹색으로 톱니가 있다. **꽃차례는 산방상의 둥근 모양이다. 오래된 나무와 새 나무에 새싹을 만들고, 다시 두 번째 꽃을 피우는 특징이 있다.** 꽃피는 시기는 6월부터 가을까지 계속 피며, 시중에서는 현재 'Endless Summer The Original'로 판매되고 있다. 미국식물특허 USPP 15,298을 받고, 보호되고 있다.

H. macrophylla 'Bailmer' 페스체스화원

보떼방도모아즈수국

학명: *Hydrangea macrophylla* 'Beauté Vendômoise'

영명: Beauté Vendômoise bigleaf hydrangea

품종명: 보떼방도모아즈(프랑스육종)

특징

식물형은 낙엽관목으로 높이는 150~200cm 정도이며, 줄기는 굵으며 피목이 나타난다. 잎은 마주나며 타원형으로 광택이 있고, 밝은 녹색으로 톱니가 있다. **꽃차례는 산방상의 평평한 모양으로 향기가 있다. 장식화의 4개로 주로 옅은 분홍색이다. 양성화는 많으며 차차 보라색 계통으로 핀다.** 꽃피는 시기는 6~9월이다.

H. macrophylla 'Beauté Vendômoise' 조가사키

베르린수국

학명: *Hydrangea macrophylla* 'Berlin Rabe'

영명: Berlin bigleaf hydrangea

상표명: 시티라인베르린(미국PW육종)

시리즈: 시티라인

특징

식물형은 낙엽관목으로 높이는 60~90cm 정도이며, 줄기는 굵으며 피목이 나타난다. 잎은 마주나며 타원형으로 광택이 있고, 짙은 녹색으로 톱니가 있다. **꽃**

차례는 산방상의 둥근 모양으로 크다. 장식화는 연두색으로 나타났다가 파란색으로 변하고 다시 짙은 색으로 변하기도 하며, 토양 성분에 따라서 영향을 미친다. 꽃피는 시기는 6~8월이다. 미국식물특허 USPP 10,912를 받고, 보호되고 있다.

H. macrophylla 'Berlin Rabe' 헤리테이지뮤지엄앤가든

베르너수국

학명: *Hydrangea macrophylla* 'Berner'

영명: Berner bigleaf hydrangea

상표명: Let's Dance Big Easy(미국PW육종)

시리즈: 렛츠댄스

특징

식물형은 낙엽관목으로 높이는 60~90cm 도로 빠르게 자라며, 줄기는 굵으며 피목이 나타난다. 잎은 마주나며 타원형으로 광택이 있고, 밝은 녹색으로 톱니가 있다. **꽃차례는 산방상의 둥근 모양으로 크다. 장식화는 옅은 색이다가 시간이 지나면서 파란색~분홍색 계통으로 변한다.** 꽃피는 시기는 5~10월로 길며, 오래된 나무와 새 나무에 두 번 꽃을 피운다. 미국식물특허 USPP 22,329를 받고, 보호되고 있다.

H. macrophylla 'Berner' 시카고식물원

빅대디수국

학명: *Hydrangea macrophylla* 'Big Daddy'

영명: Big Daddy bigleaf hydrangea

특징

식물형은 낙엽관목으로 높이는 90~120cm 정도로 자라며, 줄기는 굵으며 피목이 나타난다. 잎은 마주나며 타원형으로 광택이 있고, 짙은 녹색으로 톱니가 있으며 큰 편이다. **꽃차례는 산방상의 둥근 모양으로 크다. 장식화는 옅은 색이다가 시간이 지나면서 파란색~분홍색 계통으로 변한다.** 꽃피는 시기는 6~8월이며, 열매는 삭과로 8~10월에 익는다. 오래된 나무와 새나무 모두 꽃이 피며, 미국식물특허 USPP 14,527을 받고, 보호되고 있다.

H. macrophylla 'Big Daddy' 핫세데라

블라우마이스수국(블루스카이)

학명: *Hydrangea macrophylla* 'Blaumeise'

이명: *Hydrangea macrophylla* 'Blue Tit'

영명: Blaumeise bigleaf hydrangea

상표명: Blue Titmouse, Blue Tit(스위스육종)

시리즈: 텔러

특징

식물형은 낙엽관목으로 높이는 90~150cm 정도이며, 줄기는 굵고 피목이 나타난다. 잎은 마주나며 타원형으로 광택이 있고, 밝은 녹색으로 톱니가 있다. **꽃차례는 산방상의 평평한 모양으로 작은 편이다. 장식화는 파란색 계통이고, 종종 분홍색~파란색의 혼합 색으로 노화되기도 한다. 양성화도 옅은 색으로 많은 편이다.** 일반적으로 오래된 나무에 피며, 꽃피는 시기는 6~7월이다. 시중에서 '블루스카이', '블루팃'이라고도 부른다. RHS (AGM)을 수상했다.

H. macrophylla 'Blaumeise' 핫세데라

H. macrophylla 'Blaumeise' 태종사

브링크수국

학명: *Hydrangea macrophylla* 'Blink'

영명: Blink bigleaf hydrangea

품종명: 브링크(네덜란드육종)

특징

식물형은 낙엽관목으로 높이는 80~120cm 정도이며, 줄기는 굵으며 피목이 나타난다. 잎은 마주나며 타원형으로 광택이 있고, 짙은 녹색으로 톱니가 있다. **꽃차례는 산방상의 둥근 모양이다. 장식화의 가장자리는 밋밋하고, 주로 파란색과 분홍색이지만, 토양 성분에 따라서 다르게 나타난다.** 꽃피는 시기는 6~7월이다.

H. macrophylla 'Blink' 강진뷰티팜

블루보닛수국

학명: *Hydrangea macrophylla* 'Blue Bonnet'

영명: Blue Bonnet bigleaf hydrangea

한명: 藍毛(lan mao, 남모)

품종명: 블루보닛(영국육종)

특징

식물형은 낙엽관목으로 높이는 90~150cm 정도이며, 줄기는 굵으며 피목이 나타난다. 잎은 마주나며 타원형으로 광택이 있고, 녹색으로 톱니가 있다. **꽃차례는 산방상의 둥근 모양이다. 장식화는 전년도 줄기에서 피며, 토양 성분에 따라서 짙은 분홍색에서 파란**

색까지 다양하게 나타난다. 꽃피는 시기는 6~10월로 긴 편이며, 영국의 C. Marchant가 키웠다.

H. macrophylla 'Blue Bonnet' 케이프코드

블루다이아몬드수국

학명: *Hydrangea macrophylla* 'Blue Diamond'

영명: Blue Diamond bigleaf hydrangea

품종명: 블루다이아몬드(영국육종)

특징

식물형은 낙엽관목으로 높이는 80~120cm 정도이며, 줄기는 굵으며 피목이 나타난다. 잎은 마주나며 타원형으로 광택이 있고, 녹색으로 톱니가 있다. **꽃차례는 산방상의 둥근 모양으로 큰 편이며, 장식화 토양 성분에 따라서 다양하며, 주로 파란색이 많은 편이며 가운데가 흰색인 것도 있다.** 시간이 지나면 'classic blue'라고도 한다. 꽃피는 시기는 6~9월이다.

H. macrophylla 'Blue Diamond' 하코네고라식물원

블루마나스루수국

학명: *Hydrangea macrophylla* 'Blue Manaslu'

영명: Blue Manaslu bigleaf hydrangea

품종명: 블루마나스루

특징

식물형은 낙엽관목으로 높이는 90~150cm 정도이며, 줄기는 굵으며 피목이 나타난다. 잎은 마주나며 타원형으로 광택이 있고, 녹색으로 톱니가 있다. **꽃차례는 산방상의 둥근 모양이다. 장식화는 토양 성분에 따라서 다양한 색깔이 나타나고, 가끔씩 톱니도 보인다. 양성화는 잘 보이지 않는다.** 꽃피는 시기는 6~8월이다.

H. macrophylla 'Blue Manaslu' 하코네고라식물원

브러싱브라이드수국

학명: *Hydrangea macrophylla* 'Blushing Bride'

영명: Blushing Bride bigleaf hydrangea

품종명: 브러싱브라이드(미국육종)

시리즈: 엔드레스서머

특징

식물형은 낙엽관목으로 높이는 90~150cm 정도이며, 줄기는 굵고 피목이 나타난다. 잎은 마주나며 타원형으로 광택이 있고, 녹색으로 톱니가 있다. **꽃차**

례는 산방상의 둥근 모양이다. 주로 흰색으로 나타나지만 가끔씩 옅은 분홍색도 있다. 꽃피는 시기는 6~10월이다. 미국 미네소타 주 베일리 농장에서 처음 발견한 유명한 미국 원예사인 마이클 디르 (Michael Dirr) 박사가 [Hydrangeas for American Garden]소개하였다. Endless Summer 범위가 새롭고 오래된 나무에 꽃을 피울 수 있다는 것이다. Endless Summer The Original™과 Veitchii의 특정 교배종이다. 미국식물특허 USPP 17,169를 받고, 보호되고 있다.

H. macrophylla 'Blushing Bride' 시카고식물원

H. macrophylla 'Blushing Bride' 시카고식물원

보든지수국

학명: *Hydrangea macrophylla* 'Bodensee'

영명: Bodensee bigleaf hydrangea

품종명: 보든지(독일육종)

특징

식물형은 낙엽관목으로 높이는 90~150cm 정도이며, 줄기는 굵고 피목이 나타난다. 잎은 마주나며 타원형으로 광택이 있고, 녹색으로 톱니가 있다. **꽃차례는 산방상의 둥근 모양이다. 장식화는 파란색~보라색 계통이고, 토양 성분에 따라 다르지만 쉽게 파란색으로 나타나는 특징이 있다. 양성화는 잘 보이지 않는다.** 꽃피는 시기는 6~10월이다.

H. macrophylla 'Bodensee' 하쿠산진자

보스쿱뷰티수국

학명: *Hydrangea macrophylla* 'Boskoop Beauty'

영명: Boskoop Beauty bigleaf hydrangea

품종명: 보스쿱뷰티(네덜란드육종)

특징

식물형은 낙엽관목으로 높이는 70~120cm 정도이며, 줄기는 굵고 피목이 나타난다. 잎은 마주나며 타원형으로 광택이 있고, 짙은 녹색으로 톱니가 있다. **꽃차례는 산방상의 둥근 모양이다. 장식화는 연두색으로 나타나지만 시간이 지남에 따라 화려한 진분홍**

색으로 변하며, 토양성분에 따라서 다르고, 가장자리는 톱니가 있으며 물결 모양이다. 꽃피는 시기는 6~8월이다. 보스쿱은 네덜란드의 지명이고, 네덜란드 South Holland주에 위치한 묘목과 조경업의 중심지로 유명하며, 도로 양쪽으로 농원(tree nursery)과 관련 업체들이 줄지어 모여 있는 곳이다. 네덜란드 전체의 절반 정도인 약 800여개의 농원이 있다.

H. macrophylla 'Boskoop Beauty' 바람의 언덕

H. macrophylla 'Boskoop Beauty' 바람의 언덕

부케로우즈수국

학명: *Hydrangea macrophylla* 'Bouquet Rose'

영명: Bouquet Rose bigleaf hydrangea

품종명: 부케로우즈(프랑스육종)

특징

식물형은 낙엽관목으로 높이는 80~120cm 정도이며, 줄기는 굵고 피목이 나타난다. 잎은 마주나며 타원형으로 광택이 있고, 밝은 녹색으로 톱니가 있다. **꽃차례는 산방상의 둥근 모양이다. 장식화는 라일락색~분홍색으로 나타나고, 토양 성분에 따라서 다양하다.** 꽃피는 시기는 6~9월이며, 줄기가 길기 때문에 절화로 인기가 있다.

H. macrophylla 'Bouquet Rose' 시카고식물원

H. macrophylla 'Bouquet Rose' 시카고식물원

H. macrophylla 'Bouquet Rose' 시카고식물원

브레스튼버그수국

학명: *Hydrangea macrophylla* 'Brestenburg'
영명: Brestenburg bigleaf hydrangea
품종명: 브레스튼버그(스위스육종)
특징

식물형은 낙엽관목으로 높이는 70~100cm 정도이며, 줄기는 덥수룩하고 피목이 나타난다. 잎은 마주나며 타원형으로 광택이 있고, 밝은 녹색으로 톱니가 있다. **꽃차례는 산방상의 둥근 모양이다. 장식화는 짙은 자주색~보라색, 파란색으로 나타나지만, 토양 성분에 따라서 다르다.** 꽃피는 시기는 6~10월이며, '브레스튼버그'는 스위스의 북쪽의 언덕 이름에서 유래한다.

H. macrophylla 'Brestenburg' 케이프코드

브라이달부케수국

학명: *Hydrangea macrophylla* 'Bridal Bouquet'
영명: Bridal Bouquet bigleaf hydrangea
품종명: 브라이달부케
특징

식물형은 낙엽관목으로 높이는 70~90cm 정도이며, 줄기는 굵으며 피목이 나타난다. 잎은 마주나며 타원형으로 광택이 있고, 녹색으로 톱니가 있다. **꽃차례는 산방상의 둥근 모양이다. 장식화는 깨끗한 흰색 계통이고 양성화는 잘 보이지 않는다.** 꽃피는 시기는 6~9월이다. 'Immaculata'와 닮아서 혼동되기도 한다.

H. macrophylla 'Bridal Bouquet' 마리나아파트

브릴리안트수국

학명: *Hydrangea macrophylla* 'Brilliant'
영명: Brilliant bigleaf hydrangea
품종명: 브릴리안트(프랑스육종)
시리즈: 매지칼(유럽)/에버라스팅(미국)
특징

식물형은 낙엽관목으로 높이는 90~120cm 정도이며, 줄기는 굵고 피목이 나타난다. 잎은 마주나며 타원형으로 광택이 있고, 짙은 녹색으로 톱니가 있다. **꽃차례는 산방상의 둥근 모양이다. 장식화는 푸른색~분홍색 계통으로 토양 성분에 따라서 다르다.** 꽃피는 시기는 6~10월이다. 시간이 지남에 따라 'Magical Brillint Classic'으로도 된다.

H. macrophylla 'Brilliant' 바람의 언덕

분츠페히트수국

학명: *Hydrangea macrophylla* 'Buntspecht'

영명: Buntspecht bigleaf hydrangea

품종명: 분츠페히트(스위스육종)

시리즈: 텔러

특징

식물형은 낙엽관목으로 높이는 100~120cm 정도이며, 줄기는 굵고 피목이 나타난다. 잎은 마주나며 타원형으로 광택이 있고, 녹색으로 톱니가 있다. **꽃차례는 산방상의 평평한 모양이다. 장식화는 고리 모양으로 가장자리에 배치되고, 양성화는 많은 편이다.** 꽃의 색깔은 짙은 자주~보라색 계통이고 꽃피는 시기는 6~9월이다.

H. macrophylla 'Buntspecht' 한택식물원

그레이셔베이수국

학명: *Hydrangea macrophylla* 'Camcho45'

영명: Glacier Bay bigleaf hydrangea

품종명: 그레이셔베이(미국몬로비아육종)

시리즈: 시사이드세레나데

특징

식물형은 낙엽관목으로 높이는 70~90cm 정도이며, 줄기는 검은색이다. 잎은 마주나며 타원형으로 광택이 있고, 짙은 녹색으로 톱니가 있다. **꽃차례는 산방상의 평평한 모양이다. 장식화는 주름진 가장자리가 특징이며, 풍성한 흰색으로 별 모양처럼 보인다. 양성화는 많은 편이다.** 여름 내내 강한 줄기 끝에 많은 꽃을 피우는 두 번 피는 품종이다. 꽃피는 시기는 6~9월이다. 미국식물특허 USPP 35,126을 받고, 보호되고 있다.

크리스탈코브수국

학명: *Hydrangea macrophylla* 'Camfre29'

영명: Crystal Cove bigleaf hydrangea

품종명: 크리스탈코브(미국몬로비아육종)

시리즈: 시사이드세레나데

특징

식물형은 낙엽관목으로 높이는 90~120cm 정도이며, 줄기는 굵고 피목이 나타난다. 잎은 마주나며 타원형으로 광택이 있고, 녹색으로 톱니가 있다. **꽃차례는 산방상의 평평한 모양이다. 장식화는 주름진 가장자리가 특징이며, 여름 내내 강한 줄기 끝에 많은 꽃을 피우며, 두 번 피는 품종이다. 양성화는 많은 편이다.** 꽃의 색깔은 짙은 보라색~분홍색 계통이고 꽃피는 시기는 6~9월이다. 미국식물특허 USPP 35,299를 받고, 보호되고 있다.

H. macrophylla 'Camfre29' 바람의 언덕

체리익스프로션수국

학명: *Hydrangea macrophylla* 'Cherry Explosion'
이명: *Hydrangea macrophylla* 'McKay'
영명: Cherry Explosion bigleaf hydrangea
품종명: 체리익스프로션
특징

식물형은 낙엽관목으로 높이는 90~120cm 정도이며, 줄기는 굵고 피목이 나타난다. 잎은 마주나며 타원형으로 광택이 있고, 톱니가 있는 녹색이지만, 가을이 되면 붉은색 계통으로 단풍이 든다. **꽃차례는 산방상의 평평한 모양이다. 장식화는 4개로 포개지며, 붉은색 계통으로 나타난다. 양성화는 옅은 분홍색으로 보통이다.** 꽃피는 시기는 6~9월이다. 미국식물특허 USPP 28,757을 받고, 보호되고 있다.

H. macrophylla 'Cherry Explosion' 바람의 언덕

치요조수국

학명: *Hydrangea macrophylla* 'Chiyojo'
영명: Chiyojo bigleaf hydrangea
일명: チヨジョ(치요조, 千代女)
품종명: 치요조(일본가무화창포원육종)
특징

식물형은 낙엽관목으로 높이는 80~120cm 정도이며, 줄기는 굵고 피목이 나타난다. 잎은 마주나며 타원형으로 광택이 있고, 녹색으로 톱니가 있다. **꽃차례는 산방상의 평평한 모양이다. 장식화는 여러 겹으로 피며 길쭉하다. 양성화는 보통이다.** 꽃의 색은 푸른색 계통~분홍색 계통으로 나타나며, 토양 성분에 따라서 다르다. 꽃피는 시기는 6~9월이다.

H. macrophylla 'Chiyojo' 하코네고라식물원

칵테일수국

학명: *Hydrangea macrophylla* 'Cocktail'
영명: Cocktail bigleaf hydrangea
품종명: 칵테일(프랑스육종)
시리즈: 랑데부
특징

식물형은 낙엽관목으로 높이는 100~150cm 정도이며, 줄기는 굵고 피목이 나타난다. 잎은 마주나며 타원형으로 광택이 있고, 처음에는 청동색으로 나타나지만, 차차 짙은 녹색으로 되며 톱니가 있다. **꽃차례는 산방상의 낮은 공 모양이다. 장식화는 피코티처럼 가장자리에 테두리가 있으며 톱니가 있다. 양성화는 잘 보이지 않는다.** 꽃의 색깔은 분홍색 계통으로 나타나지만, 토양 성분에 따라서 다르다. 꽃피는 시기는 6~9월이다.

H. macrophylla 'Cocktail' 바람의 언덕

애저사이크스수국

학명: *Hydrangea macrophylla* 'Cof hm1'

영명: Azure Sikes™ bigleaf hydrangea

상표명: 애저사이크스(미국네이처힐육종)

특징

식물형은 낙엽관목으로 높이는 90~150cm 정도이며, 줄기는 굵으며 피목이 나타난다. 잎은 마주나며 타원형으로 광택이 있고, 짙은 녹색이며 톱니가 있다. **꽃차례는 산방상의 공 모양이다. 장식화는 파란색 계통이고 양성화는 잘 보이지 않는다.** 꽃의 색깔은 토양 성분에 따라서 다르지만, 일반적으로 파란색 계통으로 나타난다. 꽃피는 시기는 6~9월이다. 미국식물특허 USPP 32,054를 받고, 보호되고 있다.

H. macrophylla 'Cof hm1' 케이프코드

프라기수국

학명: *Hydrangea macrophylla* 'Cof hm2'

영명: Froggie™ bigleaf hydrangea

상표명: 프라기(미국네이처힐육종)

특징

식물형은 낙엽관목으로 높이는 90~120cm 정도이며, 줄기는 굵고 피목이 나타난다. 잎은 마주나며 타원형으로 광택이 있고, 짙은 녹색이지만 가을에 붉게 단풍이 든다. **꽃차례는 산방상의 공 모양이다. 장식화는 녹색 계통으로 매우 진귀한 색으로 눈에 띄며 개구리 등껍질처럼 맥이 잘 나타나며, 보라색 물감을 흩뿌려놓은 듯 얼룩덜룩하게 보인다. 시간이 지나면서 짙은 분홍색~보라색으로 변한다. 양성화는 잘 보이지 않는다.** 꽃의 색깔은 토양 성분에 따라서 다르지만, 일반적으로 파란색 계통으로 나타난다. 꽃피는 시기는 6~8월이다. 미국식물특허 USPP 32,242를 받고, 보호되고 있다.

H. macrophylla 'Cof hm2' 신주쿠화원

로큰롤수국

학명: *Hydrangea macrophylla* 'Cof hm3'

영명: Rock-N-Roll™ bigleaf hydrangea

상표명: 로큰롤(미국네이처힐육종)

특징

식물형은 낙엽관목으로 높이는 120~150cm 정도이며, 줄기는 굵고 빠르게 자란다. 잎은 마주나며 타원형으로 광택이 있고, 짙은 녹색이며 톱니가 있다. **꽃차례는 산방상의 공 모양이다. 장식화는 파란색~짙은 분홍색, 보라색 계통이고 양성화는 잘 보이지 않는다.** 꽃의 색깔은 토양의 성분에 따라서 다르다. 꽃피는 시기는 6~9월로 길다. 새나무에 활발하게 두 번 핀다. 미국식물특허 USPP 32,584를 받고, 보호되고 있다.

H. macrophylla 'Cof hm3' 헤리테이지뮤지엄앤가든

콜로라도수국

학명: *Hydrangea macrophylla* 'Colorado'

이명: *Hydrangea macrophylla* 'Raco'PBR

영명: Colorado bigleaf hydrangea

품종명: 콜로라도

시리즈: 리버라인

특징

식물형은 낙엽관목으로 높이는 80~120cm 정도이며, 줄기는 덤불이 많으며 피목이 나타난다. 잎은 마주나며 타원형으로 광택이 있고, 짙은 녹색으로 톱니가 있다. **꽃차례는 산방상의 공 모양으로, 장식화는 짙은 보라색 계통이지만 토양 성분에 따라서 다르다. 양성화는 잘 보이지 않는다.** 꽃피는 시기는 6~8월이다. RHS (AGM)을 수상했다.

H. macrophylla 'Colorado' 토시마엔

코사지수국

학명: *Hydrangea macrophylla* 'Corsage'

영명: Corsage bigleaf hydrangea

일명: コサジュ(코사쥬)

품종명: 코사지(일본가무화창포원육종)

특징

식물형은 낙엽관목으로 높이는 80~150cm 정도이며, 줄기는 더부룩하며 피목이 나타난다. 잎은 마주나며 타원형으로 광택이 있고, 녹색으로 톱니가 있다. **꽃차례는 산방상의 평평한 모양이다. 장식화는 옅은 파란색, 보라색 또는 분홍색으로 나타나며 겹으로 핀다. 양성화도 많은 편이지만 활짝 피면 장식화처럼 보인다.** 꽃피는 시기는 6~8월이다.

H. macrophylla 'Corsage' 바람의 언덕

H. macrophylla 'Corsage' 바람의 언덕

로지수국

학명: *Hydrangea macrophylla* 'Coumont'

영명: Rosy bigleaf hydrangea

상표명: 로지(프랑스육종)

시리즈: 소롱

특징

식물형은 낙엽관목으로 높이는 80~120cm 정도이며, 줄기는 굵고 피목이 나타난다. 잎은 마주나며 타원형으로 광택이 있고, 녹색으로 톱니가 있다. **꽃차례는 산방상의 낮은 공 모양이다. 장식화는 분홍색으로 나타나지만, 토양 성분에 따라서 분홍색~파란색 계통으로 나타난다.** 꽃피는 시기는 6~9월이다. 이 이외에도 소롱시리즈에는 서니(Sunny), 에보니(Ebony)라는 품종이 있다. 미국식물특허 USPP 31,533을 받고, 보호되고 있다.

H. macrophylla 'Coumont' 광저우화난꽃시장

카릿지수국

학명: *Hydrangea macrophylla* 'Courage'

영명: Courage bigleaf hydrangea

품종명: 카릿지

특징

식물형은 낙엽관목으로 높이는 80~100cm 정도이며, 줄기는 굵고 피목이 나타난다. 잎은 마주나며 타원형으로 광택이 있고, 녹색으로 톱니가 있다. **꽃차례는 산방상의 둥근 모양이다. 장식화는 별 모양의 여러 겹으로 피며 매우 크다. 양성화는 잘 보이지 않는다.** 꽃의 색깔은 토양의 성분에 따라서 다르게 나타나며, 꽃피는 시기는 6~8월이다.

H. macrophylla 'Courage' 바람의 언덕

H. macrophylla 'Courage' 바람의 언덕

다리앤수국

학명: *Hydrangea macrophylla* 'Dalian'

영명: Dalian bigleaf hydrangea

품종명: 다리앤

특징

식물형은 낙엽관목으로 높이는 80~140cm 정도이며, 줄기는 곧은 편으로 덥수룩하며 피목이 나타난다. 잎은 마주나며 넓은 타원형으로 광택이 있고, 녹색으로 톱니가 있다. **꽃차례는 산방상의 둥근 모양이다. 장식화는 매우 빽빽하며 토양의 pH에 따라 선명한 분홍색부터 짙은 보라색까지 다양하고, 계절 늦게까지 색상이 유지되며 톱니도 보인다. 양성화는 잘 보이지 않는다.** RHS (AGM)을 수상했다.

H. macrophylla 'Dalian' 토시마엔

댄스파티수국

학명: *Hydrangea macrophylla* 'Dance Party'

영명: Dance Party bigleaf hydrangea

일명: ダンスパーティー(단수파티)

상표명: 댄스파티(일본가무화창포원육종), 풍차수국, 발레리나수국 등

특징

식물형은 낙엽관목으로 높이는 80~150cm 정도이며, 줄기는 더부룩하고 피목이 나타난다. 잎은 마주나며 타원형으로 광택이 있고, 녹색으로 톱니가 있다. **꽃차례는 산방상의 평평한 모양이다. 장식화는 흰색, 파란색, 보라색 또는 분홍색의 겹으로 피며, 양성화는 장식화와 비슷한 색으로 핀다.** 꽃의 색깔은 토양의 성분에 따라서 다양하게 나타난다. 꽃피는 시기는 6~9월이다.

H. macrophylla 'Dance Party' 핫세데라

H. macrophylla 'Dance Party' 도쿄아열대식물원앞

댄싱에인절수국(스위트판타지)

학명: *Hydrangea macrophylla* 'Dancing Angel'

이명: *Hydrangea macrophylla* 'Peppermint Swirl'

영명: Sweet Fantasy bigleaf hydrangea

일명: スウィトファンタジ(수위토판타지)

상표명: 댄싱에인절(일본사이타마현육종)

특징

식물형은 낙엽관목으로 높이는 90~120cm 정도이며, 줄기는 굵고 피목이 나타난다. 잎은 마주나며 타원형으로 광택이 있고, 짙은 녹색이지만, 가을에는 단풍이 들고 톱니가 있다. **꽃차례는 산방상의 둥근 모양으로 오래된 나무와 새 나무에 꽃을 피우고, 장식화는 홑으로 피며 꽃잎에 줄 무늬가 나타나는 특징이 있다. 양성화는 잘 보이지 않는다.** 꽃의 색깔은 토양 성분에 따라 다르지만, 분홍색, 빨간색, 보라색 등이다. 꽃피는 시기는 6~7월이다. 미국식물특허 USPP 20,140을 받고, 보호되고 있다.

H. macrophylla 'Dancing Angel' 바람의 언덕

댄싱스노우수국

학명: *Hydrangea macrophylla* 'Dancing Snow'

이명: *Hydrangea macrophylla* 'Wedding Gown'

영명: Dancing Snow bigleaf hydrangea

상표명: 웨딩가운(미국육종)

시리즈: 더블디라이트

특징

식물형은 낙엽관목으로 높이는 60~90cm 정도이며, 줄기는 굵고 피목이 나타난다. 잎은 마주나며 타원형으로 광택이 있고, 녹색으로 톱니가 있다. **꽃차례는 산방상의 평평한 모양이다. 장식화는 겹으로 피며 고리 모양을 이룬다. 꽃 색깔은 토양 pH에 의해 결정되지 않는다.** 각 꽃 머리는 신부의 작은 꽃다발과 비슷하기 때문에 'Wedding Gown'이라는 상표명을 사용한다. 유럽에서는 'Doppio Bianco'라고 한다. 미국식물특허 USPP 21,052을 받고, 보호되고 있다. RHS(AGM)을 수상했다.

H. macrophylla 'Dancing Snow' 바람의 언덕

다크에인절레드수국

학명: *Hydrangea macrophylla* 'Dark Angel Red'

영명: Dark Angel Red bigleaf hydrangea

품종명: 다크에인절레드(미국육종)

시리즈: 블랙다이아몬드

특징

식물형은 낙엽관목으로 높이는 50~80cm 정도이며, 줄기는 굵고, 피목이 나타난다. 잎은 마주나며 타원형으로 광택이 있고, 짙은 녹색이지만, 햇볕이 강하면

검게 변하고 톱니가 있다. **꽃차례는 산방상의 평평한 모양으로 오래된 나무와 새 나무에 꽃을 피우고, 장식화는 짙은 분홍색이며 톱니가 있고, 시간이 지남에 따라서 더욱 짙은 색으로 변한다.** 꽃피는 시기는 6~7월이다.

디케이터블루수국

학명: *Hydrangea macrophylla* 'Decatur Blue'
영명: Decatur Blue bigleaf hydrangea
품종명: 디케이터블루(미국육종)
특징

식물형은 낙엽관목으로 높이는 90~120cm 정도이며, 줄기는 굵고 피목이 나타난다. 잎은 마주나며 타원형으로 광택이 있고, 녹색으로 톱니가 있다. **꽃차례는 산방상의 둥근 모양이다. 장식화는 파란색 계통이며 양성화는 잘 보이지 않는다.** 두 번 이상 피는 꽃으로 봄과 여름에 새로운 줄기에 꽃이 핀다. 'Bailmer'와 닮았으며, 조지아주 Dearing에 있는 Applied Nursery Research Center에서 육종(育種)되었다.

H. macrophylla Decatur Blue' 케이프코드

딥퍼플댄스수국

학명: *Hydrangea macrophylla* 'Deep Purple Dance'
영명: Deep Purple Dance bigleaf hydrangea
일명: ディープパープルダンス(디프파푸루단수)
품종명: 딥퍼플댄스(일본가무화창포원육종)
특징

식물형은 낙엽관목으로 높이는 90~120cm 정도이며, 줄기는 굵고 피목이 나타난다. 잎은 마주나며 타원형으로 광택이 있고, 녹색으로 톱니가 있다. **꽃차례는 산방상의 둥근 모양이다. 장식화는 연두색으로 나타나지만 시간이 지나면서 짙은 보라색으로 변한다.** 오랜 기간에 걸쳐 풍부한 보라색 계통의 꽃이 핀다. 짙은 보라색을 내기 위해서는 산성 토양이 필요하다. 꽃피는 시기는 6~8월이다.

H. macrophylla 'Deep Purple Dance' 핫세데라

도피오로사수국

학명: *Hydrangea macrophylla* 'Doppio Rosa'
영명: Doppio Rosa bigleaf hydrangea
상표명: 더블딥핑크
시리즈: 더블디라이트
특징

식물형은 낙엽관목으로 높이는 100~120cm 정도이며, 줄기는 굵고 피목이 나타난다. 잎은 마주나며 타

원형으로 광택이 있고, 녹색으로 톱니가 있다. **꽃차례는 산방상의 평평한 모양이다. 장식화는 별 모양으로 여러 겹으로 핀다. 양성화도 많으며 비슷한 색깔이다.** 꽃피는 시기는 5~10월로 오랫동안 지속된다.

드립수국

학명: *Hydrangea macrophylla* 'Drip'

영명: Drip bigleaf hydrangea

일명: ドリプ(도리푸)

품종명: 드립(일본사카모토원예육종)

특징

식물형은 낙엽관목으로 높이는 70~100cm 정도이고, 줄기는 굵은 편이며 피목이 나타난다. 잎은 마주나며 타원형으로 광택이 있고, 녹색으로 톱니가 있다. **꽃차례는 산방상의 평평한 모양이다. 장식화는 오랜 기간에 걸쳐 풍부한 보라색 계통의 꽃이 핀다.** 꽃의 색깔은 토양 성분에 따라서 다양하게 나타나며, 꽃피는 시기는 6~8월이다.

H. macrophylla 'Drip' 바람의 언덕

H. macrophylla 'Drip' 바람의 언덕

어리블루수국

학명: *Hydrangea macrophylla* 'Early Blue'

영명: Early Blue bigleaf hydrangea

품종명: 어리블루

특징

식물형은 낙엽관목으로 높이는 100~120cm 정도이며, 줄기는 굵고 피목이 나타난다. 잎은 마주나며 타원형으로 광택이 있고, 밝은 녹색으로 톱니가 있다. 꽃차례는 산방상의 둥근 모양이다. **장식화는 처음에는 옅은 색으로 피지만 차차 파란색 계통이나 붉은색 계통으로 변한다. 양성화는 잘 보이지 않는다.** 꽃의 색깔은 토양 성분에 따라서 다르게 나타난다. 꽃피는 시기는 6~8월이다. 이 이미지는 거름이 많아 분홍색 계통이다.

H. macrophylla 'Early Blue' 강진뷰티팜

엘도라도수국

학명: *Hydrangea macrophylla* 'Eldorado'

영명: Eldorado bigleaf hydrangea

품종명: 엘도라도(벨기에육종)

특징

식물형은 낙엽관목으로 높이는 60~90cm 정도이며, 줄기는 굵고 피목이 나타난다. 잎은 마주나며 타원형으로 광택이 있고, 밝은 녹색으로 톱니가 있다. **꽃차례는 산방상의 둥근 모양이다. 장식화는 분홍색 계통으로 피고, 양성화는 잘 보이지 않는다.** 산성 토양에서는 좋은 식물이 아니며, 꽃피는 시기는 8~9월로 늦다.

H. macrophylla 'Eldorado' 하쿠산진자

엘레강스수국(해오라비)

학명: *Hydrangea macrophylla* 'Elegance'

영명: Elegance bigleaf hydrangea

상표명: 해오라비수국, 엘레강스수국

시리즈: 랑데부

특징

식물형은 낙엽관목으로 높이는 80~100cm 정도이며, 줄기는 굵고 피목이 나타난다. 잎은 마주나며 타원형으로 광택이 있고, 밝은 녹색으로 톱니가 있다. **꽃차례는 산방상의 평평한 모양이다. 장식화의 가장자리에 톱니가 눈에 띄며, 순수한 흰색이 기본이지만, 처음에는 부드러운 옅은 분홍색으로 나타나고, 양성화도 같은 색이지만, 그늘에서 키우면 시간이 지남에 따라서 옅은 녹색이 된다.** 꽃피는 시기는 6~8월이다.

H. macrophylla 'Elegance' 바람의 언덕

에메랄드수국

학명: *Hydrangea macrophylla* 'Emerald'

영명: Emerald bigleaf hydrangea

품종명: 에메랄드(네덜란드육종)

시리즈: 매지칼(유럽)/에버라스팅(미국)

특징

식물형은 낙엽관목으로 높이는 90~110cm 정도이며, 줄기는 굵고 피목이 나타난다. 잎은 마주나며 타원형으로 광택이 있고, 짙은 녹색으로 톱니가 있다. **꽃차례는 산방상의 둥근 모양이다. 장식화는 옅은 분홍색이지만, 시간이 지난다거나 그늘에서 키우면 옅은 라임 녹색으로 변하고, 톱니가 있다.** 꽃피는 시기는 5~9월이다.

H. macrophylla 'Emerald' 강진뷰티팜

엔지안덤수국

학명: *Hydrangea macrophylla* 'Enziandom'

영명: Enziandom bigleaf hydrangea

품종명: 엔지안덤(독일육종)

특징

식물형은 낙엽관목으로 높이는 90~120cm 정도이며, 줄기는 굵고 피목이 나타난다. 잎은 마주나며 타원형으로 광택이 있고, 짙은 녹색으로 톱니가 있으며, 가을이 되면 단풍이 든다. **꽃차례는 산방상의 둥근 모양이다. 장식화는 토양 성분에 따라서 다르지만 파란색을 선호한다.** 'Enziandom'은 짙은 파란색과 관련하여 독일어의 '젠티안'을 의미한다. 꽃피는 시기는 6~8월이다.

H. macrophylla 'Enziandom' 상하이식물원

유로파수국

학명: *Hydrangea macrophylla* 'Europa'

영명: Europa bigleaf hydrangea

품종명: 유로파(독일육종)

특징

식물형은 낙엽관목으로 높이는 100~250cm 정도이며, 줄기는 굵고 피목이 나타난다. 잎은 마주나며 타원형으로 광택이 있고, 짙은 녹색으로 톱니가 있다. **꽃차례는 산방상의 둥근 모양이다. 장식화는 토양 성분에 따라서 파란색~진분홍색이 나타나고 톱니가 있다.** 꽃피는 시기는 6~7월이다. RHS (AGM)을 수상했다.

H. macrophylla 'Europa' 바람의 언덕

페어리아이수국(장미수국)

학명: *Hydrangea macrophylla* 'Fairy Eye'

영명: Fairy Eye bigleaf hydrangea

일명: フェリーアイ(페리아이)

상표명: 장미수국, 페어리아이(일본사카모토원예육종)

특징

식물형은 낙엽관목으로 높이는 60~80cm 정도이며, 줄기는 굵고 피목이 나타난다. 잎은 마주나며 타원형으로 광택이 있고, 녹색으로 톱니가 있다. **꽃차례는 산방상의 평평한 모양이다. 장식화는 겹으로 피며, 가운데에 조그만 양성화가 나타나기도 한다.** 색깔은 분

홍색 계통~파란색 계통으로 토양 성분에 따라서 다르다. 한국에서는 장미꽃을 닮아서 '장미수국'이라고 부른다. 꽃피는 시기는 6~8월이다.

H. macrophylla 'Fairy Eye' 조가사키

H. macrophylla 'Fairy Eye' 바람의 언덕

페어리키스수국

학명: *Hydrangea macrophylla* 'Fairy Kiss'

영명: Fairy Kiss bigleaf hydrangea

일명: フェリーキス(페리키스)

품종명: 페어리키스(일본사카모토원예육종)

특징

식물형은 낙엽관목으로 높이는 60~80cm 정도로 둥그스름하게 자라며, 줄기는 굵고 피목이 나타난다. 잎은 마주나며 타원형으로 광택이 있고, 녹색으로 톱니가 있다. **꽃차례는 산방상의 평평한 모양으로 겹이지만, 활짝 피면 둥글게 보인다. 장식화는 토양 성분에 따라서 다르지만, 일반적으로 파란색~녹색 계통~분홍색 계통으로 변한다.** 꽃피는 시기는 5~8월이다. 'Fairy Eye'의 자매품종이다.

H. macrophylla 'Fairy Kiss' 바람의 언덕

H. macrophylla 'Fairy Kiss' 도쿄긴자

팡파레수국(웨딩링)

학명: *Hydrangea macrophylla* 'Fanfare'

영명: Fanfare bigleaf hydrangea, Wedding Ring bigleaf hydrangea

상표명: 웨딩링(독일육종)

특징

식물형은 낙엽관목으로 높이는 90~120cm 정도이며, 줄기는 굵고 피목이 나타난다. 잎은 마주나며 타

원형으로 광택이 있고, 녹색으로 톱니가 있다. **꽃차례는 산방상의 둥근 모양이다. 장식화는 파란색 계통~분홍색 계통이며, 톱니가 있으며 흰색의 테두리가 있다. 양성화는 잘 보이지 않는다.** 일반적으로 봄에 오래된 나무에 꽃이 피지만, 가끔씩 여름부터 가을에 새 나무에 반복적으로 피기도 한다. 꽃피는 시기는 6~8월이다. 미국식물특허 USPP 21,161을 받고, 보호되고 있다.

H. macrophylla 'Fanfare' 고민가뮤지엄

판타지아수국

학명: *Hydrangea macrophylla* 'Fantasia'

영명: Fantasia bigleaf hydrangea

상표명: 판타지아

시리즈: 유앤미(유럽)/포에버앤에버(미국)

특징

식물형은 낙엽관목으로 높이는 90~120cm 정도이며, 줄기는 굵고 피목이 나타난다. 잎은 마주나며 타원형으로 광택이 있고, 녹색으로 톱니가 있다. **꽃차례는 산방상의 둥근 모양이다. 장식화는 토양 성분에 따라 다르게 나타지만 이중색이 나며 분홍색의 테두리와 톱니가 있다.** 꽃피는 시기는 6~8월이다. 모종(母種)* 은 '아드리아' 이며, 미국식물특허 USPP 21,169를 받고, 보호되고 있다.

파산수국

학명: *Hydrangea macrophylla* 'Fasan'

영명: Fasan bigleaf hydrangea

품종명: 파산(스위스육종)

시리즈: 텔러

특징

식물형은 낙엽관목으로 높이는 90~180cm 정도이며, 줄기는 굵고 피목이 나타난다. 잎은 마주나며 타원형으로 광택이 있고, 녹색으로 톱니가 있다. **꽃차례는 산방상의 평평한 모양이다. 보통 오래된 나무에 피며, 'Teller Red'라는 이름에서 알 수 있듯이, 분홍색 계통으로 피는 경향이 있으며, 주로 알칼리성~중성 토양을 선호하지만, 파란색으로 피우기 위해서는 산성 토양이 좋다.** '파산'이라는 말은 영어의 꿩(Pheasant)의 뜻이다. 꽃피는 시기는 6~8월이다.

불새수국

학명: *Hydrangea macrophylla* 'Firebird'
영명: Firebird bigleaf hydrangea
품종명: 불새
특징
식물형은 낙엽관목으로 높이는 60~90cm 정도이며, 줄기는 굵고, 피목이 나타난다. 잎은 마주나며 타원형으로 광택이 있고, 녹색으로 톱니가 있다. **꽃차례는 산방상의 평평한 모양이다. 장식화는 여러 겹으로 피며 붉은 색 계통이다. 양성화도 잘 나타나며 매우 화려하다.** 주로 알칼리성~중성 토양을 선호한다. 꽃피는 시기는 6~8월이다.

H. macrophylla 'Firebird' 바람의 언덕

플라밍고수국

학명: *Hydrangea macrophylla* 'Flamingo'
영명: Flamingo bigleaf hydrangea
품종명: 플라밍고
시리즈: 오닉스
특징
식물형은 낙엽관목으로 높이는 90~120cm 정도이며, 줄기는 굵고 곧은 편이다. 잎은 마주나며 타원형으로 광택이 있고, 짙은 녹색으로 톱니가 있다. **꽃차례는 산방상의 둥근 모양이다. 장식화는 옅은 분홍색으로 깊은 물결 모양의 주름이 있으며, 줄기가 플라밍고 새의 다리처럼 검은 광택이 특징이다. 양성화는 잘 보이지 않는다.** 꽃피는 시기는 6~8월이다. 미국식물특허 USPP 27,598을 받고, 보호되고 있다.

플라우후지미수국

학명: *Hydrangea macrophylla* 'Frau Fujimi'
영명: Frau Fujimi bigleaf hydrangea
일명: フラウフジミ(프라우후지미)
상표명: 레이디후지미
시리즈: 레이디
특징
'Frau'로 시작하는 이름으로 1994년 일본 도지키현의 Hiroshi Ebihara에 의해 육종되었으며, **특징은 꽃잎의 가장자리가 흰색이며, 강한 두 색을 가진 꽃잎으로 다른 품종과 구별된다.** 발명자가 수국 대목 품종인 'Madam Blumkock'과 'Silver Edge'를 교배한 묘목에서 유래한 식물로 꽃잎 색소 침착은 재배 배지의 양분과 pH에 따라 다르다. 'Madam Blumkock'의 꽃잎은 균일하게 분홍색이고, 'Silver Edge'의 꽃잎은 흰색 테두리가 있는 균일한 빨간색이다.

플라우후지요수국

학명: *Hydrangea macrophylla* 'Frau Fujiyo'
영명: Frau Fujiyo bigleaf hydrangea
일명: フラウフジヨ(프라우후지요)
상표명: 레이디후지요
시리즈: 레이디
특징
흰색 가장자리에 빨간색~파란색으로 'Frau Fujiyo'는 **꽃받침에 바람개비 모양을 제공하는 꽃받침의 독특한 착색 패턴의 조합으로 부모 및 다른 모든 수국 대목과**

구별된다. 온실에서 잘 키울 수 있으며, 꽃자루가 강하여 지지대로 묶을 필요가 없는 크고 조밀하며 오래 지속되는 꽃차례로 화분 재배에 이상적이다. 꽃잎 색소 침착은 재배 배지의 양분과 pH에 따라 다르며, 미국식물특허 USPP 10,440을 받고, 보호되고 있다.

H. macrophylla 'Frau Fujiyo' 광저우화난꽃시장

플라우카츠코수국

학명: *Hydrangea macrophylla* 'Frau Katsuko'
영명: Frau Katsuko bigleaf hydrangea
일명: フラウカツコ(프라우카츠코)
상표명: 레이디카츠코
시리즈: 레이디
특징

'Madam Blumkock'과 'Silver Edge'를 교배한 묘목에서 유래했으며, 타박하게 자라며, 줄기는 무색의 피목이 나타난다. 잎은 마주나며, 타원형으로 녹색이다. 잎 부착 부위에 붉은 색을 띠고 톱니모양이다. **꽃차례는 4주 이상 지속되며, 활짝 피었을 때 희미하게 달콤한 향기가 난다. 깊고 불규칙한 톱니 모양의 다소 주름진 흰색 가장자리에 푸른색 계통과 분홍색 계통의 꽃잎이다.** 1996년 미국식물특허 USPP 9,499를 받고, 보호되고 있다.

H. macrophylla 'Frau Katsuko' 광저우화난꽃시장

플라우키누에수국

학명: *Hydrangea macrophylla* 'Frau Kinue'
영명: Frau Kinue bigleaf hydrangea
일명: フラウキヌエ(프라우키누에)
상표명: 레이디키누에
시리즈: 레이디
특징

'Crystal'과 'Silver Edge'를 교배한 묘목에서 유래했으며, 흰색 가장자리에 푸른색 계통과 분홍색 계통의 색소 침착이 있으나 시간이 지남에 따라서 보라색으로 변하고, 꽃잎의 안쪽이 약간 어두운 편이다. 'Frau Kinue'의 표현형은 환경의 변화에 따라 크게 달라질 수 있다. **꽃차례는 4주 이상 지속되며, 활짝 피었을 때 희미하게 달콤한 향기가 난다.** 색상 결정은 왕립원예학회(RHS)와 함께 이루어지며, 1998년 미국식물특허 USPP 10,439를 받고, 보호되고 있다.

H. macrophylla 'Frau Kinue' 광저우화난꽃시장

플라우마치코수국

학명: *Hydrangea macrophylla* 'Frau Machiko'
영명: Frau Machiko bigleaf hydrangea
일명: フラウマチコ(프라우마치코)
상표명: 레이디마치코
시리즈: 레이디
특징

'Madam Blumkock'과 'Silver Edge'를 교배한 묘목에서 유래했다. 'Madam Blumkock'의 꽃잎은 균일하게 분홍색이고, 'Silver Edge'의 꽃잎은 흰색 테두리가 있는 균일한 빨간색이다. 흰색 가장자리에 푸른색 계통과 분홍색 계통으로 나타나며, 꽃차례는 4주 이상 지속되며, 활짝 피었을 때 희미하게 달콤한 향기가 난다. 색상 결정은 왕립원예학회(RHS)와 함께 이루어지며, 미국식물특허 USPP 9,510를 받고, 보호되고 있다.

플라우마리코수국

학명: *Hydrangea macrophylla* 'Frau Mariko'
영명: Frau Mariko bigleaf hydrangea
일명: フラウマリコ(프라우마리코)
상표명: 레이디마리코
시리즈: 레이디
특징

'Crystal'과 'Silver Edge'를 교배한 묘목에서 유래했다. **흰색 가장자리에 푸른색 계통과 분홍색 계통으로 나타난다.** 꽃차례의 지름은 약 20cm이며, 4주 이상 지속되고, 온실에서 잘 자랄 수 있으며, 꽃자루가 강하여 지지대로 묶을 필요가 없다. 크고 조밀하며 오래 지속되는 꽃차례로 화분 재배에 적당하다. 꽃잎 색소 침착은 재배 배지의 양분과 pH에 따라 다르며, 색상 결정은 왕립원예학회(RHS)와 함께 이루어진다.

H. macrophylla 'Frau Mariko' 광저우화난꽃시장

플라우미치코수국

학명: *Hydrangea macrophylla* 'Frau Michiko'
영명: Frau Michiko bigleaf hydrangea
일명: フラウミチコ(프라우미치코)
상표명: 레이디미치코
시리즈: 레이디
특징

흰색의 꽃에 가장자리에 푸른색 계통과 분홍색 계통으로 나타난다. 꽃차례는 큰 편으로, 4주 이상 지속되고, 온실에서 잘 자랄 수 있으며, 꽃자루가 강하여 지지대로 묶을 필요가 없다. 크고 조밀하며 오래 지속되는 꽃차례로 화분 재배에 적당하다. 꽃잎 색소 침착은 재배 배지의 양분과 pH에 따라 다르며, 색상 결정은 왕립원예학회(RHS)와 함께 이루어진다.

H. macrophylla 'Frau Michiko' 광저우화난꽃시장

플라우미카코수국

학명: *Hydrangea macrophylla* 'Frau Mikako'

영명: Frau Mikako bigleaf hydrangea

일명: フラウミカコ(프라우미카코)

상표명: 레이디미카코

시리즈: 레이디

특징

흰색 꽃 가장자리에 라일락색 계통과 보라색 계통으로 나타난다. 꽃차례는 큰 편이며, 4주 이상 지속되고, 온실에서 잘 자랄 수 있으며, 꽃자루가 강하여 지지대를 묶을 필요가 없다. 크고 조밀하며 오래 지속되는 꽃차례로 화분 재배에 적당하다. 꽃잎 색소 침착은 재배 배지의 양분과 pH에 따라 다르며, 색상 결정은 왕립원예학회(RHS)와 함께 이루어진다.

H. macrophylla 'Frau Mikako' 하코네싯세이카엔

플라우노부코수국

학명: *Hydrangea macrophylla* 'Frau Nobuko'

영명: Frau Nobuko bigleaf hydrangea

일명: フラウノブコ(프라우노부코)

상표명: 레이디노부코

시리즈: 레이디

특징

흰색 가장자리에 분홍색 계통으로 나타난다. 꽃차례는 큰 편이며, 4주 이상 지속되고, 온실에서 잘 자랄 수 있으며, 꽃자루가 강하여 지지대로 묶을 필요가 없다. 크고 조밀하며 오래 지속되는 꽃차례로 화분 재배에 적당하다. 꽃잎 색소 침착은 재배 배지의 양분과 pH에 따라 다르며, 색상 결정은 왕립원예학회(RHS)와 함께 이루어진다. 미국식물특허 USPP 10,371을 받고, 보호되고 있다.

H. macrophylla 'Frau Nobuko' 광저우화난꽃시장

플라우오타키수국

학명: *Hydrangea macrophylla* 'Frau Otaki'

영명: Frau Otaki bigleaf hydrangea

일명: フラウオタキ(프라우오타키)

상표명: 레이디오타키

시리즈: 레이디

특징

흰색 가장자리에 보라색 계통으로 나타난다. 꽃차례는 작은 편이며, 4주 이상 지속되고, 온실에서 잘 자랄 수 있으며, 꽃자루가 강하여 지지대로 묶을 필요가 없다. 조밀하며 오래 지속되는 꽃차례로 화분 재배에 적당하다. 꽃잎 색소 침착은 재배 배지의 양분과 pH에 따라 다르며, 색상 결정은 왕립원예학회 (RHS)와 함께 이루어진다.

H. macrophylla 'Frau Otaki' 광저우화난꽃시장

플라우레이코수국

학명: *Hydrangea macrophylla* 'Frau Reiko'
영명: Frau Reiko bigleaf hydrangea
일명: フラウレイコ(프라우레이코)
상표명: 레이디레이코
시리즈: 레이디
특징

'macrophylla'와 'Silver Edge'를 교배한 묘목에서 유래했다. 장식화의 가장자리에 가는 톱니가 나타나며, 파란색 계통과 분홍색 계통이다. **꽃차례는 산방상의 평평한 모양으로 크며, 일반적으로 4주 이상 지속된다.** 활짝 필 때 희미하게 달콤한 향기가 나며, 시간이 지남에 따라서 천천히 크림색으로 퇴색 한 다음 녹색이며 궁극적으로 갈색으로 변한다. 꽃잎 색소 침착은 재배 배지의 양분과 pH에 따라 다르며, 색상 결정은 왕립원예학회(RHS)와 함께 이루어진다. 미국식물특허 USPP 9,500를 받고, 보호되고 있다.

H. macrophylla 'Frau Reiko' 조가사키

플라우사치코수국

학명: *Hydrangea macrophylla* 'Frau Sachiko'
영명: Frau Sachiko bigleaf hydrangea
일명: フラウサチコ(프라우사치코)
상표명: 레이디사치코
시리즈: 레이디
특징

흰색 가장자리에 라일락색 계통과 보라색 계통으로 나타난다. 꽃차례는 큰 편이며, 4주 이상 지속되고, 온실에서 잘 자랄 수 있으며, 꽃자루가 강하여 지지대를 묶을 필요가 없다. 크고 조밀하며 오래 지속되는 꽃차례로 화분 재배에 적당하다. 꽃잎 색소 침착은 재배 배지의 양분과 pH에 따라 다르며, 색상 결정은 왕립원예학회(RHS)와 함께 이루어진다.

플라우사요코수국

학명: *Hydrangea macrophylla* 'Frau Sayoko'

영명: Frau Sayoko bigleaf hydrangea

일명: フラウサヨコ(프라우사요코)

상표명: 레이디사요코

시리즈: 레이디

특징

흰색 가장자리에 보라색 계통으로 나타난다. 꽃차례는 보통 크기로 둥글며, 4주 이상 지속되고, 온실에서 잘 자랄 수 있으며, 꽃자루가 강하여 지지대를 묶을 필요가 없다. 크고 조밀하며 오래 지속되는 꽃차례로 화분 재배에 적당하다. 꽃잎 색소 침착은 재배 배지의 양분과 pH에 따라 다르며, 색상 결정은 왕립원예학회(RHS)와 함께 이루어진다.

플라우수미코수국

학명: *Hydrangea macrophylla* 'Frau Sumiko'

영명: Frau Sumiko bigleaf hydrangea

일명: フラウスミコ(프라우수미코)

상표명: 레이디수미코

시리즈: 레이디

특징

흰색 가장자리에 분홍색 계통으로 나타난다. 꽃차례는 다소 평평한 편이며, 4주 이상 지속되고, 온실에서 잘 자랄 수 있으며, 꽃자루가 강하여 지지대로 묶을 필요가 없다. 크고 조밀하며 오래 지속되는 꽃차례로 화분 재배에 적당하다. 꽃잎 색소 침착은 재배 배지의 양분과 pH에 따라 다르며, 색상 결정은 왕립원예학회(RHS)와 함께 이루어진다.

플라우타이코수국

학명: *Hydrangea macrophylla* 'Frau Taiko'

영명: Frau Taiko bigleaf hydrangea

일명: フラウタイコ(프라우타이코)

상표명: 레이디타이코

시리즈: 레이디

특징

흰색 가장자리에 짙은 분홍색~보라색 계통으로 나타난다. 꽃차례는 둥글며, 4주 이상 지속되고, 온실에서 잘 자랄 수 있으며, 꽃자루가 강하여 지지대로 묶을 필요가 없다. 크고 조밀하며 오래 지속되는 꽃차례로 화분 재배에 적당하다. 꽃잎 색소 침착은 재배 배지의 양분과 pH에 따라 다르며, 색상 결정은 왕립원예학회(RHS)와 함께 이루어진다. 미국식물특허 USPP 10,372를 받고, 보호되고 있다.

H. macrophylla 'Frau Taiko' 광저우화난꽃시장

플라우토시수국

학명: *Hydrangea macrophylla* 'Frau Toshi'

영명: Frau Toshi bigleaf hydrangea

일명: フラウトシ(프라우토시)

상표명: 레이디토시

시리즈: 레이디

특징

흰색 가장자리에 파란색 계통과 분홍색 계통으로 나타난다. 꽃차례는 둥글며, 4주 이상 지속되고, 온실에

서 잘 자랄 수 있으며, 꽃자루가 강하여 지지대로 묶을 필요가 없다. 크고 조밀하며 오래 지속되는 꽃차례로 화분 재배에 적당하다. 꽃잎 색소 침착은 재배 배지의 양분과 pH에 따라 다르며, 색상 결정은 왕립원예학회(RHS)와 함께 이루어진다.

플라우토시코수국

학명: ***Hydrangea macrophylla*** **'Frau Toshiko'**

영명: Frau Toshiko bigleaf hydrangea

일명: フラウトシコ(프라우토시코)

상표명: 레이디토시코

시리즈: 레이디

특징

흰색의 장식화 가장자리에 파란색 계통과 분홍색 계통으로 나타난다. 꽃차례는 둥글며 톱니가 있다. 4주 이상 지속되고, 온실에서 잘 자랄 수 있으며, 꽃자루가 강하여 지지대로 묶을 필요가 없다. 크고 조밀하며 오래 지속되는 꽃차례로 화분 재배에 적당하다. 꽃잎 색소 침착은 재배 배지의 양분과 pH에 따라 다르며, 색상 결정은 왕립원예학회(RHS)와 함께 이루어진다.

H. macrophylla 'Frau Toshiko' 광저우화난꽃시장

플라우요시코수국

학명: ***Hydrangea macrophylla*** **'Frau Yoshiko'**

영명: Frau Yoshiko bigleaf hydrangea

일명: フラウヨシコ(프라우요시코)

상표명: 레이디요시코

시리즈: 레이디

특징

흰색 가장자리에 분홍색 계통으로 나타난다. 꽃차례는 둥글며, 4주 이상 지속되고, 온실에서 잘 자랄 수 있으며, 꽃자루가 강하여 지지대로 묶을 필요가 없다. 크고 조밀하며 오래 지속되는 꽃차례로 화분 재배에 적당하다. 꽃잎 색소 침착은 재배 배지의 양분과 pH에 따라 다르며, 색상 결정은 왕립원예학회(RHS)와 함께 이루어진다.

플라우요시미수국

학명: ***Hydrangea macrophylla*** **'Frau Yoshimi'**

영명: Frau Yoshimi bigleaf hydrangea

일명: フラウヨシミ(프라우요시미)

상표명: 레이디요시미

시리즈: 레이디

특징

흰색 가장자리에 파란색 계통과 분홍색 계통으로 나타난다. 꽃차례는 둥글며, 4주 이상 지속되고, 온실에서 잘 자랄 수 있으며, 꽃자루가 강하여 지지대로 묶을 필요가 없다. 크고 조밀하며 오래 지속되는 꽃차례로 화분 재배에 적당하다. 꽃잎 색소 침착은 재배 배지의 양분과 pH에 따라 다르며, 색상 결정은 왕립원예학회(RHS)와 함께 이루어진다.

플라우유미수국

학명: ***Hydrangea macrophylla*** **'Frau Yumi'**

영명: Frau Yumi bigleaf hydrangea

일명: フラウユミ(프라우유미)

상표명: 레이디유미

시리즈: 레이디

특징

흰색 가장자리에 파란색 계통과 분홍색 계통으로 나타난다. 꽃차례는 둥글며, 4주 이상 지속되고, 온실에서 잘 자랄 수 있으며, 꽃자루가 강하여 지지대로 묶을 필요가 없다. 크고 조밀하며 오래 지속되는 꽃차례로 화분 재배에 적당하다. 꽃잎 색소 침착은 재배 배지의 양분과 pH에 따라 다르며, 색상 결정은 왕립원예학회(RHS)와 함께 이루어진다.

이외에도 'Frau Haruko', 'Frau Iseko', 'Frau Megumi', 'Frau Ocho', 'Frau Ome' 등이 있다.

종자(암꽃) 부모 '크리스탈'의 꽃받침 색은 균일하게 파란색이다. 꽃가루(수꽃) 부모 'Silver Edge'의 꽃받침은 흰색 가장자리를 제외하고는 균일하게 빨간색이다. 꽃받침에 착색 패턴이 있는 다른 수국 '마크로필라' 식물이 있지만, 알려진 다른 품종 중 '프라우 키누에'의 특정 패턴을 가진 식물은 없다. '프라우 키누에'와 가장 비슷한 품종은 '프라우 마치코'이다. '프라우마치코'의 부모는 '실버 에지'와 '마담 블룸콕'이다. 종자와 꽃가루(수꽃) 부모. '프라우 마치코'는 색소 침착이 꽃받침의 기저부에서 흰색으로 사라진다는 점에서 새로운 품종과 유사한 색소 패턴이 나타나지만, 새로운 품종은 다음과 같은 점에서 '프라우 마치코'와 구별된다. 꽃차례 당 작은 꽃의 수가 훨씬 적어 덜 조밀 한 모양이 나타난다. 꽃차례 모양은 더 평평하다. 꽃받침은 기부와 정점에서 덜 가늘어지고 훨씬 더 둥글다. 꽃받침은 평평하고 주름이 있거나 물결 모양이 아니다. 그리고 색소 침착 패턴은 꽃받침의 훨씬 더 큰 영역이지만, 색상 결정은 왕립원예학회(RHS)와 함께 이루어진다.

H. serrata 'Gumburi' 진재영

프리덤수국

학명: *Hydrangea macrophylla* 'Freedom'

영명: Freedom bigleaf hydrangea

품종명: 프리덤(미국육종)

시리즈: 더블디라이트

특징

식물형은 낙엽관목으로 높이는 80~150cm 정도이며, 줄기는 굵고 피목이 나타난다. 잎은 마주나며 타원형으로 광택이 있고, 짙은 녹색으로 톱니가 있다. **꽃차례는 산방상의 둥근 모양으로 매우 크다. 장식화는 여러 겹으로 빽빽하게 피고 가장자리는 흰색, 가운데는 분홍색인 두 가지 색이다.** 꽃피는 시기는 5~9월로 길며, 오래된 나무와 새나무 모두 꽃이 핀다. 미국식물특허 USPP 22,210을 받고, 보호되고 있다.

프릴리벳수국

학명: *Hydrangea macrophylla* 'Frillibet'

영명: Frillibet bigleaf hydrangea

품종명: 프릴리벳(영국육종)

특징

식물형은 낙엽관목으로 높이는 80~150cm 정도이며, 줄기는 굵고 피목이 나타난다. 잎은 마주나며 타원형으로 광택이 있고, 녹색으로 톱니가 있다. **꽃차례는 산방상의 둥근 모양이다. 장식화의 색깔은 크림색에서 파란색 계통으로 나타나고 톱니가 뚜렷하며, 물결 무늬가 있어 보이기도 한다.** 일설에 의하면 영국의 고 마가렛 공주는 어린 시절 여동생인 엘리자베스 여왕을 '프릴리벳'이라고 불렀다. 영국의 Michael Haworth-Booth가 선정하였다.

H. macrophylla 'Frillibet' 도쿄긴자

갤럭시수국

학명: *Hydrangea macrophylla* 'Galaxy'

영명: Galaxy bigleaf hydrangea

품종명: 갤럭시

시리즈: 매지칼(유럽)/에버라스팅(미국)

특징

식물형은 낙엽관목으로 높이는 80~150cm 정도이며, 줄기는 굵고 피목이 나타난다. 잎은 마주나며 타원형으로 광택이 있고, 녹색으로 톱니가 있다. **꽃차례는 산방상의 둥근 모양으로 크다. 장식화는 겹으로 빽빽하게 핀다.** 꽃의 색깔은 토양 성분에 따라 다르며, 일반적으로 여러 색이 동시에 나타나며, 주로 짙은 색 계통이다. 꽃피는 시기는 6~8월이다.

H. macrophylla 'Galaxy' 핫세데라

H. macrophylla 'Galaxy' 바람의 언덕

제네랄비꽁떼스드비브레이여수국

학명: *Hydrangea macrophylla* 'Générale Vicomtesse de Vibraye'

영명: Generale bigleaf hydrangea

품종명: 제네랄(프랑스육종)

특징

식물형은 낙엽관목으로 높이는 150~200cm 이상이며, 줄기는 어수선하고 피목과 반점이 얼룩덜룩하다. 잎은 마주나며 타원형으로 광택이 있고, 녹색으로 톱니가 있다. **꽃차례는 산방상의 둥근 모양으로 크다. 장식화는 비바람이 불면 꽃 머리가 숙여지기 쉽다.** 'Otaksa(오타크사)'와 'Rosea(로지아)'의 교배종으로 오래 전에 잊혀 졌지만, 최근 다시 재배되고 있으며, 1909년 프랑스의 Emile Mouillere가 번식했다. RHS (AM, AGM)을 수상했다.

H. macrophylla 'Générale Vicomtesse de Vibraye' 상하이식물원

지오페리채트분트수국

학명: *Hydrangea macrophylla* 'Geoffery Chadbund'

이명: *Hydrangea macrophylla* 'Möwe'

영명: Geoffrey Chadbund bigleaf hydrangea

품종명: 지오페리(영국육종)

특징

식물형은 낙엽관목으로 높이는 130~180cm 정도이며, 줄기는 굵고 피목이 나타난다. 잎은 마주나며 타원형으로 광택이 있고, 녹색으로 톱니가 있다. **꽃차례는 산방상의 평평한 모양이다. 장식화는 고리 모양으로 배열되며, 때로는 이중으로 나타나기도 하며, 분홍색~자주색 계통이고, 양성화는 옅은 색으로 나타난다.** 꽃피는 시기는 6~8월이다. 1956년 이전에 영국의 J. Russell이 명명하고 소개했다. RHS (AGM)을 수상했다.

H. macrophylla 'Geoffery Chadbund' 태종사

은하수국

학명: *Hydrangea macrophylla* 'Ginga'

이명: *Hydrangea macrophylla* 'Milky Way'

영명: Ginga bigleaf hydrangea

일명: ギンガ(긴가, 銀河)

품종명: 긴가(일본시마네현수국연구회육종)

특징

식물형은 낙엽관목으로 높이는 120~200cm 정도이며, 줄기는 굵고 피목이 나타난다. 잎은 마주나며 타원형으로 광택이 있고, 녹색으로 톱니가 있다. **꽃차례는 산방상의 평평한 모양이다. 장식화는 끝이 뾰족한 겹꽃으로서 가장자리에는 흰색의 테두리가 있으며, 마치 밤하늘에 반짝이는 별처럼 보여, 은하라는 이름이 붙었으며, 가운데 큰 양성화의 경우는 독특한 분위기를 자아낸다.** 2016~2017년 재팬플라워셀렉션(JFS), 화분 부분에서 최고상 '플라워 오브 더 이어'를 수상했다.

H. macrophylla 'Ginga' 도쿄긴자

그로우잉알프스수국

학명: *Hydrangea macrophylla* 'Glowing Alps'

영명: Glowing Alps bigleaf hydrangea

품종명: 그로우잉알프스

시리즈: 매지칼(유럽)/에버리스팅(미국)

특징

식물형은 낙엽관목으로 높이는 90~120cm 정도이며, 줄기는 굵고 피목이 나타난다. 잎은 마주나며 타원형으로 광택이 있고, 녹색으로 톱니가 있다. **꽃차례는 산방상의 둥근 모양이다. 장식화는 부드러운 연두색으로 나타나고 빠르게 밝은 분홍색으로 성숙하며, 서서히 더 칙칙한 분홍색으로 변한다. 양성화는 잘 보이지 않는다.** 꽃피는 시기는 5~7월이다.

H. macrophylla 'Glowing Alps' 강진뷰티팜

고키겐요우수국

학명: *Hydrangea macrophylla* 'Gokigenyou'

영명: Gokigenyou bigleaf hydrangea

일명: ゴキゲンヨウ(고키겐요우)

품종명: 고키겐요우(일본가무화창포원육종)

특징

식물형은 낙엽관목으로 높이는 90~120cm 정도이며, 줄기는 굵고 피목이 나타난다. 잎은 마주나며 타원형으로 광택이 있고, 녹색으로 톱니가 있다. **꽃차례는 산방상의 둥글고 넓적한 모양이며, 여러 겹으로 핀다. 장식화의 색깔은 분홍색~짙은 보라색으로 피지만 토양 성분에 따라서 달라진다.** 꽃피는 시기는 6~8월이다.

H. macrophylla 'Gokigenyou' 고민가뮤지엄

H. macrophylla 'Gokigenyou' 바람의 언덕

골리앗수국

학명: *Hydrangea macrophylla* 'Goliath'

영명: Goliath bigleaf hydrangea

품종명: 골리앗(독일육종)

특징

식물형은 낙엽관목으로 높이는 90~150cm 정도이며, 줄기는 굵고 피목이 나타난다. 잎은 마주나며 타원형으로 광택이 있고, 녹색으로 톱니가 있다. **꽃차례는 산방상의 둥근 모양이며 매우 크다.** 장식화의 색깔은 토양 성분에 따라서 아주 다양하게 나타나지만, 주로 옅은 색깔이다. 양성화는 잘 보이지 않는다. 꽃피는 시기는 6~9월이다.

H. macrophylla 'Goliath' 바람의 언덕

그린파이어수국

학명: *Hydrangea macrophylla* 'Greenfire'

영명: Greenfire bigleaf hydrangea

품종명: 그린파이어(네덜란드육종)

시리즈; 매지칼(유럽)/에버라스팅(미국)

특징

식물형은 낙엽관목으로 높이는 90~120cm 정도이며, 줄기는 굵고 피목이 나타난다. 잎은 마주나며 타원형으로 광택이 있고, 녹색으로 톱니가 있다. **꽃차례는 산방상의 둥근 모양이다. 장식화의 색깔은 토양 성분에 다르지만, 녹색과 짙은 분홍색 계통으로 이중색이 나며, 시간이 지남에 따라서 변한다.** 꽃피는 시기는 5~9월이다. 미국식물특허 USPP 26,426을 받고, 보호되고 있다.

H. macrophylla 'Greenfire' 강진뷰티팜

그레난수국(낸터켓블루)

학명: *Hydrangea macrophylla* 'Grenan'

영명: Grenan bigleaf hydrangea

유통명: Nantucket Blue(미국육종)

특징

식물형은 낙엽관목으로 높이는 120~180cm 정도이며, 줄기는 굵고 피목이 나타난다. 잎은 마주나며 타원형으로 광택이 있고, 녹색으로 톱니가 있다. **꽃차례**

는 산방상의 둥근 모양이다. 장식화의 색깔은 토양 성분에 따라서 파란색~분홍색으로 다르게 나타난다.** 오래된 나무와 새 나무에 두 번 피기도 하며, 추위에 매우 강하다. 꽃피는 시기는 6~8월이다.

H. macrophylla 'Grenan' 케이프코드

러브수국

학명: *Hydrangea macrophylla* 'H19-17'
이명: *Hydrangea macrophylla* 'Love'
영명: Love bigleaf hydrangea
품종명: 러브(일본이리에료지육종)
시리즈; 유앤미(유럽)/포에버앤에버(미국)
특징

식물형은 낙엽관목으로 높이는 80~100cm 정도이며, 줄기는 굵고 피목이 나타난다. 잎은 마주나며 타원형으로 광택이 있고, 짙은 녹색으로 톱니가 있다. **꽃차례는 산방상의 둥근 모양이다. 장식화는 장미 모양의 겹꽃이 피며 처음에는 옅은 연두색이지만 시간이 지남에 따라서 옅은 분홍색~파란색 계통으로 변한다.** 영국에서 실시하는 'National Plant Show'에서 금메달을 받았고, 2013년 Plantarium에서 은메달을 받았다. 미국식물특허 USPP 24,755를 받고, 보호되고 있다.

H. macrophylla 'H19-17' 바람의 언덕

H. macrophylla 'H19-17' 바람의 언덕

프린세스다이아나수국

학명: *Hydrangea macrophylla* 'H213'PBR
이명: *Hydrangea macrophylla* 'Princess Diana'
***Hydrangea macrophylla* 'Wow Time'**
영명: Princess Diana bigleaf hydrangea
품종명: 프린세스다이아나(일본이리에료지육종)
시리즈; 유앤미(유럽)/포에버앤에버(미국)
특징

식물형은 낙엽관목으로 높이는 60~80cm 정도이며, 줄기는 굵고 피목이 나타난다. 잎은 마주나며 타원형으로 광택이 있고, 짙은 녹색이며 톱니가 있다. **꽃차

례는 산방상의 평평한 모양으로 피며 별 모양의 꽃잎은 약간 긴 편으로 처음에는 오므려져서 피지만 시간이 지남에 따라서 펼쳐지고 색깔도 퇴색된다. 장식화의 색깔은 주로 짙은 분홍색으로 핀다. 꽃은 오래된 나무와 새 나무에서 핀다. 유럽에서는 2016년부터 'Wow Time'이라는 이름으로 판매를 하다가 나중에 Princess Diana로 변경하였다. 미국식물특허 USPP 27,935를 받고, 보호되고 있다.

H. macrophylla 'H213'PBR 바람의 언덕

H. macrophylla 'H213'PBR 바람의 언덕

커리스파클수국

학명: *Hydrangea macrophylla* 'H213901'PBR

영명: Curly Sparkle bigleaf hydrangea

품종명: 커리스파클(네덜란드육종)

특징

식물형은 낙엽관목으로 높이는 80~100cm 정도이며, 줄기는 굵고 피목이 나타난다. 잎은 마주나며 타원형으로 광택이 있고, 녹색으로 톱니가 있다. **꽃차례는 산방상의 공 모양이다. 장식화는 처음에는 연두색으로 나타나지만 차차 토양 성분에 따라서 파란색~보라색으로 다르게 나타나며, 장식화의 가장자리가 곱슬곱슬해져서 빽빽하게 공간을 채우며, 양성화는 잘 보이지 않는다.** 꽃피는 시기는 6~7월이다. 미국식물특허 USPP 26,221을 받고, 보호되고 있다.

H. macrophylla 'H213901'PBR 이즈반도시모다

하치조우치도리수국

학명: *Hydrangea macrophylla* 'Hachijou Chidori'

영명: Hachijou Chidori bigleaf hydrangea

일명: ハチゾョウチドリ(하치조우치도리, 八丈千鳥)

품종명: 하치조우치도리(일본하치조지마원산)

특징

식물형은 낙엽관목으로 높이는 90~120cm 정도이며, 줄기는 굵고 피목이 나타난다. 잎은 마주나며 타원형으로 광택이 있고, 녹색으로 톱니가 있다. **꽃차례는 산방상의 평평한 모양이며 크다. 장식화는 이중으로 흰색이며 가늘고 긴 독특한 모양이다.** 가운데 양성화도 큰 편이며, 꽃피는 시기는 6~7월이다. 2009년 스기모토요시히로(杉本佳洋)가 품종 등록하였다.

H. macrophylla 'Hachijou Chidori' 고민가뮤지엄

H. macrophylla 'Hamburg' 하쿠산진자

H. macrophylla 'Hachijou Chidori' 이즈반도시모다

함부르크수국

학명: *Hydrangea macrophylla* 'Hamburg'

영명: Hamburg bigleaf hydrangea

품종명: 함부르크(독일육종)

시리즈: 시티라인

특징

식물형은 낙엽관목으로 높이는 120~150cm 정도이며, 줄기는 굵고 피목이 나타난다. 잎은 마주나며 타원형으로 광택이 있고, 녹색으로 톱니가 있다. **꽃차례는 산방상의 둥근 모양이며 크다. 장식화에는 톱니가 있으며, 파란색 계통~분홍색 계통으로 나타나지만, 시간이 지남에 따라서 짙은 빨강색으로 변한다.** 꽃피는 시기는 6~8월이다. 독일의 H. Schadendorff에 의해 육종되었고, RHS (AGM)을 수상했다.

하나모요우수국

학명: *Hydrangea macrophylla* 'Hanamoyou'

영명: Hanamoyou bigleaf hydrangea

일명: ハナモヨウ(花模樣)

특징

식물형은 낙엽관목으로 높이는 80~120cm 정도이며, 줄기는 굵고 피목이 나타난다. 잎은 마주나며 타원형으로 광택이 있고, 녹색으로 톱니가 있다. **꽃차례는 산방상의 둥근 모양이다. 장식화의 색깔은 토양 성분에 따라 다르지만, 일반적으로 분홍색 계통이다.** 꽃피는 시기는 6~8월이다. 일본 하세데라(長谷寺,장곡사)에서 명명하였으며, 가무화창포원(加茂花菖蒲園)에서 육종하였다.

H. macrophylla 'Hanamoyou' 고민가뮤지엄

할레퀸수국

학명: *Hydrangea macrophylla* 'Harlequen'
이명: *Hydrangea macrophylla* 'Bicolor'
**　　*Hydrangea macrophylla* 'Sensation75'**
영명: Harlequen bigleaf hydrangea
품종명: 할레퀸(독일육종)
특징

식물형은 낙엽관목으로 높이는 60~90cm 정도이며, 줄기는 가는 편이지만 단단하며 피목이 나타난다. 잎은 마주나며 타원형으로 광택이 있고, 녹색으로 톱니가 있다. **꽃차례는 산방상의 둥근 모양이며 작다. 장식화의 가장자리는 흰색으로 가끔 톱니가 있으며, 가운데는 밝은 분홍색 계통~보라색 계통의 이중 색깔이다.** 꽃피는 시기는 6~8월이다. 독일의 August Steiniger가 육종하였다.

H. macrophylla 'Harlequen'　　바람의 언덕

하세노이노리수국

학명: *Hydrangea macrophylla* 'Hasenoinori'
영명: Hasenoinori bigleaf hydrangea
일명: ハセノイノリ(하세노이노리, 長谷の祈り)
품종명: 하세노이노리(일본가무화창포원육종)
특징

식물형은 낙엽관목으로 높이는 80~120cm 정도이며, 줄기는 굵고 피목이 나타난다. 잎은 마주나며 타원형으로 광택이 있고, 녹색으로 톱니가 있다. **꽃차례는 산방상의 평평한 모양이다. 장식화의 색깔은 토양 성분에 따라 다르지만, 분홍색 계통이다.** 꽃피는 시기는 6~8월이다. 일본 하세데라(長谷寺,장곡사)에서 명명하였으며, 가무화창포원(加茂花菖蒲園)에서 육종하였다.

H. macrophylla 'Hasenoinori'　　핫세데라

하세노시오사이수국

학명: *Hydrangea macrophylla* 'Hasenoshiosai'
영명: Hasenoshiosai bigleaf hydrangea
일명: ハセノシオサイ(하세노시오사이, 長谷の潮騒)
품종명: 하세노시오사이(일본가무화창포원육종)
특징

식물형은 낙엽관목으로 높이는 80~120cm 정도이며, 줄기는 굵고 피목이 나타난다. 잎은 마주나며 타원형으로 광택이 있고, 녹색으로 톱니가 있다. **꽃차례는 산방상의 평평한 모양이다. 장식화의 색깔은 토양 성분에 따라 다르지만, 파란색 계통이다.** 꽃피는 시기는 6~8월이다. 일본 하세데라(長谷寺,장곡사)에서 명명하였으며, 가무화창포원(加茂花菖蒲園)에서 육종하였다.

H. macrophylla 'Hasenoshiosai' 핫세데라

H. macrophylla 'Hasenoshiosai' 핫세데라

하세노요비라수국

학명: *Hydrangea macrophylla* 'Hasenoyobira'

영명: Hasenoyobira bigleaf hydrangea

일명: ハセノヨビラ(하세노요비라, 長谷の四片)

품종명: 하세노요비라(일본가무화창포원육종)

특징

식물형은 낙엽관목으로 높이는 80~120cm 정도이며, 줄기는 굵고 피목이 나타난다. 잎은 마주나며 타원형으로 광택이 있고, 녹색으로 톱니가 있다. **꽃차례는 산방상의 평평한 모양이다. 장식화의 색깔은 토양 성분에 따라 다르지만, 옅은 푸른색 계통이다.** 꽃피는 시기는 6~8월이다. 일본 하세데라(長谷寺,장곡사)에서 명명하였으며, 가무화창포원(加茂花菖蒲園)에서 육종하였다.

H. macrophylla 'Hasenoyobira' 핫세데라

H. macrophylla 핫세데라

하츠시모수국

학명: *Hydrangea macrophylla* 'Hatsushimo'

영명: Hatsushimo bigleaf hydrangea

일명: ハツシモ(하츠시모, 初霜)

품종명: 하츠시모(일본원산)

특징

식물형은 낙엽관목으로 높이는 90~120cm 정도이며, 줄기는 굵고 피목이 나타난다. 잎은 마주나고 타원형으로 광택이 있으며 흰색의 얼룩 무늬가 산재해 있는 특징이 있다. 이 무늬는 종종 사라지며 안정적이지 않다. **꽃차례는 산방상의 평평한 모양이다. 장식화는 옅은 파란색~흰색으로 고리 모양이고, 양성화는 보라색 계통으로 많은 편이다.** 꽃피는 시기는 6~7월이다. 열매는 삭과로 8~9월에 익는다.

H. macrophylla 'Hatsushimo' 소와메모리얼파크

H. macrophylla 'Hatsushimo' 토시마엔

하이호라이존수국

학명: *Hydrangea macrophylla* 'Hihorizon'
영명: Hihorizon bigleaf hydrangea
품종명: 하이호라이존(네덜란드육종)
특징
식물형은 낙엽관목으로 높이는 80~100cm 정도이며, 줄기는 퍼지면서 활기차다. 잎은 마주나며 타원형으로 광택이 있고, 녹색으로 톱니가 있다. **꽃차례는 산방상의 둥근 모양으로 자유롭다. 장식화는 둥그스름하며 분홍색~붉은색 계통이다. 양성화는 잘 보이지 않는다.** 꽃피는 시기는 6~7월이며, 열매는 삭과로 8~9월에 익는다. 2023년 미국식물특허 USPP 34,889를 받고, 보호되고 있다.

하이아이스수국

학명: *Hydrangea macrophylla* 'Hiice'
영명: Hiice bigleaf hydrangea
품종명: 하이아이스(네덜란드육종)
특징
식물형은 낙엽관목으로 높이는 80~100cm 정도이며, 줄기는 강하고 활기차다. 잎은 마주나며 타원형으로 광택이 있고, 짙은 녹색으로 톱니가 있다. **꽃차례는 산방상의 둥근 모양으로 자유롭다. 장식화는 둥그스름하며 흰색이다. 양성화는 잘 보이지 않는다.** 꽃피는 시기는 6~7월이며, 열매는 삭과로 8~9월에 익는다. 미국식물특허 USPP 34,566을 받고, 보호되고 있다.

하이메아수국

학명: *Hydrangea macrophylla* 'Himea'
영명: Himea bigleaf hydrangea
품종명: 하이메아(네덜란드육종)
특징
식물형은 낙엽관목으로 높이는 60~80cm 정도이며, 줄기는 곧으면서 퍼진다. 잎은 마주나며 타원형으로 광택이 있고, 짙은 녹색으로 톱니가 있다. **꽃차례는 산방상의 둥근 모양으로 자유롭다. 장식화는 둥그스름하며 보라색~붉은색 계통이다. 양성화는 잘 보이지 않는다.** 꽃피는 시기는 6~7월이며, 열매는 삭과로 8~9월에 익는다. 미국식물특허 USPP 34,549을 받고, 보호되고 있다.

하이무수국

학명: *Hydrangea macrophylla* 'Himoo'

영명: Himoo bigleaf hydrangea

품종명: 하이무(네덜란드육종)

특징

식물형은 낙엽관목으로 높이는 40~80cm 정도이며, 줄기는 곧으면서 퍼진다. 잎은 마주나며 타원형으로 광택이 있고, 짙은 녹색으로 톱니가 있다. **꽃차례는 산방상의 둥근 모양으로 자유롭다. 장식화는 이중색이 나며 포개어진다. 테두리는 붉은색 계통이고 안쪽에는 흰색~녹색 계통이다. 양성화는 잘 보이지 않는다.** 꽃피는 시기는 6~7월이며, 열매는 삭과로 8~9월에 익는다. 미국식물특허 USPP 34,548을 받고, 보호되고 있다.

하이오스수국

학명: *Hydrangea macrophylla* 'Hioce'

영명: Hioce bigleaf hydrangea

품종명: 하이오스(네덜란드육종)

특징

식물형은 낙엽관목으로 높이는 60~90cm 정도이며, 줄기는 곧으면서 퍼진다. 잎은 마주나며 타원형으로 광택이 있고, 짙은 녹색으로 톱니가 있다. **꽃차례는 산방상의 둥근 모양으로 자유롭다. 장식화는 보라색~붉은색 계통이다. 양성화는 잘 보이지 않는다.** 꽃피는 시기는 6~7월이며, 열매는 삭과로 8~9월에 익는다. 2022년 미국식물특허 USPP 34,800을 받고, 보호되고 있다.

하이시수국

학명: *Hydrangea macrophylla* 'Hisea'

영명: Hisea bigleaf hydrangea

품종명: 하이시(네덜란드육종)

특징

식물형은 낙엽관목으로 높이는 50~70cm 정도이며, 줄기는 곧으면서 퍼진다. 잎은 마주나며 타원형으로 광택이 있고, 짙은 녹색으로 톱니가 있다. **꽃차례는 산방상의 둥근 모양으로 자유롭다. 장식화는 분홍색~보라색~붉은색 계통이다. 양성화는 잘 보이지 않는다.** 꽃피는 시기는 6~7월이며, 열매는 삭과로 8~9월에 익는다. 미국식물특허 USPP 34,704을 받고, 보호되고 있다.

하이사수국

학명: *Hydrangea macrophylla* 'Hisha'

영명: Hisha bigleaf hydrangea

품종명: 하이사(네덜란드육종)

특징

식물형은 낙엽관목으로 높이는 60~90cm 정도이며, 줄기는 곧으면서 퍼진다. 잎은 마주나며 타원형으로 광택이 있고, 녹색으로 톱니가 있다. **꽃차례는 산방상의 둥근 모양으로 자유롭다. 장식화는 분홍색~짙은 보라색 계통이다. 양성화는 잘 보이지 않는다.** 꽃피는 시기는 6~7월이며, 열매는 삭과로 8~9월에 익는다. 미국식물특허 USPP 34,547을 받고, 보호되고 있다.

하이스카이수국

학명: *Hydrangea macrophylla* 'Hisky'

영명: Hisky bigleaf hydrangea

품종명: 하이스카이(네덜란드육종)

특징

식물형은 낙엽관목으로 높이는 60~90cm 정도이며, 줄기는 곧으면서 퍼진다. 잎은 마주나며 타원형으로 광택이 있고, 녹색으로 톱니가 있다. **꽃차례는 산방상의 둥근 모양으로 자유롭다. 장식화는 분홍색~보라색 계통이다. 양성화는 잘 보이지 않는다.** 꽃피는 시기는 6~7월이며, 열매는 삭과로 8~9월에 익는다. 2022년 미국식물특허 USPP 34,705를 받고, 보호되고 있다.

하이벌수국

학명: *Hydrangea macrophylla* 'Hival'
영명: Hival bigleaf hydrangea
품종명: 하이벌(네덜란드육종)
특징

식물형은 낙엽관목으로 높이는 60~90cm 정도이며, 줄기는 곧으면서 퍼진다. 잎은 마주나며 타원형으로 광택이 있고, 짙은 녹색으로 톱니가 있다. **꽃차례는 산방상의 둥근 모양으로 자유롭다. 장식화는 둥그스름하며 흰색이다. 양성화는 잘 보이지 않는다.** 꽃피는 시기는 6~7월이며, 열매는 삭과로 8~9월에 익는다. 미국식물특허 USPP 34,799를 받고, 보호되고 있다.

히미코수국

학명: *Hydrangea macrophylla* 'Himiko'
영명: Himiko bigleaf hydrangea
일명: ヒミコ(히미코, 卑弥呼)
품종명: 히미코(일본가무화창포원육종)
특징

식물형은 낙엽관목으로 높이는 80~100cm 정도이며, 줄기는 굵고 피목이 나타난다. 잎은 마주나며 타원형으로 광택이 있고, 녹색으로 톱니가 있다. **꽃차례는 산방상의 둥글납작한 모양이다. 장식화는 긴 타원형으로 여러 겹이며, 양성화도 장식화처럼 빽빽하게 핀다.** 장식화, 양성화 모두 모양이 정돈되며 큰 편이고, 꽃피는 시기는 6~7월이다.

H. macrophylla 'Himiko' 하코네고라식물원

H. macrophylla 'Himiko' 바람의 언덕

히나마츠리수국

학명: *Hydrangea macrophylla* 'Hinamatsuri'
영명: Hinamatsuri bigleaf hydrangea
일명: ヒナマツリ(히나마츠리, ひな祭り)
품종명: 히나마츠리(일본가무화창포원육종)
특징

식물형은 낙엽관목으로 높이는 100~150cm 정도이며, 줄기는 튼튼하고 피목이 나타난다. 잎은 마주나며 타원형으로 광택이 있고, 녹색으로 규칙적인 톱니가 있다. **꽃차례는 산방상으로 둥글납작한 모양이고 겹으로 핀다. 장식화의 가장자리가 분홍색 계통이고 안쪽은 흰색 계통으로 이중색이며, 활짝 피면 양성화가 잘 보이지 않는다.** 꽃피는 시기는 6~7월이다.

H. macrophylla 'Hinamatsuri' 고민가뮤지엄

H. macrophylla 'Hinamatsuri' 하코네고라식물원

케이프코드수국

학명: *Hydrangea macrophylla* 'Hmupsi'

영명: Cape Cod bigleaf hydrangea

상표명: 케이프코드

시리즈: 시사이드세레나데

특징

식물형은 낙엽관목으로 높이는 90~120cm 정도이며, 줄기는 굵고 피목이 나타난다. 잎은 마주나며 타원형으로 광택이 있고, 녹색으로 톱니가 있다. **꽃차례는 산방상의 둥근 모양이다. 장식화의 가장자리에는 톱니가 있기도 하고, 꽃은 오래된 나무에 피며, 밝은 연두색으로 나타나지만 시간이 지남에 따라 짙은 파란색으로 변한다.** 꽃피는 시기는 6~8월이다. 미국식물특허 USPP 28,974를 받고, 보호되고 있다.

H. macrophylla 'Hmupsi' 헤리테이지뮤지엄앤가든

체리고라운드수국

학명: *Hydrangea macrophylla* 'Hokomaburlac'

영명: Cherry-Go-Round bigleaf hydrangea

상표명: 체리고라운드

특징

식물형은 낙엽관목으로 높이는 60~90cm 정도이며, 줄기는 굵고 피목이 나타난다. 잎은 마주나며 타원형으로 광택이 있고, 짙은 녹색으로 검은 빛이 나며 톱니가 있다. **꽃차례는 산방상의 둥근 모양이다. 장식화는 4~5개로 짙은 붉은색으로 피며 절화용이나 분화용으로 적당하다.** 꽃피는 시기는 6~9월이며, 조건만 맞으면 다시 꽃이 핀다. 미국식물특허 USPP 34,379를 받고, 보호되고 있다.

H. macrophylla 'Hokomaburlac' 토시마엔

코럴수국

학명: *Hydrangea macrophylla* 'Hokomac'

이명: *Hydrangea macrophylla* 'Magical Coral'

영명: Coral bigleaf hydrangea

상표명: 매지칼코럴

시리즈: 매지칼(유럽)/에버라스팅(미국)

특징

식물형은 낙엽관목으로 높이는 90~100cm 정도이며, 줄기는 굵고 피목이 나타난다. 잎은 마주나며 타원형으로 광택이 있고, 녹색으로 톱니가 있다. **꽃차례는 산방상의 둥근 모양이다. 장식화의 가장자리에는 톱니가 있기도 하고, 꽃은 오래된 나무에 피며, 밝은 녹색으로 나타나지만 시간이 지남에 따라 짙은 분홍색으로 변한다.** 꽃피는 시기는 6~8월이다. 미국식물특허 USPP 22,259를 받고, 보호되고 있다.

H. macrophylla 'Hokomac' 강진뷰티팜

H. macrophylla 'Hokomac' 강진뷰티팜

레보루션수국

학명: *Hydrangea macrophylla* 'Hokomarevo'

영명: Revolution bigleaf hydrangea

상표명: 에버라스팅레보루션(미국육종)

시리즈: 에버라스팅(미국)/매지칼(유럽)

특징

식물형은 낙엽관목으로 타박하며 높이는 40~90cm 정도이며, 줄기는 굵고 피목이 나타난다. 잎은 마주나며 타원형으로 광택이 있고, 녹색으로 톱니가 있다. **꽃차례는 산방상의 둥근 모양이다. 장식화의 색깔은 토양 성분에 따라서 매우 다양하다. 오래된 나무와 새 나무 모두 꽃이 핀다.** 꽃피는 시기는 5~7월이다. 미국식물특허 USPP 22,260을 받고, 보호되고 있다. RHS (AGM)을 수상했다.

H. macrophylla 'Hokomarevo' 바람의 언덕

H. macrophylla 'Hokomarevo' 바람의 언덕

애미시스트수국

학명: *Hydrangea macrophylla* 'Hokomathyst'
영명: Amethyst bigleaf hydrangea
품종명: 애미시스트(영국육종)
시리즈: 매지칼(유럽)/에버라스팅(미국)
특징

식물형은 낙엽 관목이며 높이는 60~120cm 정도이며, 줄기는 굵고 피목이 나타난다. 잎은 마주나며 타원형으로 광택이 있고, 옅은 녹색으로 톱니가 있다. **꽃차례는 산방상의 둥근 모양이다. 장식화는 분홍색~옅은 보라색이고 시간이 지나면서 옅은 연두색이 있는 짙은 분홍색으로 변했다가, 연두색으로 변하고 톱니가 있으며 겹꽃도 보인다.** 꽃피는 시기는 5~8월로 오랫동안 피며, 미국식물특허 USPP 22,261을 받고, 보호되고 있다.

H. macrophylla 'Hokomathyst' 강진뷰티팜

호코피넬수국

학명: *Hydrangea macrophylla* 'Hokopinel'
영명: Hokopinel bigleaf hydrangea
품종명: 호코피넬(네덜란드육종)
특징

식물형은 낙엽 관목이며 높이는 40~70cm 정도로 작으며, 줄기는 곧고 피목이 나타난다. 잎은 마주나며 타원형으로 광택이 있고, 밝은 녹색으로 톱니가 있다. **꽃차례는 산방상의 둥근 모양으로 무성하다. 장식화는 밝은 분홍색~옅은 보라색이지만, 토양 성분에 따라 다르다. 양성화는 잘 보이지 않는다.** 꽃피는 시기는 5~7월이며, 열매는 삭과로 7~9월에 익는다. 화분용으로 적합하며, 2023년 미국식물특허 USPP 34,966을 받고, 보호되고 있다.

H. macrophylla 'Hokopinel' 이즈반도시모다

혼노리수국

학명: *Hydrangea macrophylla* 'Honnori'
영명: Honnori bigleaf hydrangea
일명: ホンノリ
품종명: 혼노리(일본가무화창포원육종)
특징

식물형은 낙엽 관목이며 높이는 60~120cm 정도이며, 줄기는 굵고 피목이 나타난다. 잎은 마주나며 타원형으로 광택이 있고, 녹색으로 톱니가 있으며 가장자리는 붉은 빛이 돈다. **꽃차례는 산방상의 둥근 모양 이다. 장식화는 3~5 개로 밝은 분홍색 계통이다. 양성화는 잘 보이지 않는다.** 꽃피는 시기는 6~7월이다.

H. macrophylla 'Honnori' 고민가뮤지엄

H. macrophylla 'Hopcorn' 이즈반도시모다

홉콘수국

학명: *Hydrangea macrophylla* 'Hopcorn'

영명: Hopcorn bigleaf hydrangea

일명: ホプコン(호푸콘)

품종명: 홉콘(일본육종)

시리즈: 호바리아

특징

식물형은 낙엽관목으로 높이는 100~120cm 정도이며, 줄기는 굵고 피목이 나타난다. 잎은 마주나며 타원형으로 광택이 있고, 녹색으로 톱니가 있다. **꽃차례는 산방상의 둥그스름한 모양이다. 장식화는 매우 독특하며 옴폭하게 둥글며, 색깔은 토양 성분에 따라서 다르게 나타나지만, 주로 분홍색 계통~보라색 계통이다.** 꽃피는 시기는 5~7월이다. 'Ayesha'와 닮았으나 꽃잎이 더 작고 타박하며 빽빽한 점이 다르다.

H. macrophylla 'Hopcorn' 이즈반도시모다

파이어플라이수국

학명: *Hydrangea macrophylla* 'Horcos'

영명: Firefly bigleaf hydrangea

상표명: 파이어플라이(독일드레스덴육종)

특징

식물형은 낙엽관목으로 높이는 100~120cm 정도이며, 줄기는 굵고 피목이 나타난다. 잎은 마주나며 타원형으로 광택이 있고, 녹색이지만 다소 불그스름하며 톱니가 있다. **꽃차례는 산방상의 둥그스름한 모양이다. 장식화는 겹치면서 가장자리에 테두리가 나타난다. 색깔은 토양 성분에 따라서 다르게 나타나지만, 주로 분홍색 계통~보라색 계통이다.** 꽃피는 시기는 5~7월이며, 미국식물특허 USPP 27,110을 받고, 보호되고 있다.

H. macrophylla 'Horcos' 바람의 언덕

로소글로리수국

학명: *Hydrangea macrophylla* 'Hore0007'

이명: *Hydrangea macrophylla* 'Rosso Glory'

영명: Rosso Glory bigleaf hydrangea

상표명: 로소글로리(네덜란드육종)

시리즈: 렘브란트

특징

식물형은 낙엽관목으로 높이는 60~100cm 정도이며, 줄기는 굵고 피목이 나타난다. 잎은 마주나며 타원형으로 광택이 있고, 녹색으로 톱니가 있다. **꽃차례는 산방상의 둥근 모양이다. 장식화는 여름에 녹색으로 나타나고 점차 빨갛게 변하고, 시간이 지남에 따라 붉게 물든 초록색으로 변하고 마침내 완전히 붉게 된다.** 꽃피는 시기는 6~10월로 긴 편이다.

H. macrophylla 'Hore0007' 광저우화난꽃시장

엘레강트로사수국

학명: *Hydrangea macrophylla* 'Hore0031'

이명: *Hydrangea macrophylla* 'Elegant Rosa'

영명: Elegant Rosa bigleaf hydrangea

상표명: 엘레강트로사(네덜란드육종)

시리즈: 렘브란트

특징

식물형은 낙엽관목으로 높이는 60~100cm 정도이며, 줄기는 굵고 피목이 나타난다. 잎은 마주나며 타원형으로 광택이 있고, 녹색으로 톱니가 있다. **꽃차례는 산방상의 둥근 모양으로 풍성하다. 장식화는 가끔 톱니가 나타나고, 색깔은 처음에는 옅은 연두색으로 나타나지만 차차 옅은 분홍색 계통으로 다시 녹색이 살짝 들어간 옅은 분홍색으로 변한다.** 꽃피는 시기는 6~9월로 긴 편이다.

H. macrophylla 'Hore0031' 바람의 언덕

돌체시크수국

학명: *Hydrangea macrophylla* 'Hore0034'

이명: *Hydrangea macrophylla* 'Dolce Chic'

영명: Dolce Chic bigleaf hydrangea

상표명: 돌체시크(네덜란드육종)

시리즈: 렘브란트

특징

식물형은 낙엽관목으로 높이는 60~120cm 정도이며, 줄기는 굵고 피목이 나타난다. 잎은 마주나며 타원형으로 광택이 있고, 녹색으로 톱니가 있다. **꽃차례는 산방상의 둥근 모양이다. 장식화의 가장자리 톱니 모양이 눈에 띄며 테두리가 있는 것도 보이며, 초여름부터 초가을까지 중앙에 옅은 노란색~옅은 연두색이 점점 가장자리부터 짙은 핑크색으로 변하는 특징이 있다.** 꽃피는 시기는 5~9월이다.

H. macrophylla 'Hore0034'　　바람의 언덕

H. macrophylla 'Hore0046'　　바람의 언덕

바이브란트버데수국

학명: *Hydrangea macrophylla* 'Hore0046'

이명: *Hydrangea macrophylla* 'Vibrant Verde'

영명: Vibrant Verde bigleaf hydrangea

상표명: 바이브란트버데(네덜란드육종)

시리즈: 렘브란트

특징

식물형은 낙엽관목으로 높이는 60~100cm 정도이며, 줄기는 굵고 피목이 나타난다. 잎은 마주나며 타원형으로 광택이 있고, 녹색으로 톱니가 있다. **꽃차례는 산방상의 둥근 모양이다. 장식화는 톱니가 있고 처음에는 녹색으로 피지만, 시간이 지남에 따라서 가장자리부터 분홍색으로, 다시 강렬한 붉은색으로 변하는 특징이 있다.** 꽃피는 시기는 6~10월로 긴 편이다.

H. macrophylla 'Hore0046'　　바람의 언덕

벨라페스체수국

학명: *Hydrangea macrophylla* 'Hore1644'

이명: *Hydrangea macrophylla* 'Bella Pesche'

영명: Bella Pesche bigleaf hydrangea

상표명: 벨라페스체(네덜란드육종)

시리즈: 렘브란트

특징

식물형은 낙엽관목으로 높이는 60~100cm 정도이며, 줄기는 곧고 피목이 나타난다. 잎은 마주나며 타원형으로 광택이 있고, 짙은 녹색으로 톱니가 있다. **꽃차례는 산방상의 둥근 모양이다. 장식화는 줄 무늬와 부분적 톱니가 나타나고, 처음에는 옅은 연두색~분홍색이 섞인 연두색으로, 가을이 되면 차차 짙은 붉은색으로 변하는 특징이 있다.** 꽃피는 시기는 5~9월로 긴 편이다.

H. macrophylla 'Hore1644'　　바람의 언덕

회른리수국

학명: *Hydrangea macrophylla* 'Hörnli'
영명: Hörnli bigleaf hydrangea
품종명: 회른리(스위스바덴스빌육종)
특징

식물형은 낙엽관목으로 높이는 60~80cm 정도이며, 줄기에는 피목이 나타난다. 잎은 마주나며 타원형으로 광택이 있고, 녹색으로 톱니가 있다. **꽃차례는 산방상의 둥근 모양이다. 장식화는 작은 편이고 피아(pia)를 연상 시키지만, 길쭉한 꽃잎의 색깔은 토양 성분에 따라 다르지만 주로 붉은색계 통에 가깝다.** 꽃 피는 시기는 5~9월로 길다.

H. macrophylla 'Hörnli' 바람의 언덕

파이어아이슬란드수국

학명: *Hydrangea macrophylla* 'Hortfire'PBR
영명: Fire Island bigleaf hydrangea
품종명: 파이어아이슬란드(미국육종)
시리즈: 시사이드세레나데
특징

식물형은 낙엽관목으로 높이는 80~100cm 정도이며, 줄기는 굵고 피목이 나타난다. 잎은 마주나며 타원형으로 광택이 있고, 녹색으로 톱니가 있다. **꽃차례는 산방상의 둥근 모양이다. 장식화의 가장자리는 톱니가 있으며, 곱슬곱슬한 피코티 모양으로 이중색이 나며 빽빽하다. 양성화는 잘 보이지 않는다.** 꽃피는 시기는 6~8월이며, 미국식물특허 USPP 29,058을 받고, 보호되고 있다.

햄튼스수국

학명: *Hydrangea macrophylla* 'Horthamt'PBR
영명: Hamptons bigleaf hydrangea
품종명: 햄튼스(미국육종)
시리즈: 시사이드세레나데
특징

식물형은 낙엽관목으로 높이는 80~100cm 정도이며, 줄기는 곧고 피목이 나타난다. 잎은 마주나며 타원형으로 광택이 있으며 두텁고, 짙은 녹색으로 톱니가 있다. **꽃차례는 산방상의 둥근 모양이다. 장식화의 가장자리는 톱니가 있으며, 짙은 분홍색으로 테두리가 나타난다. 양성화는 잘 보이지 않는다.** 꽃피는 시기는 6~8월이며, 미국식물특허 USPP 29,005를 받고, 보호되고 있다.

H. macrophylla 'Horthamt'PBR 강진뷰티팜

케이프해터러스수국

학명: *Hydrangea macrophylla* 'Horthat'PBR
영명: Cape Hatteras bigleaf hydrangea

품종명: 케이프해터러스(미국육종)

시리즈: 시사이드세레나데

특징

식물형은 낙엽관목으로 높이는 80~100cm 정도이며, 줄기는 굵고 피목이 나타난다. 잎은 마주나며 타원형으로 광택이 있으며 두텁고, 짙은 녹색으로 톱니가 있다. **꽃차례는 산방상의 둥근 모양이다. 장식화의 가장자리는 밋밋하며, 처음에는 노란색 계통으로 나타나지만 차차 짙은 루비에 가까운 붉은 색으로 변한다. 양성화는 잘 보이지 않는다.** 꽃피는 시기는 6~8월이며, 현재 식물특허신청(PPAF)중에 있다.

H. macrophylla 'Horthat'PBR 토시마엔

케이프룩아웃수국

학명: *Hydrangea macrophylla* 'Hortmablo'PBR

영명: Cape Lookout bigleaf hydrangea

품종명: 케이프룩아웃(미국육종)

시리즈: 시사이드세레나데

특징

식물형은 낙엽관목으로 높이는 80~100cm 정도이며, 줄기는 굵고 피목이 나타난다. 잎은 마주나며 타원형으로 광택이 있으며, 짙은 녹색이지만 가을이 되면 청동색으로 단풍이 들고, 톱니가 있다. **꽃차례는 산방상의 둥근 모양이다. 장식화의 가장자리는 톱니가 있고, 흰색 계통이지만 시간이 지남에 따라서 밝은 분홍색으로 변한다. 양성화는 잘 보이지 않는다.** 꽃피는 시기는 6~8월이며, 미국식물특허 USPP 30,268을 받고, 보호되고 있다.

H. macrophylla 'Hortmablo'PBR 강진뷰티팜

브라이드수국

학명: *Hydrangea macrophylla* 'Hortmabrid'PBR

영명: Bride bigleaf hydrangea

품종명: 브라이드(네덜란드육종)

시리즈: 매지칼(유럽)/에버라스팅(미국)

특징

식물형은 낙엽관목으로 높이는 60~80cm 정도이며, 줄기는 굵고 피목이 나타난다. 잎은 마주나며 타원형으로 광택이 있으며 두텁고, 짙은 녹색으로 톱니가 있다. **꽃차례는 산방상의 둥근 모양이다. 장식화는 순수한 흰색이지만 시간이 지남에 따라서, 옅은 녹색으로 변한다. 양성화는 잘 보이지 않는다.** 꽃피는 시기는 6~8월이며, 미국식물특허 USPP 25,579를 받고, 보호되고 있다.

H. macrophylla 'Hortmabrid'PBR 조가사키

그린클라우드수국

학명: *Hydrangea macrophylla* 'Hortmagreclo'

영명: Green Cloud bigleaf hydrangea

품종명: 그린클라우드(네덜란드육종)

시리즈: 매지칼(유럽)/에버라스팅(미국)

특징

식물형은 낙엽관목으로 높이는 90~120cm 정도이며, 줄기는 굵고 피목이 나타난다. 잎은 마주나며 타원형으로 광택이 있고, 녹색으로 톱니가 있다. **꽃차례는 산방상의 둥근 모양이다. 장식화의 가장자리에는 톱니가 나타나며, 오래된 나무, 새나무 모두 꽃이 핀다. 꽃의 색깔은 토양 성분에 관계없이 녹색을 유지한다.** 꽃피는 시기는 5~8월이다. 미국식물특허 USPP 22,063을 받고, 보호되고 있다.

H. macrophylla 'Hortmagreclo' 바람의 언덕

하모니수국

학명: *Hydrangea macrophylla* 'Hortmahar'PBR

영명: Harmony bigleaf hydrangea

품종명: 에버라스팅하모니(네덜란드육종)

시리즈: 에버라스팅(미국)/매지칼(유럽)

특징

식물형은 낙엽관목으로 높이는 60~90cm 정도이며, 줄기는 굵고 피목이 나타난다. 잎은 마주나며 타원형으로 광택이 있으며 두텁고, 짙은 녹색으로 톱니가 있다. **꽃차례는 산방상의 둥근 모양이다. 장식화는 밝은 분홍색이지만 시간이 지남에 따라서, 짙은 분홍색 또는 녹색 무늬가 들어가기도 한다. 양성화는 잘 보이지 않는다.** 꽃피는 시기는 6~8월이다. 절화용으로 육종되었으며, 식물특허출원(PPAF)중이다. RHS (AGM)을 수상했다.

H. macrophylla 'Hortmahar'PBR 강진뷰티팜

랩소디수국

학명: *Hydrangea macrophylla* 'Hortmarahso'PBR

이명: *Hydrangea macrophylla* 'Rhapsody'

영명: Rhapsody bigleaf hydrangea

품종명: 랩소디(네덜란드육종)

시리즈: 매지칼(유럽)/에버라스팅(미국)

특징

식물형은 낙엽관목으로 높이 100~120cm 정도이며, 줄기는 굵고 피목이 나타난다. 잎은 마주나며 타원형으로 광택이 있고, 짙은 녹색으로 톱니가 있다. **꽃차례는 산방상의 둥근 모양이다. 장식화의 가장자리에는 듬성듬성한 톱니가 있다. 색깔은 독특한 녹색(apple green)으로 주름이 있으며, 가운데는 옅은 색을 띠며, 가을까지 녹색을 유지하다가 시들기 전에 붉은색 계통으로 마무리된다.** 꽃피는 시기는 6~9월이며, RHS (AGM)을 수상했다.

H. macrophylla 'Hortmarahso'PBR 바람의 언덕

윙즈수국

학명: *Hydrangea macrophylla* 'Hortmawin'PBR

이명: *Hydrangea macrophylla* 'Wings'

영명: Wings bigleaf hydrangea

품종명: 윙즈(네덜란드육종)

시리즈: 매지칼(유럽)/에버라스팅(미국)

특징

식물형은 낙엽관목으로 높이 60~90cm 정도이며, 줄기는 굵고 피목이 나타난다. 잎은 마주나며 타원형으로 광택이 있고, 녹색으로 톱니가 있다. **꽃차례는 산방상의 둥근 모양이다. 장식화의 가장자리에는 톱니가 있으며 옅은 녹색과 흰색이 섞여 있고, 시간이 지나면서 짙은 녹색으로 바뀐다.** 꽃피는 시기는 6~9월이다. 식물특허출원(PPAF) 중이다.

H. macrophylla 'Hortmawin'PBR 바람의 언덕

피스타치오수국

학명: *Hydrangea macrophylla* 'Horwack'

영명: Pistachio bigleaf hydrangea,
Glam Rock bigleaf hydrangea

품종명: 피스타치오(네덜란드육종)

시리즈: 유앤미(유럽)/포에버앤에버(미국)

특징

식물형은 낙엽관목으로 높이는 60~90cm 정도이며, 줄기는 굵고 피목이 나타난다. 잎은 마주나며 타원형으로 광택이 있으며 두텁고, 짙은 녹색으로 톱니가 있다. **꽃차례는 산방상의 둥근 모양이다. 장식화는 4~5개로 처음에는 짙은 녹색이다가 차차 가운데가 불그스름해지고, 가장자리는 또 다른 색으로 3줄기의 색이 나타나고 톱니도 보이면서 모양도 독특하다. 양성화는 파란색 계통으로 장식화 속에서 핀다.** 꽃피는 시기는 6~8월이며, 미국식물특허 USPP 25,577을 받고, 보호되고 있다.

H. macrophylla 'Horwack' 바람의 언덕

호시하나비수국

학명: *Hydrangea macrophylla* 'Hoshihanabi'

영명: Hoshihanabi bigleaf hydrangea

일명: ホシハナビ(호시하나비, 星花火)

품종명: 호시하나비(일본가무화창포원육종)

특징

식물형은 낙엽관목으로 높이는 70~90cm 정도이며, 줄기는 굵고 피목이 나타난다. 잎은 마주나며 타원형으로 광택이 있고, 짙은 녹색으로 톱니가 있다. **꽃차례는 산방상의 평평한 모양이다. 장식화는 이중의 별 모양으로 피고, 주로 흰색~연한 분홍색, 연한 파랑색이다.** 꽃이 별처럼 생긴 것에서 이름이 붙여졌으며, 꽃피는 시기는 6~7월이다.

H. macrophylla 'Hoshihanabi' 조가사키

호시조라수국

학명: *Hydrangea macrophylla* 'Hoshizora'

영명: Hoshizora bigleaf hydrangea

일명: ホシゾラ(호시조라, 星空)

품종명: 호시조라(일본육종)

특징

식물형은 낙엽관목으로 높이는 70~90cm 정도이며, 줄기는 굵고 피목이 나타난다. 잎은 마주나며 타원형으로 광택이 있고, 녹색으로 톱니가 있다. **꽃차례는 산방상의 평평한 모양이다. 장식화는 이중으로 별 모양이며 "하나비"와 닮았으나 안쪽의 꽃잎이 길다. 꽃의 색깔은 주로 흰색~옅은 분홍색, 옅은 푸른색 계통이다.** 꽃이 별처럼 생긴 것에서 이름이 붙여졌으며, 꽃피는 시기는 6~7월이다.

H. macrophylla 'Hoshizora' 바람의 언덕

인스파이어수국

학명: *Hydrangea macrophylla* 'Inspire'

영명: Inspire bigleaf hydrangea

품종명: 인스파이어

시리즈: 유앤미(유럽)/포에버앤에버(미국)

특징

식물형은 낙엽관목으로 높이는 90~120cm 정도이며, 줄기는 굵고 피목이 나타난다. 잎은 마주나며 타

원형으로 광택이 있고, 짙은 녹색으로 톱니가 있다. **꽃차례는 산방상의 둥근 모양이다. 장식화는 매우 독특하며, 이중으로 가늘고 긴 별처럼 보이고, 주로 옅은 연두색~연한 분홍색, 연한 파랑색이다.** 꽃피는 시기는 6~7월이며, 미국식물특허 USPP 26,824를 받고, 보호되고 있다.

H. macrophylla 'Inspire' 바람의 언덕

이즈노하나수국

학명: *Hydrangea macrophylla* 'Izu no Hana'
영명: Izu no Hana bigleaf hydrangea
일명: イズノハナ(이즈노하나, 伊豆の華)
품종명: 이즈노하나(일본원산)
특징

식물형은 낙엽관목으로 높이는 90~120cm 정도이며, 줄기는 굵고 피목이 나타난다. 잎은 마주나며 타원형으로 광택이 있고, 짙은 녹색으로 톱니가 있다. **꽃차례는 산방상의 평평한 모양이다. 장식화의 꽃자루는 길고 우아하며, 크기는 약간 좁고 긴 편이고 겹으로 핀다. 일반적으로 오래 된 나무에 꽃이 피며, 양성화는 노화됨에 따라 색깔이 점차 변하는 경향이 있다.** 꽃피는 시기는 6~8월이다. 1970년 이즈(伊豆)의 동부 해안, 조가사키 부근에서 "飯田岳美"씨가 발견했으나 현재에는 유럽과 이즈반도에서 많이 재배하고 있다.

H. macrophylla 'Izu no Hana' 다카하다후도산

조우가사키수국

학명: *Hydrangea macrophylla* 'Jougasakii'
영명: Jougasakii bigleaf hydrangea
일명: ゾウガサキ(조우가사키, 城ヶ岐)
품종명: 조우가사키(일본원산)
특징

식물형은 낙엽관목으로 높이는 120~150cm 정도이며, 줄기는 갈색이고 피목이 나타난다. 잎은 마주나며 타원형으로 광택이 있고, 녹색으로 톱니가 있다. **꽃차례는 산방상의 평평한 모양이다. 장식화는 이중으로 피며, 분홍색 계통 또는 파란색~짙은 보라색 계통으로 다양하다.** 이즈(伊豆)의 동부 해안, 조가사키 부근에서 "平澤哲"씨가 발견했고, 다양한 수국 품종의 교배친으로 이용되고 있다.

H. macrophylla 'Jougasakii' 태종사

쥬디수국

학명: *Hydrangea macrophylla* 'Judy'

영명: Judy bigleaf hydrangea

품종명: 쥬디(네덜란드육종)

특징

식물형은 낙엽관목으로 높이는 90~120cm 정도이며, 줄기는 굵고 피목이 나타난다. 잎은 마주나며 타원형으로 광택이 있고, 짙은 녹색으로 톱니가 있다. **꽃차례는 산방상의 둥근 모양이다. 장식화의 색깔은 토양성분에 따라 다르게 나타나지만 일반적으로 분홍색 계통이다.** 꽃피는 시기는 6~8월이다.

H. macrophylla 'Judy' 강진뷰티팜

융플라우제미니수국

학명: *Hydrangea macrophylla* 'Jungfrau Gemini'

영명: Jungfrau Gemini bigleaf hydrangea

일명: ユンフラウゼミニ(융프라우제미니)

품종명: 융플라우제미니(일본사카모도원예육종)

특징

식물형은 낙엽관목으로 높이는 90~120cm 정도이며, 줄기는 굵고 피목이 나타난다. 잎은 마주나며 타원형으로 광택이 있고, 녹색으로 톱니가 있다. **꽃차례는 산방상의 평평한 모양이다. 장식화의 색깔은 토양성분에 따라 다르게 나타나지만, 일반적으로 파란색 계통으로 나타난다.** 꽃피는 시기는 6~8월이다.

H. macrophylla 'Jungfrau Gemini' 조가사키

융플라우피코티수국

학명: *Hydrangea macrophylla* 'Jungfrau Picoty'

영명: Jungfrau Picoty bigleaf hydrangea

일명: ユンフラウピコティ-(융프라우피코티)

품종명: 융플라루피코티(일본사카모도원예육종)

특징

식물형은 낙엽관목으로 높이는 90~120cm 정도이며, 줄기는 굵고 피목이 나타난다. 잎은 마주나며 타원형으로 광택이 있고, 녹색으로 톱니가 있다. **꽃차례는 산방상의 평평한 모양이다. 장식화는 흰색 계통이지만 가장자리가 분홍색으로 나타나는 특징이 있다.** 'Love You Kiss' 비슷하게 보이며, 산수국 '키요즈미사와'와의 교배종이다. 꽃피는 시기는 6~8월이다.

H. macrophylla 'Jungfrau Picoty' 상하이천산식물원

융플라우핑크수국

학명: *Hydrangea macrophylla* 'Jungfrau Pink'
영명: Jungfrau Pink bigleaf hydrangea
일명: ユンフラウピンク(융프라우핑쿠)
품종명: 융플라우핑크(일본사카모도원예육종)
특징

식물형은 낙엽관목으로 높이는 90~120cm 정도이며, 줄기는 굵고 피목이 나타난다. 잎은 마주나며 타원형으로 광택이 있고, 녹색으로 톱니가 있다. **꽃차례는 산방상의 평평한 모양이다. 장식화의 색깔은 토양 성분에 따라 다르게 나타나지만, 일반적으로 분홍색 계통으로 나타난다.** 꽃피는 시기는 6~8월이다.

H. macrophylla 'Jungfrau Pink' 조가사키

융플라우바이올렛수국

학명: *Hydrangea macrophylla* 'Jungfrau Violet'
영명: Jungfrau Violet bigleaf hydrangea
일명: ユンフラウバイオレット(융프라우바이오렛토)
품종명: 융플라우바이올렛(일본사카모도원예육종)
특징

식물형은 낙엽관목으로 높이는 90~120cm 정도이며, 줄기는 굵고 피목이 나타난다. 잎은 마주나며 타원형으로 광택이 있고, 녹색으로 톱니가 있다. **꽃차례는 산방상의 평평한 모양이다. 장식화의 색깔은 토양 성분에 따라 다르게 나타나지만, 일반적으로 보라색 계통으로 나타난다.** 꽃피는 시기는 6~8월이다.

H. macrophylla 'Jungfrau Violet' 조가사키

융플라우화이트수국

학명: *Hydrangea macrophylla* 'Jungfrau White'
영명: Jungfrau White bigleaf hydrangea
일명: ユンフラウファイト(융프라우화이토)
품종명: 융플라우화이트(일본사카모도원예육종)
특징

식물형은 낙엽관목으로 높이는 90~120cm 정도이며, 줄기는 굵고 피목이 나타난다. 잎은 마주나며 타원형으로 광택이 있고, 녹색으로 톱니가 있다. **꽃차례는 산방상의 평평한 모양이다. 장식화의 색깔은 흰색 계통~옅은 파란색으로 나타난다.** 꽃피는 시기는 6~8월이다.

H. macrophylla 'Jungfrau White' 조가사키

쥬니히토에수국

학명: *Hydrangea macrophylla* 'Junihitoe'

영명: Junihitoe bigleaf hydrangea

일명: ジューニヒトエ(쥬니히토에, 十二單)

품종명: 쥬니히토에

특징

식물형은 낙엽관목으로 높이는 60~90cm 정도이며, 줄기는 굵고 피목이 나타난다. 잎은 마주나며 타원형으로 광택이 있고, 짙은 녹색으로 톱니가 있다. **꽃차례는 산방상의 평평한 모양이다. 장식화의 색깔은 토양 성분에 따라 다르게 나타나지만 일반적으로 옅은 푸른색~흰색 계통이다. 여러 겹으로 피는 각 꽃송이는 작지만 제비꽃처럼 피는 방식이 독특하다.** 꽃피는 시기는 약간 늦으며 6~8월이다.

H. macrophylla 'Junihitoe' 토시마엔

도피오누볼라수국

학명: *Hydrangea macrophylla* 'kaho'

영명: Doppio Nuvola bigleaf hydrangea

상표명: 도피오누볼라, 더블브라이트핑크

시리즈: 더블디라이트

특징

식물형은 낙엽관목으로 높이는 100~120cm 정도로 빠르게 자란다. 줄기는 굵으며, 피목이 나타난다. 잎은 마주나며 타원형으로 광택이 있고, 녹색으로 톱니가 있다. **꽃차례는 산방상의 둥근 모양이다. 장식화가 다 피면 매우 크며, 분홍색 계통의 여러 겹으로 빽빽하게 핀 별 모양으로 보인다.** 꽃 피는 시기는 6~10월이다. 2019년 플랜타리움(plantarium)에서 동메달을 수상하였다.

H. macrophylla 'kaho' 상하이식물원

H. macrophylla 'kaho' 상하이식물원

카르디날수국

학명: *Hydrangea macrophylla* 'Kardinal'

영명: Kardinal bigleaf hydrangea

품종명: 카르디날

시리즈: 텔러

특징

식물형은 낙엽관목으로 높이는 100~150cm 정도이며, 줄기는 굵고 피목이 나타난다. 잎은 마주나며 타

원형으로 광택이 있고, 녹색으로 톱니가 있다. **꽃차례는 산방상의 평평한 접시 모양이다. 장식화는 4~5개로 이중 고리를 만들며 옅은 분홍색~홍색이고, 양성화는 보라색 계통이다.** 꽃의 색깔은 토양 성분에 영향을 받기 쉽다. 꽃피는 시기는 6~9월로 긴 편이다. RHS (AGM)을 수상했다.

케이코수국

학명: *Hydrangea macrophylla* 'Keiko'
영명: Keiko bigleaf hydrangea
일명: ケイコ(케이코)
품종명: 케이코(일본사카모토원예육종)
특징

식물형은 낙엽관목으로 높이는 90~120cm 정도이며, 줄기는 강건하고 피목이 나타난다. 잎은 마주나며 타원형으로 광택이 있고, 짙은 녹색으로 톱니가 있다. **꽃차례는 산방상의 평평한 모양이지만, 차차 중앙에 꽃이 피면 반구형으로 보인다. 장식화의 색깔은 짙은 분홍색 피코티 처럼 첫눈에 띄며 '포지부케노블'과 많이 닮았다.** 일본에서 2015~2016년 '올해의 꽃'에 수상했으며, 미국식물특허 USPP 29,625를 받고, 보호되고 있다.

H. macrophylla 'Keiko' 상하이식물원

H. macrophylla 'Keiko' 상하이식물원

H. macrophylla 'Keiko' 바람의 언덕

키보노하나수국

학명: *Hydrangea macrophylla* 'Kibonohana'
영명: Kibonohana bigleaf hydrangea
일명: キボノハナ(키보노하나, 希望の花)
품종명: 키보노하나(일본육종)
특징

식물형은 낙엽관목으로 높이는 60~100cm 정도이며, 줄기는 굵고 피목이 나타난다. 잎은 마주나며 타원형으로 광택이 있고, 짙은 녹색으로 톱니가 있다. **꽃차례는 산방상의 평평한 모양으로 보이지만 활짝 피면 둥근 모양이 된다. 장식화는 토양 성분에 따라 다르지만, 분홍색 또는 파란색으로 나타난다.** 꽃피는 시기는 5~8월이다.

H. macrophylla 'Kibonohana' 하코네고라식물원

H. macrophylla 'Kibonohana' 하코네고라식물원

키미노나와수국

학명: *Hydrangea macrophylla* 'Kiminonawa'
영명: Kiminonawa bigleaf hydrangea
일명: キミノナワ(키미노나와, 君の名は)
품종명: 키미노나와(일본가무화창포원육종)
특징

식물형은 낙엽관목으로 높이는 60~100cm 정도이며, 줄기는 덥수룩하고 피목이 나타난다. 잎은 마주나며 타원형으로 광택이 있고, 녹색으로 톱니가 있다. **꽃차례는 산방상의 둥근 모양이다. 장식화의 색깔은 토양 성분에 따라 다르지만, 흰색 바탕에 분홍색~옅은 보라색의 테두리가 나타난다.** 꽃피는 시기는 6~7월이다.

H. macrophylla 'Kiminonawa' 고민가뮤지엄

키라키라보시수국(샤이닝스타)

학명: *Hydrangea macrophylla* 'Kirakiraboshi'
영명: Kirakiraboshi bigleaf hydrangea
일명: キラキラボシ(키라키라보시, キラキラ星)
품종명: 키라키라보시(일본육종)
특징

식물형은 낙엽관목으로 높이는 90~120cm 정도이며, 줄기는 타박하며 피목이 나타난다. 잎은 마주나며 타원형으로 광택이 있고, 녹색으로 톱니가 있다. **꽃차례는 산방상의 평평한 모양이다. 장식화는 톱니가 있으며 겹꽃이고, 꽃잎의 색깔은 토양 성분에 따라 다르지만 주로 파란색계통~분홍색 계통이다. 양성화도 비슷한 색이다.** 꽃피는 시기는 6~7월이다.

H. macrophylla 'Kirakiraboshi' 바람의 언덕

H. macrophylla 'Kirakiraboshi' 바람의 언덕

키리시마노메구미수국

학명: *Hydrangea macrophylla* 'Kirishima no Megumi'

영명: Kirishima no Megumi bigleaf hydrangea

일명: キリシマノメグミ(키리시마노메구미, 霧島の恵み)

품종명: 키리시마노메구미(일본육종)

특징

식물형은 낙엽관목으로 높이는 120~210cm 정도로 곧게 자라며, 줄기는 굵고 피목이 나타난다. 잎은 마주나며 타원형으로 광택이 있고, 녹색으로 톱니가 있다. **꽃차례는 산방상의 둥근 모양이다. 장식화와 양성화의 구분은 모호하고, 가장자리에 톱니는 전혀 없다. 양성화의 겹침도 약하다.** 꽃피는 시기는 5~10월로 빠르고 길며, 조건만 잘 맞으면 일 년 내내 꽃을 피운다.

H. macrophylla 'Kirishima no megumi' 바람의 언덕

끌라브렝수국

학명: *Hydrangea macrophylla* 'Klaveren'

영명: Klaveren bigleaf hydrangea

품종명: 끌라브렝(프랑스육종)

특징

식물형은 낙엽관목으로 높이는 90~120cm 정도이며, 줄기는 굵고 피목이 나타난다. 잎은 마주나며 타원형으로 광택이 있고, 녹색으로 톱니가 있다. **꽃차례는 산방상의 평평한 모양으로 큰 편이다. 장식화는 4개로 톱니가 있으며 연어 색~옅은 분홍색~라일락색이다. 양성화는 보라색 계통으로 많은 편이다. 가을이 되면 구리 빛으로 변한다.** 꽃피는 시기는 6~8월이다. RHS (AGM)을 수상했다.

H. macrophylla 'Klaveren' 상하이천샨식물원

H. macrophylla 'Klaveren' 상하이천샨식물원

코한수국

학명: ***Hydrangea macrophylla*** **'Kohan'**

영명: **Kohan bigleaf hydrangea**

일명: コハン(**코한, 湖畔**)

품종명: **코한(일본가무화창포원육종)**

특징

식물형은 낙엽관목으로 높이는 70~100cm 정도이며, 줄기는 굵고 피목이 나타난다. 잎은 마주나며 타원형으로 광택이 있고, 녹색으로 톱니가 있다. **꽃차례는 산방상의 평평한 모양이다. 장식화는 큰 편으로 옅은 파란색 계통이며, 양성화도 많다.** 꽃피는 시기는 5~8월이다.

H. macrophylla 'Kohan' 바람의 언덕

H. macrophylla 'Kohan' 바람의 언덕

코이지가하마수국

학명: ***Hydrangea macrophylla*** **'Koijigahama'**

영명: **Koijigahama bigleaf hydrangea**

일명: コイジガハマ(**코이지가하마, 恋路ヶ浜**)

품종명: **코이지가하마(일본육종)**

특징

식물형은 낙엽관목으로 높이는 120~200cm 정도이며, 줄기는 굵고 피목이 나타난다. 잎은 마주나며 타원형으로 불규칙적한 톱니가 있고, 가장자리에는 선명한 흰색~노란색의 얼룩무늬가 들어 있어 아름답기 때문에 꽃이 없는 시기에도 눈에 띈다. **꽃차례는 산방상의 평평한 모양이다. 장식화는 흰색~옅은 파란색 계통이며 가장자리에 톱니가 보이기도 하며, 양성화는 파란색 계통이다.** 꽃피는 시기는 5~6월이다.

H. macrophylla 'Koijigahama' 토시마엔

H. macrophylla 'Koijigahama' 토시마엔

스파이크수국

학명: *Hydrangea macrophylla* 'Kolk25'

영명: Spike bigleaf hydrangea

품종명: 스파이크

특징

식물형은 낙엽관목으로 높이는 90~120cm 정도이며, 줄기는 굵고 피목이 나타난다. 잎은 마주나며 타원형으로 광택이 있고, 짙은 녹색으로 톱니가 있다. **꽃차례는 산방상의 둥근 모양이다. 장식화의 가장자리에 곱슬곱슬한 매우 특징적이며, 파란색~분홍색 계통으로 매우 크다.** 꽃피는 시기는 6~7월이다. 미국식물특허 USPP 26,826을 받고, 보호되고 있다.

H. macrophylla 'Kolk25' 바람의 언덕

H. macrophylla 'Kolk25' 바람의 언덕

H. macrophylla 'Kolk25' 바람의 언덕

루비레드수국

학명: *Hydrangea macrophylla* 'Kolmaru'

이명: *Hydrangea macrophylla* 'Ruby Red'

영명: Ruby Red bigleaf hydrangea

상표명: 루비레드(네덜란드육종)

시리즈: 매지칼(유럽)/에버라스팅(미국)

특징

식물형은 낙엽관목으로 높이는 90~120cm 정도이며, 줄기는 굵고 피목이 나타난다. 잎은 마주나며 타원형으로 광택이 있고, 짙은 녹색이며 톱니가 있다. **꽃차례는 산방상의 둥근 모양이다. 장식화는 반복적으로 계속 피고, 반짝이는 붉은 보석 같으며, 시간이 지남에 따라서 더 진한 와인 색으로 변하면서 녹색의 반점이 나타나기도 한다.** 꽃피는 시기는 5월~9월이다. 미국식물특허 USPP 25,104를 받고, 보호되고 있다.

H. macrophylla 'Kolmaru' 강진뷰티팜

스타게이저수국(콤페이토)

학명: *Hydrangea macrophylla* 'Kompeito'

영명: Star Gazer bigleaf hydrangea

일명: スターゲイザー(수타-게이자)

상표명: 스타게이저(일본가무화창포원육종)

시리즈: 더블디라이츠

특징

식물형은 낙엽관목으로 높이는 90~120cm 정도이며, 줄기는 굵고 피목이 나타난다. 잎은 마주나며 타원형으로 광택이 있고, 녹색으로 톱니가 있다. **꽃차례는 산방상의 평평한 모양이다. 장식화는 겹으로 피며, 양성화도 많은 편이다.** 일반적으로 늦봄에는 오래된 나무에, 여름~가을에는 새 나무에도 핀다. 꽃 색깔은 흰색 테두리가 있는 피코티, 푸른색~분홍색까지 다양하다. 꽃피는 시기는 6~10월이다. 미국식물특허 USPP 20,998을 받고, 보호되고 있다.

H. macrophylla 'Kompeito' 고민가뮤지엄

H. macrophylla 'Kompeito' 고민가뮤지엄

쿠로지쿠수국

학명: *Hydrangea macrophylla* 'Kurojiku'

이명: *Hydrangea macrophylla* 'Nigra'

영명: Kurojiku bigleaf hydrangea

일명: クロジク(쿠로지쿠, 黑軸)

특징

식물형은 낙엽관목으로 높이는 80~150cm 정도이며, 줄기는 굵고 피목이 나타난다. 잎은 마주나며 타원형으로 광택이 있고, 녹색으로 톱니가 있다. **꽃차례는 산방상의 평평한 모양이다. 장식화는 겹이며 색깔은 보라색 계통이며, 양성화도 빽빽하고 비슷하다.** 꽃피는 시기는 6~8월이다. '니그라'를 일본에서는 '쿠로지쿠'라고도 한다.

H. macrophylla 'Kurojiku' 하코네고라식물원

H. macrophylla 'Kurojiku' 하코네고라식물원

레이디인레드수국

학명: *Hydrangea macrophylla* 'Lady in Red'
영명: Lady in Red bigleaf hydrangea
품종명: 레이디인레드(미국육종)
특징
식물형은 낙엽관목으로 높이는 90~150cm 정도이며, 줄기는 굵고 피목이 나타난다. 잎은 마주나고 광택이 있으며 타원형으로 녹색이지만, 가을이 되면 적자색으로 단풍이 든다. 붉은 줄기와 붉은 잎맥이 특징적이다. **꽃차례는 산방상의 평평한 모양이다. 장식화는 분홍색을 띤 흰색이지만 시간이 지남에 따라서 붉은색 계통으로 변한다.** 짙은 색깔을 보려면 알칼리성 토양에서 키우면 좋다. 꽃피는 시기는 6~8월이다. 미국식물특허 USPP 15,175를 받고, 보호되고 있다.

H. macrophylla 'Lady in Red' 바람의 언덕

라나스화이트수국

학명: *Hydrangea macrophylla* 'Lanarth White'
영명: Lanarth White bigleaf hydrangea
일명: ラナースファイト(라-나수화이토)
한명: 拉納斯白 绣球(la na si bai xiu qiu, 랍납사백수구)
품종명: 라나스화이트(영국육종)
특징
식물형은 낙엽관목으로 높이는 90~150cm 정도이며, 줄기는 굵고 피목이 나타난다. 잎은 마주나며 타원형으로 광택이 있고, 옅은 녹색으로 톱니가 있다. **꽃차례는 산방상의 평평한 모양이다. 장식화는 순백색이며 꽃잎 끝은 뾰족한 편이다. 가운데 양성화는 흰색~옅은 보라색 계통이다.** 꽃피는 시기는 6~7월이다. 1949년 이전에 영국 Lanarth의 M. Williams에 의해 선정되었으며, RHS (AM, AGM)을 수상했다.

H. macrophylla 'Lanarth White' 다카하다후도산

레몬대디수국

학명: *Hydrangea macrophylla* 'Lemon Daddy'
영명: Lemon Daddy bigleaf hydrangea
일명: レモンダディ(레몬다디)
품종명: 레몬대디(일본원산)
특징
식물형은 낙엽관목으로 높이는 90~120cm 정도이며, 줄기는 굵고 피목이 나타난다. 잎은 마주나고 광택이 있으며, 타원형으로 노란색~연두색 계통이 특징이다. **꽃차례는 산방상의 둥근 모양이다. 장식화는 분홍색이 도는 흰색이고, 오래된 나무와 새 나무에 꽃이 피기 때문에 여름 내내 반복해서 꽃을 볼 수 있다.** 꽃피는 시기는 6~8월이다. 미국식물특허 USPP 17,660을 받고, 보호되고 있다.

H. macrophylla 'Lemon Daddy' 바람의 언덕

H. macrophylla 'Lemon Daddy' 바람의 언덕

레몬웨이브수국

학명: *Hydrangea macrophylla* 'Lemon Wave'

영명: Lemon Wave bigleaf hydrangea

품종명: 레몬웨이브

특징

식물형은 낙엽관목으로 높이는 120~180cm 정도이며, 줄기는 굵고 피목이 나타난다. 잎은 마주나고 광택이 있으며, 타원형으로 불규칙하게 얼룩진 레몬색의 무늬가 특징이다. 잎 가장자리에는 약간 물결무늬와 함께, 불규칙한 톱니가 있다. **꽃차례는 산방상의 평평한 모양이며, 장식화와 양성화의 색깔은 토양의 성분에 따라서 다르다.** 꽃피는 시기는 6~8월이다.

H. macrophylla 'Lemon Wave' 밀양 법흥리

H. macrophylla 'Lemon Wave' 밀양 법흥리

리벨르수국

학명: *Hydrangea macrophylla* 'Libelle'

영명: Libelle bigleaf hydrangea

품종명: 리벨르(스위스육종)

시리즈: 텔러

특징

식물형은 낙엽관목으로 높이는 80~150cm 정도이며, 줄기는 약하며 지지대가 필요하고, 피목이 나타난

다. 잎은 마주나며 타원형으로 광택이 있고, 녹색으로 톱니가 있다. **꽃차례는 산방상의 평평한 모양이다. 장식화는 흰색이며 양성화는 처음에는 연두색이지만 시간이 지남에 따라서 파란색 계통으로 변한다.** 꽃잎의 색깔은 토양성분에 영향을 받지 않는다. 꽃피는 시기는 6~8월이다. RHS (AGM)을 수상했다.

H. macrophylla 'Libelle' 바람의 언덕

H. macrophylla 'Libelle' 바람의 언덕

라일라시나수국

학명: *Hydrangea macrophylla* 'Lilacina'
이명: *Hydrangea macrophylla* 'Mariesii Lilacina'
영명: Lilacina bigleaf hydrangea
한명: 丁香紫(ding xiang zi, 정향자)
품종명: 라일라시나(프랑스육종)
특징

식물형은 낙엽관목으로 높이는 100~150cm 정도이며, 줄기는 조밀하며 피목이 나타난다. 잎은 마주나며 타원형으로 광택이 있고, 녹색으로 톱니가 있다. **꽃차례는 산방상의 평평한 모양이다. 장식화는 보라색~옅은 분홍색 계통으로 톱니가 있으며, 양성화는 파란색 계통이다.** 꽃피는 시기는 6~8월이다. 1904년 프랑스 낭시의 빅토르 르무안(Victor Lemoine)이 육종하였다.

H. macrophylla 'Lilacina' 조가사키

린지앤수국(엘에이드리밍)

학명: *Hydrangea macrophylla* 'Lindsey Ann'
이명: *Hydrangea macrophylla* 'L. A. Dreamin'
영명: Lindsey Ann bigleaf hydrangea
상표명: 엘에이드리밍(미국육종)
특징

식물형은 낙엽관목으로 높이는 150~180cm 정도이며, 줄기는 굵고 피목이 나타난다. 잎은 마주나며 타원형으로 광택이 있고, 밝은 녹색으로 톱니가 있다. **꽃차례는 산방상의 둥근 모양이다. 장식화의 색깔은 매우 다양하고 화사하다. 꽃잎에는 톱니가 나타나기도 하며, 오래된 나무와 새 나무 모두 꽃이 핀다.** '렛츠댄스' 시리즈의 '베르너'와 닮았지만 잎의 크기와 꽃잎의 크기가 조금 작다. 꽃피는 시기는 6~10월이다. 미국식물특허 USPP 26,249를 받고, 보호되고 있다.

H. macrophylla 'Lindsey Ann' 바람의 언덕

러브유키스수국

학명: *Hydrangea macrophylla* 'Love You Kiss'

영명: Love You Kiss bigleaf hydrangea

일명: ラブユキス(라부유키수)

품종명: 러브유키스(일본육종)

시리즈: 호바리아

특징

식물형은 낙엽관목으로 높이는 80~100cm 정도이며, 줄기는 굵고 피목이 나타난다. 잎은 마주나며 타원형으로 광택이 있고, 짙은 녹색으로 톱니가 있다. **꽃차례는 산방상의 평평한 모양이다. 장식화는 흰색 바탕에 분홍색 계통의 톱니 모양의 가장자리가 있는 별 모양이며 돋보인다. 양성화는 처음에는 옅은 연두색이지만 차차 옅은 보라색 계통으로 변하며, 오래된 나무에 꽃이 핀다.** 꽃피는 시기는 6~7월이다.

H. macrophylla 'Love You Kiss' 상하이천산식물원

렛츠댄스스타라이트수국

학명: *Hydrangea macrophylla* 'Lynn'

영명: Let's Dance Starlight bigleaf hydrangea

상표명: 렛츠댄스스타라이트(미국육종)

시리즈: 렛츠댄스

특징

식물형은 낙엽관목으로 높이는 60~90cm 정도이며, 줄기는 굵고 피목이 나타난다. 잎은 마주나며 타원형으로 광택이 있고, 밝은 녹색으로 톱니가 있다. **꽃차례는 산방상의 평평한 모양이다. 장식화는 분홍색 계통이지만, 파란색을 보려면 토양에 황산알루미늄을 첨가하면 된다.** 오래된 나무와 새 나무 모두에 피고, 연속적으로 피고 또는 다시 핀다. 미국식물특허 USPP 20,019를 받고, 보호되고 있다.

H. macrophylla 'Lynn' 시카고식물원

료우센수국

학명: *Hydrangea macrophylla* 'Lyousen'

영명: Lyousen bigleaf hydrangea

일명: リョウセン(료우센, 涼泉)

품종명: 료우센(일본가무화창포원육종)

특징

식물형은 낙엽관목으로 높이는 90~120cm 정도이며, 줄기는 곧고 피목이 나타난다. 잎은 마주나며 타원형으로 광택이 있고, 녹색으로 규칙적인 톱니가 있다. **꽃차례는 산방상의 둥근 모양이다. 장식화는 토양 성분에 따라 다르지만 일반적으로 흰색~옅은 파란색 계통으로 나타난다. 양성화는 잘 보이지 않는다.** 꽃피는 시기는 6~7월이다.

H. macrophylla 'Lyousen' 토시마엔

마쿨라타수국

학명: *Hydrangea macrophylla* 'Maculata'
영명: Maculata bigleaf hydrangea
일명: マクラタ(마쿠라타)
품종명: 마쿨라타(일본원산)
특징

식물형은 낙엽관목으로 높이는 90~125cm 정도이며, 줄기는 굵고 피목이 나타난다. 잎은 마주나며 타원형으로 광택이 있고, 불규칙한 흰색 또는 잡색의 가장자리 있는 잎을 즐기며, 그늘에서 자랄 때 더욱 잎 색깔이 두드러지며, 톱니가 있다. **꽃차례는 산방상의 평평한 모양이다. 장식화는 분홍빛이 도는 흰색이고 양성화는 옅은 분홍색 계통 또는 옅은 파란색 계통으로 잔잔하다.** 꽃피는 시기는 6~8월이다. '트리컬러'나 '쿼드리컬러'와 혼동하지 말아야 한다.

H. macrophylla 'Maculata' 핫세데라

H. macrophylla 'Maculata' 핫세데라

마담에밀르무이레흐수국

학명: *Hydrangea macrophylla* 'Madame Emile Mouilère'
영명: Madame Emile Mouilère bigleaf hydrangea
품종명: 마담에밀르무이레흐(프랑스육종)
특징

식물형은 낙엽관목으로 높이는 150~200cm 정도이며, 줄기는 약한 편이고, 피목이 나타난다. 잎은 마주나며 타원형으로 광택이 있고, 녹색으로 톱니가 있고, 가을이 되면 단풍이 든다. **꽃차례는 산방상의 둥근 모양이다. 장식화는 톱니가 있는 순수한 흰색이지**

만 시간이 지나면 옅은 분홍색으로 변한다. 'Mariesii Grandiflora'×'Rosea'로 프랑스의 Emile Mouilère에 의해 육종되었으며, 꽃피는 시기는 6~9월로 긴 편이고, RHS (AM, AGM)을 수상했다.

H. macrophylla 'Madame Emile Mouilère' 하코네고라식물원

마담포스땡트라부이용수국

학명: *Hydrangea macrophylla* 'Madame Faustin Travouillon'
이명: *Hydrangea macrophylla* 'Peacock'
영명: Madame Faustin Travouillon bigleaf hydrangea
품종명: 마담포스땡트라부이용(프랑스육종)
특징

식물형은 낙엽관목으로 높이는 100~150cm 정도이며, 줄기는 곧고 피목이 나타난다. 잎은 마주나며 타원형으로 광택이 있고, 녹색으로 톱니가 있고, 가을이 되면 서서히 불그스름하게 된다. **꽃차례는 산방상의 둥근 모양이다. 장식화는 신선한 분홍색~밝은 파란색이지만, 쉽게 파란색으로 바뀌는 특징이 있다. 양성화는 잘 보이지 않는다.** 꽃피는 시기는 6~8월이다. 또한 'Generale Vicomtesse de Vibraye'와 비슷하지만 차이점은 꽃과 잎이 조금 작다.

H. macrophylla 'Madame Faustin Travouillon' 케이프코드

H. macrophylla 'Madame Faustin Travouillon' 케이프코드

마이쿠자쿠수국

학명: *Hydrangea macrophylla* 'Maikujaku'
영명: Maikujaku bigleaf hydrangea
일명: マイクザャク(마이쿠자쿠, 舞孔雀)
품종명: 마이쿠자쿠(일본육종)
특징

식물형은 낙엽관목으로 높이는 70~120cm 정도이며, 줄기는 갈색으로 곧고 피목이 나타난다, 잎은 마주나며 타원형으로 광택이 있고, 짙은 녹색으로 톱니

가 있다. **꽃차례는 산방상의 평평한 모양이다. 장식화는 겹으로 피고, 처음에는 옅은 연두색으로 나타나지만, 차차 보라색에서 짙은 보라색으로 된다.** 꽃피는 시기는 6~7월이다.

H. macrophylla 'Maikujaku' 핫세데라

만게쿄우수국

학명: *Hydrangea macrophylla* 'Mangekyo'
영명: Mangekyo bigleaf hydrangea
일명: マンゲキョウ(만게쿄우, 万華鏡)
중국명: 万華鏡(wan hua jing, 만화경)
품종명: 만게쿄우(일본육종)
특징

식물형은 낙엽관목으로 높이는 60~150cm 정도이며, 줄기는 부드럽고 피목이 나타난다. 잎은 마주나며 타원형으로 광택이 있고, 녹색으로 톱니가 있다. **꽃차례는 산방상의 둥근 모양이다. 장식화의 꽃잎은 겹으로 길며 가장자리가 흰색인 특징이 있다. 처음에는 옅은 연두색으로 나타나지만, 차차 안쪽에서부터 바깥쪽으로 향하면서 부드러운 색깔로 된다.** '만겐쿄우'라는 뜻은 꽃의 색이 마치 만화경(万華鏡)으로 들여다보는 것처럼 아름답다고 붙여졌다.

H. macrophylla 'Mangekyo' 바람의 언덕

H. macrophylla 'Mangekyo' 바람의 언덕

만칸쇼쿠수국

학명: *Hydrangea macrophylla* 'Mankansyoku'
영명: Mankansyoku bigleaf hydrangea
일명: マンカンショク(만칸쇼쿠, 滿艦飾)
품종명: 만칸쇼쿠(일본가무화창포원육종)
특징

식물형은 낙엽관목으로 높이는 100~200cm 정도이며, 줄기는 굵고 피목이 나타난다. 잎은 마주나며 타원형으로 광택이 있고, 녹색으로 톱니가 있다. **꽃차례는 산방상의 평평한 모양이다. 장식화는 겹으로 피고, 양**

성화는 장식화의 아래쪽에 모여서 핀다. 꽃의 색깔은 토양성분에 따라서 다르게 나타나지만, 일반적으로 짙은 파란색 계통이다. 꽃피는 시기는 6~7월이다.

H. macrophylla 'Mankansyoku' 하코네고라식물원

H. macrophylla 'Mankansyoku' 하코네고라식물원

마라톤수국

학명: *Hydrangea macrophylla* 'Marathon'

영명: Marathon bigleaf hydrangea

품종명: 마라톤(네덜란드육종)

특징

식물형은 낙엽관목으로 높이는 100~150cm 정도이며, 줄기는 타박하고 피목이 나타난다. 잎은 마주나며 타원형으로 광택이 있고, 녹색으로 규칙적인 톱니가 있으며, 가을에는 붉은색으로 단풍이 든다. **꽃차례는 산방상의 둥근 모양이다. 장식화는 선명한 붉은색이다.** 어린 식물은 꽃이 잘 피지 않지만 가을에 단풍이 좋다. 꽃피는 시기는 6~7월이다. 네덜란드 Boskoop에 있는 K. Wezelenburg & Sons의 농장에서 육종했다.

마레샬포셔수국

학명: *Hydrangea macrophylla* 'Maréchal Foch'

영명: Marechal Foch bigleaf hydrangea

품종명: 마레샬포셔(프랑스육종)

특징

식물형은 낙엽관목으로 높이는 100~150cm 정도이며, 줄기는 굵고 피목이 나타난다. 잎은 마주나며 타원형으로 광택이 있고, 녹색으로 톱니가 있다. **꽃차례는 산방상의 둥근 모양이다. 장식화는 줄기 끝이나 곁줄기에도 달릴 정도로 비교적 자유롭게 핀다. 처음에는 옅은 연두색으로 나타나지만 차차 분홍색 계통, 보라색 계통, 짙은 푸른색 꽃이 핀다.** 꽃피는 시기는 6~8월이다. 화분용으로 잘 어울린다. 프랑스의 에밀 무레르(Emile Mouilère)에 의해 육종되었으며, RHS(AM)을 수상했다.

H. macrophylla 'Maréchal Foch' 상하이천샨식물원

마리앙뚜와넷수국

학명: *Hydrangea macrophylla* 'Marie Antoinette'

영명: Marie Antoinette bigleaf hydrangea

품종명: 마리앙뚜와넷(프랑스육종)

특징

식물형은 낙엽관목으로 높이는 50~80cm 정도이며, 줄기는 굵고 피목이 나타난다. 잎은 마주나며 타원형으로 광택이 있고, 녹색으로 톱니가 있다. **꽃차례는 산방상의 둥근 모양이다. 장식화는 옅은 연두색으로 나타나지만, 시간이 지남에 따라서 분홍색 계통으로 변하고, 가장자리에는 붉은색 계통의 테두리가 선명하지만, 토양 성분에 따라서 다르다.** 꽃은 6~7월에 핀다.

H. macrophylla 'Marie Antoinette' 바람의 언덕

마리에지수국

학명: *Hydrangea macrophylla* 'Mariesii'

영명: Mariesii bigleaf hydrangea

품종명: 마리에지(프랑스육종)

특징

식물형은 낙엽관목으로 높이는 120~180cm 이상으로 자라며, 줄기는 굵고 피목이 나타난다. 잎은 마주나며 타원형으로 광택이 있고, 녹색으로 톱니가 있다. **꽃차례는 산방상의 평평한 모양이다. 장식화의 꽃잎은 둥글며 옅은 푸른색 계통으로 가장자리에 고리 모양을 형성한다. 양성화는 가운데에 짙은 푸른색이지만, 토양 성분에 따라서 다르게 나타난다.** 꽃피는 시기는 6~8월이다. RHS (AM, FCC)을 수상했다.

H. macrophylla 'Mariesii' 하쿠산진자

화이트웨이브수국

학명: *Hydrangea macrophylla* 'Mariesii Grandiflora'

이명: *Hydrangea macrophylla* 'White Wave'

영명: White Wave bigleaf hydrangea

품종명: 화이트웨이브(프랑스육종)

특징

식물형은 낙엽관목으로 높이는 120~150cm 정도이며, 줄기는 굵고 피목이 나타난다. 잎은 마주나며 타원형으로 광택이 있고, 녹색으로 톱니가 있다. **꽃차례는 산방상의 평평한 모양이다. 장식화는 크고 납작하**

며, 가끔 톱니도 보이는 순백색이며 약간 옅은 분홍색을 띤다. 꽃피는 시기는 6~8월이다. 환경이 나쁜 장소에서는 'Veitchii'보다 더 억세게 자란다. 프랑스 낭시(Nancy)의 빅토르 르무안(Victor Lemoine)이 육종했으며, Haworth-Booth는 'White Wave'로 개명했다.

H. macrophylla 'Mariesii Grandiflora' 바람의 언덕

블루웨이브수국

학명: *Hydrangea macrophylla* 'Mariesii Perfecta'

이명: *Hydrangea macrophylla* 'Blue Wave'

영명: Blue Wave bigleaf hydrangea

중국명: 藍波 显苞綉球(lan bo xian bao xiu qiu, 남파현포수구)

상표명: 블루웨이브(프랑스육종)

특징

식물형은 낙엽관목으로 높이는 90~180cm 정도이며, 줄기는 굵고 피목이 나타나다. 잎은 마주나며 타원형으로 광택이 있고, 녹색으로 톱니가 있다. **꽃차례는 산방상의 평평한 모양이다. 장식화는 토양의 성분에 따라서 파란색, 라일락색~분홍색으로 나타난다.** 꽃피는 시기는 6~8월이다. 빅토르 르무안(Victor Lemoine)에 의해 처음 소개되었고, RHS (AM, FCC, AGM)을 수상했다.

H. macrophylla 'Mariesii Perfecta' 케이프코드

마스자수국

학명: *Hydrangea macrophylla* 'Masja'

영명: Masja bigleaf hydrangea

품종명: 마스자(네덜란드육종)

특징

식물형은 낙엽관목으로 높이는 80~100cm 정도이며, 줄기는 타박하며 피목이 나타난다. 잎은 마주나며 타원형으로 광택이 있고, 짙은 녹색으로 톱니가 있다. **꽃차례는 산방상의 둥근 모양이다. 장식화는 따뜻한 붉은색 계통이다. 양성화는 잘 보이지 않는다.** 일 년에 두 번 정도로 꽃이 피며, 잘 알려진 'Alpengluhen' 처럼 보이기도하고, 'Sibylla'와도 매우 닮았다. Royal Boskoop Horticultural Society의 Flora Nova Show에서 최고의 신생 식물로 선정되었다.

H. macrophylla 'Masja' 조가사키

마틸데귀트게스수국

학명: *Hydrangea macrophylla* 'Mathilde Gütges'
영명: Mathilde Gütges bigleaf hydrangea
품종명: 마틸데귀트게스(독일육종)
특징

식물형은 낙엽관목으로 높이는 120~150cm 정도이며, 줄기는 덥수룩하고 피목이 나타난다. 잎은 마주나며 타원형으로 광택이 있고, 녹색으로 톱니가 있다. **꽃차례는 산방상의 둥근모양이다. 장식화는 파란색 계통~보라색으로 줄기 끝에 달리며, 가끔 톱니가 보이기도 한다.** 산성 토양을 선호하는 편이며, 꽃피는 시기는 6~10월로 길며, 오염된 도시환경에 잘 견딘다. 1946년 독일의 오거스트 스테인저(August Steinger)가 육종했다.

H. macrophylla 'Mathilde Gütges' 토시마엔

메리츠뷰티수국

학명: *Hydrangea macrophylla* 'Merritt's Beauty'
영명: Merritt's Beauty bigleaf hydrangea
품종명: 메리츠뷰티(미국육종)
특징

식물형은 낙엽관목으로 높이는 70~90cm 정도이며, 줄기는 타박하며 피목이 나타난다. 잎은 마주나며 타원형으로 광택이 있고, 녹색으로 톱니가 있다. **꽃차례는 산방상의 둥근 모양으로 큰 편이다. 장식화는 주로 짙은 분홍색~붉은색 계통이지만 토양 성분에 따라서 다르며, 양성화는 잘 보이지 않는다.** 꽃피는 시기는 6~8월이다.

H. macrophylla 'Merritt's Beauty' 헤리테이지뮤지엄앤가든

메리츠슈프림수국

학명: *Hydrangea macrophylla* 'Merritt's Supreme'
영명: Merritt's Supreme bigleaf hydrangea
품종명: 메리츠슈프림(미국육종)
특징

식물형은 낙엽관목으로 높이는 90~150cm 정도이며, 줄기는 굵고 피목이 나타난다. 잎은 마주나며 타원형으로 광택이 있고, 짙은 녹색으로 톱니가 있다. **꽃차례는 산방상의 둥근 모양이다. 장식화는 5~6개로 중첩된다. 꽃의 색깔은 토양 성분에 따라서 다르지만, 주로 파란색~보라색, 분홍색 계통으로 나타난다.** 꽃피는 시기는 7~8월이다. 미국 루이지애나의 농장에서 육종하였다.

H. macrophylla 'Merritt's Supreme' 케이프코드

메르베이어쌍귄느수국

학명: *Hydrangea macrophylla* 'Mervielle Sanguine'

영명: Mervielle Sanguine bigleaf hydrangea

상표명: 블루넷, Brunette(프랑스육종)

특징

식물형은 낙엽관목으로 높이는 90~200cm 정도이며, 줄기는 강건하며 피목이 나타난다. 잎은 마주나며 광택이 있으며, 타원형~원형으로, 두텁고 잎맥이 두드러지며, 매우 어두운 녹색이지만 밤색에 가깝고, 시간이 지남에 따라서 진홍색으로 변한다. **꽃차례는 산방상의 둥근 모양이며 작은 편이다. 장식화의 색깔은 주로 피 색으로 눈에 잘 띠지만, 토양 성분의 영향을 받으며, 시간이 지남에 따라서 짙은 색으로 변한다.** 꽃피는 시기는 7~9월이다.

H. macrophylla 'Mervielle Sanguine' 이즈반도시모다

밀감잎수국

학명: *Hydrangea macrophylla* (Thunb. ex J. Murr.) Scr. 'Mikanba'

영명: Mikanba bigleaf hydrangea

일명: ミカンバ(미칸바)

원산지: 일본이즈(伊豆)반도

특징

식물형은 낙엽관목으로 높이는 90~125cm 정도이며, 줄기는 굵고 피목이 나타난다. 잎은 마주나고 광택이 있으며, 긴 타원형으로 톱니가 없는 특징이 있지만 가끔 불규칙하게 나타나기도 하며 밝은 녹색이다. **꽃차례는 산방상의 평평한 모양이다. 장식화의 색깔은 파란색 계통~밝은 분홍색이다.** 꽃피는 시기는 6~7월이다. 잎의 모양이 밀감 잎과 닮은 데서 붙여졌다.

H. macrophylla 'Mikanba' 토시마엔

미카와치도리수국

학명: *Hydrangea macrophylla* 'Mikawachidori'

영명: Mikawachidori bigleaf hydrangea

일명: ミカワチドリ(미카와치도리, 三河千鳥)

한명: 三河千鳥(san he qian niao, 삼하천조)

특징

식물형은 낙엽관목으로 높이는 90~120cm 정도이며, 줄기는 곧고 피목이 나타난다. 잎은 마주나며 타원형으로 광택이 있고, 녹색으로 톱니가 있다. **꽃차례는 산방상의 둥근 모양이지만 작은 편이다. 장식화는 보이지 않고 양성화의 꽃잎이 마치 물가에 수천마리의 새가 앉은 모양에서 붙여진 이름으로 독특하다.** 꽃피는 시기는 6~8월이다.

H. macrophylla 'Mikawachidori' 토시마엔

H. macrophylla 'Mikawachidori' 토시마엔

H. macrophylla 'Mikawachidori' 바람의언덕

미쿠모수국

학명: *Hydrangea macrophylla* 'Mikumo'

영명: Mikumo bigleaf hydrangea

일명: ミクモ(미쿠모, 美雲)

품종명: 미쿠모(일본육종)

특징

식물형은 낙엽관목으로 높이는 90~120cm 정도이며, 줄기는 굵고 피목이 나타난다. 잎은 마주나며 타원형으로 광택이 있고, 녹색으로 톱니가 있다. **꽃차례는 산방상의 둥근 모양이다. 장식화는 여러 겹으로 피며, 구름처럼 회백색을 바탕으로 나타나는 특징이 있다.** 꽃의 색깔은 토양 성분에 따라 다르지만 주로 옅은 색 계통으로 나타난다. 꽃피는 시기는 6~7월이다.

H. macrophylla 'Mikumo' 바람의 언덕

H. macrophylla 'Mikumo' 바람의 언덕

미라이수국

학명: *Hydrangea macrophylla* 'Mirai'

영명: Mirai bigleaf hydrangea

일명: ミライ(미라이)

품종명: 미라이(일본육종)

특징

식물형은 낙엽관목으로 높이는 150~200cm 정도이며, 줄기는 곧고 강건한 편이지만 덤불지며 피목이 나타난다. 잎은 마주나며 타원형으로 광택이 있고, 녹색으로 톱니가 있다. **꽃차례는 산방상의 둥근 모양이다. 장식화의 가장자리에 짙은 분홍색의 테두리가 있어서 눈에 잘 띈다. 테두리의 색깔은 보라색 계통~분홍색 계통으로 나타난다.** 꽃피는 시기는 6~8월이다. '기요스미'의 영향을 받은 품종 중 '미라이'는 둥근 모양이지만, 대부분은 평평한 모양이다.

H. macrophylla 'Mirai' 상하이천샨식물원

H. macrophylla 'Mirai' 바람의 언덕

H. macrophylla 'Mirai' 상하이천샨식물원

미스벨지움수국

학명: *Hydrangea macrophylla* 'Miss Belgium'

영명: Miss Belgium bigleaf hydrangea

품종명: 미스벨지움(벨기에육종)

특징

식물형은 낙엽관목으로 높이는 100~125cm 정도이며, 줄기는 덥수룩하고 피목이 나타난다. 잎은 마주나며 타원형으로 광택이 있고, 녹색으로 톱니가 있다. **꽃차례는 산방상의 둥근 모양이다. 장식화는 파란색 계통~분홍색 계통으로 나타나지만, 산성 성분이 강한 토양에서는 지저분한 자줏빛을 띤 파란색이다.** 꽃피는 시기는 5~8월이다. 벨기에 E. Draps에서 육종되었다.

H. macrophylla 'Miss Belgium' 토시마엔

미스헵번수국

학명: *Hydrangea macrophylla* 'Miss Hepburn'

이명: *Hydrangea macrophylla* 'Mrs. W. J. Hepburn'

영명: Miss Hepburn bigleaf hydrangea

품종명: 미스헵번(영국육종)

특징

식물형은 낙엽관목으로 높이는 100~125cm 정도이며, 줄기는 덥수룩하고 피목이 나타난다. 잎은 마주나며 타원형으로 광택이 있고, 녹색으로 톱니가 있다. **꽃차례는 산방상의 둥근 모양이다. 장식화는 크고 분홍색 계통~짙은 분홍색이다.** 특히 진딧물에 취약하며, 꽃피는 시기는 6~7월 또는 그 이후에 핀다. 1927년 영국의 H. J. 존스가 육종하였다.

H. macrophylla 'Miss Hepburn' 한택식물원

미스사오리수국

학명: *Hydrangea macrophylla* 'Miss Saori'

영명: Miss Saori bigleaf hydrangea

일명: ミスサオリ(미수사오리)

품종명: 미스사오리(일본육종)

특징

식물형은 낙엽관목으로 높이는 80~100cm 정도이며, 줄기는 굵고 피목이 나타난다. 잎은 마주나며 타원형으로 광택이 있고, 짙은 녹색으로 톱니가 있으며, 가을이 되면 브루고뉴색으로 단풍이 든다. **꽃차례는 산방상의 둥근 모양이다. 장식화는 여러 겹으로 피고, 가장자리가 둥그스름하거나 약간 뾰족한 편이다.** 색깔은 강렬하고, 흰색과 더불어 붉은색 계통의 테두리가 있으며, 토양 성분에 별다른 영향을 받지 않는다. 2013년에 일본 교토에서 재배하였으며, 2014년에 영국 첼시 플라워 쇼에서 수상하였다.

H. macrophylla 'Miss Saori' 바람의 언덕

모나리자수국

학명: *Hydrangea macrophylla* 'Mona Lisa'

영명: Mona Lisa bigleaf hydrangea

일명: モナリザ(모나리자)

품종명: 모나리자(일본가무화창포원육종)

특징

식물형은 낙엽관목으로 높이는 80~100cm 정도이며, 줄기는 곧고 피목이 나타난다. 잎은 마주나며 타원형으로 광택이 있고 부드러우며, 녹색으로 톱니가 있다. **꽃차례는 산방상의 둥근 모양이다. 장식화의 가장자리는 카네이션처럼 섬세한 톱니가 있으며, 꽃의 색깔은 토양 성분에 따라 다르지만 옅은 색으로 우아한 분위기를 연출한다.** 가을이 되어 꽃이 마르게 되면 앤틱(antique)으로 보는 즐거움도 있다.

H. macrophylla 'Mona Lisa' 바람의 언덕

H. macrophylla 'Mona Lisa' 바람의 언덕

H. macrophylla 'Mona Lisa' 바람의 언덕

모리노이즈미수국

학명: *Hydrangea macrophylla* 'Morinoizumi'

영명: Morinoizumi bigleaf hydrangea

일명: モリノイズミ(모리노이즈미, 森の泉)

특징

식물형은 낙엽관목으로 높이는 80~100cm 정도이며, 줄기는 굵고 피목이 나타난다. 잎은 마주나며 타원형으로 광택이 있고, 녹색으로 톱니가 있다. **꽃차례는 산방상의 평평한 모양이다. 장식화는 겹으로 피며 가장자리에 섬세한 톱니가 있다.** 꽃의 색깔은 토양 성분에 따라 다르지만 주로 옅은 색으로 나타난다. 꽃피는 시기는 6~7월이다.

H. macrophylla 'Morinoizumi' 조가사키

뫼베수국

학명: *Hydrangea macrophylla* 'Möwe'

영명: Möwe bigleaf hydrangea

품종명: 뫼베(스위스바덴스빌육종)

시리즈: 텔러

특징

식물형은 낙엽관목으로 높이는 100~150cm 정도이며, 줄기는 강건하며 피목이 나타난다. 잎은 마주나며 타원형으로 광택이 있고, 녹색으로 규칙적인 톱니가 있다. **꽃차례는 산방상의 평평한 접시 모양이다. 장식**

화는 크고 드문드문한 톱니가 있으며, 알칼리성 토양을 선호하며 짙은 붉은색으로 나타난다.** 꽃피는 시기는 6~8월이다. Möwe라는 의미는 갈매기라는 뜻이며, 스위스의 바덴스빌(Wädenswill)에서 육종하였다. RHS (AGM)을 수상했다.

H. macrophylla 'Möwe' 태종사

나흐티갈수국(나이팅게일)

학명: ***Hydrangea macrophylla*** **'Nachtigall'**

이명: ***Hydrangea macrophylla*** **'Nightingale'**

영명: Nachtigall bigleaf hydrangea

품종명: 나흐티갈(스위스바덴스빌육종)

시리즈: 텔러

특징

식물형은 낙엽관목으로 높이는 100~150cm 정도이며, 줄기의 마디사이는 짧고 피목이 나타난다. 잎은 마주나며 타원형으로 광택이 있고, 짙은 녹색으로 톱니가 있다. **꽃차례는 산방상의 평평한 모양이다. 장식화는 4~5개의 고리 모양이며, 톱니가 약간 나타난다. 색깔은 짙은 파란색~보라색이다. 양성화는 처음에는 흰색이다가 시간이 지남에 따라서 옅은 색 계통으로 변한다.** 1979년 스위스의 바덴스빌(Wädenswill)에서 육종하였다. RHS (AGM)을 수상했다.

뉴티볼리수국

학명: ***Hydrangea macrophylla*** **'New Tivoli'**

영명: New Tivoli bigleaf hydrangea

품종명: 뉴티볼리

특징

식물형은 낙엽관목으로 높이는 70~100cm 정도이며, 줄기는 덤불지며 피목이 나타난다. 잎은 마주나며 타원형으로 광택이 있고, 짙은 녹색으로 톱니가 있다. **꽃차례는 산방상의 둥근 모양이다. 장식화는 토양성분에 따라서 다르다. 처음에는 연두색이다가 차차 가장자리에 흰색의 테두리가 나타나면서 착색된다.** 꽃피는 시기는 6~7월이다.

H. macrophylla 'New Tivoli' 바람의 언덕

니그라수국

학명: ***Hydrangea macrophylla*** **'Nigra'**

이명: ***Hydrangea macrophylla*** **'Cyanoclada'**

Hydrangea macrophylla **'Kuro jiku'**

Hydrangea macrophylla **'Mandshurica'**

영명: Nigra bigleaf hydrangea

일명: クロジク(쿠로지쿠)

품종명: 니그라(미국품종)

특징

식물형은 낙엽관목으로 높이는 120~180cm 정도이

며, 줄기는 곧고 피목이 나타나며 검은색이 특징이다. 잎은 마주나며 타원형으로 광택이 있고, 밝은 녹색으로 톱니가 있다. **꽃차례는 산방상의 둥근 모양이다. 장식화는 옅은 분홍색 계통 또는 밝은 파란색이다.** 일반적으로 오래된 나무에 꽃을 피우며, 꽃피는 시기는 6~8월이다. 한동안 잊혔지만, 1853년 E. H. Wilson이 중국에서 미국으로 다시 수입하여, 미국국립수목원에 의해서 1993년 미국시장에 소개되었으며, RHS (FCC)을 수상했다.

H. macrophylla 'Nigra' 시카고식물원

니코블루수국

학명: *Hydrangea macrophylla* 'Nikko Blue'

영명: Nikko Blue bigleaf hydrangea

일명: ニコブル(니코부루)

품종명: 니코블루(일본육종)

특징

식물형은 낙엽관목으로 높이는 120~180cm 정도이며, 줄기는 곧고 피목이 나타나다. 잎은 마주나며 타원형으로 광택이 있고, 밝은 녹색으로 톱니가 있다. **꽃차례는 산방상의 둥근 모양이다. 장식화는 토양 성분에 따라서 다르지만 품종 명에서 말하듯이 파란색이 많고, 분홍색 계통도 있지만 '니코블루'는 파란색 계통으로 피는 성향이 나타난다.** 꽃피는 시기는 5~8월로 빠르다.

H. macrophylla 'Nikko Blue' 케이프코드

님프수국

학명: *Hydrangea macrophylla* 'Nymphe'

이명: *Hydrangea macrophylla* 'Pax'

영명: Nymphe bigleaf hydrangea

품종명: 님프(독일육종)

특징

식물형은 낙엽관목으로 높이는 80~125cm 정도이며, 줄기는 타박하며 피목이 나타난다. 잎은 마주나며 타원형으로 광택이 있고, 짙은 녹색으로 톱니가 있다. **꽃차례는 산방상의 둥근 모양이다. 꽃의 색상은 순백색으로 가장자리에는 톱니가 많다. 꽃차례에는 얼룩덜룩한 붉은 점이 나타난다.** 꽃피는 시기는 6~7월이다. 특히 화분용에 잘 어울리며, 강한 비나 극심한 기후에는 잘 견디지 못한다. 1965년 독일의 H. Dienemann이 육종하였다.

H. macrophylla 'Nymphe' 상하이천샨식물원

오하요우수국

학명: *Hydrangea macrophylla* 'Ohayou'
이명: *Hydrangea macrophylla* 'Flamenco'
영명: Ohayou bigleaf hydrangea
일명: オハヨウ(오하요우)
품종명: 오하요우(일본가무화창포원육종)
시리즈: 카모셀렉션더오리지날
특징

식물형은 낙엽관목으로 높이는 80~100cm 정도이며, 줄기는 곧고 피목이 나타난다. 잎은 마주나며 타원형으로 광택이 있고 두터우며, 짙은 녹색으로 톱니가 있다. **꽃차례는 산방상의 평평한 모양이다. 장식화와 양성화가 모두 겹으로 피는 특징이며, 장식화의 가장자리는 톱니가 있으며, 20개 정도가 배열되어 매우 크며, 마치 장미꽃처럼 보이기도 한다.** 색깔은 다양하며 교배종의 부모 수국은 [('Murasaki-Shikibu' × ('Izu-no-Hana' × 'Frau Kinue')) × 'Melancholy']로 알려져 있다.

H. macrophylla 'Ohayou' 고민가뮤지엄

오오시마로쿠카수국

학명: *Hydrangea macrophylla* 'Ooshimalokuka'
영명: Ooshimalokuka bigleaf hydrangea
일명: オオシマロクカ(오오시마로쿠카, 大島綠花)
품종명: 오오시마로쿠카(일본육종)
특징

식물형은 낙엽관목으로 높이는 80~120cm 정도이며, 줄기는 곧고 피목이 나타나다. 잎은 마주나며 타원형으로 광택이 있고 두터우며, 짙은 녹색으로 톱니가 있다. 꽃차례는 산방상의 평평한 모양이다. 장식화는 녹색으로 매우 특징적이고 드문드문 피지만 가장자리에 약한 톱니와 줄 무늬도 있다. 양성화도 파란색 계통으로 매우 독특하고 상큼한 분위기를 자아낸다. 꽃피는 시기는 6~8월이다.

H. macrophylla 'Ooshimalokuka' 바람의 언덕

H. macrophylla 'Ooshimalokuka' 조가사키

오팔수국

학명: *Hydrangea macrophylla* 'Opal'

이명: *Hydrangea macrophylla* 'Magical Opal'

영명: Opal bigleaf hydrangea

시리즈: 매지칼(유럽)/에버라스팅(미국)

특징

식물형은 낙엽관목으로 높이는 80~120cm 정도이며, 줄기는 곧고 피목이 나타난다. 잎은 마주나며 타원형으로 광택이 있고 두터우며, 녹색으로 톱니가 있다. **꽃차례는 산방상의 둥근 모양이다. 장식화는 파란색 계통~분홍색 계통으로 나타나고, 가장자리에는 가끔 잔잔한 톱니가 보이기도 한다. '오팔 클래식'은 차차 연두색으로 변하고 분홍색 테두리가 나타나 앤틱처럼 보이기도 한다.** 꽃피는 시기는 5~8월이며, 반복적으로 핀다.

H. macrophylla 'Opal' 바람의 언덕

H. macrophylla 'Opal' 밀양 법흥리

오레곤프라이드수국

학명: *Hydrangea macrophylla* 'Oregon Pride'

영명: Oregon Pride bigleaf hydrangea

품종명: 오레곤프라이드(미국원산)

특징

식물형은 낙엽관목으로 높이는 100~150cm 정도이며, 줄기는 마치 '니그라'처럼 매우 짙은 보라색이나 검은색 계통이 특징이다. 잎은 마주나며 타원형으로 광택이 있고, 짙은 녹색으로 톱니가 있다. **꽃차례는 산방상의 둥근 모양이다. 장식화는 처음에는 연두색으로 나타나고 보라색 계통이지만, 토양 성분에 따라서 흰색 계통으로도 핀다.** 꽃피는 시기는 6~9월이다. 미국의 오레곤 주 유진(Eugene)의 그리어 가든(Greer Gardens)에 의해서 도입되었을 가능성이 있다.

H. macrophylla 'Oregon Pride' 바람의 언덕

오리온수국

학명: *Hydrangea macrophylla* 'Orion'

영명: Orion bigleaf hydrangea

품종명: 오리온(독일육종)

시리즈: 스타라인

특징

식물형은 낙엽관목으로 높이는 120~150cm 이상으로 자라며, 줄기는 곧고 피목이 나타난다. 잎은 마주

나며 타원형으로 광택이 있고, 짙은 녹색으로 톱니가 있다. **꽃차례는 산방상의 둥근 모양이다. 장식화는 분홍색~짙은 파란색 계통이고 흰색의 테두리가 두텁다.** 꽃피는 시기는 6~9월로 긴 편이다. 2021년 프랑스 샹티이의 식물의 날에서 수상하였고, 일본 아이치현 품종등록 26,434호이다.

H. macrophylla 'Orion' 강진뷰티팜

오타크사수국

학명: *Hydrangea macrophylla* 'Otaksa'
영명: Otaksa bigleaf hydrangea
일명: オタクサ(오타쿠사)
품종명: 오타크사(일본원산)
특징

식물형은 낙엽관목으로 높이는 100~180cm 정도 이상으로 자라며, 줄기는 덥수룩하고 피목이 나타난다. 잎은 마주나며 타원형이며, 녹색으로 톱니가 있다. **꽃차례는 산방상의 둥근 모양으로 큰 편이다. 장식화는 산성 토양에서는 파란색계통이지만 중성~알칼리성 토양에서는 옅은 보라색~분홍색으로 변한다.** 가을이 되면 장식화에 불그스름한 반점이 생긴다. 꽃피는 시기는 6~8월이다.

H. macrophylla 'Otaksa' 놀스캐롤라이나대학교

파리수국

학명: *Hydrangea macrophylla* 'Paris'
이명: *Hydrangea macrophylla* 'Paris Rapa'
영명: Paris bigleaf hydrangea
상표명: 시티라인파리(독일육종)
시리즈: 시티라인
특징

식물형은 낙엽관목으로 높이는 60~100cm 정도이며, 줄기는 굵고 피목이 나타난다. 잎은 마주나며 타원형으로 광택이 있고, 짙은 녹색으로 톱니가 있다. **꽃차례는 산방상의 둥근 모양이다. 장식화는 주로 짙은 분홍색~짙은 붉은색이고, 토양 성분에 따라서 다르지만 파란색은 잘 나타나지 않는다.** 오래된 줄기에 꽃이 피며, 꽃피는 시기는 6~7월이며, 화분용으로 잘 어울린다. 1926년에 프랑스에서 육종되었으며, 다시 1999년 이전에 독일의 Rampp 농장에서도 같은 이름으로 육종하였고, 미국식물특허 USPP 10,906을 받고, 보호되고 있다.

H. macrophylla 'Paris' 토시마엔

파치팔수국

학명: *Hydrangea macrophylla* 'Parzifal'

영명: Parzifal bigleaf hydrangea

품종명: 파치팔(독일육종)

특징

식물형은 낙엽관목으로 높이는 90~125cm 정도이며, 줄기는 곧고 피목이 나타난다. 잎은 마주나며 타원형으로 광택이 있고, 녹색으로 톱니가 있다. **꽃차례는 산방상의 둥근 모양이다. 장식화는 항상 붉은색 계통이지만, 산성 성분이 매우 강한 토양에서는 푸른색 계통으로 나타나며, 톱니가 있다.** 오래된 나무에 꽃이 피며, 꽃피는 시기는 6~8월이다. 1922년 독일의 J. Wintergalen이 육종하였다. RHS (AM, AGM)을 수상했다.

H. macrophylla 'Parzifal' 이즈반도시모다

페니맥수국

학명: *Hydrangea macrophylla* 'Penny Mac'

영명: Penny Mac bigleaf hydrangea

품종명: 페니맥(미국육종)

특징

식물형은 낙엽관목으로 높이는 120~180cm 정도이며, 줄기는 곧고 피목이 나타난다. 잎은 마주나며 타원형으로 광택이 있고, 녹색으로 톱니가 있다. **꽃차례는 산방상의 둥근 모양이다. 장식화는 오래된 나무와 새로운 나무 모두 피고 추운 겨울에도 잘 견딘다.** 꽃피는 시기는 6~9월로 긴 편이다. 조지아 주 애틀랜타 (미국 수국 협회 설립자)의 페니 맥 헨리 (Penny McHenry)가 육종하였고, 처음으로 상업에 도입하였다.

H. macrophylla 'Penny Mac' 케이프코드

퍼펙션수국

학명: *Hydrangea macrophylla* 'Perfection'

영명: Perfection bigleaf hydrangea

일명: ダブルディライト(다부루디라이토)

상표명: 더블디라이츠퍼펙션(일본교토이리에료지육종)

시리즈: 더블디라이트

특징

식물형은 낙엽관목으로 높이는 80~100cm 정도이며, 줄기는 곧고 피목이 나타난다. 잎은 마주나며 타원형

으로 광택이 있고, 녹색으로 톱니가 있다. **꽃차례는 산방상의 둥근 모양이다. 장식화는 각각의 나선형처럼 이중의 별 모양으로 겹겹이 피며 길고 끝이 예리하다.** 꽃의 색깔은 토양 성분에 따라서 다르게 나타난다. 꽃피는 시기는 6~9월로 긴 편으로 두 번 피기도 한다. 미국식물특허 USPP 22,221을 받고, 보호되고 있다.

H. macrophylla 'Perfection' 바람의 언덕

피터팬수국

학명: *Hydrangea macrophylla* 'Peter Pan'

영명: Peter Pan bigleaf hydrangea

일명: ピターパン(피타팡)

품종명: 피터팬(일본가무화창포원육종)

시리즈: 카모설렉션더오리지날

특징

식물형은 낙엽관목으로 높이는 60~100cm 정도이며, 줄기는 덤불지고 피목이 나타난다. 잎은 마주나며 타원형으로 광택이 있고, 녹색으로 톱니가 있다. **꽃차례는 산방상의 평평한 모양이다. 장식화에는 흰색 테두리가 특징이며, 차차 양성화까지 피면 둥근 모양으로 가득 찬다.** 꽃잎의 색깔이 점차적으로 변하는 아름다움이 있다. '팅커벨'과 '콤페이토우'와 많이 닮았지만 양성화의 성숙함이 다르다. 일본 농무성에 등록되었다.

H. macrophylla 'Peter Pan' 바람의 언덕

피아수국

학명: *Hydrangea macrophylla* 'Pia'

영명: Pia bigleaf hydrangea

일명: ピア(피아)

품종명: 피아(일본원산)

특징

식물형은 낙엽관목으로 높이는 50~70cm 정도이며, 줄기는 덤불지며 피목이 나타난다. 잎은 마주나며 타원형으로 광택이 있고, 녹색으로 톱니가 있다. **꽃차례는 산방상의 둥근 모양이다. 장식화는 토양 성분에 따라 다르지만, 주로 짙은 홍색 계통으로 피는 특징이 있다. 양성화는 잘 보이지 않는다.** 꽃피는 시기는 7~8월이다.

H. macrophylla 'Pia' 케이프코드

트위스트앤샤우트수국

학명: ***Hydrangea macrophylla*** **'Piihm-i'**

영명: Endless Summer® Twist & Shout® bigleaf hydrangea

상표명: 엔드레스서머트위스트앤샤우트(미국육종)

시리즈: 엔드레스서머

특징

식물형은 낙엽관목으로 높이는 100~120cm 정도이며, 줄기는 덤불지며 붉은색을 띤다. 잎은 마주나며 타원형으로 광택이 있고, 녹색이지만 가을에는 붉은 단풍이 들며 톱니가 있다. **꽃차례는 산방상의 평평한 모양이다. 장식화는 옅은 분홍색~짙은 파란색 계통이지만, 토양 성분에 따라 다르고, 양성화도 많으며 비슷한 색깔이다.** 도시의 오염에 대한 내성이 강하며, 여름 내내 꽃이 피고 오래간다. 'Penny Mac'과 'Lady in Red'의 교배종이며, 미국식물특허 USPP 20,176을 받고, 보호되고 있다.

H. macrophylla 'Piihm-i' 시카고식물원

H. macrophylla 'Piihm-i' 다카야마

브룸스트럭수국

학명: ***Hydrangea macrophylla*** **'Piihm-ii'**

영명: Bloomstruck® bigleaf hydrangea

상표명: 엔드레스서머브룸스트럭(미국육종)

시리즈: 엔드레스서머

특징

식물형은 낙엽관목으로 높이는 90~120cm 정도이며, 줄기는 곧고 덤불지며 붉은색을 띠고, 피목이 나타난다. 잎은 마주나며 타원형으로 광택이 있고, 녹색이지만 가을에 단풍이 들며 톱니가 있다. **꽃차례는 산방상의 둥근 모양이다. 장식화는 토양 성분에 따라 다르고, 산성 토양에 대한 선호도가 있다.** 도시의 오염에 대한 내성이 강하며, 여름 내내 꽃이 피고, 오래된 나무와 새나무 모두 피고 오래간다. 일반적으로 Bloomstruck®이라는 상표명으로 판매되며, 미국식물특허 USPP 25,566을 받고, 보호되고 있다.

H. macrophylla 'Piihm-ii' 상하이식물원

핌퍼넬수국

학명: *Hydrangea macrophylla* 'Pimpernel'
영명: Pimpernel bigleaf hydrangea
품종명: 핌퍼넬
특징

식물형은 낙엽관목으로 높이는 60~90cm 정도이며, 줄기는 굵고 피목이 나타난다. 잎은 마주나며 타원형으로 광택이 있고, 짙은 녹색이며 톱니가 있다. **꽃차례는 산방상의 둥근 모양으로 큰 편이다. 장식화는 짙은 파란색 계통이다.** 가을이 되면 Pimpernel Classic이라고 하여 앤틱스러움으로 다소 독특하며, 말린꽃으로 인기가 있다. 꽃피는 시기는 5~9월이다.

H. macrophylla 'Pimpernel' 강진뷰티팜

핑크마나슬루수국

학명: *Hydrangea macrophylla* 'Pink Manaslu'
영명: Pink Manaslu bigleaf hydrangea
일명: ピンクマナスル(핑쿠마나수루)
품종명: 핑크마나슬루(일본사카모토원예육종)
특징

식물형은 낙엽관목으로 높이는 70~100cm 정도이며, 줄기는 덤불지며 피목이 나타난다. 잎은 마주나며 타원형으로 광택이 있고, 짙은 녹색이며 톱니가 있다. **꽃차례는 산방상의 둥근 모양이다. 장식화는 토양 성분에 따라 다르게 나타나며, '핑크마나슬루', '스칼렛마나슬루', 핑크피코티마나슬루', '블루피코티마나슬루', '블루마나슬루' 등이 있다.** 꽃피는 시기는 5~8월이다.

H. macrophylla 'Pink Manaslu' 하코네고라식물원

핑키링수국

학명: *Hydrangea macrophylla* 'Pinky Ring'
영명: Pinky Ring bigleaf hydrangea
일명: ピンキーリング(핑키-링구)
품종명: 핑키링(일본사카모토원예육종)
특징

식물형은 낙엽관목으로 높이는 40~50cm 정도이며, 줄기는 타박하며 피목이 나타난다. 잎은 마주나며 타원형으로 광택이 있고, 짙은 녹색이지만 가장자리가 붉으며 톱니가 있다. **꽃차례는 산방상의 평평한 모양이다. 장식화는 짙은 분홍색의 피코티 패턴으로 여러 겹으로 피며, 가장자리에 톱니가 있다. 양성화는 옅은 분홍색이다.** 꽃피는 시기는 5~6월이다. 미국식물특허 USPP 29,710을 받고, 보호되고 있다.

H. macrophylla 'Pinky Ring' 바람의 언덕

뽕빠두르수국

학명: *Hydrangea macrophylla* 'Pompadour'
영명: Pompadour bigleaf hydrangea
품종명: 뽕빠두르(프랑스육종)
특징

식물형은 낙엽관목으로 높이는 120~150cm 정도이며, 줄기는 타박하며 피목이 나타난다. 잎은 마주나며 타원형으로 광택이 있고, 녹색이며 톱니가 있다. **꽃차례는 산방상의 둥근 모양으로 크다. 장식화는 옅은 분홍색 계통으로, 녹색 반점이 있는 톱니 모양이 특징이다.** 꽃 피는 시기는 6~9월이다. 혈통은 'Soeur Therese × Val de Loir'로, 1962년 프랑스 J. Neilz가 육종하였다.

H. macrophylla 'Pompadour' 바람의 언덕

포지부케엘레강스

학명: *Hydrangea macrophylla* 'Posy-bouquet Elegance'
영명: Posy-bouquet Elegance bigleaf hydrangea
일명: ポジィブケエレガンス(포지부케에레강스)
품종명: 포지부케엘레강스(일본사카모토원예육종)
시리즈: 포지부케
특징

식물형은 낙엽관목으로 높이는 120~150cm 정도이며, 줄기는 타박하고 피목이 나타난다. 잎은 마주나며 타원형으로 광택이 있고, 짙은 녹색이며 톱니가 있다. **꽃차례는 산방상의 평평한 모양으로 겹으로 피며, 전체 여백이 있는 뾰족한 순수한 분홍색과 흰색의 꽃잎은 장미처럼 둥그스름하다.**

H. macrophylla 'Posy-bouquet Elegance' 바람의 언덕

포지부케그레이스

학명: *Hydrangea macrophylla* 'Posy-bouquet Grace'
영명: Posy-bouquet Grace bigleaf hydrangea
일명: ポジィブケグレイス(포지부케그레이스)
품종명: 포지부케그레이스(일본사카모토원예육종)
시리즈: 포지부케

특징

식물형은 낙엽관목으로 높이는 120~150cm 정도이며, 줄기는 곧고 피목이 나타난다. 잎은 마주나며 타원형으로 광택이 있고, 짙은 녹색이며 톱니가 있다. **꽃차례는 산방상의 평평한 모양으로 장식화는 흰색이지만 여러 겹의 꽃잎의 끝은 뾰족하고 차차 녹색으로 변한다.** 일반적으로 흰색은 토양의 성분과 무관하게 꽃 색깔은 항상 흰색이다.

H. macrophylla 'Posy-bouquet Grace' 조가사키

포지부케케이시수국

학명: *Hydrangea macrophylla* 'Posy-bouquet Kacy'

영명: Posy-bouquet Kacy bigleaf hydrangea

일명: ポジィブケケイシ(포지부케케이시)

품종명: 포지부케케이시(일본사카모토원예육종)

시리즈: 포지부케

특징

식물형은 낙엽관목으로 높이는 120~150cm 정도이며, 줄기는 타박하며 피목이 나타난다. 잎은 마주나며 타원형으로 광택이 있고, 밝은 녹색이며 톱니가 있다. **꽃차례는 산방상의 평평한 모양이다. 장식화는 여러 겹으로 피며, 차차 보라색 계통으로 변한다.** 제출 당시의 이름은 '포지부케루'였으나 변경된 후 '포지부케케이시'로 변경되었다.

H. macrophylla 'Posy-bouquet Kacy' 바람의 언덕

포지부케라라수국

학명: *Hydrangea macrophylla* 'Posy-bouquet Lala'

영명: Posy-bouquet Lala bigleaf hydrangea

일명: ポジィブケララ(포지부케라라)

품종명: 포지부케라라(일본사카모토원예육종)

시리즈: 포지부케

특징

식물형은 낙엽관목으로 높이는 120~150cm 정도이며, 줄기는 굵고 피목이 나타난다. 잎은 마주나며 타원형으로 광택이 있고, 녹색이며 톱니가 있다. **꽃차례는 산방상의 평평한 모양이다. 장식화는 겹으로 피고 밝은 보라색 계통이지만 토양 성분에 따라 다르다. 양성화는 홑이다.**

H. macrophylla 'Posy-bouquet Lala' 조가사키

포지부케매리수국

학명: *Hydrangea macrophylla* 'Posy-bouquet Mary'
영명: Posy-bouquet Mary bigleaf hydrangea
일명: ポジィブケメアリ(포지부케메아리)
품종명: 포지부케매리(일본사카모토원예육종)
시리즈: 포지부케
특징

식물형은 낙엽관목으로 높이는 120~150cm 정도이며, 줄기는 굵고 피목이 나타난다. 잎은 마주나며 타원형으로 광택이 있고, 녹색이며 톱니가 있다. **꽃차례는 산방상의 평평한 모양이다. 장식화는 옅은 분홍색 계통의 여러 겹으로 피지만 활짝 피면 둥근 모양처럼 보인다.**

H. macrophylla 'Posy-bouquet Mary' 바람의 언덕

포지부케미미수국

학명: *Hydrangea macrophylla* 'Posy-bouquet Mimi'
영명: Posy-bouquet Mimi bigleaf hydrangea
일명: ポジィブケミミ(포지부케미미)
품종명: 포지부케미미(일본사카모토원예육종)
시리즈: 포지부케
특징

식물형은 낙엽관목으로 높이는 120~150cm 정도이며, 줄기는 굵고 피목이 나타난다. 잎은 마주나며 타원형으로 광택이 있고, 녹색이며 톱니가 있다. **꽃차례는 산방상의 평평한 모양이다. 장식화는 보라색 계통의 여러 겹으로 피며, 양성화는 홑이다.**

H. macrophylla 'Posy-bouquet Mimi' 조가사키

포지부케나나수국

학명: *Hydrangea macrophylla* 'Posy-bouquet Nana'
영명: Posy-bouquet Nana bigleaf hydrangea
일명: ポジィブケナナ(포지부케나나)
품종명: 포지부케나나(일본사카모토원예육종)
시리즈: 포지부케
특징

식물형은 낙엽관목으로 높이는 120~150cm 정도이며, 줄기는 곧고 피목이 나타난다. 잎은 마주나며 타원형으로 광택이 있고, 황녹색~짙은 녹색이며 톱니가 있다. **꽃차례는 산방상의 평평한 모양이다. 장식화는 겹으로 피며 처음에는 담 황록색이며 절정에 이르면 순수한 흰색으로 변한다.** 톱니가 있는 것도 보인다.

H. macrophylla 'Posy-bouquet Nana' 바람의 언덕

포지부케노우블수국

학명: *Hydrangea macrophylla* 'Posy-bouquet Noble'

영명: Posy-bouquet Nobel bigleaf hydrangea

일명: ポジィブケノーブル(포지부케노-부루)

품종명: 포지부케노우블(일본사카모토원예육종)

시리즈: 포지부케

특징

식물형은 낙엽관목으로 높이는 120~150cm 정도이며, 줄기는 타박하며 피목이 나타난다. 잎은 마주나며 타원형으로 광택이 있고, 짙은 녹색이며 톱니가 있다. **꽃차례는 산방상의 평평한 모양으로, 장식화는 옅은 분홍색으로 여러 겹이며 톱니가 있다. 양성화도 잘 나타난다.**

H. macrophylla 'Posy-bouquet Noble' 바람의 언덕

포지부케수지수국

학명: *Hydrangea macrophylla* 'Posy-bouquet Suzy'

영명: Posy-bouquet Suzy bigleaf hydrangea

일명: ポジィブケスジ(포지부케수지)

품종명: 포지부케수지(일본사카모토원예육종)

시리즈: 포지부케

특징

식물형은 낙엽관목으로 높이는 120~150cm 정도이며, 줄기는 타박하며 피목이 나타난다. 잎은 마주나며 타원형으로 광택이 있고, 짙은 녹색이며 톱니가 있다. **꽃차례는 산방상의 평평한 모양으로, 장식화는 따뜻한 분홍색이며 넓고 뾰족한 편이다.** 이외에도 'Posy–bouquet Catherine', 'Posy–bouquet Cats', 'Posy–bouquet Elley', 'Posy–bouquet Evita', 'Posy–bouquet Lilly', 'Posy–bouquet Vivian' 등의 다양한 품종이 있다.

H. macrophylla 'Posy-bouquet Suzy' 바람의 언덕

프린세스샤롯테수국

학명: *Hydrangea macrophylla* 'Princess Charlotte'

영명: Princess Charlotte bigleaf hydrangea

일명: プリンセスシャーロッテ(프린세스샤롯테)

품종명: 프린세스샤롯테(일본이리에료지육종)

시리즈: 유앤미(유럽)/포에버앤에버(미국)

특징

식물형은 낙엽관목으로 높이는 60~100cm 정도이며, 줄기는 굵고 피목이 나타난다. 잎은 마주나며 타원형으로 광택이 있고, 녹색이며 톱니가 있다. **꽃차례는 산방상의 둥근 모양이다. 장식화는 여러 겹으로 피며, 파란색계통, 보라색~분홍색계통이고, 흰색의 테두리가 있는 부드럽고 매혹적인 색깔이다.** 꽃피는 시기 6~9월로 긴 편이다.

H. macrophylla 'Princess Charlotte' 바람의 언덕

프린세스줄리아나수국

학명: *Hydrangea macrophylla* 'Princess Juliana'

이명: *Hydrangea macrophylla* 'Juliana'

영명: Princess Juliana bigleaf hydrangea

품종명: 프린세스줄리아나(네덜란드육종)

특징

식물형은 낙엽관목으로 높이는 120~150cm 정도이며, 줄기는 곧고 피목이 나타난다. 잎은 마주나며 타원형으로 광택이 있고, 짙은 녹색이며 톱니가 있다. **꽃차례는 산방상의 둥근 모양이다. 장식화는 순수한 흰색이지만 시간이 지남에 따라서 옅은 분홍색으로 변한다.** 꽃피는 시기는 6~8월이다.

H. macrophylla 'Princess Juliana' 토시마엔

퀸엘리자베스수국

학명: *Hydrangea macrophylla* 'Queen Elizabeth'

영명: Queen Elizabeth bigleaf hydrangea

품종명: 퀸엘리자베스(영국원산)

특징

식물형은 낙엽관목으로 높이는 100~150cm 정도이며, 줄기는 곧고 피목이 나타난다. 잎은 마주나며 타원형으로 광택이 있고, 짙은 녹색이며 톱니가 있다. **꽃차례는 산방상의 둥근 모양이다. 영국 Gardens and Arboretum의 Harold Hillier경에 따르면 장식화는 토양 성분에 따라서 다르지만, 일반적으로 분홍색 계통으로 피고, 쉽게 파랗게 변하는 것으로 알려져 있다.** 꽃피는 시기는 6~9월이다. '샴록' 목록에 따르면 'Princess Elizabeth'와 같다.

H. macrophylla 'Queen Elizabeth' 바람의 언덕

퀸룽수국

학명: *Hydrangea macrophylla* 'Quingloong'

영명: Quingloong bigleaf hydrangea

일명: キンルン(킨룽, 青龍)

특징

식물형은 낙엽관목으로 높이는 120~180cm 정도이며, 줄기는 곧고 피목이 나타난다. 잎은 마주나며 타원형으로 광택이 있고, 녹색이며 톱니가 있다. **꽃차례는 산방상의 둥근 모양이다. 장식화는 파란색~보라색 계통으로 큰 편이다.** 양성화는 잘 보이지 않는다. 꽃피는 시기는 6~9월이다.

H. macrophylla 'Quingloong' 수미다고엔

라바수국

학명: *Hydrangea macrophylla* 'Raba'

영명: Raba bigleaf hydrangea

품종명: 라바(네덜란드육종)

특징

식물형은 낙엽관목으로 높이는 120~150cm 정도이며, 줄기는 곧고 피목이 나타난다. 잎은 마주나며 타원형으로 광택이 있고, 짙은 녹색이며 톱니가 있다. **꽃차례는 산방상의 둥근 모양이다. 장식화는 토양 성분에 따라서 다르지만 일반적으로 붉은색 계통이다.** 꽃피는 시기는 6~9월이다.

H. macrophylla 'Raba' 강진뷰티팜

말스수국

학명: *Hydrangea macrophylla* 'Ramars'

이명: *Hydrangea macrophylla* 'Mars'

영명: Mars bigleaf hydrangea

품종명: 말스(네덜란드육종)

시리즈: 시티라인

특징

식물형은 낙엽관목으로 높이는 30~90cm 정도이며, 줄기는 굵고 피목이 나타나다. 잎은 마주나며 타원형으로 광택이 있고, 녹색으로 톱니가 있다. **꽃차례는 산방상의 둥근 모양으로 작은 편이지만 가득하다. 장식화는 4개로 둥그스름하고 파란색~분홍색 계통으로 가장자리는 흰색 계통으로 이중색이 눈에 띈다. 양성화는 잘 보이지 않는다.** 꽃피는 시기는 6~8월이다.

H. macrophylla 'Ramars' 강진뷰티팜

레드센세이션수국

학명: ***Hydrangea macrophylla*** **'Red Sensation'**

영명: **Red Sensation bigleaf hydrangea, Red bigleaf hydrangea**

품종명: **레드센세이션(네덜란드육종)**

시리즈: **유앤미(유럽)/포에버앤에버(미국)**

특징

식물형은 낙엽관목으로 높이는 90~120cm 정도이며, 줄기는 곧고 피목이 나타난다. 잎은 마주나며 타원형으로 광택이 있고, 녹색으로 톱니가 있다. **꽃차례는 산방상의 둥근 모양이다. 장식화는 4개로 둥그스름하면서 뾰족하고, 양성화는 잘 보이지 않는다.** 오래된 나무와 새나무 모두에서 꽃이 핀다. 꽃피는 시기는 6~8월이며, 미국식물특허 USPP 18,197을 받고, 보호되고 있다.

H. macrophylla 'Red Sensation' 핫세데라

르네이트수국

학명: ***Hydrangea macrophylla*** **'Renate Steiniger'**

영명: **Renate bigleaf hydrangea**

품종명: **르네이트(독일육종)**

특징

식물형은 낙엽관목으로 높이는 100~125cm 정도이며, 줄기는 곧고 피목이 나타난다. 잎은 마주나며 타원형으로 광택이 있고, 짙은 녹색이며 톱니가 있다. **꽃차례는 산방상의 둥근 모양으로 큰 편이다. 장식화는 흰색~옅은 푸른색이지만 시간이 지남에 따라 짙은 푸른색으로 나타나며, 알칼리성분이 강하면 분홍색 계통으로 나타난다.** 꽃피는 시기는 6~8월이다. 1964년 독일의 August Steiniger이 육종하였다.

H. macrophylla 'Renate Steiniger' 강진뷰티팜

이모우션수국

학명: ***Hydrangea macrophylla*** **'Rie 03'**

이명: ***Hydrangea macrophylla*** **'Emotion'**

영명: **Emotion bigleaf hydrangea**

상표명: **이모우션(프랑스육종)**

시리즈: **유앤미(유럽)/포에버앤에버(미국)**

특징

식물형은 낙엽관목으로 높이는 90~120cm 정도이며, 줄기는 곧고 피목이 나타난다. 잎은 마주나며 타원형으로 광택이 있고, 짙은 녹색으로 톱니가 있다. **꽃차례는 산방상의 평평한 모양이다. 장식화는 여러 겹으로 피며, 가장자리에 잔잔한 톱니가 나타난다. 차차 가득피면 둥근 모양으로 된다.** 꽃피는 시기는 5~10월이다.

H. macrophylla 'Rie 03' 바람의 언덕

패션수국

학명: *Hydrangea macrophylla* 'Rie 4'

이명: *Hydrangea macrophylla* 'Passion'

영명: Passion bigleaf hydrangea

상표명: 패션

시리즈: 유앤미(유럽)/포에버앤에버(미국)

특징

식물형은 낙엽관목으로 높이는 90~120cm 정도이며, 줄기는 곧고 피목이 나타난다. 잎은 마주나며 타원형으로 광택이 있고, 녹색으로 톱니가 있다. **꽃차례는 산방상의 둥근 모양이다. 장식화는 여러 겹으로 피며, 크고 우아하며 환상적이다. 양성화는 잘 보이지 않는다.** 꽃피는 시기는 5~9월로 긴 편이며, 미국식물특허 USPP 16,653을 받고, 보호되고 있다.

H. macrophylla 'Rie 4' 바람의 언덕

투게더수국

학명: *Hydrangea macrophylla* 'Rie 05'

이명: *Hydrangea macrophylla* 'Together'

영명: Together bigleaf hydrangea

품종명: 투게더(미국육종)

시리즈: 유앤미(유럽)/포에버앤에버(미국)

특징

식물형은 낙엽관목으로 높이는 80~100cm 정도이며, 줄기는 덥수룩하며 피목이 나타난다. 잎은 마주나며 타원형으로 광택이 있고, 짙은 녹색으로 톱니가 있다. **꽃차례는 산방상의 둥근 모양으로 크다. 장식화는 파란색 계통과 분홍색 계통으로 여러 겹으로 피며 뛰어나다.** 꽃피는 시기는 6~9월이다. '테마리테마리'와 비슷하지만, 장식화의 꽃잎이 넓다. 2006년 동메달을 수상했으며, 미국식물특허 USPP 18,508을 받고, 보호되고 있다. RHS (AGM)을 수상했다.

H. macrophylla 'Rie 05' 이즈반도시모다

익스프레션수국

학명: *Hydrangea macrophylla* 'Rie 06'

이명: *Hydrangea macrophylla* 'Expression'

영명: Expression bigleaf hydrangea

상표명: 익스프레션(네덜란드육종)

시리즈: 유앤미(유럽)/포에버앤에버(미국)

특징

식물형은 낙엽관목으로 높이는 90~120cm 정도이며, 줄기는 굵고 피목이 나타난다. 잎은 마주나며 타원형으로 광택이 있고, 밝은 녹색으로 톱니가 있다. 가을이 되면 눈에 띄게 붉게 변한다. **꽃차례는 산방상의 둥근 모양이고 큰 편이다. 장식화는 여러 겹으로 피며 밝은 분홍색~보라색이다.** 꽃피는 시기는 5~9월이며, 오염된 도시환경에 매우 강하며, 미국식물특허 USPP 18,393을 받고, 보호되고 있다.

H. macrophylla 'Rie 06' 강진뷰티팜

로맨스수국

학명: *Hydrangea macrophylla* 'Rie 9'

이명: *Hydrangea macrophylla* 'Romance'

영명: Romance bigleaf hydrangea

상표명: 로맨스

시리즈: 유앤미(유럽)/포에버앤에버(미국)

특징

식물형은 낙엽관목으로 높이는 90~130cm 정도이며, 줄기는 덤불지며 피목이 나타난다. 잎은 마주나며 타원형으로 광택이 있고, 녹색이며 톱니가 있다. **꽃차례는 산방상의 평평한 모양이다. 장식화는 별 모양이고 여러 겹으로 핀다. 양성화도 활짝 피면 둥글납작한 모양이 된다.** 미국식물특허 USPP 16,613을 받고, 보호되고 있다.

H. macrophylla 'Rie 9' 바람의 언덕

페파민트수국

학명: *Hydrangea macrophylla* 'Rie 13'

이명: *Hydrangea macrophylla* 'Peppermint'

영명: Peppermint bigleaf hydrangea

상표명: 페파민트

시리즈: 유앤미(유럽)/포에버앤에버(미국)

특징

식물형은 낙엽관목으로 높이는 60~90cm정 도이며, 줄기는 곧고, 피목이 나타난다. 잎은 마주나며 타원형으로 광택이 있고, 짙은 녹색으로 톱니가 있다. **꽃차례는 산방상의 둥근 모양으로 부드러운 이중 색으로 핀다.** 오래된 나무와 새 나무에 꽃이 피며, 꽃피는 시기는 6~10월로 긴 편으로 두 번 핀다. 미국식물특허 USPP 18,476을 받고, 보호되고 있다.

H. macrophylla 'Rie 13' 강진뷰티팜

리플수국

학명: *Hydrangea macrophylla* 'Ripple'[PBR]

영명: Ripple bigleaf hydrangea

일명: リプル(리프루)

품종명: 리플(일본육종)

시리즈: 호바리아

특징

식물형은 낙엽관목으로 높이는 100~150cm 정도이며, 줄기는 곧고 피목이 나타난다. 잎은 마주나며 타원형으로 광택이 있고, 녹색이며 톱니가 있다. **꽃차례는 산방상의 둥근 모양이다. 장식화의 가장자리에는 붉은색의 테두리가 있고 바탕은 흰색에 가깝다.** 오래된 나무에 꽃이 핀다. 마치 'Mirai'처럼 보이지만 미라이보다 더 작다. 일본 Yatabe Mototeru가 육종했다. 부모종은 Love you Kiss x Mirai 이며, 미국식물특허 USPP 15,787을 받고, 보호되고 있다.

H. macrophylla 'Ripple'[PBR] 상하이천샨식물원

렛츠댄스문라이트수국

학명: *Hydrangea macrophylla* 'Robert'

영명: Let's Dance Moonlight bigleaf hydrangea

상표명: 렛츠댄스문라이트(미국PW육종)

시리즈: 렛츠댄스

특징

식물형은 낙엽관목으로 높이는 60~90cm 정도이며, 줄기는 타박하고 피목이 나타난다. 잎은 마주나며 타원형으로 광택이 있고, 짙은 녹색이지만, 가을에 단풍이 들며 톱니가 있다. **꽃차례는 산방상의 둥근 모양이다. 장식화는 분홍색 계통~파란색 계통이며, 오래된 나무와 새 나무 모두 핀다.** 6~9월까지 계속 피며, 겨울 내한성이 좋다. 미국식물특허 USPP 20,020을 받고, 보호되고 있다.

H. macrophylla 'Robert' 케이프코드

로데오수국

학명: *Hydrangea macrophylla* 'Rodeo'

영명: Rodeo bigleaf hydrangea

품종명: 로데오(네덜란드육종)

시리즈: 매지칼(유럽)/에버라스팅(미국)

특징

식물형은 낙엽관목으로 높이는 60~100cm 정도이며, 줄기는 굵고 피목이 나타난다. 잎은 마주나며 타원형으로 광택이 있고, 짙은 녹색이며 톱니가 있다. **꽃차례는 산방상의 둥근 모양이다. 장식화는 주로 보라색 계통이지만, 토양 성분에 따라 다르다.** 가을이 되면 앤틱처럼 되고, 절화용이나 말린꽃으로 인기가 있다. 특히 Magical Rodeo Classic은 장식화가 밝은 녹색이 도는 장미색이다.

H. macrophylla 'Rodeo' 광저우화난꽃시장

H. macrophylla 'Rodeo' 강진뷰티팜

로마수국

학명: *Hydrangea macrophylla* 'Roma'

이명: *Hydrangea macrophylla* 'Raro'

영명: Roma bigleaf hydrangea

상표명: 로마(독일육종)

시리즈: 시티라인

특징

식물형은 낙엽관목으로 높이는 80~100cm 정도이며, 줄기는 곧고 피목이 나타난다. 잎은 마주나며 타원형으로 광택이 있고, 짙은 녹색이며 톱니가 있다. **꽃차례는 산방상의 둥근 모양이다. 장식화의 색깔은 일반적으로 붉은 자주색 계통이다.** 꽃피는 시기는 6~9월이다.

H. macrophylla 'Roma' 토시마엔

로살리아수국

학명: *Hydrangea macrophylla* 'Rosalia'

영명: Rosalia bigleaf hydrangea

품종명: 로살리아(독일육종)

특징

식물형은 낙엽관목으로 높이는 100~125cm 정도이며, 줄기는 덥수룩하며 피목이 나타난다. 잎은 마주나며 타원형으로 광택이 있고, 녹색이며 톱니가 있다. **꽃차례는 산방상의 둥근 모양이다.** 장식화 옅은 분홍색으로 넓고 둥글며 밋밋하다. 1983년 독일에서 육종했다.

H. macrophylla 'Rosalia' 토시마엔

로지아수국

학명: *Hydrangea macrophylla* 'Rosea'

이명: *Hydrangea opuloides* var. *rosea*

Hydrangea hortensis* var. *rosea

영명: Rosea bigleaf hydrangea

일명: ヒメアジサイ(히메아지사이)

품종명: 로지아(일본원산)

특징

식물형은 낙엽관목으로 높이는 100~150cm 정도이며, 줄기는 덥수룩하고 피목이 나타난다. 잎은 마주나며 타원형으로 광택이 있고, 녹색이며 톱니가 있다. **꽃차례는 산방상의 둥근 모양이다. 장식화는 분홍색 계통이지만, 산성 토양에서 파란색 계통이며 녹색으로 변한다.** 일본 이름은 '히메 아지사이'이다.

H. macrophylla 'Rosea' 광저우화난꽃시장

로츠반츠수국

학명: *Hydrangea macrophylla* 'Rotschwanz'

이명: *Hydrangea macrophylla* 'Red Srart'

영명: Rotschwanz bigleaf hydrangea

상표명: 로츠반츠(스위스육종)

시리즈: 텔러

특징

식물형은 낙엽관목으로 높이는 90~120cm 정도이며, 줄기는 곧고 피목이 나타난다. 잎은 마주나며 타원형으로 광택이 있고, 짙은 녹색이지만 가을이면 단풍이 들며 불규칙한 톱니가 있다. **꽃차례는 산방상의 평평한 모양이다. 장식화는 길며 밋밋하고 별 모양으로 펼쳐지는 진귀한 특징이 있으며, 진홍색 계통으로 매우 화려하다. 양성화는 흰색~옅은 분홍색이다.** 꽃피는 시기는 6~8월이다. Rotschwanz의 뜻은 영어로 red start라는 뜻이다. RHS (AGM)을 수상했다.

H. macrophylla 'Rotschwanz' 바람의 언덕

살사수국

학명: *Hydrangea macrophylla* 'Salsa'

영명: Salsa bigleaf hydrangea

품종명: 살사

시리즈: 더치레이디스

특징

식물형은 낙엽관목으로 높이는 90~120cm 정도이며, 줄기는 덤불지며 피목이 나타난다. 잎은 마주나며 타원형으로 광택이 있고, 짙은 녹색이지만 가을이 되면 보라색~청동색으로 단풍이 들며, 톱니가 있다. **꽃차례는 산방상의 둥글납작한 모양이다. 장식화는 크림색으로 나타나지만 차차 옅은 분홍색~진홍색 계통으로 변하고 테두리도 있다.** 양성화는 잘 보이지 않으며, 꽃피는 시기는 6~8월이다.

H. macrophylla 'Salsa' 바람의 언덕

산드라수국

학명: *Hydrangea macrophylla* 'Sandra'

영명: Sandra bigleaf hydrangea

품종명: 산드라

시리즈: 더치레이디스

특징

식물형은 낙엽관목으로 높이는 60~100cm 정도이며, 줄기는 덤불지며 피목이 나타난다. 잎은 마주나며 난형으로 광택이 있고, 녹색으로 톱니가 있다. **꽃차례는 산방상의 평평한 모양이다. 장식화는 둥글며 피코티 모양으로 이중의 색깔이며, 톱니도 나타난다. 양성화는 많은 편으로 비슷한 색깔이다.** 꽃피는 시기는 6~8월이다.

H. macrophylla 'Sandra' 바람의 언덕

소프트핑크살사수국

학명: *Hydrangea macrophylla* 'Schrollao7'

영명: Soft Pink Salsa bigleaf hydrangea

품종명: 소프트핑크살사

시리즈: 뮤직콜렉션

특징

식물형은 낙엽관목으로 높이는 80~130cm 정도이며, 줄기는 강건하며, 피목이 나타난다. 잎은 마주나며 타원형으로 광택이 있고, 짙은 녹색으로 톱니가 있다. **꽃차례는 산방상의 둥근 모양이며, 장식화는 연두색으로 피지만 시간이 지나면서 부드러운 분홍색~장미 빛 분홍색으로 변하지만 토양 성분에 따라서 다르다.** 꽃피는 시기는 6~10월로 긴 편이다.

H. macrophylla 'Schrollao7' 수미다고엔

세이쇼나곤수국

학명: *Hydrangea macrophylla* 'Seisyounagon'

영명: Seisyounagon bigleaf hydrangea

일명: セイショウナゴン(세이쇼우나곤, 清少納言)

중국명: 清少納言(qing shao na yan, 청소납언)

품종명: 세이쇼나곤(자연교잡종)

특징

식물형은 낙엽관목으로 높이는 60~90cm 정도이며, 줄기는 곧고 피목이 나타난다. 잎은 마주나며 타원형

으로 광택이 있고, 짙은 녹색으로 톱니가 있다. **꽃차례는 산방상의 평평한 모양이다. 장식화는 4개로 톱니도 조금 나타나며, 흰색으로 큰 편이지만, 시간이 지남에 따라 옅은 분홍색 계통으로 변한다. 양성화는 많으며 분홍색~보라색 계통이다.** 꽃피는 시기는 6~8월이다. 자연교잡종(自然交雜種)이다.

H. macrophylla 'Seisyounagon' 바람의 언덕

H. macrophylla 'Seisyounagon' 바람의 언덕

센세이션수국

학명: *Hydrangea macrophylla* 'Sensation'

영명: Sensation bigleaf hydrangea

품종명: 센세이션(프랑스육종)

특징

식물형은 낙엽관목으로 높이는 90~130cm 정도이며, 줄기는 곧고 피목이 나타난다. 잎은 마주나며 타원형으로 광택이 있고, 녹색으로 톱니가 있다. **꽃차례는 산방상의 둥근 모양이다. 장식화는 토양성분에 따라 다르며, 옅은 파란색~분홍색 계통으로 흰색의 테두리가 특징적이다.** 꽃피는 시기는 6~8월이다. 1938년 프랑스 Henri Cayeux가 육종하였다.

H. macrophylla 'Sensation' 강진뷰티팜

샴록수국

학명: *Hydrangea macrophylla* 'Shamrock'

영명: Shamrock bigleaf hydrangea

품종명: 샴록(프랑스육종)

특징

식물형은 낙엽관목으로 높이는 90~120cm 정도이며, 줄기는 곧고 피목이 나타난다. 잎은 마주나며 타원형으로 광택이 있고, 짙은 녹색으로 톱니가 있다. **꽃차례는 산방상의 평평한 모양이다. 장식화는 토양성분에 따라 다르며, 옅은 파란색~분홍색 계통이며 겹으로 피고, 톱니가 보이기도 한다. 양성화도 비슷한 색깔이다.** 꽃피는 시기는 6~8월이다. 프랑스 Robert Mallet가 육종하였다.

H. macrophylla 'Shamrock' 토시마엔

서머레이스수국

학명: *Hydrangea macrophylla* 'Shugert'

영명: Summer Lace bigleaf hydrangea

품종명: 서머레이스(프랑스육종)

시리즈: 유앤미(유럽)/포에버앤에버(미국)

특징

식물형은 낙엽관목으로 높이는 90~130cm 정도이며, 줄기는 곧고 피목이 나타난다. 잎은 마주나며 타원형으로 녹색이며 톱니가 있다. **꽃차례는 산방상의 평평한 모양이다. 장식화는 토양 성분에 따라 다르며, 옅은 파란색~둔한 분홍색 계통이다. 양성화도 비슷한 색깔로 많다.** 꽃피는 시기는 6~8월이며, 반복해서 핀다. 미국식물특허 USPP 21,591을 받고, 보호되고 있다.

H. macrophylla 'Shugert' 바람의 언덕

리드믹블루수국

학명: *Hydrangea macrophylla* 'Smhmes14'

영명: Let's Dance Rhythmic Blue bigleaf hydrangea

상표명: 렛츠댄스리드믹블루(미국PW육종)

시리즈: 렛츠댄스

특징

식물형은 낙엽관목으로 높이는 60~90cm 정도이며, 줄기는 견고하고 곧게 자란다. 잎은 마주나며 타원형으로 광택이 나며, 녹색으로 톱니가 있다. **꽃차례는 산방상의 둥근 모양이다. 장식화는 파란색 계통이고 오래된 나무와 새 나무에 모두 꽃이 핀다.** 예전에는 'Rhapsody Blue'로 불렸었다. 미시건 주에 있는 Spring Meadow Nursery의 Timothy D. Wood에 의해 육종되었으며, 미국식물특허 USPP 25,836을 받고, 보호되고 있다.

H. macrophylla 'Smhmes14' 바람의 언덕

디바수국

학명: *Hydrangea macrophylla* 'Smhmldd'

영명: Let's Dance Diva bigleaf hydrangea

상표명: 렛츠댄스디바(미국PW육종)

시리즈: 렛츠댄스

특징

식물형은 낙엽관목으로 높이는 60~90cm 정도이며,

줄기는 곧고 피목이 나타난다. 잎은 마주나며 타원형으로 광택이 나며, 녹색으로 톱니가 있다. **꽃차례는 산방상의 평평한 모양이다. 장식화는 연 분홍색~파란색 계통이고 양성화는 많은 편이다.** 오래된 나무와 새 나무에 꽃이 핀다. 미시건 주에 있는 Spring Meadow Nursery의 Timothy D. Wood에 의해 육종되었으며, 수국 대목 'Lynn'의 교차 수분 후손 중에서 선택되었다. 미국 식물특허 USPP 25,105를 받고, 보호되고 있다.

H. macrophylla 'Smhmldd' 시카고식물원

파라프루수국

학명: *Hydrangea macrophylla* 'Smhmp1'

영명: Paraplu bigleaf hydrangea

상표명: 파라프루(미국PW육종)

특징

식물형은 낙엽관목으로 높이는 90~120cm 정도이며, 줄기는 덤불지며 피목이 나타난다. 잎은 마주나며 타원형으로 녹색이며 톱니가 있다. **꽃차례는 산방상의 둥근 모양이다. 장식화는 여러 겹이며, 색깔은 토양 성분에 따라 옅은 파란색~둔한 분홍색 계통, 보라색이다.** 꽃피는 시기는 6~8월이다. 미국식물특허 USPP 25,900을 받고, 보호되고 있다.

H. macrophylla 'Smhmp1' 바람의 언덕

블루쟁글즈수국

학명: *Hydrangea macrophylla* 'Smhmtau'

영명: Let's Dance Blue Jangles bigleaf hydrangea

상표명: 렛츠댄스블루쟁글즈(미국PW육종)

시리즈: 렛츠댄스

특징

식물형은 낙엽관목으로 높이는 70~100cm 정도이며, 줄기는 타박하며 피목이 나타난다. 잎은 마주나며 타원형으로 녹색이며 톱니가 있다. **꽃차례는 산방상의 둥근 모양이다. 장식화는 파란색 계통이지만 토양 성분에 따라 다르다.** 다시 피는 품종으로 오래된 나무와 새 나무 모두 핀다. 6~9월까지 계속 피며, 겨울 내한성이 좋다. '리드믹블루'와 비슷하지만 작다. 미국 식물특허 USPP 27,035을 받고, 보호되고 있다.

H. macrophylla 'Smhmtau' 고민가뮤지엄

위비트기디수국

학명: *Hydrangea macrophylla* 'Smnhml'
영명: Wee Bit Giddy bigleaf hydrangea
상표명: 위비트기디(미국PW육종)
특징

식물형은 낙엽관목으로 높이는 50~70cm 정도이며, 줄기는 견고하고 왜소한 편이다. 잎은 마주나며 타원형으로 광택이 나며, 짙은 녹색으로 톱니가 있다. **꽃차례는 산방상의 둥근 모양이다. 장식화는 강렬한 붉은색 계통이고 오래된 나무와 새 나무에 모두 꽃이 핀다.** 양성화는 잘 보이지 않으며, 꽃피는 시기는 6~9월까지 계속 피며, 두 번 피기도 한다. 미국식물특허 USPP 32,317을 받고, 보호되고 있다.

H. macrophylla 'Smnhml'　　광저우화난꽃시장

빅밴드수국

학명: *Hydrangea macrophylla* 'Smnhmp'
영명: Let's Dance Big Band bigleaf hydrangea
상표명: 렛츠댄스빅밴드(미국PW육종)
시리즈: 렛츠댄스
특징

식물형은 낙엽관목으로 높이는 60~90cm 정도이며, 줄기는 타박하고 피목이 나타난다. 잎은 마주나며 타원형으로 광택이 있고, 녹색이며 톱니가 있다. **꽃차례는 산방상의 둥근모양이다. 장식화는 분홍색 계통~파란색 계통이며, 오래된 나무와 새 나무 모두 핀다.** 6~9월까지 계속 피며, 겨울 내한성이 좋다. 미국식물특허 USPP 32,514을 받고, 보호되고 있다.

H. macrophylla 'Smnhmp'　　광저우화난꽃시장

레이브수국

학명: *Hydrangea macrophylla* 'Smnhmsigma'
영명: Let's Dance Rave bigleaf hydrangea
상표명: 렛츠댄스레이브(미국PW육종)
시리즈: 렛츠댄스
특징

식물형은 낙엽관목으로 높이는 60~90cm 정도이며, 줄기는 강건하며 다소 바깥으로 퍼지며, 피목이 나타난다. 잎은 마주나며 타원형으로 광택이 있고, 녹색으로 규칙적인 톱니가 있다. **꽃차례는 산방상의 둥근 모양이며, 장식화는 분홍색~자주색이며, 오래된 나무와 새 나무에 꽃이 핀다.** 미시건 주 그랜드 헤이븐에 있는 Timothy D. Wood에 의해 육종되었으며, 미국식물특허 USPP 26,929를 받고, 보호되고 있다.

H. macrophylla 'Smnhmsigma' 시카고식물원

캉두수국

학명: *Hydrangea macrophylla*×*serrata* 'Smnhsi'

영명: Let's Dance Can Do bigleaf hydrangea

상표명: 렛츠댄스캉두(미국PW육종)

시리즈: 렛츠댄스

특징

식물형은 낙엽관목으로 높이는 60~90cm 정도이며, 줄기는 타박하고 피목이 나타난다. 잎은 마주나며 타원형으로 광택이 있고, 짙은 녹색이고 톱니가 있다. **꽃차례는 산방상의 평평한 모양이다. 장식화는 분홍색 계통~파란색 계통으로 고리처럼 피고, 양성화는 많은 편이다.** 오래된 나무와 새 나무 모두 6~9월까지 계속 피며, 겨울 내한성이 좋다. 옛날에는 'Let's Dance Can Can'으로 불려졌었다. 미국식물특허 USPP 32,548을 받고, 보호되고 있다.

H. macrophylla×*serrata* 'Smnhsi' 태종사

스카이뷰수국

학명: *Hydrangea macrophylla*×*serrata* 'Smnhsme'

영명: Let's Dance Sky View bigleaf hydrangea

상표명: 렛츠댄스스카이뷰(미국PW육종)

시리즈: 렛츠댄스

특징

식물형은 낙엽관목으로 높이는 60~90cm 정도이며, 줄기는 타박하고 피목이 나타난다. 잎은 마주나며 타원형으로 광택이 있고, 짙은 녹색이고 톱니가 있다. **꽃차례는 산방상의 공 모양이다. 장식화는 파란색 계통~보라색 계통으로 피고, 양성화는 많은 편이다.** 오래된 나무와 새 나무 모두 6~9월까지 계속 피며, 겨울 내한성이 좋다. 미국식물특허 USPP 34,327을 받고, 보호되고 있다.

H. macrophylla×*serrata* 'Smnhsme' 토시마엔

스노우볼수국

학명: *Hydrangea macrophylla* 'Snowball'

이명: *Hydrangea macrophylla* 'Schneeball'

영명: Snowball bigleaf hydrangea

품종명: 스노우볼(독일육종)

특징

식물형은 낙엽관목으로 높이는 90~120cm 정도이며, 줄기는 곧고 피목이 나타난다. 잎은 마주나며 타원형으로 광택이 있고, 짙은 녹색으로 톱니가 있다. **꽃차례는 산방상의 둥근 모양이다. 장식화의 색깔은 흰색으로 피며, 가끔씩 톱니도 나타난다.** 꽃피는 시기는 6~7월이나. 품종명의 'Snowball'은 영어이고, 'Schneeball'은 독일어이다. 일본에서 말하는 '슈가화이트'와 닮았다.

H. macrophylla 'Snowball' 강진뷰티팜

카베지패치수국

학명: *Hydrangea macrophylla* 'sPg-3-009'

영명: Cabbage Patch bigleaf hydrangea

품종명: 카베지패치

특징

식물형은 낙엽관목으로 높이는 80~100cm 정도이며, 줄기는 굵고 피목이 나타난다. 잎은 마주나며 타원형으로 광택이 있고, 짙은 녹색으로 매우 두텁고 뒤틀고 톱니도 굵으며 지그재그다. **꽃차례는 산방상의 평평한 모양이다. 장식화는 분홍색~짙은 파란색 계통이지만 토양 성분에 따라서 다르다. 양성화는 많은 편이고 비슷한 색깔이다.** 꽃피는 시기는 6~10월로 긴 편이다.

H. macrophylla 'sPg-3-009' 핫세데라 가는 길

H. macrophylla 'sPg-3-009' 핫세데라 가는 길

스타릿스카이수국

학명: *Hydrangea macrophylla* 'Starlit Sky'

이명: *Hydrangea macrophylla* 'Aya'

영명: Starlit Sky bigleaf hydrangea

시리즈: 소롱

특징

식물형은 낙엽관목으로 높이는 80~120cm 정도이며, 줄기는 굵고 피목이 나타난다. 잎은 마주나며 타원형으로 광택이 있고, 짙은 녹색으로 매우 두텁고 뒤틀고 톱니도 굵으며 지그재그다. **꽃차례는 산방상의 평평한 모양이다. 장식화는 분홍색~짙은 파란색 계통이지만 흰색의 무늬가 나타나는 특징이 있다. 양성화도 비슷한 색깔이다.** 꽃피는 시기는 6~9월로 긴 편이다. 2021년 프랑스 샹티이의 식물의 날에서 수상하였고, 일본 아이치현 품종등록 26,434호이다.

H. macrophylla 'Starlit Sky' 바람의 언덕

H. macrophylla 'Starlit Sky' 바람의 언덕

H. macrophylla 'Starlit Sky' 바람의 언덕

수미다의불꽃수국

학명: *Hydrangea macrophylla* 'Sumida no Hanabi'

이명: *Hydrangea macrophylla* 'Hanabi'

영명: Sumida no Hanabi bigleaf hydrangea

일명: スミダノハナビ(수미다노하나비, 墨田の花火)/花火

품종명: 수미다의 불꽃(일본원산)

특징

식물형은 낙엽관목으로 높이는 120~180cm 정도이며, 줄기는 덤불지고 피목이 나타난다. 잎은 마주나며 타원형으로 광택이 있고, 녹색으로 톱니가 있다. **꽃차례는 산방상의 평평한 모양으로 큰 편이다. 장식화는 여러 겹으로 피며, 순수한 흰색으로 꽃줄기*가 불꽃놀이 연상하듯이 아치형으로 늘어지는 특징이 있다. 양성화는 연한 녹색이다가 차차 보라색 계통으로 변한다.** 산성 토양에 대한 확실한 선호도가 있으며, 도시 오염에 강하다.

H. macrophylla 'Sumida no Hanabi' 바람의 언덕

H. macrophylla 'Temaritemari' 바람의 언덕

H. macrophylla 'Sumida no Hanabi' 바람의 언덕

H. macrophylla 'Temaritemari' 조가사키

테마리테마리수국

학명: *Hydrangea macrophylla* 'Temaritemari'
영명: Temaritemari bigleaf hydrangea
일명: テマリテマリ(테마리테마리)
품종명: 테마리테마리(일본가무화창포원육종)
특징

식물형은 낙엽관목으로 높이는 80~100cm 정도이며, 줄기는 굵고 피목이 나타난다. 잎은 마주나며 타원형으로 광택이 있고, 짙은 녹색으로 톱니가 있다. **꽃차례는 산방상의 둥근 모양으로 크며 여러 겹으로 핀다. 양성화는 보이지 않고, 장식화의 색깔은 토양 성분에 따라서 다르다.** 활짝 핀 꽃이 공처럼 둥근 것에서 유래된 이름이다. 꽃피는 시기는 6~7월이다.

H. macrophylla 'Temaritemari' 핫세데라

티파니수국

학명: *Hydrangea macrophylla* 'Tiffany'
영명: Tiffany bigleaf hydrangea
품종명: 티파니
특징

식물형은 낙엽관목으로 높이는 80~120cm 정도이며, 줄기는 곧고 피목이 나타난다. 잎은 마주나며 타원형으로 광택이 있고, 녹색으로 톱니가 있다. **꽃차례는 산방상의 평평한 모양이다. 장식화의 꽃잎은 4개로 겹쳐 피며, 가장자리가 곱슬곱슬하며 피코티 모양으로 분홍색~보라색 계통의 테두리와 톱니가 있다. 양성화는 많은 편이다.** 장식화가 나타나는 색에 따라서 '티파니핑크' 또는 티파니바이올렛'으로 부른다. 꽃피는 시기는 6~7월이다.

H. macrophylla 'Tiffany' 바람의 언덕

팅커벨수국

학명: *Hydrangea macrophylla* 'Tinkerbell'
영명: Rosy splendor bigleaf hydrangea
일명: ティンカーベル(팅카베루)
품종명: 팅커벨(일본가무화창포원육종)
특징

식물형은 낙엽관목으로 높이는 80~120cm 정도이며, 줄기는 곧고 피목이 나타난다. 잎은 마주나며 타원형으로 광택이 있고, 녹색으로 톱니가 있다. **꽃차례는 산방상의 평평한 모양이다. 장식화는 여러 겹으로 피며, 색깔은 토양 성분에 따라서 다르다. 가장자리는 흰색이다.** 꽃피는 시기는 6~7월이다. '콤페이토'와 비슷하지만 더 크게 자란다. 미국식물특허 USPP 23,748을 받고 보호되고 있다.

H. macrophylla 'Tinkerbell' 고민가뮤지엄

티볼리수국

학명: *Hydrangea macrophylla* 'Tivoli'
영명: Tivoli bigleaf hydrangea
품종명: 티볼리
특징

식물형은 낙엽관목으로 높이는 70~100cm 정도이며, 줄기는 덤불지며 피목이 나타난다. 잎은 마주나며 타원형으로 광택이 있고, 짙은 녹색으로 톱니가 있다. **꽃차례는 산방상의 둥근 모양이다. 장식화의 색깔은 토양 성분에 따라서 다르다.** 가장자리에 흰색의 테두리가 있다. 꽃피는 시기는 6~8월이다.

H. macrophylla 'Tivoli' 하코네고라식물원

도쿄디라이트수국

학명: *Hydrangea macrophylla* 'Tokyo Delight'
영명: Tokyo Delight bigleaf hydrangea
일명: トウキョウディライト(도쿄디라이토)
품종명: 도쿄디라이트(일본원산)
특징

식물형은 낙엽관목으로 높이는 100~180cm 정도이며, 줄기는 덥수룩하며 크게 자라고, 피목이 나타난다. 잎은 마주나며 타원형으로 녹색으로 톱니가 있다. **꽃차례는 산방상의 평평한 모양이다. 장식화는 불규칙한 고리를 만들고, 순수한 흰색이지만 시간이 지남에 따라서 옅은 분홍색~옅은 파란색으로 변한다. 양성화는 분홍색 계통~라일락색이다.** 꽃피는 시기는 5~6월이다. 마이클 디르(Michael Dirr)는 이 식물을 *H. serrata*의 품종으로 분류한다. RHS (AGM)을 수상했다.

H. macrophylla 'Tokyo Delight' 바람의 언덕

토파즈수국

학명: *Hydrangea macrophylla* 'Topaz'
영명: Topaz bigleaf hydrangea
품종명: 토파즈(네덜란드육종)
시리즈: 매지칼(유럽)/에버라스팅(미국)
특징

식물형은 낙엽관목으로 높이는 100~150cm 정도이며, 줄기는 곧고 피목이 나타난다. 잎은 마주나며 타원형이며, 짙은 녹색으로 톱니가 있다. **꽃차례는 산방상의 둥근 모양이다. 장식화는 연두색으로 나타나지만 차차 옅은 파스텔 색조가 된다.** 나타나는 색깔에 따라서 '토파즈블루'나, '토파즈핑크'로 불리기도 한다. 꽃피는 시기는 6~8월이며, 환경조건만 잘 맞으면 두 번 핀다.

H. macrophylla 'Topaz' 강진뷰티팜

토스카수국

학명: *Hydrangea macrophylla* 'Tosca'
이명: *Hydrangea macrophylla* 'Toska'

영명: Tosca bigleaf hydrangea

품종명: 토스카(독일육종)

특징

식물형은 낙엽관목으로 높이는 100~150cm 정도이며, 줄기는 견고하고 곧고 덥수룩하게 퍼져서 자란다. 잎은 마주나며 타원형으로 광택이 있고, 짙은 녹색으로 규칙적인 톱니가 있다. **꽃차례는 산방상의 둥근 모양으로 작은 편이다. 장식화는 옅은 분홍색으로 나타나지만, 토양 성분에 따라서 다르며, 가장자리에 가벼운 톱니가 있다.** 꽃피는 시기는 5~7월이다. 1930년 독일의 J. Wintergalen이 육종했다.

H. macrophylla 'Tosca' 쇼와메모리얼파크

토벨리트수국

학명: ***Hydrangea macrophylla*** **'Tovelit'**

영명: Tovelit bigleaf hydrangea

품종명: 토벨리트(덴마크육종)

특징

식물형은 낙엽관목으로 높이는 60~100cm 정도이며, 줄기는 곧고 피목이 나타난다. 잎은 마주나며 타원형으로 광택이 있고, 짙은 녹색이지만 가을에는 불그스름한 단풍이 들며 톱니가 있다. **꽃차례는 산방상의 둥근 모양이다. 장식화는 분홍색 계통으로 나타나고, 꽃잎은 조금 길고 뾰족한 특징이 있다.** 꽃피는 시기는 6~9월이다.

H. macrophylla 'Tovelit' 강진뷰티팜

트레바실버수국

학명: ***Hydrangea macrophylla*** **'Trebah Silver'**

영명: Trebah Silver bigleaf hydrangea

품종명: 트레바실버(영국육종)

특징

식물형은 낙엽관목으로 높이는 100~150cm 정도이며, 줄기는 덥수룩하며 피목이 나타난다. 잎은 마주나며 타원형으로 광택이 있고, 짙은 녹색으로 톱니가 있다. **꽃차례는 산방상의 둥근 모양이다. 장식화는 작은 편이고, 산성 토양에서는 은청색, 알칼리성 토양에서는 은분홍색이다.** 장식화는 팝콘수국과 닮았으며, 꽃피는 시기는 6~9월이다. 영국의 트레바 가든(Trebah Garden)에서 명명하였으며, 'Joseph Banks'와 'Ayesha'의 잡종(雜種)으로 생각된다. RHS (AGM)을 수상했다.

트리칼라수국

학명: *Hydrangea macrophylla* 'Tricolor'
영명: Tricolor bigleaf hydrangea
품종명: 트리칼라(이탈리아육종)
특징
식물형은 낙엽관목으로 높이는 150~200cm 정도이며, 줄기는 굵고 피목이 나타난다. 잎은 마주나며 광택이 있는 편이고, 넓은 타원형으로 가장자리 쪽이 희거나, 옅은 노란색 계통으로 눈에 잘 띈다. **꽃차례는 산방상의 평평한 모양이다. 장식화는 흰색~옅은 색 계통으로 불규칙한 고리 모양이다. 양성화는 보라색~옅은 분홍색으로 변한다.** 꽃피는 시기는 6~9월이다.

H. macrophylla 'Tricolor' 밀양 법흥리

유키유키수국

학명: *Hydrangea macrophylla* 'Ukiuki'
영명: Ukiuki bigleaf hydrangea
일명: ユキユキ(유키유키)
품종명: 유키유키(일본가무화창포원육종)
특징
식물형은 낙엽관목으로 높이는 100~120cm 정도이며, 줄기는 덤불지며 피목이 나타난다. 잎은 마주나며 타원형으로 광택이 있고, 짙은 녹색으로 톱니가 있다. **꽃차례는 산방상의 둥근 모양이며 작다. 장식화는 토양 성분에 따라 다르지만, 산성토양에서는 파란색으로 변한다.** 꽃피는 시기는 6~7월이다.

H. macrophylla 'Ukiuki' 고민가뮤지엄

스노우화이트수국

학명: *Hydrangea macrophylla* 'Ushyd0405'
영명: Runaway Bride bigleaf hydrangea/Snow White
일명: スノウファイト(수노우화이토)
품종명: 스노우화이트(일본유키오사카자키육종)
특징
식물형은 낙엽관목으로 높이는 100~120cm 정도이며, 줄기는 덤불지며 피목이 나타난다. 잎은 마주나며 타원형으로 광택이 있고, 녹색으로 톱니가 있다. **꽃차례는 산방상의 평평한 모양이다. 장식화는 순수한 흰색~옅은 분홍색이며 톱니가 있다. 양성화는 비슷한 색깔로 보통이다.** 꽃피는 시기는 6~8월이다. 2018년 영국 '첼시플라워 쇼'에서 올해의 식물에서 수상했다. '톰슨 앤 모건'에서 소개하였으며, 미국식물특허 USPP 31,120을 받고 보호되고 있다.

H. macrophylla 'Ushyd0405' 해운대

우타아와세수국

학명: *Hydrangea macrophylla* 'Uta Awase'

영명: Uta Awase bigleaf hydrangea

일명: ウタアワセ(우타아와세, 歌合せ)

품종명: 우타아와세(일본가무화창포원육종)

특징

식물형은 낙엽관목으로 높이는 100~120cm 정도이며, 줄기는 덤불지고 피목이 나타난다. 잎은 마주나며 타원형으로 광택이 있고, 짙은 녹색으로 톱니가 있다. **꽃차례는 산방상의 평평한 모양이다. 장식화는 여러 겹의 분홍색 계통이지만 토양 성분에 따라 다르며, 양성화는 풍성하여 활짝 피면 둥글게 보이기도 한다.** 꽃피는 시기는 6~8월로 긴 편이다.

H. macrophylla 'Uta Awase' 도쿄긴자

H. macrophylla 'Uta Awase' 고민가뮤지엄

베이치수국

학명: *Hydrangea macrophylla* 'Veitchii'

영명: Veitchii bigleaf hydrangea

일명: ベイチ(베이치)

중국명: 錐茨(zhui ci, 추자)

품종명: 베이치(일본육종)

특징

식물형은 낙엽관목으로 높이는 150~180cm 정도이며, 줄기는 곧고 피목이 나타난다. 잎은 마주나며 긴 타원형으로 녹색이며 톱니가 있다. **꽃차례는 산방상의 평평한 모양이다. 장식화는 순수한 흰색이지만, 가끔 분홍색 점이 있고 뾰족한 편이고, 불규칙한 고리 모양이다. 양성화는 옅은 분홍색~파란색 계통이다.** 꽃피는 시기는 6~8월이다. RHS (AM, AGM)을 수상했다.

H. macrophylla 'Veitchii' 고민가뮤지엄

베니스수국

학명: *Hydrangea macrophylla* 'Venice Raven'

영명: Venice bigleaf hydrangea

상표명: 시티라인베니스(독일육종)

시리즈: 시티라인

특징

식물형은 낙엽관목으로 높이는 60~90cm 정도이며, 줄기는 타박하고 피목이 나타난다. 잎은 마주나며 타원형으로 광택이 있고, 녹색으로 톱니가 있다. **꽃차례는 산방상의 둥근 모양이다. 장식화는 파란색 계통~분홍색 계통이다.** 꽃피는 시기는 6~8월이다. 미국식물특허 USPP 10,928을 받고, 보호되고 있다.

H. macrophylla 'Venice Raven' 고민가뮤지엄

베르디수국

학명: *Hydrangea macrophylla* 'Verdi'

영명: Verdi bigleaf hydrangea

품종명: 베르디(네덜란드육종)

특징

식물형은 낙엽관목으로 높이는 60~80cm 정도이며, 줄기는 굵고 피목이 나타난다. 잎은 마주나며 타원형으로 광택이 있고, 짙은 녹색으로 톱니가 있다. **꽃차례는 산방상의 둥근 모양이다. 장식화는 녹색 계통으로 독특하며 가장자리에는 톱니가 있다.** 시간이 지남에 따라 불그스름하게 변한다. 꽃피는 시기는 6~8월이다.

H. macrophylla 'Verdi' 강진뷰티팜

베레나수국

학명: *Hydrangea macrophylla* 'Verena'

영명: Verena bigleaf hydrangea

품종명: 베레나(네덜란드육종)

특징

식물형은 낙엽관목으로 높이는 60~80cm 정도이며, 줄기는 굵고 피목이 나타난다. 잎은 마주나며 타원형으로 광택이 있고, 짙은 녹색으로 톱니가 있다. **꽃차례는 산방상의 둥근 모양으로 크다, 장식화의 가장자리에는 일정한 톱니가 있다.** 다양한 색깔의 품종이 재배되며 현재 남미, 뉴질랜드, 네덜란드에서 인기가 높다. 남미에서는 일 년 내내 재배된다. 꽃피는 시기는 6~9월이며, 베레나 클래식도 있다.

H. macrophylla 'Verena' 강진뷰티팜

비엔나수국

학명: *Hydrangea macrophylla* 'Vienna'

영명: Vienna bigleaf hydrangea

품종명: 비엔나(독일육종)

시리즈: 시티라인

특징

식물형은 낙엽관목으로 높이는 80~100cm 정도이며, 줄기는 타박하며 피목이 나타난다. 잎은 마주나며 타원형으로 광택이 있고, 짙은 녹색으로 톱니가 있다. **꽃차례는 산방상의 둥근 모양이다. 장식화는 푸른색 계통~분홍색 계통이다.** 꽃피는 시기는 6~8월이다. 미국식물특허 USPP 10,930을 받고, 보호되고 있다.

H. macrophylla 'Vienna' 조가사키

베스트팔른수국

학명: *Hydrangea macrophylla* 'Westfalen'

영명: Westfalen bigleaf hydrangea

품종명: 베스트팔른(독일육종)

특징

식물형은 낙엽관목으로 높이는 60~80cm 정도이며, 줄기는 덥수룩하며 피목이 나타난다. 잎은 마주나며 타원형으로 광택이 있고, 짙은 녹색으로 톱니가 있다. **꽃차례는 산방상의 둥근 모양이다. 장식화는 항상 강렬한 진홍색~붉은색계통이지만, 시간이 지남에 따라서 보라색 계통으로 변한다.** 꽃피는 시기는 6~9월이다. 줄기가 어두운 것이 'Ami Pasquier'와 닮았다. 1940년 독일의 J. Wintergalen이 육종하였다. RHS (AM)을 수상했다.

H. macrophylla 'Westfalen' 토시마엔

화이트아웃수국

학명: *Hydrangea macrophylla* 'White Ball'

영명: White Out bigleaf hydrangea

품종명: 화이트아웃

시리즈: 유앤미(유럽)/포에버앤에버(미국)

특징

식물형은 낙엽관목으로 높이는 50~80cm 정도이며, 줄기는 굵고 피목이 나타난다. 잎은 마주나며 타원형으로 광택이 있고, 짙은 녹색으로 톱니가 있다. **꽃차례는 산방상의 공 모양이다. 장식화는 순수한 흰색으로 톱니가 나타나고 약간 주름져 보이기도 한다.** 햇볕이 강하거나 바람이 거세면 꽃잎 가장자리가 갈색처럼 된다. 꽃피는 시기는 5~7월이다.

H. macrophylla 'White Ball' 바람의 언덕

자운퀘니시수국

학명: *Hydrangea macrophylla* 'Zaunkönig'

영명: Zaunkönig bigleaf hydrangea

품종명: 자운퀘니시(스위스육종)

시리즈: 텔러

특징

식물형은 낙엽관목으로 높이는 100~150cm 정도이며, 줄기는 곧고 피목이 나타난다. 잎은 마주나며 타원형으로 광택이 있고, 짙은 녹색으로 톱니가 있다. **꽃차례는 산방상의 평평한 모양이다. 장식화는 분홍색 계통이지만 토양 성분에 따라서 다르고, 가장자리에는 톱니가 조금 나타난다. 양성화는 장식화와 비슷한 색깔이며 보통이다.** 꽃피는 시기는 6~9월이다.

H. macrophylla 'Zaunkönig' 바람의 언덕

지브라수국

학명: *Hydrangea macrophylla* 'Zebra'

이명: *Hydrangea macrophylla* 'Black Steel Zebra'

영명: Zebra bigleaf hydrangea

품종명: 지브라(스위스육종)

시리즈: 블랙스틸, 오닉스

특징

식물형은 낙엽관목으로 높이는 80~120cm 정도이며, 줄기는 짙은 자주색~검정색이다. 잎은 마주나며 타원형으로 광택이 있고, 짙은 녹색으로 톱니가 있다. **꽃차례는 산방상의 공 모양이며, 장식화는 순수한 흰색으로 톱니가 나타나고 약간 주름져 보이기도 한다. 양성화는 잘 보이지 않는다.** 꽃피는 시기는 5~8월이다. 미국식물특허 USPP 18,688을 받고, 보호되고 있다.

H. macrophylla 'Zebra' 핫세데라

조로수국

학명: *Hydrangea macrophylla* 'Zorro'

영명: Zorro bigleaf hydrangea

품종명: 조로

특징

식물형은 낙엽관목으로 높이는 90~120cm 정도이며, 줄기는 짙은 갈색으로 덥수룩하고 피목이 나타난다. 잎은 마주나며 타원형으로 광택이 있고, 짙은 녹색으로 톱니가 있다. **꽃차례는 산방상의 평평한 모양이다. 장식화는 토양 성분에 따라 다르지만, 분홍색 또는 파란색으로 나타난다. 양성화는 보통이며 비슷한 색깔이다.** 꽃피는 시기는 5~8월이다. 미국식물특허 USPP 18,255를 받고, 보호되고 있다. RHS (AGM)을 수상했다.

H. macrophylla 'Zorro' 쇼와메모리얼파크

H. macrophylla 'Zorro' 바람의 언덕

H. macrophylla 'Izu no Hana' 다카하다후도산

시리즈에 대한 설명

• Cityline 시리즈: 난쟁이 수국으로 통하며, 독일 바이에른의 Rampp Hydrangea Nursery에서 개발되었다. 곰팡이 저항성을 갖는 것으로 유명하다. 일반적으로 가지치기가 필요하지 않으며, 매년 여름에 꽃이 많이 핀다.

• Let's Dance 시리즈: 재배하기 쉽고 가지치기도 필요 없이 뛰어나며, 추운 날씨에도 잘 자라는 다시 피는 수국으로 유명하다. 각각의 작은 꽃은 독특한 직사각형 모양으로, 생생한 꽃의 채색과 매력적이고 광택 있는 잎으로 품질을 높이며 새로운 나무와 오래된 나무 모두에서 꽃을 피운다. 'Lynn'은 평평한 모양의 수국 중에서 처음으로 다시 피는 수국으로 유명하다.

• You & Me 또는 Youme 시리즈: 유럽권 표기이며, 미국에서는 Foreever & ever로 표기한다. 장식화는 여러 겹으로 피며 오염된 도시환경에 매우 강하다. 아름답고 독특한 이중으로 피는 꽃으로 뛰어나며, 늦봄부터 여름까지 오랫동안 피며, 색상은 다양하다.

• Magical 시리즈: 유럽권 표기이며, 미국에서는 Everlasting으로 표기한다. 햇볕의 양에 따라 수국 꽃의 색이 바뀌는 마법 같은 수국품종으로 밝은 색조는 점차 변하며, 회녹색의 가을빛을 띠게 된다. 꽃은 3~4가지 색깔을 150일 동안 나타낼 수 있으며, 계속 변하기도 한다.

• Endless Summer 시리즈: 여름 내내 꽃이 만발하며 반복되는 여름 컬렉션으로 유명하다. 크고 화려한 꽃 머리를 가진 관대한 관목으로, 초여름부터 가을까지 규칙적인 정리만으로 꽃을 반복하는 독특한 능력이 있다. 둥근형과 평평한 형까지 색상도 매우 다양하다.

• Teller 시리즈: 스위스 육종으로 봄부터 가을까지 강렬한 색으로 꽃을 피우며 다른 큰 잎 수국에 비해 일년생 및 다년생 가지에 꽃이 피며, 가지치기나 서리에 관계없지만, 겨울 동안 다 핀 꽃차례를 그대로 두었다가 봄이 오면 건강한 새싹으로 자른다.

• Rembrandt 시리즈: 네덜란드에서 육종하였고, *H macrophylla* 'Hore0031'로 시작되며 유럽 시장에 공급한다. 꽃차례는 산방상의 둥근 모양이며, 장식화의 가장자리 톱니 모양이 눈에 띄며 테두리가 있는 것도 보이며, 중앙에 옅은 노란색~옅은 연두색이 점점 가장자리부터 짙은 핑크색으로 변하는 특징이 있다.

• Lady 시리즈: 일본의 육종가 Hiroshi Ebihara가 제작했으며 네덜란드 Vianen의 van Rijswijk이 상표등록 했다. 'lady'가 포함된 이름은 상표로 등록되어 있지만 'frau'라는 단어가 포함된 유럽식 표기는 누구나 사용할 수 있다. 특징은 흰색 가장자리에 다양한 색으로 나타난다. 꽃잎 색소 침착은 재배 배지의 양분과 pH에 따라 다르며, 색상 결정은 왕립 원예 학회 (RHS)와 함께 이루어진다.

• Hovaria 시리즈: 큰 잎 수국 '홉콘'을 비롯하

여 'Hobergine', 'Hobella', 'Holibel', 'Hopaline', 'Love You Kiss', 'Mirai' 'Ripple', 등이 있으며, 일부는 일본의 Yatabe Mototeru가 육종했다. 부모는 Love you Kiss x Mirai 이며 이 시리즈에는 큰 잎 수국 이 외에도 엄선된 떡갈잎수국이 포함된다.

• **Posy-Bouquet 시리즈:** 네덜란드에서 열리는 국제 원예 박람회 인 'Floriade'에 2002년 소개하였으며, 2003년 8월에 등록되었고 수국 '조가사키'계통의 원예종을 교배시켜 얻은 실생(實生)에서 선종하여 번식하고 약 10년간 특성이나 안정화를 관찰하고 검증한 후 사카모토원예에서 2003년 이후에 일본 농림수산성에 등록하게 된 품종이다.

• **So Long 시리즈 중에서** '써니'는 일본의 다카하시 야스히로가 육종하였으며, 줄기에 검은 빛이 나며 잎이 두텁고 매우 독특하며, 꽃도 물결모양으로 곱실거리며 테두리가 있는 품종도 많다. 아야, 에보니, 로지, 써니, 스타릿스카이 등이 있으며 스타릿스카이는 2021년 프랑스 샹티이의 식물의 날에서 수상하였고, 일본 아이치현 품종등록 26,434호이다.

• **Double Delights 시리즈:** 공모양의 이 시리즈는 오래된 성장과 새로운 성장 모두에서 꽃을 피우는 rebloomer이며 다른 많은 *H. macrophylla* 품종보다 겨울에 더 나은 강건성을 가지고 있다. 일반적으로 봄에 오래된 나무에서 꽃을 피우며, 더블디라이트퍼펙션(일본교토이리에료지육종)의 꽃차례는 산방상의 둥근 모양이다. 장식화는 각각의 나선형처럼 이중의 별모양으로 겹겹이 피며 길고 끝이 예리하다.

• **카모설렉션더오리지날 시리즈:** 일본 시즈오카 현에 있는 수국육종원의 대표 이치에토요카즈(一江豊一)에 의해서 큰 잎 수국과 산수국을 교잡시켜 개량한 품종이 많이 알려지고 인기가 높다. 색깔은 다양하며 교배종의 부모 종은 품종마다 다르며, 일반적으로 늦봄에는 오래된 나무에, 여름~가을에는 새 나무에도 핀다. 우리에게 친숙한 품종들이 매우 많다.

• **Switch(스위치) 시리즈:** 나무수국의 꽃은 화사하고 그림 같은 색상을 자랑할 뿐만 아니라 봄부터 가을까지 긴 꽃 시즌 동안 색상으로 변한다. 밝은 레몬 빛 노란색의 화려한 색상을 시작하며 시간이 지남에 따라 순수한 흰색으로 변하고 마침내 마법처럼 안개가 자욱한 장미색으로 변한 다음 빨간색 계통으로 정점에 도달한 후 꽃차례는 시들고 겨울 동안 식물에 남아 있다.

이 이외에도 **Asin Beauty(아시안뷰티)시리즈, Black Diamonds(블랙다이아몬드)시리즈, Dutch Ladys(더치레이디스)시리즈, Gatsby-(갯츠비)시리즈, Music Collection(뮤직콜렉션)시리즈, Black Steel/Onyx(블랙스틸/오닉스)시리즈, Petite(쁘띠)시리즈, River Line(리버라인)시리즈, Star Line(스타라인)시리즈, 네이처스힐시리즈** 등 현재에는 많은 시리즈들과 많은 육종가가 성행하고 있는 실정이다.

변종산수국

학명: *Hydrangea macrophylla* var. *normalis* E. H. Wils.

이명: *Hydrangea macrophylla* 'Maritima' E. H. Wils.

영명: Mountain hydrangea

일명: ヤマアジサイ(야마아지사이)

중국명: 山绣球(shan xiu qiu, 산수구)

원산지: 저장(浙江)~홍콩(香港), 한국, 일본 등

특징

식물형은 *Hydrangea macrophylla*와 거의 비슷하지만 중요한 차이점은 잎의 크기가 작고, 잎 끝이 뾰족한 편이고 부드럽다. **꽃차례는 둥근 모양도 있지만, 주로 산방상의 평평한 모양으로 비교적 작은 편이고, 장식화의 수가 적으며, 대부분이 양성화로 구성된다.** 야생에서는 해발 690m 이하 산 계곡 주변에서 분포한다.

◎중국고등식물 제 6권, 281쪽

망산수국

학명: *Hydrangea mangshanensis* C. F. Wei

중국명: 莽山绣球(mang shan xiu qiu, 망산수구)

원산지: 광둥(广东)북부~후난(湖南)남부 등

특징

식물형은 낙엽관목으로 높이는 100~200cm 정도이며, 어린 줄기는 자주 빛이 도는 갈색(褐色)이며 부드럽고 고부라진 털이 빽빽하지만, 시간이 지남에 따라 차차 털이 없어지고, 회백색으로 변하며 수피(樹皮)는 벗겨지지 않는다. 잎은 마주나며 타원형으로 짙은 녹색이며 톱니가 있다. 잎 끝은 점차 뾰족해지고, 아래 부분은 밋밋하다. **꽃차례는 산방상의 취산화서로 평평하며, 장식화(裝飾花)의 꽃잎은 3~4개로 마름모꼴의 타원형~삼각형의 달걀 모양이다. 양성화는 톱니가 있는 삼각형이고, 양성화(兩性花)의 꽃잎은 타원형으로 평평한 편이다.** 꽃피는 시기는 5~6월이며, 열매는 삭과(蒴果)로 10~11월에 익고 씨앗은 갈색이다. 야생에서는 골짜기의 산림, 산의 경사면 또는 산책로의 산림 쪽 해발 310~1500m에서 볼 수 있다.

◎중국고등식물 제 6권, 277쪽

매튜시수국

학명: *Hydrangea mathewsii* Briq.

영명: Mathewsii hydrangea

원산지: 페루(안데스산맥) 등

특징

식물형은 덩굴성의 상록활엽 관목으로, 잔잔한 줄기는 털로 덮여 있다. 잎은 마주나며 광택이 있고, 타원형으로 긴 편이고, 잎의 뒷면에는 빽빽한 부드러운 털이 있다. **꽃차례는 흰색이며 모두 양성화(兩性花)로만 되어있고 장식화(裝飾花)가 없는 것이 특징이다.** 이 종은 페루의 안데스 산맥에 서식하며, *H. asterolasia*와 관련이 있다.

몰리스수국

학명: *Hydrangea mollis* (Rehd.) W. T. Wang

이명: *Hydrangea hetoromalla* D. Don var. ***mollis*** Rehd.

중국명: 白绒绣球(bai rong xiu qiu, 백융수구)

원산지: 윈난(云南)~쓰촨(四川)서남부 등

특징

식물형은 낙엽관목 또는 소교목으로, 높이는 200~400cm 정도로 자란다. 어린 줄기에는 털이 있지만, 차차 털은 없어지고 줄기는 벗겨지기도 한다. 잎자루는 2~8cm이다. 잎은 타원형으로 길이 9~19cm, 폭 5~8cm로 녹색이다. 잎 가장자리에는 가는 톱니가 있고, 아래 부분은 쐐기(V자)모양이거나 둥그스름하다. 잎의 양면에는 회백색의 조밀한 털이 덮여 있다. **꽃차례는 산방상의 취산화서로 평평한 모양이다. 장식화(裝飾花)의 꽃잎은 4개로 난형 또는 둥근 편이며 가장자리는 밋밋하다. 양성화(兩性花)*는 부드러운 털로 덮여서 모여 있다.** 자방은 하위이다. 꽃피는 시기는 6~7월이며, 열매는 삭과로 9~10월에 익는다. 씨앗은 짙은 갈색으로 양쪽 끝에 긴 날개가 있다. 야생에서는 해발 2500~3500m 골짜기의 산림주변 또는 울창한 숲 속, 혹은 고산의 소나무 숲 아래에 자생한다.

⊙중국고등식물 제 6권, 283쪽

올스테티수국

학명: ***Hydrangea oerstedtii*** Briq.

이명: ***Hydrangea peruviana*** var. ***oerstedtii***

영명: **Oerstedtii hydrangea**

원산지: **코스타리카 등**

특징

식물형은 덩굴성의 상록관목으로 우거지듯이 크게 자란다. 줄기, 가지, 작은 꽃자루 및 꽃차례에는 부드러운 털로 덮여있다. 잎은 난형~타원형으로 광택이 있으며, 잎의 뒷면에는 털로 덮여있다. **꽃차례는 산방상의 취산화서로 평평한 모양이다. 장식화(裝飾花)는 듬성하게 피며, 꽃잎은 4개로 분홍색이다. 양성화(兩性花)도 분홍색 계통이다.** 코스타리카의 산에 서식하며, 가장 아름다운 식물로 유명하다. *H. peruviana*와 밀접한 관련이 있다.

나무수국

학명: ***Hydrangea paniculata*** Sieb.

영명: **Peegee hydrangea, Panicle hydrangea**

일명: **ノリウツギ(노리우츠기)**

중국명: **圆锥绣球(yuan zhui xiu qiu, 원추수구), 白花丹(bai hua dan, 백화단)**

원산지: **일본~한국, 사할린, 쿠릴열도, 안후이(安徽), 저장(浙江), 푸지안(福建), 타이완(台灣), 장시(江西), 허난(河南), 후베이(湖北), 후난(湖南), 광둥(广东), 광시(广西), 구이저우(贵州), 윈난(云南), 쓰촨(四川), 산시(陝西)~깐수(甘肃) 등**

특징

식물형은 낙엽관목 또는 소교목으로 높이는 100~500(+900)cm 정도로 자란다. 어린 줄기는 곧은 편이고, 부드러운 털로 덮이나 약간 거친 질감이 있고 암자색이다. 잎줄기는 1~3cm정도 된다. 잎은 마주나거나 삼출엽(三出葉)*으로 돌려나고, 타원형 또는 긴 타원형으로 길이는 5~15cm, 폭은 3~8cm 정도 되며 짙은 녹색~드물게 얼룩무늬가 있다. 일반적으로 잎 끝은 뾰족한 편이고 아래 부분은 쐐기(V자) 모양이다. 잎 가장자리에는 가는 톱니가 있고 윗면에는 털이 없거나 혹은 복모가 있고, 뒷면은 잎맥을 따라서 부드럽고 긴 털이 있다. **꽃차례는 원추상(圓錐狀)*의 취산화서로 길이가 10~26cm 정도 이상 되기도 한다. 장식화는 4개로 흰색이지만, 점점 옅은 분홍색~짙은 분홍색 또는 옅은 녹색으로 변하기도 한다. 드물게 장식화가 없는 것도 있다. 양성화는 흰색~크림색 계통이다. 종소명에서 말하듯 종과 품종들은 모두 원뿔 모양의 꽃차례가 특징이다.** 자방은 중위이다. 꽃피는 시기는 7~9월로 다른 수국품종들과 비교하면 다소 늦은 편이고, 열매는 삭과로 둥글며 9~11월에 익으며, 씨앗은 갈색이다. 야생에서는 해발 360~2100m의 산지나 계곡 등에서 볼 수 있다. 또한 1829년 Philipp Franz von Siebold에 의해서 공식적으로 발표하였고,

벨기에 Kalmthout수목원의 Robert와 Jelena de Belder에 의해 처음으로 재배하기 시작했다. 많은 재배종들은 거대한 꽃이 피며, 꽃장식이나 드라이플라워에도 잘 어울린다. 일본 이름의 '노리우츠기'라는 이름의 기원은 줄기 내피의 점액을 화지(和紙)의 호료로 사용한 것에 의한다. 재(材)는 백색으로 딱딱해서 이쑤시게, 지팡이, 설피 등에 이용하지만, 뿌리로 만든 파이프가 유명하다.

⊙중국고등식물 제 6권, 281쪽

재배방법

토양: 비옥하고 부식질이 풍부하며 물 빠짐이 좋고 촉촉한 토양

높이와 넓이: 100~500(+900)cm/100~200cm

일조량과 물주기: 햇볕~부분햇볕/보통

번식법: 꺾꽂이, 휘묻이, 포기나누기, 씨뿌리기 등

가지치기: 해마다 늦은 겨울이나 이른 봄에 약하거나 죽은 가지를 제거하고, 최상의 형태를 유지하기 위해 작년의 가지를 건강한 새싹으로 잘라낸다. 강하고 곧은 줄기에 큰 꽃을 피게 하려면 일반적으로 높이가 25cm~60cm 정도로 만들면 줄기의 활력에 유리하다. 새로 자라난 가지에서 꽃이 피는 품종은 꽃눈을 만드는데 시간이 더 걸리기 때문에 오래된 가지에서 핀 꽃보다 늦게 피는 경향이 있다. 매년 가지치기를 하면 더 많이 꽃이 핀다. 또한 영구적인 형태를 유지하고 강하고 곧은 줄기에 더 큰 꽃을 피게 하려면, 이전 해의 새싹을 몇 싹만 남기고 자르는 것이 좋다. 그렇지만 여기에 소개하는 나무수국의 품종마다 미미한 특징이 있으므로, 본인이 직접 경험하고, 어떤 환경에서 키우는가를 고려하면 좋다.

내한성: −7°~−40℃로 추위에 매우 강하여 우리나라의 경우 중부지방에서도 충분히 가능하다.

병충해: 새싹 병, 시들음, 잎 반점, 곰팡이, 녹 및 흰 가루 병, 진딧물, 진드기, 응애 등이 있지만, 특히 흰 가루병과 잎 반점에 주의하면 유리하다.

용도: 정원용, 울타리, 강조용, 화분용, 절화용, 말린꽃 등

H. paniculata 하코네싯세이카엔

H. paniculata 한택식물원

어리에버루션나무수국

학명: *Hydrangea paniculata* 'AJ14'
이명: *Hydrangea paniculata* 'Early Evolution'
영명: Early Evolution panicle hydrangea
품종명: 어리에버루션(미국육종)
특징

식물형은 낙엽관목으로 높이는 50~80cm 정도이고, 줄기는 곧고 타박하다. 잎은 마주나고, 긴타원형으로 녹색이며, 잔잔한 톱니가 있다. **꽃차례는 원뿔 모양으로 보인다. 장식화는 둥그스름하며 빽빽하고, 옅은 연두색으로 피지만, 차차 분홍색이나 짙은 분홍색 계통으로 변한다. 양성화는 잘 보이지 않으며 적게 핀다.** 꽃피는 시기는 5~9월이고, 열매는 삭과로 익지만 미미하다. 겨울철 보호가 필요하며, 미국식물특허 USPP 30,983을 받고, 보호되고 있다.

바바라나무수국

학명: *Hydrangea paniculata* 'Barbara'
이명: *Hydrangea paniculata* 'The Swan'
영명: Barbara panicle hydrangea
상표명: 스완(벨기에육종)
특징

식물형은 낙엽관목으로 높이는 200~300cm 정도이고, 줄기는 약한 편이며 퍼지면서 빠르게 자란다. 잎은 마주나고 긴 타원형으로 녹색이며, 잔잔한 톱니가 있다. **꽃차례는 원뿔 모양으로 큰 편이다. 장식화는 긴 타원형으로 순수한 흰색이고 큰 편이다. 양성화는 흰색~크림색으로 위로 갈수록 잘 보인다.** 꽃피는 시기는 7~9월이며, 열매는 삭과로 둥글며 9~10월에 익는다. 1998년 벨기에 Kalmthout수목원의 Robert와 Jelena de Belder가 육종했으며 유럽과 미국에서는 '스완'이라는 상표명으로 불린다. 미국식물특허 USPP 13,606을 받고, 보호되고 있다.

H. paniculata 'Barbara' 시카고식물원

비그린나무수국

학명: *Hydrangea paniculata* 'Bee Green'
영명: Bee Green panicle hydrangea
상표명: 비그린(벨기에육종)
특징

식물형은 낙엽관목으로 높이는 90~120cm 정도이고, 줄기는 곧으며 퍼지면서 빠르게 자란다. 잎은 마주나고 긴 타원형으로 녹색이며, 잔잔한 톱니가 있다. **꽃차례는 원뿔 모양이다. 장식화는 타원형으로 연두색이지만 차차 흰색 계통이다가 마지막으로 부드러운 분홍색으로 변한다. 양성화는 흰색~크림색으로 위로 갈수록 잘 보인다.** 꽃피는 시기는 7~9월이며, 열매는 삭과로 둥글며 9~10월에 익는다. 미국식물특허 USPP 34,526을 받고, 보호되고 있다.

H. paniculata 'Bee Green' 시카고식물원

빅벤나무수국

학명: *Hydrangea paniculata* 'Big Ben'

영명: Big Ben panicle hydrangea

품종명: 빅벤(네덜란드육종)

특징

식물형은 낙엽관목으로 높이는 200~250cm 정도이고, 줄기는 곧으며 옆으로 퍼지면서 둥글다. 잎은 마주나고 타원형으로 녹색이며, 잔잔한 톱니가 있다. **꽃차례는 원뿔 모양으로 크게 자란다. 장식화는 흰색이지만, 시간이 지나면서 분홍색으로 변한다. 양성화는 흰색 계통이다.** 꽃피는 시기는 8~10월이며, 열매는 삭과로 둥글며 9~10월에 익는다. 향기가 좋은 수국으로 알려져 있다. 1990년 네덜란드 보스쿱에서 Pieter Zwijnenburg가 육종했으며, RHS (AGM)을 수상했다.

H. paniculata 'Big Ben' 시카고식물원

보코피아브나무수국

학명: *Hydrangea paniculata* 'Bokopiav'

영명: Bokopiav panicle hydrangea

품종명: 보코피아브(네덜란드육종)

특징

식물형은 낙엽관목으로 높이는 100~200cm 정도이고, 줄기는 곧으며 활발하게 자란다. 잎은 마주나고 타원형으로 녹색이며, 잔잔한 톱니가 있다. **꽃차례는 원뿔 모양으로 크게 자란다. 장식화는 흰색~연두색이지만, 시간이 지나면서 분홍색~보라색으로 변한다. 양성화는 흰색 계통이다.** 꽃피는 시기는 7~10월이며, 열매는 삭과로 9~10월에 익는다. 미국식물특허 USPP 34,543을 받고, 보호되고 있다.

캔들나무수국(보크라플레임)

학명: *Hydrangea paniculata* 'Bokraflame'

영명: Magical™ Candle panicle hydrangea

품종명: 캔들(네덜란드육종)

시리즈: 매지칼

특징

식물형은 낙엽관목으로 높이는 100~150cm 정도이고, 줄기는 곧으며 옆으로 퍼지면서 둥글다. 잎은 마주나고 타원형으로 녹색이며, 잔잔한 톱니가 있다. **꽃차례는 원뿔 모양으로 자란다. 장식화는 흰색이지만, 시간이 지나면서 분홍색 계통으로 변한다. 양성화는 흰색 계통으로 적다.** 꽃피는 시기는 7~10월이며, 열매는 삭과로 9~12월에 익는다. '라임라이트'와 닮았고 마른 꽃으로 사용되며, 미국식물특허 USPP 22,111을 받고, 보호되고 있다. 이외에도 *H. paniculata* 'Bokratorch'PBR 마법의 불꽃, *H paniculata* 'Kolmahima'PBR 마법의 히말라야, *H paniculata* 'Kolmamon'PBR 마법의 몽블랑, *H paniculata* 'Kolmagimo'PBR마법의 달빛, *H paniculata* 'Kolmaveso' PBR마법의 베수비오 등이 있다.

H. paniculata 'Bokraflame' 몰톤수목원

파이어나무수국(보크라플룸)

학명: *Hydrangea paniculata* 'Bokraplume'

영명: Magical™ Fire panicle hydrangea

품종명: 매지칼보크라플룸(네덜란드육종)

시리즈: 매지칼

특징

식물형은 낙엽관목으로 높이는 80~130cm 정도이고, 줄기는 곧으며 옆으로 퍼지면서 둥글다. 잎은 마주나고 타원형으로 녹색이며, 잔잔한 톱니가 있다. **꽃차례는 원뿔모양으로 자란다. 장식화는 흰색이지만 시간이 지남에 따라서 연한 분홍색~짙은 분홍색~자주색 계통으로 변한다. 양성화는 흰색~크림색이다.** 꽃피는 시기는 7~10월이며, 열매는 삭과로 9~11월에 익는다.

H. paniculata 'Bokraplume' 하버드대학

스위트서머나무수국(보크라서틴)

학명: *Hydrangea paniculata* 'Bokrathirteen'

영명: Sweet Summer panicle hydrangea

상표명: 스위트서머(네덜란드육종)

특징

식물형은 낙엽관목으로 높이는 120~150cm 정도이고, 줄기는 곧고 강하며 오염된 환경에서도 잘 자란다. 잎은 마주나고 타원형으로 황녹색이지만, 가을이 되면 단풍이 들고 잔잔한 톱니가 있다. **꽃차례는 원뿔 모양이다. 장식화는 흰색이고 시간이 지남에 따라서 연한 분홍색으로 변한다. 양성화는 조밀하게 피며, 흰색~흰색 계통으로 된다.** 꽃피는 시기는 7~9월로 늦은 편이며, 열매는 삭과로 둥글며 10~11월에 익는다. 미국 식물특허 USPP 21,778을 받고, 보호되고 있다.

H. paniculata 'Bokrathirteen' 시카고식물원

H. paniculata 'Bokrathirteen' 시카고식물원

밤쉘나무수국

학명: *Hydrangea paniculata* 'Bombshell'

영명: Bombshell panicle hydrangea

품종명: 밤쉘(네덜란드육종)

특징

식물형은 낙엽관목으로 높이는 60~90cm 정도이며, 줄기는 타박하고 둥그스름하게 자란다. 잎은 마주나고 타원형으로 녹색이며, 잔잔한 톱니가 있다. **꽃차례는 기본적으로는 원뿔 모양이지만, 짧고 거의 원형으로 빽빽하다. 장식화는 흰색이지만 시간이 지남에 따라서 연한 분홍색으로 변한다. 양성화는 조밀하게 피며, 흰색~흰색 계통으로 숨겨져 보인다.** 꽃피는 시기는 7~9월이며, 열매는 삭과로 10~11월에 익는다. 미국식물특허 USPP 21,008을 받고, 보호되고 있다.

H. paniculata 'Bombshell' 시카고식물원

H. paniculata 'Bombshell' 시카고식물원

폴스타나무수국

학명: *Hydrangea paniculata* 'Breg14'

이명: *Hydrangea paniculata* 'Switch Ophelia'

영명: Polestar panicle hydrangea

상표명: 폴스타(네덜란드육종)

시리즈: 스위치

특징

식물형은 낙엽관목으로 높이는 50~80cm 정도이고, 줄기는 곧고 타박하다. 잎은 마주나고, 긴타원형으로 녹색이며, 잔잔한 톱니가 있다. **꽃차례는 원뿔 모양으로 보인다. 장식화는 둥그스름하며 빽빽하고, 옅은 연두색으로 피지만, 차차 분홍색이나 흰색 계통으로 변한다. 양성화는 잘 보이지 않으며 적게 핀다.** 꽃피는 시기는 7~9월이고, 열매는 삭과로 익지만 미미하다. 은은한 향기가 있어 향수국이라고 부른다. 겨울철 보호가 필요하다. 2018년 Best Novelty에서 수상했다.

H. paniculata 'Breg14' 밀양 법흥리

H. paniculata 'Breg14' 밀양 법흥리

H. paniculata 'Breg14' 밀양 법흥리

브라이달베일나무수국

학명: *Hydrangea paniculata* 'Bridal Veil'

영명: Bridal Veil panicle hydrangea

품종명: 브라이달베일(벨기에육종)

특징

식물형은 낙엽관목으로 높이는 200~400cm 정도이고, 줄기는 곧지만 약한 편이다. 잎은 마주나고 타원형으로, 녹색이며 잔잔한 톱니가 있다. **꽃차례는 다소 헝클어진 원뿔 모양이다. 장식화는 긴 마름모꼴로 가장자리에는 톱니가 있으며, 흰색 계통이다. 양성화도 흰색~흰색 계통으로 숨겨져 보인다.** 꽃피는 시기는 8~9월로 늦은 편이고, 열매는 삭과로 10~11월에 익는다.' White Moth'를 묘목으로 하며, 일반 정원 식물로는 적합하지 않다.

브뤼셀레이스나무수국

학명: *Hydrangea paniculata* 'Brussels Lace'

영명: Brussels Lace panicle hydrangea

중국명: 布鲁寒尔花辺(bu lu han er hua bian)

품종명: 브뤼셀레이스(벨기에육종)

특징

식물형은 낙엽관목으로 높이는 100~200cm 정도이고, 줄기는 곧고 타박하다. 잎은 마주나고 타원형으로 밝은 녹색으로 잔잔한 톱니가 있다. **꽃차례는 원뿔 모양이다. 장식화는 둥근 편이고 흰색 계통으로 시간이 지나도 변하지 않는다. 양성화도 흰색계통으로 많다.** 꽃피는 시기는 6~7월로 빠르고, 열매는 삭과로 익는다. '유니크'에서 1975년 벨기에 Kalmthout 수목원의 Robert와 Jelena de Belder가 육종했다.

H. paniculata 'Brussels Lace' 시카고식물원

H. paniculata 'Brussels Lace' 시카고식물원

벌크나무수국

학명: *Hydrangea paniculata* 'Bulk'

영명: Early Sensation panicle hydrangea,
Quick Fire panicle hydrangea

상표명: 퀵파이어/얼리센세이션(네덜란드육종)

특징

식물형은 낙엽관목으로 높이는 120~160 cm정도이

고, 줄기는 강하고 곧으며 불그스름하다. 잎은 마주나고, 타원형으로 녹색이며 잔잔한 톱니가 있다. **꽃차례는 원뿔 모양이지만 불규칙하다. 장식화는 둥근 편이고 흰색 계통이지만 시간이 지나면 분홍색~보라색으로 변한다. 양성화도 흰색~크림색이다.** 꽃피는 시기는 5~10월로 빠르며, 열매는 삭과로 7~11월에 익는다. 시중에서는 '퀵파이어'로 판매되고 있으며, 미국식물특허 USPP 16,812를 받고, 보호되고 있다.

H. paniculata 'Bulk' 시카고식물원

H. paniculata 'Bulk' 시카고식물원

H. paniculata 'Bulk' 시카고식물원

버건디레이스나무수국

학명: ***Hydrangea paniculata*** **'Burgundy Lace'**

영명: Burgundy Lace panicle hydrangea

품종명: 버건디레이스(벨기에육종)

특징

식물형은 낙엽관목으로 높이는 200~250cm 정도이고, 줄기는 곧으며 갈색이 돌고 넓이가 더 크게 자란다. 잎은 마주나고, 타원형으로 밝은 녹색이고 잔잔한 톱니가 있다. 잎자루가 붉은 특징이 있다. **꽃차례는 원뿔 모양이다. 장식화는 둥근 편이고 흰색 계통이지만 시간이 지나면 버건디색(암적색)으로 변한다. 양성화는 많으며 위로 갈수록 잘 나타난다.** 품종 명에서 보듯이 붉게 변하는 색깔과 질감이 있다. 꽃피는 시기는 7~9월이고 열매는 삭과로 9~10월에 갈색으로 익는다.

H. paniculata 'Burgundy Lace' 시카고식물원

샹띠이레이스나무수국

학명: ***Hydrangea paniculata*** **'Chantilly Lace'**

영명: Chantilly Lace panicle hydrangea

품종명: 샹띠이레이스(미국육종)

특징

식물형은 낙엽관목으로 높이는 150~200cm 정도이고, 줄기는 곧으며 회색의 줄 무늬가 있는 갈색이다. 잎은 마주나고 타원형으로 짙은 녹색이고, 잔잔한 톱

니가 있다. **꽃차례는 원뿔 모양으로 크다. 장식화는 둥근 편이고 흰색 계통이지만 시간이 지나면 분홍색으로 변한다.** 꽃피는 시기는 길며, 열매는 삭과로 갈색으로 익는다. 'Chantilly Lace'는 'Tardiva'의 묘목으로 1992년 조지아 대학의 Michael Dirr이 'Tardiva'보다 늦게 피는 품종을 찾기 위해 시작한 육종 프로그램이다.

H. paniculata 'Chantilly Lace' 페스체스화원

민티스피릿나무수국

학명: *Hydrangea paniculata* 'Couhamint'

영명: Minty Spirit panicle hydrangea

품종명: 민티스피릿(프랑스육종)

시리즈: 쁘띠

특징

식물형은 낙엽관목으로 높이는 60~100cm 정도이고, 줄기는 곧고 갈색이다. 잎은 마주나고 타원형으로 짙은 녹색이고, 잔잔한 톱니가 있다. **꽃차례는 원뿔 모양으로 촘촘하다. 장식화는 둥근 편이고 처음에는 연두색이지만, 시간이 지나서 녹색~흰색, 흰색 계통으로 변한다.** 꽃피는 시기는 7~9월이며, 열매는 9~11월에 익는다. 2024년 미국식물특허 USPP 35,595를 받고, 보호되고 있다.

H. paniculata 'Couhamint' 바람의 언덕

쁘띠체리나무수국

학명: *Hydrangea paniculata* 'Couharie'

영명: Petite Cherry panicle hydrangea

품종명: 쁘띠체리(프랑스육종)

시리즈: 쁘띠

특징

식물형은 낙엽관목으로 높이는 40~60cm 정도로 작고, 줄기는 튼튼하다. 잎은 마주나고 타원형으로 짙은 녹색이고, 잔잔한 톱니가 있다. **꽃차례는 원뿔 모양으로 촘촘한 편이다. 장식화는 둥근 편이고 연두색계 통이지만 시간이 지나면 짙은 분홍색(체리핑크)으로 변한다.** 꽃피는 시기는 6~7월로 빠르며, 열매는 삭과로 갈색으로 익는다. 화분용으로 가능하며, 2022년 미국식물특허 USPP 34,543을 받고, 보호되고 있다.

H. paniculata 'Couharie' 페스체스화원

쁘띠스타나무수국

학명: *Hydrangea paniculata* 'Coustar 02'

영명: Petite Star panicle hydrangea

품종명: 쁘띠스타(프랑스육종)

시리즈: 쁘띠

특징

식물형은 낙엽관목으로 높이는 60~80cm 정도이고, 줄기는 곧으며 타박하다. 잎은 마주나고 타원형으로 짙은 녹색이고, 잔잔한 톱니가 있다. **꽃차례는 원뿔 모양으로 많이 핀다. 장식화는 둥근 편이고 흰색 계통이지만 시간이 지나면서 분홍색~갈색으로 변한다.** 꽃피는 시기는 7~9월로 길며, 열매는 삭과로 익는다. 미국식물특허 USPP 34,546을 받고, 보호되고 있다.

H. paniculata 'Coustar 02' 페스체스화원

달리도나무수국

학명: *Hydrangea paniculata* 'Darlido'

영명: Dart's Little Dot panicle hydrangea

상표명: 다츠리틀닷(네덜란드육종)

특징

식물형은 낙엽관목으로 높이는 100~120cm 정도이고, 줄기는 강하고 불그스름한 편이다. 잎은 마주나고 타원형으로 녹색이며, 잔잔한 톱니가 있다. **꽃차례는 원뿔 모양으로 작다. 장식화는 둥글며 흰색 계통이지만 자유롭게 피고, 시간이 지나면서 분홍색으로 변한다. 양성화는 많은 편이다.** 꽃피는 시기는 7~9월이며, 열매는 삭과로 8~11월에 익는다.

H. paniculata 'Darlido' 케이프코드

다루마나무수국

학명: *Hydrangea paniculata* 'Dharuma'

영명: Dharuma panicle hydrangea

일명: ダルマ(다루마)

품종명: 다루마(일본육종)

특징

식물형은 낙엽관목으로 높이는 120~150cm 정도이고, 줄기는 곧은 불그스름하다. 잎은 마주나고, 타원형으로 광택이 있으며 짙은 녹색이고, 잔잔한 톱니가 있으며 가을이 되면 노랗게 단풍이 든다. **꽃차례는 원뿔 모양으로 한 달 정도 빠르다. 장식화는 둥근 편이고 흰색 계통이지만 시간이 지나면서 분홍색~짙은 분홍색으로 변한다. 양성화도 많다.** 꽃피는 시기는 5~8월이며, 열매는 삭과로 6~10월에 익는다.

H. paniculata 'Dharuma' 시카고식물원

돌리나무수국

학명: *Hydrangea paniculata* 'Dolly'

영명: Dolly panicle hydrangea

품종명: 돌리(네덜란드육종)

특징

식물형은 낙엽관목으로 높이는 150~180cm 정도이고, 줄기는 강하고 곧은 편이다. 잎은 마주나고 타원형으로 녹색이며, 잔잔한 톱니가 있고 가을이 되면 노랗게 단풍이 든다. **꽃차례는 원뿔 모양으로 큰 편이며, 'Grandiflora'와 비슷하다. 장식화는 타원형으로 많은 편이고, 흰색~흰색 계통이지만 시간이 지나도 색은 변하지 않는다.** 꽃피는 시기는 7~8월이며, 열매는 삭과로 8~9월에 갈색으로 익는다. 네덜란드 보스쿱에서 Pieter Zwijnenburg가 육종하였다.

H. paniculata 'Dolly' 시카고식물원

핑키윙키나무수국

학명: *Hydrangea paniculata* 'D.v.p.pinky'

영명: Pinky-Winky™ panicle hydrangea

상표명: 핑키윙키(벨기에육종)

특징

식물형은 낙엽관목으로 높이는 150~200cm 정도이고, 줄기는 강하고 곧은 편이다. 잎은 마주나고 타원형으로 광택이 있으며 짙은 녹색이고 잔잔한 톱니가 있다. 가을이 되면 노랗게 단풍이 든다. **꽃차례는 원뿔 모양으로 크며 매우 빽빽하게 핀다. 장식화는 많은 편이고, 순수한 흰색이지만 시간이 지남에 따라 분홍색~보라색 계통으로 빠르게 변한다. 양성화는 거의 숨은 듯하다.** 꽃피는 시기는 7~9월이며, 열매는 삭과로 8~9월에 익는다. 벨기에의 멜레 (Melle)에서 '핑크 다이아몬드'의 묘목에서 육종되었으며, 미국식물특허 USPP 16,166을 받고, 보호되고 있다. RHS (AGM)을 수상했다.

H. paniculata 'D.v.p.pinky' 몰톤수목원

H. paniculata 'D.v.p.pinky' 몰톤수목원

에베레스트나무수국

학명: *Hydrangea paniculata* 'Everest'
이명: *Hydrangea paniculata* 'Mount Everest'
영명: Everest panicle hydrangea
품종명: 에베레스트(영국육종)
특징
식물형은 낙엽관목으로 높이는 150~250cm 정도이고, 줄기는 매우 강하며 많다. 잎은 마주나고 타원형으로 광택이 있으며, 짙은 녹색이고 잔잔한 톱니가 있고, 가을이 되면 노랗게 단풍이 든다. **꽃차례는 원뿔 모양으로 크다. 장식화는 난형으로 흰색이지만 시간이 지남에 따라 멋진 분홍색~짙은 분홍색 계통으로 변한다. 양성화는 많으며 위로 갈수록 잘 나타난다.** 꽃피는 시기는 7~9월이고, 열매는 삭과로 9~11월에 익는다. RHS (AGM)을 수상했다.

H. paniculata 'Everest' 시카고식물원

플로리분다나무수국

학명: *Hydrangea paniculata* 'Floribunda'
영명: Floribunda panicle hydrangea
일명: プロリブンダ(프로리분다)
중국명: 多花(duo hua, 다화)
품종명: 플로리분다(일본육종)
특징
식물형은 낙엽관목으로 높이는 250~300cm 정도이고, 줄기는 느슨한 습성이 있다. 잎은 마주나고 타원형으로 광택이 있고 크며 녹색이고 잔잔한 톱니가 있다. 가을이 되면 노랗게 단풍이 든다. **꽃차례는 원뿔 모양으로 크다. 장식화는 흰색~흰색 계통이지만 시간이 지남에 따라 밝은 분홍색으로 변한다. 양성화는 거의 숨어 있어 보이지만 위로 갈수록 잘 나타난다.** 꽃피는 시기는 6~9월이고, 열매는 삭과로 9~11월에 익는다. RHS (AM, AGM)을 수상했다.

H. paniculata 'Floribunda' 헤리테이지뮤지엄앤가든

가넷나무수국

학명: *Hydrangea paniculata* 'Garnet'
영명: Garnet panicle hydrangea
상표명: 가넷(벨기에육종)
특징
식물형은 낙엽관목으로 높이는 150~ 200cm 정도이고, 줄기는 덤불지며 어린 줄기와 잎에는 부드러운 털이 많다. 잎은 마주나고 타원형으로 광택이 있으며, 녹색으로 잔잔한 톱니가 있다. **꽃차례는 원뿔 모양으로 자유분방하며 작은 편이다. 장식화는 끝이 뾰**

족한 편이고, 흰색~흰색 계통이지만 시간이 지남에 따라 진홍색으로 변한다. 양성화는 위로 갈수록 잘 나타난다.** 꽃피는 시기는 7~9월이고, 열매는 삭과로 9~10월에 익는다. 벨기에의 'Pink Diamond'묘에서 육종하였으며, 미국 캘리포니아 Monrovia 농장의 상표이다.

그랜디플로라나무수국

학명: *Hydrangea paniculata* **'Grandiflora'**
영명: Grandiflora panicle hydrangea
보통명: Peegee
일명: ミナヅキ(미나즈키)
특징
식물형은 낙엽관목으로 높이는 300~700cm 정도로 빠르게 자라며, 줄기도 잘 뻗는다. 잎은 마주나고 타원형으로 광택이 있으며 녹색이고 잔잔한 톱니가 있다. **꽃차례는 원뿔 모양으로 30cm이상으로 매우 촘촘하다. 장식화는 흰색~흰색 계통이지만 시간이 지남에 따라 분홍색으로 변하며 오래 지속된다. 장식화의 꽃잎이 많아서 양성화는 거의 숨어 보이지만 위로 갈수록 잘 나타난다.** 꽃피는 시기는 7~9월이고, 열매는 삭과로 9~10월에 익는다. RHS (FCC, AGM)을 수상했다.

H. paniculata 'Grandiflora' 한택식물원

그린스파이어나무수국

학명: *Hydrangea paniculata* **'Green Spire'**
영명: Green Spire panicle hydrangea
품종명: 그린스파이어(벨기에육종)
특징
식물형은 낙엽관목으로 높이는 180~300cm 정도로 빠르게 자라며, 줄기가 축 늘어지는 편이다. 잎은 마주나고 타원형으로 광택이 있으며 녹색이고, 잔잔한 톱니가 있다. **꽃차례는 원뿔 모양으로 크다. 장식화는 도란형으로 흰색~밝은 녹색이다.** 꽃피는 시기는 7~9월이고, 열매는 삭과로 9~10월에 익는다. 'Unique'의 묘에서 1975년 벨기에 Kalmthout 수목원의 Robert와 Jelena de Belder에 의해 육종되었다.

캔들라이트나무수국

학명: *Hydrangea paniculata* **'Hpopr 013'**
영명: Candlelight panicle hydrangea
품종명: 캔들라이트(벨기에육종)
특징
식물형은 낙엽관목으로 높이는 150~250cm 정도로 빠르게 자라며, 줄기는 곧고 붉은 갈색이다. 잎은 마주나고 타원형으로 광택이 있으며 녹색이고, 잔잔한 톱니가 있다. **꽃차례는 원뿔 모양으로 크며 눈에 띈다. 장식화는 흰색이지만 차차 분홍색 계통으로 변하고 여름 내내 유지된다. 양성화는 위로 갈수록 잘 보인다.** 꽃피는 시기는 7~9월이고, 열매는 삭과로 9~10월에 익는다. 'Unique'의 묘에서 1975년 벨기에 Kalmthout 수목원의 Robert와 Jelena de Belder에 의해 육종 되었다. 미국식물특허 USPP 27,472를 받고 보호되고 있다.

H. paniculata 'Hpopr 013'　미주리식물원

어리해리나무수국

학명: *Hydrangea paniculata* 'Hpopr 018'
이명: *Hydrangea paniculata* 'Early Harry'
영명: Early Harry panicle hydrangea
품종명: 어리해리(벨기에육종)
특징
식물형은 낙엽관목으로 높이는 100~150cm 정도이고, 줄기는 곧고 더부룩하며 붉다. 잎은 마주나고 타원형으로 광택이 있으며, 녹색이고 잔잔한 톱니가 있다. 가을이 되면 노랗게 단풍이 든다. **꽃차례는 원뿔 모양으로 작다. 장식화는 도란형으로 흰색 계통으로 많지는 않지만, 시간이 지남에 따라서 분홍색으로 된다. 양성화는 많으며 흰색~분홍색이다.** 꽃피는 시기는 6~9월이고, 열매는 삭과로 9~10월에 익는다.

화이트라이트나무수국

학명: *Hydrangea paniculata* 'Hylv 02'
영명: Whitelight® panicle hydrangea
상표명: 화이트라이트(네덜란드육종)
특징
식물형은 낙엽관목으로 높이는 40~60cm 정도이고, 줄기는 불그스름하고 타박하며, 피목이 나타난다. 잎은 마주나고 타원형으로 광택이 있고, 짙은 녹색이며 잔잔한 톱니가 있다. **꽃차례는 원뿔 모양이지만 공 모양에 가깝다. 장식화는 밀집되고, 흰색 계통이지만, 시간이 지나면서 연두색~분홍색 계통으로 변한다. 양성화는 아래쪽에서 잘 안 보인다.** 꽃피는 시기는 길며 네덜란드의 Kwekerij Lendert de Vos에서 'Phantom'과 알려지지 않는 선택 사이의 교배종으로, 2019년에 미국식물특허 USPP 21,237을 받고, 보호되고 있으며, 같은 해 Plantarium에서 금메달을 받았다.

H. paniculata 'Hylv 02'　바람의 언덕

화이트다이아몬드나무수국

학명: *Hydrangea paniculata* 'Hypmad I '
영명: White Diamond™ panicle hydrangea
상표명: 화이트다이아몬드(미국육종)
특징
식물형은 낙엽관목으로 높이는 120~180cm 정도이고, 줄기는 곧고 더부룩하며 불그스름하다. 잎은 마주나고 타원형으로 광택이 있으며, 녹색이고 잔잔한 톱니가 있다. 가을이 되면 불그스름해지면서 노랗게 단풍이 든다. **꽃차례는 원뿔 모양으로 작다. 장식화는 옅은 분홍색이다. 양성화는 위로 갈수록 조금 보인다.** 꽃피는 시기는 6~8월이고, 열매는 삭과로 9~10월에 익는다. 미국의 조지아 대학의 First Editions®으로 Michael Dirr 박사에 의해서 육종되었고, 미국식물특허 USPP 19,082를 받고, 보호되고 있다.

H. paniculata 'Hypmad Ⅰ' 시카고식물원

H. paniculata 'Hypmad Ⅱ' 시카고식물원

H. paniculata 'Hypmad Ⅰ' 시카고식물원

티클드핑크나무수국

학명: *Hydrangea paniculata* 'Hypmad Ⅱ'
영명: Tickled Pink™ panicle hydrangea
품종명: 티클드핑크(미국육종)
특징

식물형은 낙엽관목으로 높이는 120~180cm 정도이고, 줄기는 곧고 더부룩하며 붉은빛이 난다. 잎은 마주나고 타원형으로 광택이 있으며, 녹색으로 잔잔한 톱니가 있고 가을이 되면 단풍이 든다. **꽃차례는 원뿔 모양이다. 장식화는 도란형으로 차차 반짝거리는 분홍색으로 변한다. 양성화는 많은 편으로 잘 보인다.** 꽃피는 시기는 6~8월이고, 열매는 삭과로 9~10월에 익는다. 미국식물특허 USPP 18,500을 받고, 보호되고 있다.

보보나무수국(일보보)

학명: *Hydrangea paniculata* 'Ilvobo'
영명: Bobo panicle hydrangea
상표명: 보보(벨기에육종)
특징

식물형은 낙엽관목으로 높이는 60~90cm 정도이고, 줄기는 곧고 강하다. 잎은 마주나고 타원형으로 광택이 있으며, 녹색이고 잔잔한 톱니가 있다. **꽃차례는 원뿔 모양으로 크다. 장식화는 도란형으로 흰색으로 풍성하고, 시간이 지남에 따라서 분홍색~옅은 자주색으로 변한다.** 꽃피는 시기는 7~9월이고, 열매는 삭과로 9~10월에 익는다. 벨기에 Melle에서 'Pink Diamond'와 알려지지 않은 paniculata 사이에서 진행된 육종 프로그램이다. 미국식물특허 USPP 22,782 받고, 보호되고 있다.

H. paniculata 'Ilvobo' 시카고식물원

H. paniculata 'Ilvobo' 페스체스화원

메가민디나무수국(일보민디)

학명: *Hydrangea paniculata* 'Ilvomindy'

영명: Mega Mindy panicle hydrangea

상표명: 메가민디(벨기에, 미국육종)

특징

식물형은 낙엽관목으로 높이는 120~150cm 정도이고, 줄기는 곧고 강하며 붉은색은 띤다. 잎은 마주나고 타원형으로 광택이 있으며, 녹색이고 잔잔한 톱니가 있다. **꽃차례는 원뿔 모양으로 크다. 장식화는 도란형으로 흰색과 분홍색을 띠며, 시간이 지남에 따라서 붉은색 계통으로 변한다.** 꽃피는 시기는 7~9월이고, 열매는 삭과로 9~10월에 익는다. '메가민디'라는 상표명은 분홍빛이 도는 빨간색 유니폼을 입은 플랑드르 어린이 텔레비전 캐릭터 이름에서 명명되었으며, 2003년 벨기에 Melle에서 'Pink Diamond'와 알려지지 않은 paniculata 사이로, 나중에 Spring Meadow Nursery에서 진행된 육종 프로그램이다. 미국식물특허 USPP 23,070을 받고, 보호되고 있다.

H. paniculata 'Ilvomindy' 시카고식물원

핑크다이아몬드나무수국

학명: *Hydrangea paniculata* 'Interhydia'

영명: Pink Diamond panicle hydrangea

일명: ピンクダイアモンド(핑쿠다이아몬도)

중국명: 粉紅鉆石(fen hong zuan shi, 분홍찬석)

상표명: 핑크다이아몬드(벨기에육종)

특징

식물형은 낙엽관목으로 높이는 150~200cm 정도이고, 줄기는 곧고 강하며 피목이 나타난다. 잎은 마주나고 타원형으로 광택이 있으며 짙은 녹색이고, 잔잔한 톱니가 있고, 가을이 되면 자주색으로 물든다. **꽃차례는 원뿔 모양으로 크며 빽빽하다. 장식화는 도란형으로 흰색 계통이지만, 시간이 지남에 따라서 짙은 분홍색 계통으로 변한다.** 꽃피는 시기는 7~9월이고, 열매는 삭과로 9~10월에 익는다. 벨기에 Kalmthout 수목원에서 육종했으며, RHS (AGM)을 수상했다.

H. paniculata 'Interhydia' 시카고식물원

H. paniculata 'Interhydia' 시카고식물원

리틀라임나무수국(제인)

학명: *Hydrangea paniculata* 'Jane'

이명: *Hydrangea paniculata* 'Little Lime'™

영명: Little Lime panicle hydrangea

상표명: 리틀라임(미국육종)

특징

식물형은 낙엽관목으로 높이는 90~150cm 정도이고, 줄기는 곧고 강하며 피목이 나타난다. 잎은 마주나고 타원형으로 광택이 있으며, 짙은 녹색이고 잔잔한 톱니가 있다. **꽃차례는 원뿔 모양으로 아름답다. 장식화는 옅은 연두색이지만, 시간이 지남에 따라서 분홍색 계통~부루고뉴색으로 변한다.** 꽃피는 시기는 7~9월이고, 열매는 삭과로 9~10월에 익는다. 미시간 주 그랜드 헤이븐에서 육종되었으며, 미국식물특허 USPP 22,330을 받고, 보호되고 있다.

H. paniculata 'Jane' 시카고식물원

H. paniculata 'Jane' 시카고식물원

H. paniculata 'Jane' 시카고식물원

스타라이트나무수국

학명: *Hydrangea paniculata* 'Kolmastar'

이명: *Hydrangea paniculata* 'Magical Starlight'

영명: Starlight panicle hydrangea

상표명: 스타라이트

시리즈: 매지칼(유럽)/에버라스팅(미국)

특징

식물형은 낙엽관목으로 높이는 200~300cm 정도이며, 줄기는 곧고 불그스름하며 피목이 나타난다. 잎은 마주나고 타원형으로 녹색이며, 잔잔한 톱니가 있고, 잎 꼭지는 옅은 갈색이다. **꽃차례는 원뿔 모양이다. 장식화는 큰 편이며 별 모양의 흰색으로 향기롭다. 양성화는 골고루 잘 보이지만, 위로 갈수록 더욱 잘 나타난다.** 꽃피는 시기는 7~9월이고, 열매는 삭과로 9~11월에 익는다.

H. paniculata 'Kolmavesu' 페스체스화원

라바램프플레어나무수국

학명: *Hydrangea paniculata* 'Kolmavesu'

이명: *Hydrangea paniculata* 'Lava Lamp Flare'™

영명: Lava Lamp Flare panicle hydrangea

상표명: 라바램프플레어

시리즈: 매지칼(유럽)/에버라스팅(미국)

특징

식물형은 낙엽관목으로 높이는 60~90cm 정도이며, 줄기는 곧고 강하며 불그스름하고 피목이 나타난다. 잎은 마주나고 타원형으로 다소 거친 편이며 녹색이로, 잔잔한 톱니가 있다. **꽃차례는 원뿔 모양으로 큰 편이다. 장식화는 도란형으로 흰색 계통이지만, 시간이 지남에 따라서 아래쪽부터 분홍색에서 빨간색으로 빠르게 변한다.** 꽃피는 시기는 6~8월이고, 열매는 삭과로 9~10월에 익는다. 또한 향기가 있으며, 미국 식물특허 USPP 26,928을 받고, 보호되고 있다.

쿠사츠나무수국

학명: *Hydrangea paniculata* 'Kusatsu'

영명: Kusatsu panicle hydrangea

일명: クサツ(쿠사츠)

특징

식물형은 낙엽관목으로 높이는 80~120cm 정도이며, 줄기는 잘 굽고 덤불지며 피목이 나타난다. 잎은 마주나고 타원형으로 녹색이며, 잔잔한 톱니가 있다. **꽃차례는 원뿔 모양이다. 장식화는 도란형으로 흰색이다. 양성화는 아래에 숨겨져 있다.** 꽃피는 시기는 6~8월이고, 열매는 삭과로 9~10월에 익는다.

H. paniculata 'Kusatsu' 상하이천샨식물원

큐슈나무수국

학명: *Hydrangea paniculata* 'Kyushu'

영명: Kyushu panicle hydrangea

일명: キューシュー(큐슈)

품종명: 큐슈(벨기에육종)

특징

식물형은 낙엽관목으로 높이는 150~250cm 정도이며, 줄기는 가늘지만 곧고 강하며 피목이 나타난다. 잎은 마주나고 타원형으로 녹색이며, 잔잔한 톱니가 있다. (꽃이 없어도 식물을 쉽게 구분할 수 있다.) **꽃차례는 원뿔 모양이다. 장식화는 적으며 흰색이다. 양성화는 잘 나타나며 녹색을 띤 흰색으로 풍성하게 꽃을 피우지만 시간이 지나면서 퇴색한다.** 꽃피는 시기는 7~9월이고, 열매는 삭과로 9~10월에 익는다. 일본 큐슈 섬에서 유럽으로 소개되었으며, 벨기에 수목원 Kalmthout의 Robert와 Jelena de Belder가 배포했다. RHS (AGM)을 수상했다.

H. paniculata 'Kyushu' 시카고식물원

리틀램나무수국

학명: *Hydrangea paniculata* 'Lammetje'

이명: *Hydrangea paniculata* 'Little Lamb'

**　　*Hydrangea paniculata* 'Klein Schaapje'**

영명: Little Lamb panicle hydrangea

품종명: 리틀램(벨기에육종)

특징

식물형은 낙엽관목으로 높이는 80~120cm 정도이며, 줄기는 덤불지고 피목이 나타난다. 잎은 마주나고 광택이 있는 편이며, 타원형으로 녹색이고 잔잔한 톱니가 있고, 가을이 되면 적자색~노란색 계통으로 단풍이 든다. **꽃차례는 원뿔 모양이다. 장식화는 도란형으로 흰색이지만, 시간이 지나면서 옅은 분홍색으로 변하고 풍성하다. 양성화는 장식화 아래에 부분적으로 보인다.** 꽃피는 시기는 5~7월로 빠른 편이고, 열매는 삭과로 7~9월에 익는다. '래메츠'의 뜻은 독일어로 '작은 양'이며 벨기에 수목원에서 'Pink Diamond'의 묘에서 육종했다. 미국식물특허 USPP 15,395를 받고, 보호되고 있다.

H. paniculata 'Lammetje' 시카고식물원

H. paniculata 'Lammetje' 시카고식물원

리빙서머러브나무수국

학명: *Hydrangea paniculata* 'Lcno 2'PBR

이명: *Hydrangea paniculata* 'Living Summer Love'

영명: Living Summer Love panicle hydrangea

품종명: 리빙서머러브(네덜란드육종)

특징

식물형은 낙엽관목으로 높이는 80~120cm 정도이며, 줄기는 곧고 피목이 나타난다. 잎은 마주나고 타원형으로 녹색이고, 잔잔한 톱니가 있다. **꽃차례는 원뿔 모양으로 크다. 장식화는 빽빽하게 모여 있으며, 흰색이지만 연한 분홍색으로, 시간이 지나면서 분홍색으로 변한다.** 꽃피는 시기는 7~10월까지 오랫동안 핀다. Alex Schoemaker Living Creations가 2018년에 시중에 출시했으며, 2020년 폴란드 KVBC에서 동상을 받았다.

리빙코튼크림나무수국

학명: *Hydrangea paniculata* 'Lcno 7'PBR

이명: *Hydrangea paniculata* 'Living Cotton Cream'

영명: Living Cotton Cream panicle hydrangea

상표명: 리빙코튼크림(네덜란드육종)

특징

식물형은 낙엽관목으로 높이는 80~100cm 정도이며, 줄기는 강하고 활발하며 피목이 나타난다. 잎은 마주나고 타원형으로 광택이 있는 밝은 녹색이고, 잔잔한 톱니가 있다. **꽃차례는 원뿔 모양이다. 장식화는 밀집되고, 작은 편으로 크림색이다. 양성화는 아래쪽에 숨겨져 있어서 잘 안보이며, 위로 갈수록 잘 나타난다.** 꽃피는 시기는 7~9월이지만 계절에 따라서 여러 번 꽃이 피며, 열매는 삭과로 9~11월에 익는다. 유럽에서 보호받는 품종으로 폴란드 KVBC에서 동상을 수상했다.

H. paniculata 'Lcno 7'PBR 바람의 언덕

리빙리틀브라섬나무수국

학명: *Hydrangea paniculata* 'Lcno 8'PBR

이명: *Hydrangea paniculata* 'Living Little Blossom'

영명: Living Little Blossom panicle hydrangea

상표명: 리빙리틀브라섬(네덜란드육종)

특징

식물형은 낙엽관목으로 높이는 50~80cm 정도로 작고, 줄기는 강하고 타박하며 피목이 나타난다. 잎은 마주나고 타원형으로 광택이 있는 밝은 녹색이고, 잔잔한 톱니가 있다. **꽃차례는 원뿔 모양이다. 장식화는 많으며 흰색이지만 시간이 지남에 따라 짙은 분홍빛이 도는 빨간색으로 변한다.** 꽃피는 시기는 6~9월로 길다. KVBC에서 은상을 수상했다.

리빙슈가러쉬나무수국

학명: *Hydrangea paniculata* 'Lcno 11'PBR
이명: *Hydrangea paniculata* 'Living Sugar Lush'
영명: Living Sugar Lush panicle hydrangea
상표명: 리빙슈가러쉬(네덜란드육종)
특징
식물형은 낙엽관목으로 높이는 100~130cm 정도이며, 줄기는 강하고 활발하며 갈색으로 피목이 나타난다. 잎은 마주나고 타원형으로 광택이 있는 밝은 녹색이고, 잔잔한 톱니가 있다. **꽃차례는 보통 크기이다. 장식화는 흰색이고 시간이지나면서도 변하지 않는 특징이 있고 약간의 분홍빛이 도는 색이 나기도 하지만 여전히 흰색으로 보인다.** 꽃피는 시기는 7~10월까지 오랫동안 핀다. KVBC에서 은상을 수상했다.

리빙핑키프로미스나무수국

학명: *Hydrangea paniculata* 'Lcno 12'PBR
이명: *Hydrangea paniculata* 'Living Pinky Promise'
영명: Living Pinky Promise panicle hydrangea
상표명: 리빙핑키프로미스(네덜란드육종)
특징
식물형은 낙엽관목으로 높이는 100~130cm 정도이며, 줄기는 강하고 활발하며 갈색으로 피목이 나타난다. 잎은 마주나고 타원형으로 광택이 있는 밝은 녹색이고, 잔잔한 톱니가 있다. **꽃차례는 보통 크기이다. 장식화는 흰색이지만 시간이 지남에 따라 분홍빛이 도는 붉은색 계통으로 변한다.** 꽃피는 시기는 7~10월까지 오랫동안 핀다. Silver Dollar 모양의 DVP Pinky(Pinky Winky)보다 더 작고 깔끔하다. KVBC에서 금상을 수상했다.

리빙핑크앤로우즈나무수국

학명: *Hydrangea paniculata* 'Lcno 14'PBR
이명: *Hydrangea paniculata* 'Living pink & Rose'
영명: Living pink & Rose panicle hydrangea
상표명: 리빙핑크앤로우즈(네덜란드육종)
특징
식물형은 낙엽관목으로 높이는 100~130cm 정도이며, 줄기는 강하고 활발하며 피목이 나타난다. 잎은 마주나고 타원형으로 광택이 있는 밝은 녹색이고, 잔잔한 톱니가 있다. **꽃차례는 원뿔 모양이다. 장식화는 밀집되고, 처음에는 흰색 계통이지만, 시간이 지나면서 분홍색 계통~붉은색으로 변한다. 양성화는 아래쪽에 숨겨져 있어서 잘 안보이며, 위로 갈수록 잘 나타난다.** 'Vanille Fraise'와 비슷하지만 줄기가 더 튼튼하다. 꽃피는 시기는 7~9월이고, 열매는 삭과로 9~11월에 익는다. 유럽에서 보호받는 품종으로 KVBC에서 은상을 수상했다.

H. paniculata 'Lcno 14'PBR 바람의 언덕

◎ **Living Creations** 품종에는 'Living Summer Love', 'Living pink & Rose', 'Living Little Blossom', 'Living Sugar Rush', 'Living Pinky Promise', 'Living Cotton Cream', 'Living Milky & Honey' 등 2021년부터 2024년까지 RHS Bridgewater Hydrangea시험의 일부이다. 2021년 KVBC 어워드에서 11개 부문을 수상했으며, 리빙 리틀 브라섬(Living Little Blossom), 리빙 슈가 러시(Living Sugar Rush), 리빙 핑크 앤 로즈(Living Pink & Rose), 리빙 핑키 프로미스(Living Pinky Promise)이다. 왕립 보스쿱 원예 협회(KVBC)는 1861년부터 새로운 식물 품종을 기념해 왔으며, 협회의 상은 시장에 가치를 더하고 독립 심사위원단의 최고 기준을 충족하는 혁신적인 식물을 인정한다.

검사 과정 중에서 KVBC 심사위원단은 식물의 장식적 가치와 기타 품질을 평가하기 위해 정기적인 현장 검사를 실시하며, 수십 명의 KVBC 검사관이 일 년에 여러 번 농장의 테스트 센터에서 새로운 품종을 확인하기 위해 들어온다. 그들은 모든 계절과 모든 종류의 기상 조건에서 수국을 볼 수 있는지 확인하고, 상을 받으려면 식물이 매번 우수한 점수를 받아야 한다.

검사 과정

KVBC 심사위원단은 식물의 관상용 가치와 기타 품질을 평가하기 위해 정기적인 현장 검사를 실시한다. 수십 명의 KVBC 검사관이 일년에 여러 번 종묘장의 테스트 센터에서 새로운 품종을 확인하러 온다. 그들은 모든 계절과 모든 종류의 기상 조건에서 수국을 볼 수 있도록 하고, 상을 받으려면 식물이 매번 우수한 점수를 받아야 한다. 이것이 바로 우리가 매년 품종 보고서를 매우 자랑스럽게 생각하는 이유이다.

레바나나무수국

학명: *Hydrangea paniculata* 'Levana'

영명: Levana panicle hydrangea

품종명: 레바나

특징

식물형은 낙엽관목으로 높이는 180~300cm 정도이며, 줄기는 곧고 피목이 나타난다. 잎은 마주나고 난상 타원형으로 큰 편이고 녹색으로 약간 주름이 있고 잔잔한 톱니가 있다. **꽃차례는 원뿔 모양으로 매우 크다. 장식화는 약간 길쭉하며 순수한 흰색이다. 양성화는 많은 편으로 위로 갈수록 많으며 잘 보인다.** 꽃피는 시기는 8~10월이고, 열매는 삭과로 9~11월에 익는다.

H. paniculata 'Levana' 시카고식물원

그레이트스타나무수국

학명: *Hydrangea paniculata* 'Le Vasterival'

영명: First Editions Great Star panicle hydrangea

상표명: 퍼스트에디션그레이트스타

특징

식물형은 낙엽관목으로 높이는 180~210cm 정도이며, 줄기는 곧고 피목이 나타난다. 잎은 마주나고 타원형으로 광택이 있으며 밝은 녹색으로 주름이 있고, 잔잔한 톱니가 있으며, 잎 꼭지는 옅은 갈색이다. **꽃차례는 원뿔 모양이다. 장식화는 길쭉하고 약간 물결 모양**

이며, 흰색이지만, 시간이 지나면서 분홍색 계통으로 변한다. 양성화는 많은 편이다. 꽃피는 시기는 7~10월이고, 열매는 삭과로 9~11월에 익는다. 프랑스 노르망디, 바렌지빌 쉬르 메르 (Varengeville Sur Mer)에 있는 Le Vasterival 정원에서 처음 발견되었고, 'Floribunda'의 이름 없는 모종의 자연 발생 변이로 생각한다. 미국식물특허 USPP 20,272를 받고, 보호되고 있다.

H. paniculata 'Le Vasterival' 시카고식물원

H. paniculata 'Le Vasterival' 시카고식물원

메가펄나무수국

학명: *Hydrangea paniculata* 'Mega Pearl'

영명: Mega Pearl panicle hydrangea

품종명: 메가펄(네덜란드육종)

특징

식물형은 낙엽관목으로 높이는 200~300cm 정도이며, 줄기가 많고 피목이 나타난다. 잎은 마주나고 타원형으로 광택이 있는 편이며, 밝은 녹색으로 잔잔한 톱니가 있다. **꽃차례는 원뿔 모양으로 크다. 장식화는 흰색이지만, 시간이 지나면서 밝은 분홍색으로 변한다. 양성화는 장식화의 사이에서 잘 보이며, 위로 갈수록 더욱 잘 나타난다.** 꽃피는 시기는 7~9월이고, 열매는 삭과로 9~11월에 익는다. 도시의 오염에 대한 내성이 강하며 잘 번성한다.

H. paniculata 'Mega Pearl' 시카고식물원

멜로디나무수국

학명: *Hydrangea paniculata* 'Melody'

영명: Melody panicle hydrangea

품종명: 멜로디(벨기에육종)

특징

식물형은 낙엽관목으로 높이는 200~400cm 이상으로 빠르게 자라며, 줄기는 길고 많으며, 피목이 나타난다. 잎은 마주나고 타원형으로 광택이 있으며, 짙은 녹색이고 잔잔한 톱니가 있다. **꽃차례는 원뿔 모양 매우 크다. 장식화는 흰색이지만, 시간이 지나면서 밝은 분홍색으로 변한다. 양성화는 장식화의 사이에서 잘 보이며, 위로 갈수록 더욱 잘 나타난다.** 꽃피는 시기는 7~11월로 오랫동안 핀다. 열매는 삭과로 9~12월에 익으며, '유니크'의 묘에서 육종했다.

미드레이트서머나무수국

학명: *Hydrangea paniculata* 'Mid Late Summer'
영명: Mid Late Summer panicle hydrangea
품종명: 미드레이트서머(네덜란드육종)
특징
식물형은 낙엽관목으로 높이는 200~400cm 이상으로 자라며, 줄기가 강하고 피목이 나타난다. 잎은 마주나고 타원형으로 광택이 있으며, 짙은 녹색으로 잔잔한 톱니가 있다. **꽃차례는 원뿔 모양으로 크다. 장식화는 흰색이지만, 시간이 지나면서 분홍색으로 변한다. 양성화는 주로 녹색이며, 위로 갈수록 더욱 잘 나타난다.** 꽃피는 시기는 8~10월로 늦고, 가끔씩 기후가 나쁘면 빈약하게 핀다. 열매는 삭과로 9~11월에 익는다.

H. paniculata 'Mid Late Summer' 미주리식물원

마운트아소나무수국

학명: *Hydrangea paniculata* 'Mount Aso'
영명: Mount Aso panicle hydrangea
일명: マウントアソ(마운토아소)
품종명: 마운트아소(벨기에육종)
특징
식물형은 낙엽관목으로 높이는 100~200cm 정도이며, 줄기가 잘 뻗으며 피목이 나타난다. 잎은 마주나고 타원형으로 짙은 녹색이며, 잔잔한 톱니가 있다. **꽃차례는 원뿔 모양이다. 장식화는 빽빽하고, 녹색이 도는 흰색이며, 양성화는 많고 녹색이다.** 꽃피는 시기는 8~10월로 늦게 피기 시작해서 11월까지도 핀다. 열매는 삭과로 9~11월에 익는다. 일본 큐슈의 아소산의 화산지역에서 야생으로 발견되었지만, 1967년 벨기에 Kalmthout 수목원의 Robert와 Jelena de Belder가 육종했다.
⊙ 묘목이 거래되기 때문에 이름이 다를 수 있으며, *Hydrangea serrata*의 품종에도 '아소산'이 있다.

옥토버브라이드나무수국

학명: *Hydrangea paniculata* 'October Bride'
영명: October Bride panicle hydrangea
품종명: 옥토버브라이드(벨기에육종)
특징
식물형은 낙엽관목으로 높이는 150~250cm 정도로 빠르게 자라고, 줄기는 길고 많으며 피목이 나타난다. 잎은 마주나고 타원형으로 짙은 녹색이고, 잔잔한 톱니가 있다. **꽃차례는 원뿔 모양으로 큰 편이다. 장식화는 엉성하고 흰색이지만, 시간이 지나면서 밝은 분홍색으로 변한다. 양성화는 장식화의 사이에서 잘 보이며 전체적으로 나타난다.** 꽃피는 시기는 8~10월로 늦지만 서리가 오기 전까지 핀다. 열매는 삭과로 9~11월에 익는다. '타르디바'의 묘에서 1967년 벨기에 Kalmthout 수목원의 Robert와 Jelena de Belder가 육종했다.

H. paniculata 'October Bride' 시카고식물원

파스텔그린나무수국

학명: *Hydrangea paniculata* 'Pastelgreen'

영명: Pastelgreen panicle hydrangea

품종명: 파스텔그린(네덜란드육종)

특징

식물형은 낙엽관목으로 높이는 100~120cm 정도이며, 줄기는 무성하고 피목이 나타난다. 잎은 마주나고 타원형으로 광택이 있으며, 짙은 녹색이고 잔잔한 톱니가 있다. 가을에는 붉은 단풍이 든다. **꽃차례는 원뿔모양이지만 다소 퍼진다. 장식화는 초여름에 녹색 꽃봉오리에서 흰색으로 변한 다음 녹색으로, 마지막으로 불그스름해진다.** 꽃피는 시기는 5~8월로 긴 편이다. macrophylla 품종과 유사하다. KVBC에서 은메달을 수상함.

패셔넛나무수국

학명: *Hydrangea paniculata* 'Paszam'

이명: *Hydrangea paniculata* 'Passionate'™

영명: Passionate panicle hydrangea

품종명: 패셔넛

특징

식물형은 낙엽관목으로 높이는 180~240cm 정도이며, 줄기는 많고 자유분방하며 피목이 나타난다. 잎은 마주나고 타원형으로 짙은 녹색이며, 잔잔한 톱니가 있다. **꽃차례는 원뿔 모양으로 크지만 거칠다. 장식화는 많은 편이고, 옅은 녹색~흰색이지만, 시간이 지나면서 차차 흰색 계통~햇볕에 탄 분홍색 계통으로 변한다. 양성화는 장식화의 사이에서 잘 보이지 않으며, 위로 갈수록 잘 나타난다.** 꽃피는 시기는 9~11월로 매우 늦으며, 열매는 삭과로 9~11월에 익는다.

H. paniculata 'Paszam' 시카고식물원

팬텀나무수국

학명: *Hydrangea paniculata* 'Phantom'

영명: Phantom panicle hydrangea

품종명: 팬텀(네덜란드육종)

특징

식물형은 낙엽관목으로 높이는 150~250cm 정도이며, 줄기는 길고 많으며 피목이 나타난다. 잎은 마주나고 타원형으로 물결무늬가 있으며, 녹색으로 잔잔한 톱니가 있다. **꽃차례는 원뿔 모양으로 '그랜디플로라'처럼 큰 편이다. 장식화는 빽빽하며 흰색 계통이지만, 시간이 지나면서 분홍색으로 변한다. 양성화는 위로 갈수록 잘 나타난다.** 꽃피는 시기는 7~10월로, 열매는 삭과로 9~11월에 익는다. 네덜란드 보스콥에서 Pitter Zwijnenburg가 육종했으며, RHS (AGM)을 수상했다.

H. paniculata 'Phantom' 페스체스화원

H. paniculata 'Phantom' 시카고식물원

베이비레이스나무수국

학명: *Hydrangea paniculata* 'Piihp-1'
이명: *Hydrangea paniculata* 'Baby Lace'
영명: Baby Lace panicle hydrangea
상표명: 베이비레이스(네덜란드육종)
특징

식물형은 낙엽관목으로 높이는 100~120cm 정도이며, 줄기는 단단하고 곧으며 피목이 나타난다. 잎은 마주나고 타원형으로 짙은 녹색이며, 잔잔한 톱니가 있다. **꽃차례는 원뿔 모양으로 작다. 장식화는 화려한 흰색이고, 양성화도 작고 흰색~흰색 계통이지만, 시간이 지나면서 녹색으로 노화된다.** 꽃피는 시기는 6~9월이며, 열매는 삭과로 둥글며 9~10월에 익는다. 'Baby Lace'라는 이름으로 판매되며, 2015년에 Plantarium에서 금메달을 수상했으며, 미국식물특허 USPP 23,387을 받고, 보호되고 있다.

H. paniculata 'Piihp-1' 페스체스화원

폴라베어나무수국

학명: *Hydrangea paniculata* 'Polar Bear'PBR
영명: Polar Bear panicle hydrangea
품종명: 폴라베어(네덜란드육종)
특징

식물형은 낙엽관목으로 높이는 100~150cm 정도이고, 줄기는 곧고 덤불로 자라며, 붉은 색이 돌고, 피목이 나타난다. 잎은 마주나고 타원형으로 짙은 녹색이며, 잔잔한 톱니가 있다. **꽃차례는 원뿔 모양이다. 장식화는 빽빽하고, 흰색~옅은 연두색이고 늦여름에는 옅은 분홍색으로 변한다. 양성화는 잘 보이지 않으나 위로 갈수록 잘 나타난다.** 꽃피는 시기는 7~10월로, 열매는 삭과로 9~11월에 익는다.

H. paniculata 'Polar Bear'PBR 시카고식물원

프래콕나무수국

학명: ***Hydrangea paniculata*** **'Praecox'**
영명: **Praecox panicle hydrangea**
일명: **エゾノリウツギ(에조노리우츠기)**
한명: **早花(zao hua, 조화)**
품종명: **프래콕(일본원산)**
특징

식물형은 낙엽관목으로 높이는 300~500cm 이상으로 자라며, 줄기는 매우 강하고 억세며, 피목이 나타난다. 잎은 마주나고 타원형으로 크고 처음에는 황녹색이나 차차 짙은 녹색으로 변하며, 잔잔한 톱니가 있다. **꽃차례는 원뿔 모양이지만 다소 평평한 편으로 작다. 장식화는 흰색계통이다. 양성화는 장식화의 사이에서 잘 보인다.** 꽃피는 시기는 6~9월로 빠른 편이고, 열매는 삭과로 익는다. 1893년 Charles Sprague Sargent에 의해 일본에서 미국으로 옮겨졌으며, 일본명은 '에조노리우츠기'이다. RHS (AM, FCC, AGM)을 수상했다.

H. paniculata 'Praecox' 시카고식물원

베리화이트나무수국(렌바)

학명: ***Hydrangea paniculata*** **'Renba'**
이명: ***Hydrangea paniculata*** **'Fraise Melba'®**
영명: **Berry White panicle hydrangea**
상표명: **베리화이트(프랑스육종)**
특징

식물형은 낙엽관목으로 높이는 180~210cm 정도이고, 줄기는 불그스름하며 피목이 나타난다. 잎은 마주나고 타원형으로 크며 녹색이고, 잔잔한 톱니가 있다. **꽃차례는 원뿔 모양이다. 장식화는 흰색으로 빽빽하고 시간이 지나면서 짙은 분홍색으로 변한다. 양성화는 위쪽에서 조금 보인다.** 꽃피는 시기는 7~9월이고, 열매는 삭과로 익는다. 대기오염에 강하다. 미국식물특허 USPP 28,509를 받고, 보호되고 있다.

H. paniculata 'Renba' 시카고식물원

렌디아나무수국(다이아몬드루즈)

학명: ***Hydrangea paniculata*** **'Rendia'**
영명: **Diamond Rouge panicle hydrangea**
상표명: **다이아몬드루즈(프랑스육종)**
특징

식물형은 낙엽관목으로 높이는 100~150cm 정도이고, 줄기는 불그스름하고 타박하게 자라며, 피목이 나타난다. 잎은 마주나고 타원형으로 밝은 녹색이며, 잔잔한 톱니가 있다. **꽃차례는 원뿔 모양이다. 장식화는 흰색이지만 시간이 지남에 따라서 분홍색에서 짙은 분홍색으로 변한다. 양성화는 잘 보인다.** 꽃피는 시기는 7~9월이고, 열매는 삭과로 익는다. 영어의 '다이

아몬드' 독일어로 '다이아먼트'이므로 같이 사용되며, 미국식물특허 USPP 24,667을 받고, 보호되고 있다.

H. paniculata 'Rendia' 시카고식물원

H. paniculata 'Rendia' 시카고식물원

바닐라스트로우베리나무수국(렌히)

학명: *Hydrangea paniculata* 'Renhy'

영명: Vanilla Strawberry panicle hydrangea

상표명: 바닐라스트로우베리(프랑스육종)

특징

식물형은 낙엽관목으로 높이는 180~240cm 정도이며, 줄기는 옅은 갈색으로 피목이 나타난다. 잎은 마주나고 타원형으로 크며 황녹색이지만 차차 밝은 녹색으로 변하며, 잔잔한 톱니가 있다. **꽃차례는 원뿔 모양이다. 장식화는 흰색이지만 시간이 지남에 따라서 분홍색~진홍색이고, 새로운 줄기에서 핀다. 양성화는 잘 보이지 않는다.** 꽃피는 시기는 6~9월로 빠른 편이고, 열매는 삭과로 익는다. 오염된 환경에서도 잘 자란다. '유니크'의 묘에서 육종되었으며, 미국식물특허 USPP 20,670를 받고, 보호되고 있다.

H. paniculata 'Renhy' 시카고식물원

스트로우베리선대나무수국(렌선)

학명: *Hydrangea paniculata* 'RENsun'

영명: Strawberry Sundae panicle hydrangea

상표명: 스트로우베리선대(프랑스육종)

특징

식물형은 낙엽관목으로 높이는 120~150cm 정도이며, 줄기는 옅은 갈색으로 곧고 타박하며, 피목이 나타난다. 잎은 마주나고 타원형으로 녹색이며, 잔잔한 톱니가 있다. **꽃차례는 원뿔 모양으로 다소 평평한 편이다. 장식화는 흰색으로 나타나서 분홍색으로 변하고 딸기처럼 빨강색으로 성숙하며, 늦여름에 새로운 줄기가 나타나, 성숙한 꽃과 합류하면서 나타난다. 양성화는 잘 보이지 않는다.** 꽃피는 시기는 7~9월이다. 프랑스에서 육종되었으며, 렌히(Renhy)와 비교해서 작은 편이고, 오염된 환경에서도 잘 자란다. 2015년 미국식물특허 USPP 25,438를 받고, 보호되고 있다.

H. paniculata 'RENsun' 시카고식물원

H. paniculata 'RENsun' 미주리식물원

리바이벌나무수국(허니콤)

학명: *Hydrangea paniculata* 'Revival'

영명: Honeycomb panicle hydrangea

상표명: 허니콤

특징

식물형은 낙엽관목으로 높이는 300~450cm 정도이며, 줄기는 곧고 많으며 옅은 연두색으로, 피목이 나타난다. 잎은 마주나고 타원형으로 크며, 밝은 녹색이며, 잔잔한 톱니가 있으며 물결모양이다. **꽃차례는 원뿔 모양으로 매우 큰 편이다. 장식화는 긴 타원형이며 순수한 흰색이다. 양성화는 잔잔하며 깨끗한 느낌으로 핀다.** 꽃의 색깔은 토양의 pH에 영향을 받지 않으며, 꽃피는 시기는 5~10월로 긴 편이다.

H. paniculata 'Revival' 시카고식물원

루비나무수국

학명: *Hydrangea paniculata* 'Ruby'

영명: Ruby panicle hydrangea,

Angels Blush panicle hydrangea

상표명: 에인절스브러쉬(벨기에육종)

특징

식물형은 낙엽관목으로 높이는 240~300cm 정도이고, 줄기는 곧은 편이며 붉은빛이 돈다. 잎은 마주나고 타원형이며, 짙은 녹색이고 잔잔한 톱니가 있다. **꽃차례는 원뿔모양으로 크다. 장식화는 흰색으로 나타나며, 시간이 지남이 따라 빠르게 분홍색~짙은 홍색으로 변한다. 양성화도 많은 편이다.** 꽃차례의 끝 부분에 새로운 꽃이 끊임없이 나타나고, 맨 위는 흰색 계통이, 중간은 분홍색으로, 아래는 짙은 홍색으로 나타난다. 꽃피는 시기는 7월~10월이다.

H. paniculata 'Ruby' 시카고식물원

시코쿠프래시나무수국

학명: *Hydrangea paniculata* 'Shikoku Flash'

영명: Shikoku Flash panicle hydrangea

일명: シコクフレッシュ(시코쿠후레슈)

상표명: 시코쿠프래시

특징

식물형은 낙엽관목으로 높이는 300~500cm 정도이고, 줄기는 곧고 타박하며 피목이 나타난다. 잎은 마주나고 타원형으로 두텁고, 어릴 때는 노란색 계통이지만 차차 연두색과 흰색의 잡색으로 얼룩덜룩한 것이 특징이다. **꽃차례는 원뿔 모양이다. 장식화는 흰색으로 나타난다.** 꽃피는 시기는 7월~10월이다. 일본 시코쿠 에히메 현의 발명가 요코이 마사토(Masato Yokoi)박사에 의해 나무수국의 통제된 재배에서 우연한 묘목으로 발견되었다. 미국식물특허 USPP 15,624를 받고, 보호되고 있다.

H. paniculata 'Shikoku Flash' 바람의 언덕

실버달러나무수국

학명: *Hydrangea paniculata* 'Silver Dollar'

영명: Silver Dollar panicle hydrangea

품종명: 실버달러(네덜란드육종)

특징

식물형은 낙엽관목으로 높이는 200~250cm 정도이며, 줄기는 조밀하게 곧고 둥그스름하다. 잎은 마주나고 타원형으로 밝은 녹색이며, 잔잔한 톱니가 있다. **꽃차례는 원뿔 모양으로 큰 편이다. 장식화는 흰색으로 나타나며, 시간이 지나도 색깔은 변하지 않는다. 양성화도 거의 순수한 흰색이다.** 꽃피는 시기는 7월~10월이며, 약간의 향기가 있다. RHS (AGM)을 수상했다.

H. paniculata 'Silver Dollar' 시카고식물원

H. paniculata 'Silver Dollar' 시카고식물원

H. paniculata 'Silver Dollar' 시카고식물원

스카이라이트나무수국

학명: *Hydrangea paniculata* 'Skylight'
영명: Skylight panicle hydrangea
품종명: 스카이라이트(네덜란드육종)
특징

식물형은 낙엽관목으로 높이는 150~200cm 정도이며, 줄기는 연두색으로 강하고 조밀하다. 잎은 마주나고 타원형으로 황녹색이며, 잔잔한 톱니가 있다. **꽃차례는 원뿔 모양으로 큰 편이다. 장식화는 흰색 계통으로 빽빽하며, 시간이 지남에 따라 분홍색으로 된다. 양성화는 장식화사이에서 잘 보이지 않는다.** 꽃피는 시기는 7월~10월이다.

H. paniculata 'Skylight' 시카고식물원

파이어라이트나무수국

학명: *Hydrangea paniculata* 'Smhpfl'
영명: Fire Light panicle hydrangea
상표명: 파이어라이트(미국육종)
특징

식물형은 낙엽관목으로 높이는 180~240cm 정도이고, 줄기는 곧고 타박하며, 자갈색이다. 잎은 마주나고 타원형으로 녹색이며, 잔잔한 톱니가 있다. **꽃차례는 원뿔 모양으로 큰 편이다. 장식화는 흰색 계통으로 나타나지만, 성숙함에 따라 분홍색으로 변한 다음, 점점 더 깊게 분홍색이 도는 적자색으로 변한다.** 꽃은 새 나무에 피며, 꽃피는 시기는 6~9월로 오랫동안 핀다. 미국식물특허 USPP 25,135를 받고, 보호되고 있다.

H. paniculata 'Smhpfl' 시카고식물원

H. paniculata 'Smhpfl' 시카고식물원

리틀퀵파이어나무수국

학명: *Hydrangea paniculata* 'Smhplqf'
영명: Little Quick Fire panicle hydrangea
상표명: 리틀퀵파이어(미국육종)
특징

식물형은 낙엽관목으로 높이는 90~120cm 정도이며, 줄기는 곧고 타박하며, 피목이 나타난다. 잎은 마주나고 타원형으로 짙은 녹색이며, 잔잔한 톱니가 있다. **꽃차례는 원뿔 모양이다. 장식화는 둥그스름하고 흰색 계통으로 나타나며, 성숙함에 따라 분홍색으로 변한 다음, 점점 더 깊게 분홍색이 도는 적자색**

으로 변한다. 꽃은 새 나무에 피며, 꽃피는 시기는 6~9월로 빨리 핀다. 'Bulk' 즉 'QUICK FIRE' (USPP 16,812)의 축소판으로, 2014년 12월 미국식물특허 USPP 25,136을 받고, 보호되고 있다.

캔디애플나무수국

학명: *Hydrangea paniculata* 'Smhpmwmh'
영명: Candy Apple panicle hydrangea
상표명: 캔디애플(미국육종)
특징

식물형은 낙엽관목으로 높이는 120~150cm 정도이며, 줄기는 곧고 타박하다. 잎은 마주나고, 타원형으로, 짙은 녹색이고 잔잔한 톱니가 있다. **꽃차례는 큰 편이며 원뿔~둥근 모양이 특징이다. 장식화는 흰색~녹색이지만, 시간이 지남에 따라서 연한 분홍색으로 변한다. 양성화는 위로 갈수록 잘 보인다.** 미국식물특허 USPP 28,758을 받고, 보호되고 있다.

H. paniculata 'Smhpmwmh' 시카고식물원

필로우톡나무수국

학명: *Hydrangea paniculata* 'Smhpzind'
영명: Pillow Talk panicle hydrangea
품종명: 필로우톡(미국육종)
특징

식물형은 낙엽관목으로 높이는 180~240cm 정도이며, 줄기는 옅은 갈색이고 곧으며 피목이 나타난다. 잎은 마주나고 타원형으로 녹색이며, 잔잔한 톱니가 있다. **꽃차례는 원뿔 모양이다. 장식화는 둥그스름하며 순수한 흰색으로 나타나지만, 시간이 지나면서 밝은 연두색에서 분홍색으로 붉어지면서 점차적으로 변한다.** 꽃피는 시기는 6월~9월이다. 미국식물특허 USPP 26,620을 받고, 보호되고 있다.

H. paniculata 'Smhpzind' 시카고식물원

파이어라이트티드빗나무수국

학명: *Hydrangea paniculata* 'Smnhpk'
영명: Fire Light Tidbit® panicle hydrangea
상표명: 파이어라이트티드빗(미국육종)
특징

식물형은 낙엽관목으로 높이는 60~90cm 정도이며, 줄기는 곧고 타박하며 옆으로 퍼진다. 잎은 마주나고 타원형으로 짙은 녹색이며, 잔잔한 톱니가 있다. **꽃차례는 원뿔~공 모양으로 많다. 장식화는 흰색으로 덩어리처럼 보이지만, 시간이 지나면서 밝은 핑크색과 붉은색을 띠기 시작하여 첫 서리가 내릴 때까지 다채로운 색깔을 유지한다. 양성화는 잘 보이지 않는다.** 꽃피는 시기는 6~10월이다. 미국식물특허 USPP 32,512를 받고, 보호되고 있다.

H. paniculata 'Smnhpk' 시카고식물원

H. paniculata 'Smnhpk' 시카고식물원

라임라이트프라임나무수국

학명: *Hydrangea paniculata* 'Smnhpph'
영명: Limelight Prime® panicle hydrangea
상표명: 라임라이트프라임(미국육종)
특징

식물형은 낙엽관목으로 높이는 120~180cm 정도이며, 줄기는 강하고 곧으며, 피목이 나타난다. 잎은 마주나고 타원형으로 녹색이고 잔잔한 톱니가 있으며, 잎줄기는 옅은 갈색이다. **꽃차례는 원뿔 모양이다. 장식화는 둥그스름하며 밀집되고, 라임색이지만, 시간이 지나면서 분홍색계통으로 변한다. 양성화는 잘 안보이지만, 위로 갈수록 잘 나타난다.** 꽃피는 시기는 7~9월이다. 미국식물특허 USPP 32,511를 받고, 보호되고 있다. RHS (AGM)을 수상했다.

H. paniculata 'Smnhpph' 헤리테이지뮤지엄앤가든

진핀돌나무수국

학명: *Hydrangea paniculata* 'Smnhprzep'
영명: Zinfin Doll® panicle hydrangea
품종명: 진핀돌(미국육종)
특징

식물형은 낙엽관목으로 높이는 120~180cm 정도이며, 줄기는 강하고 곧으며 옅은 갈색이다. 잎은 마주나고 타원형으로 녹색이고 잔잔한 톱니가 있으며, 잎줄기는 옅은 갈색이다. **꽃차례는 원뿔 모양이다. 장식화는 둥그스름하며 밀집되고, 흰색이지만, 시간이 지나면서 짙은 분홍색~붉은색 계통으로 변한다. 양성화는 잘 안보이지만, 위로 갈수록 잘 나타난다.** 꽃피는 시기는 7~9월이다. 미국식물특허 USPP 26,956을 받고, 보호되고 있다.

H. paniculata 'Smnhprzep' 시카고식물원

타이니퀵파이어나무수국

학명: *Hydrangea paniculata* 'Smnhpsb'

영명: Tiny-Quick-Fire panicle hydrangea

품종명: 타이니퀵파이어(미국육종)

특징

식물형은 낙엽관목으로 높이는 50~90cm 정도로 작으며, 줄기는 타박하고 조밀하다. 잎은 마주나고 타원형으로 짙은 녹색이고 잔잔한 톱니가 있다. **꽃차례는 원뿔 모양이다. 장식화는 흰색이지만 시간이 지남에 따라 분홍색~짙은 분홍색으로 변하고, 다른 퀵 파이어 품종과 마찬가지로 일찍 꽃이 피는 특징이다. 양성화는 잘 안보이지만, 위로 갈수록 잘 나타난다.** 꽃피는 시기는 5~8월이다. 미국식물특허 USPP 34,468을 받고, 보호되고 있다.

H. paniculata 'Smnhpsb' 시카고식물원

서머스노우나무수국

학명: *Hydrangea paniculata* 'Summer Snow'

영명: Summer Snow panicle hydrangea

품종명: 서머스노우

특징

식물형은 낙엽관목으로 높이는 150~240cm 정도이며, 줄기는 곧으며 붉은빛이 돌며, 피목이 나타난다. 잎은 마주나고 타원형으로 흰색~노란색, 연두색 계통의 무늬가 인상적이고, 잔잔한 톱니와 물결 모양이다. 잎줄기는 옅은 갈색이다. **꽃차례는 원뿔 모양이다. 장식화는 둥그스름하며 옅은 연두색으로 나타나지만 흰색에 가깝다. 양성화는 장식화 사이에 있으며, 위로 갈수록 잘 나타난다.** 꽃 피는 시기는 7~9월이다. 오염된 도시환경에 내성이 강하다.

H. paniculata 'Summer Snow' 밀양 법흥리

H. paniculata 'Summer Snow' 밀양 법흥리

탈디바나무수국

학명: *Hydrangea paniculata* 'Tardiva'

영명: Tardiva panicle hydrangea

품종명: 탈디바

특징

식물형은 낙엽관목으로 높이는 200~300cm 정도이며, 줄기는 더부룩하며 다소 거친 질감이 있으며, 피목이 나타난다. 잎은 마주나고 타원형으로 짙은 녹색이며, 잔잔한 톱니가 있고 가을에는 단풍이 든다. **꽃차례는 원뿔 모양이다. 장식화는 둥그스름하며 흰색으로 나타나지만 시간이 지남에 따라서 옅은 분홍색으로 변한다. 양성화는 많다.** 꽃피는 시기는 7~9월이고, 열매는 삭과로 9~11월에 익는다.

H. paniculata 'Tardiva' 시카고식물원

유니크나무수국

학명: *Hydrangea paniculata* 'Unique'

영명: Unique panicle hydrangea

품종명: 유니크(벨기에육종)

특징

식물형은 낙엽관목으로 높이는 180~300cm 정도로, 줄기는 많고 약한 편이며 옆으로 벌어지며 거칠다. 잎은 마주나고 타원형으로 녹색이고 잔잔한 톱니가 있으며, 잎줄기는 옅은 갈색이다. **꽃차례는 원뿔 모양으로 크다. 장식화는 둥그스름하며 흰색 계통으로 나타나지만, 시간이 지나면서 분홍색 계통으로 변한다. 양성화는 많으며, 위로 갈수록 잘 나타난다.** 꽃피는 시기는 7~10월이고, 열매는 삭과로 8~11월에 익는다. 1970년 이전에 벨기에의 Kalmthout 수목원에서 소개되었지만, 'Floribunda'의 묘목에서 육종되었고, 1968년, RHS (AGM)을 수상했다.

H. paniculata 'Unique' 시카고식물원

콘페티나무수국

학명: *Hydrangea paniculata* 'Vlasveldo 02'

영명: Confetti panicle hydrangea

품종명: 콘페티

특징

식물형은 낙엽관목으로 높이는 100~120cm 정도이며, 줄기는 타박하며, 피목이 나타난다. 잎은 마주나고 타원형으로 녹색이고, 잔잔한 톱니가 있으며, 잎줄기는 옅은 갈색이다. **꽃차례는 원뿔 모양으로 길다. 장식화는 둥그스름하며 흰색 계통으로 나타나지만, 시간이 지나면서 분홍색 계통으로 변한다. 양성화는 아래쪽에 있으며, 위로 갈수록 잘 나타난다.** 꽃피는 시기는 7~10월이고, 열매는 삭과로 8~11월에 익는다. 섬세한 향기가 난다. 미국식물특허 USPP 26,582를 받고, 보호되고 있다.

H. paniculata 'Vlasveldo 02' 케이프코드

화이트레이스나무수국

학명: *Hydrangea paniculata* 'White Lace'
영명: White Lace panicle hydrangea
품종명: 화이트레이스(벨기에육종)
특징

식물형은 낙엽관목으로 높이는 120~150cm 정도이고, 줄기는 강하고 덤불지며, 피목이 나타난다. 잎은 마주나고 타원형으로 녹색이고, 잔잔한 톱니가 있다. **꽃차례는 원뿔 모양이다. 장식화는 둥그스름하며 흰색 계통이다. 양성화는 많으며, 위로 갈수록 잘 나타난다.** 꽃피는 시기는 7~10월이고, 열매는 삭과로 8~11월에 익는다. 1970년 벨기에의 Kalmthout 수목원의 Robert와 Jelena de Belder가 육종하였다.

H. paniculata 'White Lace' 시카고식물원

화이트레이디나무수국

학명: *Hydrangea paniculata* 'White Lady'
영명: White Lady panicle hydrangea
품종명: 화이트레이디(네덜란드육종)
특징

식물형은 낙엽관목으로 높이는 150~240cm 정도이며, 줄기는 곧고, 피목이 나타난다. 잎은 마주나고 타원형으로 녹색이고, 잔잔한 톱니가 있다. **꽃차례는 원뿔 모양으로 크다. 장식화는 둥그스름하며 톱니가 있으며 듬성듬성 피고, 흰색~흰색계통이지만, 시간이 지나면서 라임색 계통으로 변한다. 양성화는 장식화 사이에서 잘 나타난다.** 꽃피는 시기는 7~9월이고, 열매는 삭과로 9~11월에 익는다. 네덜란드 보스쿱에서 육종되었다.

H. paniculata 'White Lady' 시카고식물원

화이트모스나무수국

학명: *Hydrangea paniculata* 'White Moth'
영명: White Moth panicle hydrangea
품종명: 화이트모스(벨기에육종)
특징

식물형은 낙엽관목으로 높이는 180~210cm 정도이며, 줄기는 강하고 곧으며, 피목이 나타난다. 잎은 마주나고 타원형으로 짙은 녹색이고, 잔잔한 톱니가 있다. **꽃차례는 원뿔 모양으로 크고 무거워서 다소 쳐진다. 장식화는 둥그스름하며 빽빽하고, 옅은 연두색~흰색 계통으로 풍부하게 나타난다. 양성화는 잘 안보이며, 옅은 녹색이다.** 꽃피는 시기는 7~9월이다.

H. paniculata 'White Moth' 강원도 미천골

윔즈레드나무수국(파이어앤아이스)

학명: *Hydrangea paniculata* 'Wim's Red'PBR

영명: Fire and Ice™ panicle hydrangea, Wim's Red panicle hydrangea

상표명: 파이어앤아이스, 윔즈레드

특징

식물형은 낙엽관목으로 높이는 150~250cm 정도이며, 줄기는 곧으며 붉은색이 돌고, 피목이 나타난다. 잎은 마주나고 타원형으로 녹색이고, 잔잔한 톱니가 있다. **꽃차례는 원뿔 모양으로 크다. 장식화는 둥그스름하며 흰색 계통으로 나타나지만 시간이 지나면서 분홍색~붉은색 계통으로 변한다. 양성화는 잘 보이며, 위로 갈수록 더욱 잘 나타난다.** 꽃피는 시기는 7~9월이고, 열매는 삭과로 9~11월에 익는다. 미국식물특허 USPP 26,005를 받고, 보호되고 있다.

H. paniculata 'Wim's Red'PBR 시카고식물원

H. paniculata 'Wim's Red'PBR 시카고식물원

폴라볼나무수국

학명: *Hydrangea paniculata* 'Wrhpbb2'

이명: *Hydrangea paniculata* 'Polar Ball'

영명: Polar Ball panicle hydrangea

상표명: 폴라볼(네덜란드육종)

특징

식물형은 낙엽관목으로 높이는 150~200(+300)cm 정도이며, 줄기는 곧고 타박하며, 처음에는 연두색이지만 차차 옅은 갈색~짙은 갈색으로 되고, 피목이 나

타난다. 잎은 마주나고 타원형으로 녹색이며, 잔잔한 톱니가 있다. **꽃차례는 산방상의 원뿔 모양이다. 장식화는 흰색 계통이지만 안쪽에서부터 황록색으로 되고, 시간이 지나면서 옅은 분홍색으로 변한다.** 꽃피는 시기는 7~10월이다. 오염된 도시환경에 강하며, 네덜란드의 육종가 Catherien Rutten에 의해서 'Barbara' 암꽃과 알려지지 않는 수꽃사이에서 육종되었다. 미국식물특허 USPP 25,837을 받고, 보호되고 있다.

H. paniculata 'Wrhpbb2' 시카고식물원

유키게쇼우나무수국

학명: *Hydrangea paniculata* 'Yuki Gesshou'

영명: Yukigessho panicle hydrangea

일명: ユキゲショウ(유키게쇼우, 雪化粧)

특징

식물형은 낙엽관목으로 높이는 180~240cm 정도이며, 줄기는 갈색이 나며곧고 타박하며, 피목이 나타난다. 잎은 마주나고 타원형으로 톱니가 있으며, 특이한 반점이 있고 흰색 잎이 눈에 띄는 특징이 있다. **꽃차례는 원뿔 모양이다. 장식화는 둥그스름하며 흰색으로 나타나지만 시간이 지남에 따라서 옅은 분홍색 계통으로 변한다.** 꽃피는 시기는 7~9월이고, 열매는 삭과로 10~11월에 익는다.

H. paniculata 'Yuki Gesshou' 다카하다후도산

H. paniculata 'Yuki Gesshou' 다카하다후도산

H. paniculata 'Yuki Gesshou' 토시마엔

라임라이트나무수국

학명: *Hydrangea paniculata* 'Zwijnenburg'

이명: *Hydrangea paniculata* 'Limelight'

영명: Limelight panicle hydrangea

상표명: 라임라이트(네덜란드육종)

특징

식물형은 낙엽관목으로 높이는 150~200cm 정도이며, 줄기는 곧고 타박하다. 잎은 마주나고 타원형으로 녹색이고, 잔잔한 톱니가 있다. **꽃차례는 원뿔 모양이다. 장식화는 둥그스름하며 4개로, 조밀하고 큰 편이고 옅은 연두색이지만, 시간이 지남에 따라 옅은 분홍색으로 변한다.** 양성화는 장식화 아래에 있어서 잘 보이지 않는다. 꽃피는 시기는 7~9월이다. 미국식물특허 USPP 12,874를 받고, 보호되고 있다.

H. paniculata 'Zwijnenburg' 페스체스화원

PW에서 발표한 라임라이트 관련된 품종들

***Hydrangea paniculata* Comparison Chart**

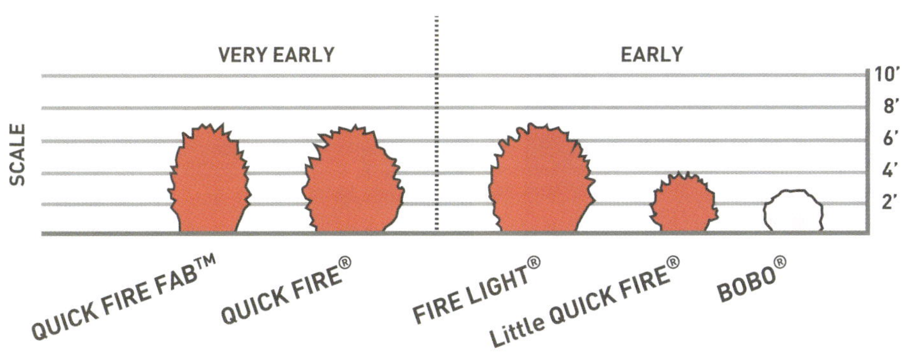

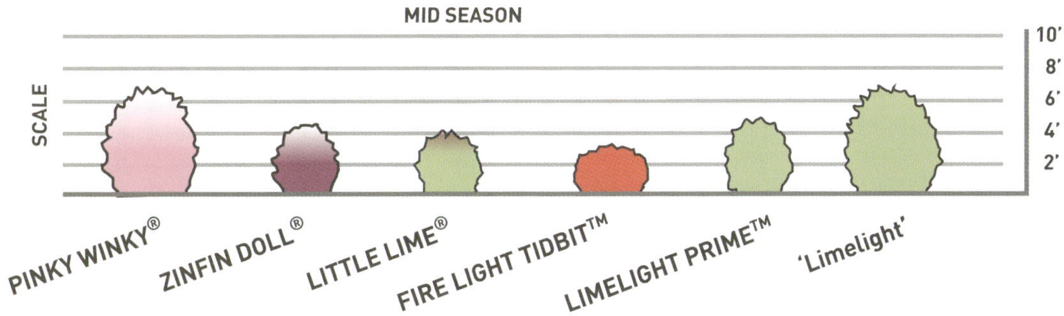

페루수국

학명: *Hydrangea peruviana* Moric.

이명: *Hydrangea panamensis* Standl.

Hydrangea caucana Engl.

Hydrangea durifoiia Briq.

Hydrangea goudotii Briq.

Hydrangea lehmannii Engl.

Hydrangea oerstedii Briq.

Hydrangea panamensis Standl.

Hydrangea peruviana var. ***oerstedii*** (Briq.) Freire-Fierro

Hydrangea platyphylla Briq.

Hydrangea schlimii

Hydrangea seemannii

Hydrangea trianae Briq.

Hydrangea weberbaueri Engl.

원산지: 멕시코, 코스타리카, 페루 등

특징

식물형은 덩굴성의 상록관목으로 길이는 400~600cm 정도 이상으로 자란다. 줄기는 구불구불하며 곧은 별 모양의 부드러운 털이 있다. 공중뿌리는 기생하기도 하고 커다란 나무에 붙어 자라며, 깊은 그늘에서부터 차양 위까지 기어 올라간다. 잎은 긴 타원형으로 길이 10~21cm, 폭 3~8cm로 광택이 있고, 가장자리에는 가는 톱니가 있으며, 무성한 편이다. **꽃차례는 산방상의 평평한 모양이다. 장식화는 붉은색 또는 분홍색으로 크다. 양성화는 분홍색 계통으로 시간이 지나면서 옅어진다.** 자방은 하위. 구미에서 시험적으로 재배되고 있으며, 전체적으로 부드럽고, 가끔은 따뜻한 남쪽에서도 잘 자라며, 멕시코에서 페루까지 1000~3000m의 고지대에서 발견되는 비교적 희귀한 종이다. [*H. oerstedii* Briq. 이명: *H. platyphylla* Briq.]는 본 종과 극히 비슷하지만 수술이 긴 것이 다른 점이다. 에콰도르에서는 멸종위기종(滅種危機種, endangered species)*으로 분류하고 있다.

페루비아나×세라티폴리아수국

학명: *Hydrangea peruviana*×*Hydrangea serratifolia*

원산지: 코스타리카~안데스산맥~페루 등

특징

식물형은 덩굴성의 상록관목으로, 줄기는 다소 쳐지고 피목이 나타난다. 잎은 마주나며 긴 타원형으로 광택이 있고, 아래 부분은 밋밋하다. **잎 가장자리에는 톱니가 있으며, 짙은 녹색이다. 꽃은 잘 보이지 않는다.** 이 식물은 외부 재배에는 충분히 강하지 않으며, 1995년 이전에 미국에서 알려지지 않은 육종가가 만든 인공교배종으로, P. Chappell이 소유한 Spinners Gardens에서 볼 수 있다.

덩굴수국

학명: *Hydrangea petiolaris* Sieb. et Zucc.

이명: *Hydrangea anomala* subsp. ***petiolaris***(Sieb. & Zucc.)McClint.

영명: Climbing hydrangea

일명: ツルアジサイ(츠루아지사이)

별명: ゴトウヅル(고토우즈루), ツルデマリ(츠루데마리)

특징

식물형은 덩굴성 목본으로 길이는 600~1500cm 정도로 자라고, 나무나 바위를 잘 타고 오른다. 줄기에는 공중뿌리가 생기며, 시간이 지나면서 수피가 벗겨진다. 잎자루는 매우 길며, 잎은 난형으로 톱니가 있으며 짙은 녹색이다. **꽃차례는 산방상의 평평한 모양이다. 장식화는 3~4개로 흰색이다. 양성화는 봉오리 채로 피거나, 서로 밀착해서 한 덩어리로 되어서 떨어지기도 한다.** 자방하위이다. 타이완덩굴수국 [*H.*

anomala D. Don]은 본 종과 매우 닮았지만, 수술의 수는 10~15로 적고, 덩굴수국의 수술의 수는 20~25개다. 습윤한 삼림 내에서 잘 자라며, 최근에는 아 종덩굴수국 즉 *Hydrangea anomala* subsp. *petiolaris* (Sieb. & Zucc.) McClint.에 포함시키는 일도 많다. RHS (AGM)을 수상했다.

재배방법

토양: 비옥하며 물 빠짐이 좋고 촉촉한 토양

높이와 넓이: 600~1000(+1500)cm/150~180cm

일조량과 물주기: 햇볕~부분그늘/보통

번식법: 꺾꽂이, 휘묻이, 포기나누기 등

가지치기: 대부분의 꽃은 식물 위쪽으로 나오므로 가능한 한 가지치기를 하지 않은 상태로 두지만, 꽃이 핀 직후에 너무 긴 새싹을 자른다. 이런 식물은 2~3년 동안 현재 위치에 있었기 때문에 건강한 식물로 강한 성장을 할 수 있는 잘 발달된 뿌리 체계가 있다. 이렇게 자란 식물은 봄에 단단한 가지치기를 견딜 수 있지만 한 번에 많이 자르면, 다음 해 여름 몇 년 동안 꽃피기가 줄어들 가능성이 있으므로, 3~4년에 걸쳐 과감하게 자르고, 식물의 크기를 자라는 환경에 맞게 점차적으로 조절한다. 작년의 성장이나 오래된 나무에 피고 늦여름에 가지치기를 한다.

내한성: −18°~−34℃ (겨울보호가 필요하다).

병충해: 일반적으로 신경쓰지 않아도 된다고 말하지만, 모든 다른 식물과 마찬가지로 진딧물(aphid), 캡시드벌레(capsid bugs), 비늘곤충(scale insects), 스릴(thrips), 덩굴바구미(vine weevils), 흰 파리(whitefly) 등에 취약하다. 곰팡이(mildew)는 잎을 손상시키 며, 특히 회색곰팡이(gray mold)도 잘 생기고 잎 반점(leaf spots)이나 새싹마름병(leaf blight)에도 신경을 써야한다. 꿀곰팡이(armillaria mellea=honey fungus)는 주로 썩은 나무에서 생기므로 조심스럽게 파내어 태워서 없애든지 해야 한다.

용도: 풍경, 건물 벽 (벽돌, 돌 또는 나무), 울타리, 나무 등걸, 구조물, 암석더미 등

프레슬리수국

학명: *Hydrangea preslii* Briq.

이명: *Hydrangea cornidia*

원산지: 코스타리카, 콜롬비아, 에콰도르, 파나마, 페루 등

특징

식물형은 덩굴성 상록관목으로 길이는 400~500cm 정도이며, 줄기는 덤불지는 편이고, 피목이 나타난다. 잎자루는 2cm 정도이다. 잎은 마주나고 광택이 있으며 길이 10~20cm, 폭 4~8cm이며 녹색으로, 규칙적인 톱니가 있다. **꽃차례는 산방상의 평평한 모양이고, 장식화는 보이지 않으며, 양성화로만 되어있다.** 1794년부터 알려져 왔으며, 처음에는 '*Cornidia*'로 지정되었으나, 현재에는 중앙아메리카의 코스타리카, 콜롬비아 및 에콰도르의 산에 서식하는 것으로 알려져 있다.

푸비널비스수국

학명: *Hydrangea pubinervis* Rehd.

이명: *Hydrangea xanthoneura* Diels

원산지: 중국 쓰촨(四川), 사천, 미얀마 등

특징

식물형은 낙엽관목으로 높이는 200~300cm 정도이며, 줄기는 덤불지는 편이고 피목이 나타난다. 잎자루는 2cm 정도이다. 잎은 마주나며 난상 타원형으로 광택이 있으며, 길이 4~11cm, 폭 3~8cm 정도이다. **어린잎의 가운데 잎맥에 솜털이 있는 특징이 있지만, 더 좁고 톱니가 있다.** *H. heteromalla*와 비교해보면 좋다. '*H. xanthoneura*'와 밀접한 관련이 있으며, 품종이나 다른 종으로 분류할 만큼 다르지는 않다. McClintock은 동의어로 간주한다.

제주도덩굴수국(켈파트)

학명: *Hydrangea quelpartii*

이명: *Hydrangea quelpartensis*

영명: Quelpartii climbing hydrangea

원산지: 제주도 등

특징

식물형은 덩굴성의 낙엽관목으로 길이는 600~1300cm 이상이며, 줄기는 덤불지는 편이고, 피목이 나타난다. 잎은 마주나며 난상 타원형으로 광택이 있고, 다소 깊은 톱니가 나타나며 녹색이다. 잎은 크기가 더 작은 '아노말라' 와 밀접한 관련이 있다. **꽃차례는 산방상의 평평한 모양으로 큰 편이다. 장식화는 흰색으로 길게 튀어 나오고 양성화는 흰색 계통으로 많다.** 양성화가 피면 은은한 향기가 있다. 오히려 한국에서는 수국 아노말라 아종(亞種)으로 분류하고 있다. 종소명(種小名)의 'Quelpart'는 제주도를 뜻하며, 이명(異名)의 *H. quelpartensis*는 작성자 이름을 알 수 없다고 알려져 있고, 'Quelpart'의 유래는 17세기 네덜란드인이 제주도에서 발견하고 명명한 이름이며, 제주도의 옛 이름이다.

떡갈나무잎수국

학명: *Hydrangea quercifolia* Bartr.

영명: Quercifolia hydrangea

일명: カシワバアジサイ(카시와바아지사이, 槲葉紫陽花)

중국명: 淺裂叶绣球(qian lie ye xiu qiu, 천열엽수구), 栎叶绣球(li ye xiu qiu, 역엽수구)

원산지: 미국남동부(노스캐롤라이나서쪽~테네시, 플로리다, 루이지애나) 등

특징

식물형은 낙엽관목이며 높이는 90~240(+360)cm 정도이고, 다소 거친 질감이며 제멋대로 자라는 편이다. 어린 줄기는 연한 갈색의 털이 펠트처럼 덮여 있고, 시간이 지나면서 없어지는 편이다. 수피(樹皮)는 자라면서 찢기고, 얇은 조각으로 벗겨지는 특징이 있으며 황갈색 계통이다. 잎은 마주나고 손바닥처럼 깊게(3~7)또는 얕게 갈라져 있고 앞뒷면에 짧은 털이 있으며, 앞면은 녹색~짙은 녹색이고 뒷면은 은회백색이며, 다른 수국 품종보다 직사광선에 조금 더 민감하다. 대부분의 떡갈잎수국의 잎은 가을이 되면 청동색~붉은색 계통의 풍부한 색조로 단풍이 들어 정원에서 아름다움을 자랑한다. 잎의 생김새가 떡갈나무 잎을 닮았다고 해서 떡갈잎수국으로 불린다. **꽃차례는 산방상의 원뿔 모양이며, 길이15~35cm 정도 된다. 장식화는 흰색 계통~옅은 연두색으로 나타나지만 시간이 지남에 따라서 옅은 분홍색, 갈색, 녹색으로 변하며, 양성화는 장식화 사이사이에서 잘 보인다.** 겨울에 꽃이 시들어 마르면 종이처럼 되기도 하고, 옅은 갈색 계통으로 변한다. 꽃피는 시기는 5~7월이다. 꽃의 색깔은 큰 잎 수국(*Hydrangea macrophylla*)과 달라 토양 pH에 따라 변하지 않으며, 홑꽃과 겹꽃이 있으며, 일부 종에서는 향기가 나는 품종도 있다. 꽃은 전년도 가지에서 자란 새가지 끝에서 꽃이 피므로 전지할 때 주의가 필요하다. 햇볕이 잘 드는 상황을 받아들이는 능력이 두드러진다. 또한 자라는 장소만 일단 확립되면, 이 종(種)은 일시적인 물의 부족에 대

H. quercifolia 시카고식물원

한 좋은 저항력을 보여주기도 하며, 처음 몇 년 동안은 정기적으로 물을 주고 정착할 시간을 주어야 하지만, 그 다음에는 자체적으로 잘 관리한다. 특히 햇볕이 강하거나 건조한 바람이 방해를 받기 때문에 장기간에 걸쳐 비가 내리지 않는 경우 경계를 늦추면 안 된다. 겨울철에는 식물주변에 뿌리 덮개를 하는 편이 유리하다.

재배방법

토양: 비옥하며 부식질이 풍부하며 물 빠짐이 좋고 촉촉한 토양

높이와 넓이: 150~240(+360)cm/150~240cm

일조량과 물주기: 햇볕~그늘/보통

번식법: 꺾꽂이, 포기나누기, 휘묻이, 씨뿌리기 등

가지치기: 오래된 가지나 작년에 성장한 나무에 꽃이 피기 때문에 꽃이 핀 직후에 가지치기를 하고, 잘못된 시기에 가지치기를 하면 내년의 꽃봉오리를 잘라낼 수 있다. 죽은 가지, 지나치게 긴 가지, 약하고 느슨한 가지, 등 높이 조절을 위해서는 특히 땅에 붙은 가지는 잘라내고, 봄에도 서리가 올 수 있으므로 늦 겨울이나 봄에는 최소한의 가지치기만 한다.

내한성: −1°~−29℃에서 잘 자란다고 알려져 있으나, 나무수국에 비해 기르기가 다소 까다롭고, 온도도 조금 더 높은 편이다. 겨울철 보호가 필요하다.

병충해: 뿌리 썩음, 시들음, 잎 반점, 곰팡이, 녹 및 흰 가루 병, 진딧물, 진드기, 응애 등

용도: 정원용, 울타리, 강조용 등

H. quercifolia 시카고식물원

애리스떡갈나무잎수국

학명: *Hydrangea quercifolia* 'Alice'

영명: Alice quercifolia hydrangea

품종명: 애리스

특징

식물형은 낙엽관목이며 높이는 150~240cm 정도이며, 줄기는 자라면서 수피가 벗겨지고, 포복지로 성장하기도 한다. 잎줄기는 옅은 갈색이다. 잎은 마주나고 손바닥처럼 갈라지며 앞뒷면에 부드러운 털이 많다. 차차 청동, 적갈색 및 자주색의 색조로 단풍이 든다. **꽃차례는 원뿔 모양으로, 장식화는 크림색으로 나타나지만 시간이 지남에 따라서 옅은 분홍색에서 갈색으로 변하며, 양성화는 장식화에 가려서 잘 보이지 않는다.** 꽃피는 시기는 6~7월이며, 열매는 7~8월에 삭과로 익는다. 미국의 Michael Dirr가 조지아 농장에서 상업에 도입하였다.

H. quercifolia 'Alice' 시카고식물원

H. quercifolia 'Alice' 시카고식물원

H. quercifolia 'Alice' 시카고식물원

H. quercifolia 'Alice' 시카고식물원

애리슨떡갈나무잎수국

학명: *Hydrangea quercifolia* 'Alison'

영명: Alison quercifolia hydrangea

품종명: 애리슨

특징

식물형은 낙엽관목이며 높이는 240~300cm 정도이며, 줄기는 자라면서 수피가 벗겨지고 포복지로 성장하기도 한다. 잎 꼭지는 옅은 갈색이고, 잎은 마주나고 손바닥처럼 갈라지며 앞뒷면에 부드러운 털이 많다. 차차 적자색으로 단풍이 든다. **꽃차례는 원뿔 모양으로 크며, 장식화는 순백색으로 듬성듬성 나타나는 반면에 양성화는 잘 보인다.** 오래된 나무에 꽃이 피며, 꽃피는 시기는 5~7월이며, 열매는 7~8월에 삭과로 익는다. 1997년 미국의 Michael Dirr가 조지아 대학 캠퍼스에서 발견했고, 학생 이름 'Alison Arnold'로 부터 명명되었다.

H. quercifolia 'Alison' 케이프코드

애머시스트떡갈나무잎수국

학명: *Hydrangea quercifolia* 'Amethyst'

영명: Amethyst quercifolia hydrangea

품종명: 애머시스트(미국원산)

특징

식물형은 낙엽관목이며 높이는 150~180cm 정도이며, 줄기는 자라면서 수피가 벗겨지고 포복지*로 성장하기도 한다. 잎자루는 옅은 갈색이고, 잎은 마주나고 손바닥처럼 갈라지며 차차 적자색으로 단풍이 든다. **꽃차례는 원뿔 모양이며, 장식화는 흰색 계통이지만 시간이 지남에 따라서 빠르게 붉은색 계통으로 변한다.** 오래된 나무에 꽃이 피며, 꽃피는 시기는 7월이며, 열매는 7~8월에 삭과로 익는다. 미국 오하이오주 신시내티에서 마이클 디르 박사가 발견했다.

H. quercifolia 'Amethyst' 놀스캐롤라이나힐스보로우

애프라스떡갈나무잎수국

학명: *Hydrangea quercifolia* 'Applause'

영명: Applause quercifolia hydrangea

품종명: 애프라스

특징

식물형은 낙엽관목이며 높이는 80~120(+150)cm 정도이며, 줄기는 자라면서 수피가 벗겨지고 포복지로 성장하기도 한다. 잎자루는 옅은 갈색이고, 잎은 마주나고 손바닥처럼 갈라지며 큰 편이고, 차차 적자색으로 단풍이 든다. **꽃차례는 산방상의 원뿔 모양으로 크며, 장식화는 흰색 계통으로 나타나고, 양성화는 장식화 사이에서 잘 나타난다.** 오래된 나무에 꽃이 피고, 꽃피는 시기는 6~7월이며, 열매는 8~9월에 익는다.

H. quercifolia 'Applause' 상하이천샨식물원

H. quercifolia 'Applause' 상하이천샨식물원

백폴치떡갈나무잎수국

학명: *Hydrangea quercifolia* 'Back porch'
영명: Back porch quercifolia hydrangea
품종명: 백폴치(미국육종)
특징

식물형은 낙엽관목이며 높이는 70~125cm 정도이며, 줄기는 산만하게 갈라지며, 수피는 자라면서 벗겨진다. 잎자루는 옅은 갈색이며, 잎은 마주나고 손바닥처럼 갈라져있고 차차 적자색으로 단풍이 든다. **꽃차례는 원뿔 모양으로 크며, 장식화는 흰색 계통으로 나타나지만 시간이 지남에 따라서 분홍색으로 변한다.** 오래된 나무에 꽃이 피고, 꽃피는 시기는 5~7월이며, 열매는 7~8월에 익는다. 미국의 루이지애나농장에서 육종하였다.

H. quercifolia 'Back porch' 헤리테이지뮤지엄앤가든

타라떡갈나무잎수국

학명: *Hydrangea quercifolia* 'Biv01'
영명: Tara™ quercifolia hydrangea
상표명: 타라(미국육종)
특징

식물형은 낙엽관목이며 높이는 120~180cm 정도이며, 줄기는 곧으며 수피는 자라면서 벗겨진다. 잎은 마주나고 손바닥처럼 갈라져있고, 앞뒷면에 짧은 털이 있으며 차차 청동색~짙은 붉은색으로 단풍이 든다. **꽃차례는 원뿔 모양이며 '하모니'와 닮았지만 쳐지지 않고 두 번 피기도 한다. 장식화는 빽빽하게 겹으로 피며 흰색계통~옅은 연두색으로 나타나지만, 시간이 지남에 따라서 옅은 색으로 변하며, 양성화는 잘 보이지 않는다.** 꽃피는 시기는 6~9월이다. 미국식물특허 USPP 30,565를 받고, 보호되고 있다.

브렌힐떡갈나무잎수국

학명: *Hydrangea quercifolia* 'Brenhill'
영명: Gatsby gal® quercifolia hydrangea
품종명: 브렌힐(미국PW육종)
시리즈: 갯츠비(Gatsby)
특징

식물형은 낙엽관목이며 높이는 120~150cm 정도이며, 줄기는 많고 수피는 자라면서 벗겨지며 붉어진다. 잎은 마주나고 손바닥처럼 갈라져있고 앞뒷면에 짧은 털이 있으며, 차차 짙은 붉은색계통으로 단풍이 든다. **꽃차례는 원뿔 모양이며 크다. 장식화는 흰색으로 피지만 시간이 지남에 따라 분홍색으로 변한다. 양성화는 장식화 사이에서 잘 보이는 편으로 옅은 녹색 계통이다.** 오래된 줄기에서 꽃이 피며, 꽃피는 시기는 5~7월이다. 미국식물특허 USPP 25,106을 받고, 보호되고 있다.

H. quercifolia 'Brenhill' 상하이천산식물원

스노우프래크떡갈나무잎수국(브리도)

학명: *Hydrangea quercifolia* ' Brido'

이명: *Hydrangea quercifolia* 'Snow Flake'

영명: Snow Flake quercifolia hydrangea

상표명: 스노우프래크(미국육종)

특징

식물형은 낙엽관목이며 높이는 120~180cm 정도이며, 어린 줄기는 황금색이며 털이 있고 산만하며, 수피는 자라면서 벗겨진다. 잎은 마주나고 갈라져 있고, 앞뒷면에 짧은 털이 있으며, 가을이 되면 진한 포도주색으로 단풍이 든다. **꽃차례는 원뿔 모양으로 크고 쳐지는 편이다. 장식화는 여러 겹의 별 모양으로 화려하다. 포엽과 꽃잎(꽃받침잎)은 흰색 계통으로 피지만 시간이 지남에 따라서 옅은 분홍색~갈색으로 변한다. 양성화는 장식화에 가려서 잘 보이지 않는다.** 꽃 피는 시기는 6~8월이다. 앨라배마의 Aldridge형제가 육종했으며, RHS (AGM)을 수상했다.

H. quercifolia 'Brido' 시카고식물원

H. quercifolia 'Brido' 시카고식물원

H. quercifolia 'Brido' 시카고식물원

갯츠비문떡갈나무잎수국

학명: *Hydrangea quercifolia* 'Brother Edward'

영명: Gatsby Moon® quercifolia hydrangea

품종명: 갯츠비문(미국육종)

시리즈: 갯츠비(Gatsby)

특징

식물형은 낙엽관목이며 높이는 100~180cm 정도이며, 줄기는 많고 덥수룩하며, 수피는 자라면서 벗겨진

다. 잎은 마주나고 손바닥처럼 갈라져있고 앞뒷면에 짧은 털이 있으며, 가을이 되면 붉은 단풍이 든다. **꽃차례는 양의 머리 같은 덩어리 모양이다. 장식화는 빽빽하며 처음에는 옅은 연두색으로 나타나지만 시간이 지남에 따라서 흰색으로 펴지고 차차 짙은 녹색으로 변한다. 양성화는 잘 보이지 않는다.** 성숙해지면 꽃머리가 무거워서 쳐지기도 한다. 꽃피는 시기는 6~8월이다. 미국식물특허 USPP 25,413을 받고, 보호되고 있다.

H. quercifolia 'Brother Edward' 도쿄긴자

버건디떡갈나무잎수국

학명: *Hydrangea quercifolia* 'Burgundy'

영명: Burgundy quercifolia hydrangea

품종명: 버건디(네덜란드육종)

특징

식물형은 낙엽관목이며 높이는 120~200cm 정도이며, 어린 줄기에는 황금색의 털이 있으며, 줄기는 덤불지며 수피는 자라면서 벗겨진다. 잎은 마주나고 큰 편이며, 손바닥처럼 갈라져있고 신선한 녹색이지만 차차 밝고 진한 포도주색으로 변한다. **꽃차례는 원뿔 모양이다. 장식화는 흰색 계통이지만, 시간이 지남에 따라서 분홍색으로 변한다. 양성화는 장식화 사이에서 잘 나타난다.** 꽃피는 시기는 6~8월이며, 네덜란드의 Rein과 Mark Bulk가 육종했다.

H. quercifolia 'Burgundy' 바람의 언덕

크라우드나인떡갈나무잎수국

학명: *Hydrangea quercifolia* 'Cloud Nine'

영명: Cloud Nine quercifolia hydrangea

품종명: 크라우드나인(미국육종)

특징

식물형은 낙엽관목이며 높이는 120~180cm 정도이며, 줄기의 수피는 자라면서 벗겨진다. 잎은 마주나고 손바닥처럼 갈라져있고 앞뒷면에 짧은 털이 있으며, 녹색이지만, 가을이 되면 짙은 붉은색으로 변한다. **꽃차례는 원뿔 모양으로 끝은 뾰족하고 크다. 장식화는 여러 겹의 흰색으로 나타나지만, 시간이 지남에 따라서 연두색~분홍색으로 변한다. 양성화는 장식화 아래에서 조금 보인다.** 꽃피는 시기는 6~9월로, 'Brido'와 많이 닮았으며, 1997년 미국 루이지애나 농장에서 육종했다.

H. quercifolia 'Cloud Nine' 하쿠산진자

갯츠비스타떡갈나무잎수국(도우힐)

학명: *Hydrangea quercifolia* 'Doughill'

영명: Gatsby Star® quercifolia hydrangea

품종명: 갯츠비스타(미국육종)

시리즈: 갯츠비(Gatsby)

특징

식물형은 낙엽관목이며 높이는 100~180(+240)cm 정도이며, 줄기는 바깥으로 퍼지고 아래로 쳐지며, 수피는 자라면서 벗겨진다. 잎은 마주나고 손바닥처럼 갈라져있고 앞뒷면에 짧은 털이 있고, 가을이 되면 붉게 단풍이 든다. **꽃차례는 원뿔 모양이며, 활기차고 향긋하다. 장식화는 별 모양의 여러 겹으로 피며, 옅은 연두색~흰색 계통이지만, 시간이 지남에 따라서 분홍색으로 변한다. 양성화는 장식화 사이에서 잘 보이는 편으로 옅은 녹색 계통이다.** 오래된 줄기에 꽃이 피며, 꽃피는 시기는 5~7월이다. 미국식물특허 USPP 25,412를 받고, 보호되고 있다.

H. quercifolia 'Doughill' 시카고식물원

스노우퀸떡갈나무잎수국(프레미게아)

학명: *Hydrangea quercifolia* 'Flemygea'

영명: Snow Queen quercifolia hydrangea

상표명: 스노우퀸(미국육종)

특징

식물형은 낙엽관목이며 높이는 120~180cm 정도이며, 줄기는 더부룩하며 곧고 갈수록 더 단단해져 비가 내린 후에도 똑바로 서있다. 수피는 자라면서 벗겨진다. 잎은 마주나고 손바닥처럼 갈라져있고 앞뒷면에 짧은 털이 있으며, 가을이 되면 단풍이 든다. **꽃차례는 원뿔 모양이며 크다. 장식화는 많고 흰색 계통으로 나타나지만, 시간이 지남에 따라서 옅은 분홍색을 띤 보라색으로 변한다. 양성화는 장식화에 아랫부분에 있다.** 꽃피는 시기는 6~9월로, 꽃에서 은은한 향기가 난다. RHS (AGM)을 수상했다.

H. quercifolia 'Flemygea' 바람의 언덕

H. quercifolia 'Flemygea' 바람의 언덕

하모니떡갈나무잎수국

학명: *Hydrangea quercifolia* 'Harmony'

영명: Harmony quercifolia hydrangea

품종명: 하모니(미국원산)

특징

식물형은 낙엽관목이며 높이는 100~180cm 정도이며, 줄기 타박하며 수피는 자라면서 벗겨진 다. 잎은 마주나고 손바닥처럼 갈라져있고 앞뒷면에 짧은 털이 있으며, 가을이 되면 붉은 단풍이 든다. **꽃차례는 양의 머리 같은 덩어리 모양으로 뭉쳐져 있다. 장식화는 매우 밀집되어 있고, 처음에는 옅은 연두색으로 나타나지만 시간이 지남에 따라서 흰색으로 펴지고 차차 짙은 녹색으로 변한다. 양성화는 장식화에 가려져 잘 보이지 않는다.** 성숙해지면 꽃차례가 무거워서 쳐지며, 꽃피는 시기는 6~8월이다.

H. quercifolia 'Harmony' 바람의 언덕

아이스크리스탈떡갈나무잎수국

학명: *Hydrangea quercifolia* 'Hqopr010'

영명: Ice Crystal quercifolia hydrangea

상표명: 아이스크리스탈(미국육종)

특징

식물형은 낙엽관목이며 높이는 100~120cm 정도이며, 줄기는 덤불지고 옅은 갈색으로, 수피는 자라면서 벗겨진다. 잎은 마주나고 손바닥처럼 갈라지고, 앞뒷면에 짧은 털이 많아 회녹색으로 보이지만, 가을이 되면 짙은 붉은색과 보라색으로 단풍이 든다. **꽃차례는 원뿔 모양으로 다소 헝클어지듯 핀다. 장식화는 적은 편이고 흰색으로 나타나지만, 시간이 지남에 따라 분홍색 계통으로 변한다. 양성화는 잘 나타나며 옅은 연두색 계통이지만 차차 옅은 갈색으로 변한다.** 꽃피는 시기는 6~9월이다.

H. quercifolia 'Hqopr010' 바람의 언덕

갯츠비핑크떡갈나무잎수국

학명: *Hydrangea quercifolia* 'JoAnn'

영명: Gatsby Pink® quercifolia hydrangea

품종명: 갯츠비핑크(미국육종)

시리즈: 갯츠비(Gatsby)

특징

식물형은 낙엽관목이며 높이는 180~240cm 정도이

며, 줄기는 여러 개가 옆으로 벌어지는 편이고, 수피는 자라면서 벗겨진다. 잎은 마주나고 손바닥처럼 갈라져있고 앞뒷면에 짧은 털이 있으며, 짙은 녹색으로 거친 질감이지만, 가을이 되면 포도주색으로 단풍이 든다. **꽃차례는 원뿔 모양이다. 장식화는 크고 화려한 흰색의 꽃이 피었다가 깊은 분홍색으로 빠르게 변한다.** 오래된 나무에 꽃이 핀다. 꽃피는 시기는 5~8월이다. 미국식물특허 USPP 27,879를 받고, 보호되고 있다.

H. quercifolia 'JoAnn' 시카고식물원

조맥다니엘떡갈나무잎수국

학명: *Hydrangea quercifolia* 'Joe McDaniel'
영명: Joe McDaniel quercifolia hydrangea
품종명: 조맥다니엘(미국육종)
특징

식물형은 낙엽관목이며 높이는 180~240cm 정도이며, 줄기는 옆으로 벌어지는 편이고, 수피는 자라면서 벗겨진다. 잎은 마주나고 갈라져있고 앞뒷면에 짧은 털이 있으며, 짙은 녹색이고, 가을이 되면 청동색~포도주색으로 단풍이 든다. **꽃차례는 원뿔 모양이며 화려하고 크다. 장식화는 흰색 계통이지만, 시간이 지남에 따라서 분홍색 계통으로 변한다. 양성화는 비교적 잘 보이며, 옅은 녹색 계통이다.** 꽃피는 시기는 7~9월이다. 1997년 이전에 루이지애나 농장에서 기른 것을 'Joe McDaniel'이 야생에서 발견했다.

H. quercifolia 'Joe McDaniel' 바람의 언덕

존웨인떡갈나무잎수국

학명: *Hydrangea quercifolia* 'John Wayne'
영명: John Wayne quercifolia hydrangea
품종명: 존웨인(미국육종)
특징

식물형은 낙엽관목이며 높이는 150~200cm 정도이며, 줄기는 덤불지며, 수피는 자라면서 벗겨진다. 잎은 마주나고 손바닥처럼 갈라져있고 앞뒷면에 짧은 털이 있으며, 가을이 되면 청동색~붉은색계통으로 단풍이 든다. **꽃차례는 원뿔 모양으로 큰 편이다, 장식화는 흰색~크림색으로 나타나지만 시간이 지남에 따라서 분홍색으로 변하며, 양성화는 많으며 장식화 사이에서 핀다.** 꽃피는 시기는 7~9월이다. 1997년 이전에 미국 루이지애나 농장에서 육종하였다.

H. quercifolia 'John Wayne' 헤리테이지뮤지엄앤가든

레이디앤떡갈나무잎수국

학명: *Hydrangea quercifolia* 'Lady Anne'

영명: Lady Anne quercifolia hydrangea

품종명: 레이디앤

특징

식물형은 낙엽관목이며 높이는 100~150cm 정도이며, 줄기는 덤불지며, 수피는 자라면서 벗겨진다. 잎은 마주나고 갈라져있고 앞뒷면에 짧은 털이 있으며, 가을이 되면 청동색~붉은색 계통으로 단풍이 든다. **꽃차례는 원뿔 모양으로 큰 편이다, 장식화는 흰색~크림색으로 여러 겹으로 나타나고, 시간이 지남에 따라서 분홍색으로 변하며, 양성화는 장식화에 아랫부분에서 핀다.** 꽃피는 시기는 6~8월이다.

H. quercifolia 'Lady Anne' 이즈반도시모다

리틀하니떡갈나무잎수국

학명: *Hydrangea quercifolia* 'Little Honey'

이명: *Hydrangea quercifolia* 'Brihon'

영명: Little Honey quercifolia hydrangea

품종명: 리틀하니

특징

식물형은 낙엽관목이며 높이는 60~120cm 정도이며, 줄기는 옆으로 퍼지고, 수피는 자라면서 벗겨진다. 잎은 마주나고 얕게 갈라져있고, 봄에 황금빛 노란색으로 나타나고 여름에는 좋은 황금색을 유지하고, 시간이 지남에 따라 연두색으로 퇴색한 다음 붉게 단풍이 든다. **꽃차례는 원뿔 모양이며, 장식화는 크림색으로 나타나지만 시간이 지남에 따라 분홍색으로 변한다. 양성화는 장식화 사이에서 나타난다.** 꽃피는 시기는 6~7월이다. 미국식물특허 USPP 15,477을 받고, 보호되고 있다. RHS (AGM)을 수상했다.

H. quercifolia 'Little Honey' 바람의 언덕

H. quercifolia 'Little Honey' 바람의 언덕

메이든스브러쉬떡갈나무잎수국

학명: *Hydrangea quercifolia* 'Maiden's Blush'

영명: Maiden's Blush quercifolia hydrangea

품종명: 메이든스브러쉬

특징

식물형은 낙엽관목이며 높이는 150~240cm 정도이며, 줄기는 곧고 활기차게 자라면서, 피목이 나타나고, 수피는 갈색계통으로 잘 벗겨진다. 잎은 차차 청

동색 계통~붉은색 계통으로 단풍이 든다. **꽃차례는 원뿔 모양으로 매우 크다. 장식화는 크림색~옅은 라임그린색이지만 시간이 지남에 따라서 분홍색으로 변한다. 양성화는 잘 보이는 편이다.**

H. quercifolia 'Maiden's Blush' 시카고식물원

H. quercifolia 'Maiden's Blush' 시카고식물원

먼치킨떡갈나무잎수국

학명: *Hydrangea quercifolia* 'Munchkin'

영명: Munchkin quercifolia hydrangea

품종명: 먼치킨(미국육종)

특징

식물형은 낙엽관목이며 높이는 90~150cm 정도이며, 줄기는 곧으며 수피는 자라면서 벗겨진다. 잎은 마주나고 손바닥처럼 갈라져있고 앞뒷면에 짧은 털이 있으며, 가을이 되면 붉게 단풍이 든다. **꽃차례는 원뿔 모양으로 큰 편이다. 장식화는 크림색으로 나타나지만 시간이 지남에 따라서 분홍색으로 변하며, 양성화는 잘 보인다.** 꽃피는 시기는 6~7월이다. 1997년 'Sikes Dwarf'의 묘목에서 테네시 주 McMinnville에 있는 미국 수목원에서 개발되었다.

H. quercifolia 'Munchkin' 시카고식물원

피위떡갈나무잎수국

학명: *Hydrangea quercifolia* 'Pee Wee'

영명: Pee Wee quercifolia hydrangea

품종명: 피위(미국육종)

특징

식물형은 낙엽관목이며 높이는 90~120cm 정도이며, 줄기는 자유분방하고 땅위를 기면서 자라고, 수피는 자라면서 벗겨진다. 잎은 마주나고 손바닥처럼 갈라져있고 앞뒷면에 짧은 털이 있으며, 가을이 되면 청동색~붉은색 계통으로 단풍이 든다. **꽃차례는 원뿔 모양으로 작은 편이며, 장식화는 크림색으로 나타나지만 시간이 지남에 따라서 분홍색으로 변하고, 양성화는 장식화 아랫부분에 핀다.** 꽃피는 시기는 6~7월로, 오래된 줄기에서 6~8주간 지속적으로 핀다.

H. quercifolia 'Pee Wee' 시카고식물원

H. quercifolia 'Pee Wee' 시카고식물원

젯스트림떡갈나무잎수국

학명: *Hydrangea quercifolia* 'Piihq-i'

영명: Jetstream quercifolia hydrangea

상표명: 젯스트림(미국육종)

특징

식물형은 낙엽관목이며 높이는 150~180cm 정도이며, 줄기는 자유분방하고 수피는 자라면서 벗겨진다. 잎은 마주나고 손바닥처럼 갈라지고 앞뒷면에 짧은 털이 있으며 가을에 붉은색계통으로 단풍이 든다. **꽃차례는 원뿔 모양으로 오래된 줄기 끝에 핀다. 장식화는 흰색 계통으로 무거워지면 지지대가 필요하고, 시간이 지남에 따라서 분홍색으로 변한다. 양성화는 장식화의 아랫부분에 핀다.** 꽃피는 시기는 6~7월이다. 향기가 좋으며, 오염된 도시환경에서도 잘 자란다. 미국식물특허 USPP 25,319를 받고, 보호되고 있다.

H. quercifolia 'Piihq-i' 시카고식물원

H. quercifolia 'Piihq-i' 시카고식물원

H. quercifolia 'Piihq-i' 시카고식물원

퀸오브하츠떡갈나무잎수국

학명: *Hydrangea quercifolia* 'Queen of Hearts'

영명: Queen of Hearts quercifolia hydrangea

품종명: 퀸오브하츠(미국육종)

특징

식물형은 낙엽관목이며 높이는 150~180cm 정도이며, 줄기는 곧지만 옆으로 퍼지고 수피는 자라면서 벗겨진다. 잎은 마주나고 손바닥처럼 갈라지고, 앞뒷면에 짧은 털이 있으며, 가을이 되면 붉은색계통으로 변

한다. **꽃차례는 원추형이고, 장식화는 흰색 계통으로 나타나지만 시간이 지남에 따라서 짙은 분홍색으로 변하며, 양성화는 장식화의 아랫부분에서 핀다.** 꽃이 피는 시기는 6~7이다. 'Snow Queen'×'Pee Wee'의 하이브리드 품종으로, 1998년 미국 국립 수목원(National Arboretum)에 의해 처음 교배되었다.

H. quercifolia 'Queen of Hearts' 놀스캐롤라이나식물원

로어노크떡갈나무잎수국

학명: *Hydrangea quercifolia* 'Roanoke'
영명: Roanoke quercifolia hydrangea
품종명 로어노크(미국육종)
특징

식물형은 낙엽관목이며 높이는 120~180cm 정도이며, 줄기는 많은 편이고 수피는 자라면서 벗겨진다. 잎은 마주나고 손바닥처럼 갈라져 있고, 앞뒷면에 짧은 털이 있으며 가을에는 청동색~자주색으로 단풍이 든다. **꽃차례는 '하모니'와 비슷하지만 더 개방적이고 느슨한 모양이다. 장식화는 '하모니'보다 더 벌어지며, 흰색으로 나타나지만 시간이 지남에 따라서 옅은 분홍색으로 변하며, 양성화는 장식화에 가려서 잘 보이지 않는다.** 꽃피는 시기는 7~9월이다. 미국의 루이지애나농장에서 육종하였다.

H. quercifolia 'Roanoke' 핫세데라 가는 길

루비슬리퍼스떡갈나무잎수국

학명: *Hydrangea quercifolia* 'Ruby Slippers'
영명: Ruby Slippers quercifolia hydrangea
품종명: 루비슬리퍼스(미국육종)
특징

식물형은 낙엽관목이며 높이는 90~120cm 정도이며, 줄기는 곧고 타박하며 수피는 자라면서 벗겨진다. 잎은 마주나고 손바닥처럼 갈라져있고 앞뒷면에 짧은 털이 있으며 녹색이다. **꽃차례는 원뿔 모양이며, 장식화는 흰색으로 나타나지만 시간이 지나면서 빠르게 분홍색에서 짙은 분홍색으로 변하는 특징이 있다. 양성화는 장식화 아래에서 핀다.** 꽃피는 시기는 5~7월이고, 2010년에 미국국립수목원에 의해 시중에 소개되었다.

H. quercifolia 'Ruby Slippers' 놀스캐롤라이나식물원

H. quercifolia 'Ruby Slippers' 놀스캐롤라이나식물원

H. quercifolia 'Ruby Slippers' 미주리식물원

사이크스드월프떡갈나무잎수국

학명: *Hydrangea quercifolia* 'Sike's Dwarf'

영명: Sike's Dwarf quercifolia hydrangea

품종명: 사이크스드월프(미국육종)

특징

식물형은 낙엽관목이며 높이는 60~90cm 정도이며, 줄기는 튼튼하고 수피는 자라면서 벗겨지고, 다른 품종에 비해 매우 작다. 잎은 마주나고 손바닥처럼 갈라져있고 앞뒷면에 짧은 털이 있으며다소 거친 질감으로 가을에는 청동색 계통~붉은색 계통으로 단풍이 든다. **꽃차례는 원뿔 모양이며, 장식화는 많은 편으로 흰색 계통이지만, 점차 옅은 분홍색으로 희미해지며 늦여름에 갈색으로 변한다. 양성화는 연한 분홍색을 띠며 장식화와 같이 진다.** 꽃피는 시기는 7~8월이다. 루이지애나 농장에서 육종하였다.

H. quercifolia 'Sike's Dwarf' 시카고식물원

스노우자이언트떡갈나무잎수국

학명: *Hydrangea quercifolia* 'Snow Giant'

영명: Snow Giant quercifolia hydrangea

일명: スノーザイアント(수노우자이안토)

중국명: 雪球栎叶绣球(Xue qiu li ye xiu qiu, 설구역엽수구)

품종명: 스노우자이언트(네덜란드육종)

특징

식물형은 낙엽관목이며 높이는 120~180cm 정도이며, 줄기는 퍼지며 수피는 자라면서 벗겨지는 특징이 있다. 잎은 마주나고 손바닥처럼 갈라져있고 앞뒷면에 짧은 털이 있으며, 가을이되 면 짙은 청동색~짙은 붉은색으로 단풍이 든다. **꽃차례는 원뿔 모양이며 장식화는 '스노우프래크'와 매우 비슷하고, 여러 겹으로 피며 흰색 계통~옅은 연두색으로 나타나지만 시간이 지남에 따라서 옅은 청동색으로 변하며, 양성화는 장식화의 아래 부분에 핀다.** 꽃피는 시기는 7~8월이다.

H. quercifolia 'Snow Giant' 고민가뮤지엄 가는 길

테네시떡갈나무잎수국

학명: *Hydrangea quercifolia* 'Tennessee'

영명: Tennessee quercifolia hydrangea

품종명: 테네시(벨기에육종)

특징

식물형은 낙엽관목이며 높이는 120~150cm 정도이며, 줄기는 곧고 수피는 자라면서 벗겨진다. 잎은 마주나고 손바닥처럼 갈라져있고 녹색이다. **꽃차례는 원뿔 모양이며, 장식화는 크림색으로 나타나지만 시간이 지남에 따라서 청동색 계통으로 변하며, 양성화도 크고 풍성하게 나타난다.** 꽃피는 시기는 7~8월이다. 테네시에서 수집된 종자에서 1974년 벨기에 Kalmthout 수목원에서 육종하였으며, ICNCP(국제재배식물명명규약)에 따르면 다양성, 복제 또는 형태와 같은 단어는 더 이상 허용되지 않으므로 'Tennesses Clone'이라고 해서는 안 된다고 알려져 있다.

H. quercifolia 'Tennessee' 시카고식물원

터키헤븐떡갈나무잎수국

학명: *Hydrangea quercifolia* 'Turkey Heaven'

영명: Turkey Heaven quercifolia hydrangea

품종명: 터키헤븐(미국남동부원산)

특징

식물형은 낙엽관목이며 높이는 120~150cm 정도이며, 줄기는 다소 엉성하고 수피는 자라면서 벗겨진다. 잎은 마주나고 손바닥처럼 갈라져있고, 앞면에 짧은 털이 있고, 뒷면에는 짧은 털이 밀생하며, 가을이 되면 붉은색 계통으로 단풍이 든다. **꽃차례는 원뿔 모양이며, 장식화는 흰색~크림색이며 '하모니'처럼 빽빽하게 나타난다. 양성화는 장식화에 가려져 잘 보이지 않는다.** 꽃피는 시기는 7~8월이다.

H. quercifolia 'Turkey Heaven' 시카고식물원

래디아타수국(은잎수국)

학명: *Hydrangea radiata* Walter
영명: Silverleaf hydrangea
원산지: 미국남부 애팔래치아산맥 등
특징

식물형은 낙엽관목으로 높이가 200~300cm 정도이며, 영명의 silverleaf 수국은 잎의 윗면에 짙은 녹색과 뒷면의 은색에서 유래되었으며, 눈에 띄게 독특하다. 잎은 마주나고 길이는 8~15cm로 둥글며 비교적 큰 편이고, 잎의 위쪽 표면에는 잎맥[葉脈]*을 따라 털이 있다. 뒷면은 펠트 같은 털로 빽빽하게 덮여 있으며, 밝은 흰색 또는 은색으로 보인다. 잎 가장자리에는 톱니가 있다. **꽃차례는 산방상의 평평한 모양이다. 장식화는 흰색으로 다른 수국에 비해 훨씬 화려하지만 적고, 양성화는 매우 풍부하다.** 원산지 테네시남동부, 캐롤라이나북서부, 조지아남부에서 북동부에 이르기까지 남부 블루릿지산맥으로 대표되는 산악지대 (주로 2,000피트이상)에 서식한다. Silverleaf 수국의 내한성은 4~9구역에 적합하지만 6구역보다 따뜻한 지역에서는 보호할 필요가 있다. *H. radiata*는 *Hydrangea arborescens* 와 *Hydrangea cinerea*와 비슷해서 한 때에는 *H. radiata*와 *H. cinerea*는 *Hydrangea arborescens*의 아종으로 간주되었었다. 래디아타 수국을 원종(源種)으로 분류하는 증거는 Ronald Pilatowski가 실시한 교차 수분 실험에 기반을 두고 있으며, 생존 가능한 종자가 거의 없었고, 다른 품종의 수국 범위와 특성이 겹치더라도 유전적 순도와 고유한 표현형 특성을 유지했음을 보여주었다. 'Samantha'와 'Terri Greer'등 인기 있는 품종도 있다. 종소명의 '래디아타'란 장식화가 방사상으로 퍼진다는 뜻에서 유래되었다.

로버스타수국

학명: *Hydrangea robusta* Hook. f. & Thomson
중국명: 粗枝绣球(cu zhi xiu qiu, 조지수구)
원산지: 중국본토, 히말라야 등
특징

식물형은 낙엽관목으로 높이가 200~300(+600)cm에 달한다. 잎은 마주나고 약간 종이 모양으로 짙은 녹색이다. 잎의 표면에는 흰색~회색의 부드러운 털이 있다. 잎 가장자리에는 불규칙한 톱니가 있다. **꽃차례는 황색을 띤 갈색으로 곧바로 고밀도로 퍼지는 경향이 있다. 장식화는 흰색 또는 자주색으로 넓은 난형이며, 양성화는 비교적 풍부하다.** 꽃피는 시기는 7~8월이며, 열매는 삭과로 9~2월에 익는다. 주로 중국의 안후이(安徽, 안휘), 푸지안(福建, 복건), 광둥(广东, 광동), 광시(广西, 광서), 구이저우(贵州, 귀주), 후베이(湖北, 호북), 후난(湖南, 호남), 장시(江西, 강서), 쓰촨(四川, 사천), 시짱(Xizang)동남부, 윈난(云南, 운남), 저장(浙江, 절강), [방글라데시, 부탄, 북인도, 미얀마, 시킴]등으로, 계곡의 산림이나 덤불, 계곡 저수지 또는 산의 경사면 또는 윗부분에 밀집되어 있다.

로스토니수국

학명: *Hydrangea rosthornii* Diels
이명: *Hydrangea aspera* 'Rosthornii'
Hydrangea robusta
중국명: 乐思绣球(le si xiu qiu, 낙사수구)
大枝绣球(da zhi xiu qiu, 대지수구)
원산지: 허난(河南)남부, 후베이(湖北)서부 구이저우(贵州)남부, 윈난(云南)~쓰촨(四川), 후난(湖南) 등
특징

식물형은 낙엽관목 혹은 소교목으로 높이가 400~

600cm 정도이며, 어린 줄기는 네모로 각이 진다. 잎줄기는 3~13cm이다. 잎은 마주나고 난형 또는 타원형으로 길이 9~35cm나 되며, 짙은 녹색이다. 잎 가장자리에는 불규칙한 톱니가 있으며, 잎의 양면에는 털이 있다. **꽃차례는 산방상 취산꽃차례로 황갈색의 털로 덮여 있고 매우 큰 편이고 꽃줄기는 4각형이다. 장식화는 4~5개로 흰색이며, 톱니가 있거나 밋밋하다. 양성화는 파란색 계통~보라색 계통이다.** 자방은 하위이다. 꽃피는 시기는 7~8월, 열매는 삭과로 9~11월에 익는다. 씨앗은 홍갈색으로 양쪽 끝에 짧은 날개가 있다. 야생에서는 해발 700~2800m 산지 계곡 밀림이나 산 뒤 수풀에서도 볼 수 있다.

◉중국고등식물 제 6권, 286쪽

살젠티아나수국

학명: *Hydrangea sargentiana* Rehd.

영명: Sargentiana hydrangea

중국명: 紫彩绣球(zi cai xiu qiu, 자채수구)

원산지: 중국서부 등

특징

식물형은 낙엽관목으로 높이는 90~180cm 정도이며, 곧고 둥글게 자란다. 줄기는 줄 무늬 이외에도 털이 촘촘하며, 시간이 지남에 따라서 수피는 벗겨진다. 잎은 마주나고 긴 타원형으로 부드러운 털이 많으며, 짙은 녹색이다. 잎 가장자리에는 잔잔한 톱니가 있다. **꽃차례는 산방상의 평평한 모양으로 크다. 장식화는 흰색이며, 양성화는 푸른색 계통~보라색 계통으로 많다.** 꽃피는 시기는 7~9월이며, 열매는 삭과로 9~11월에 익는다. 종소명은 저명한 삼림학자이면서 아놀드 수목원 초대관장인 Charles Sprague Sargent(1841~1927)의 이름에서 유래되었으며, 1908년에 중국 중앙부 후베이(湖北, 호북)의 울창한 산림에 도입하였다.

스캔든스수국

학명: *Hydrangea scandens* (L. f.) Ser.

이명: *Hydrangea scandens* (L. f.) Ser. subsp. ***scandens***

영명: Scandens hydrangea

일명: ガクウツギ(額空木, 가쿠우츠기)

원산지: 일본 관동지방남부~시코쿠, 큐슈, 대만 등

특징

식물형은 작은 덩굴성의 관목으로 높이는 100~150(+300)cm 정도이며, 줄기는 옆으로 퍼지면서, 쳐지는 습성이 있다. 잎은 마주나고 금속처럼 광택이 있으며, 넓은 피침형으로 길이 5~9cm이며 짙은 녹색이다. 잎의 끝부분은 매우 뾰족하고, 가장자리는 10개쯤의 톱니가 있다. **꽃차례는 산방상의 평평한 모양이지만 작고 빈약하며 자유분방하게 핀다. 장식화는 흰색으로 3개(드물게 4)이지만, 그 중 1개가 다른 것 들 보다도 크게 되는 경우가 많다. 양성화는 옅은 녹황색으로 끝은 둥글고, 기부에는 돌기가 있다.** [*H. luteovenosa* Koidz]는 본 종과 유사하지만 꽃차례가 소형인 점과 잎이 장타원형으로 가늘고 길고, 잎맥을 따라 황녹색인 것과, 꽃잎이 끝이 갈라지는 점 등이 다르다. 꽃피는 시기는 5~6월이다. 일본의 고유종* 이다.

아종스캔든스수국

학명: *Hydrangea scandens* subsp. ***chinensis*** (Maxim.) McClint.

이명: *Hydrangea lobbii* Maximowicz

특징

식물형은 반 상록성 또는 낙엽관목으로 높이는 100~180cm 정도이며, 줄기는 부드러워서 잘 휘어지는 편이다. 잎은 마주나고 넓은 피침형으로 모양과 크기도 다양하고 녹색이다. 잎 가장자리에는 잔잔한 톱니가 있다. **꽃차례는 산방상의 평평한 모양이며, 장식화는 4개로 흰색 또는 옅은 푸른색으로 톱니가 있는 것도 보인다. 양성화는 크림색 계통~노란색이다.** 꽃피는 시기는 5~7월이다. 이 아종(亞種)은 광범위한 지리적 분포로 인해 변화가 심하다고 볼 수 있다. 중국, 필리핀 제도, 류큐 제도, 대만 및 미얀마의 많은 지역에 서식하고, 일본 야쿠시마 섬에서 볼 수 있다.

류큐엔시스수국

학명: *Hydrangea scandens* subsp. ***liukiuensis***
(Nakai) McClint.

이명: *Hydrangea luteovenosa*

일명: リューキューエンシス(琉球紺照り木, 류큐콤데리기)

원산지: 일본(류큐, 큐슈, 시코쿠) 등

특징

식물형은 낙엽관목으로 높이는 60~80cm 정도이며, 줄기는 늘어지며 가파른 경사면에서 낮게 자란다. 잎은 좁은 버드 나무 모양으로 빽빽하게 나며 작다. 잎 가장자리에는 억센 톱니가 있다. 종종 잎맥을 따라 노란색 띠와 적갈색 무늬가 있다. **꽃차례는 산방상의 작은 취산꽃차례로 평평한 모양이다. 장식화는 전혀 없으며, 양성화의 꽃잎이 큰 것은 마치 장식화처럼 보이며, 흰색으로 나타나다가 시간이 지남에 따라 노란색 계통으로 변한다.** *Hydrangea scandens* 와 매우 밀접한 관련이 있고, 차이점은 두꺼운 잎과 몇 개의 장식화가 있다는 점이 다르다. 예전에는 *H. luteovenosa* 였으나, 현재는 *H. scandens* subsp. *liukiuensis*로 분류하고 있다. 오키나와 고유종이다.

심마니수국

학명: *Hydrangea seemannii* Riley

영명: Seemannii hydrangea

원산지: 멕시코 등

특징

식물형은 상록덩굴식물 또는 관목으로 길이는 200~1000cm 정도로 자란다. 어린 줄기에는 부드러운 갈색 털이 있다. 잎자루는 길며 부드러운 털이 있다. 잎은 상록성이며 윗면은 광택이 나며 뒷면은 약간 부드러운 털이 있으며 짙은 녹색이다. **꽃차례는 산방상의 원뿔 모양 비슷하다. 장식화는 보통 흰색이며, 양성화도 털이 많으며 흰색으로 핀다.** *Hydrangea seemannii* 는 *H. oerstedtii*와 혼동 될 수 있지만 흰색 꽃으로 쉽게 알 수 있다. 꽃피는 시기는 여름이며, 햇볕에 자라지만 촉촉한 토양과 약간의 그늘을 선호하며, 꿀벌과 나비에게 특히 매력적이다. 이 희귀종(稀貴種, rare species)* 은 멕시코의 산에 서식한다. 이 종을 재배하고 있는 *H. Cornidia*의 몇 종(種) 중에서 하나로 Neil Treseder에 의해 1985년에 소개되었다. 미국 캘리포니아 주 샌프란시스코에 있는 Strybing Arboretum에는 거대한 식물이 있다.

산수국

학명: *Hydrangea serrata* (Thunb.) Ser.

이명: *Hydrangea macrophylla* (Thunb.) Ser. subsp. ***serrata*** (Thunb.) Makino

Hydrangea macrophylla var. ***normalis***

영명: Mountain hydrangea, Tea of Heaven hydrangea

일명: ヤマアジサイ(야마아지사이)

별명: コガク, サワアジサイ(코가쿠, 사와아지사이)

원산지: 한국과 일본의 산간지역 등

특징

식물형은 낙엽관목으로 높이는 50~120(+150)cm 정도이며, 줄기가 잘 자라지만 큰 잎 수국에 비교해서 가늘다. 잎은 마주나고 광택이 없는 편이고, 긴 타원형~약간 피침형이며, 가장자리는 종종 붉은색을 띠고, 톱니가 있다. 잎 끝은 꼬리 모양으로 길며 *H. macrophylla*보다 뾰족하고, 잎 아래는 밋밋하게 붙는다. 잎에는 누운 털이 있는 것도 있다. **꽃차례는 주로 산방상의 평평한 모양이고, 진정한 종(種)의 재배는 드물지만, 많은 품종(品種)들이 활발하게 거래되고 있다. 실제로 장식화의 꽃잎은 식물학에서는 꽃받침 잎이지만 꽃잎처럼 보여서 이 책에서는 꽃잎으로 하였다. 장식화는 흰색 또는 담청색으로 때로는 홍색을 띠고 있으며, 거의 장식화뿐인 품종도 드물게 자생한다.** 동의어로 알고 있는 *H. serrata* 'Japonica'와 *H. japonica* Siebold의 일본 이름은 '야마아지사이' 또는 '에조아지사이'다. 에조아지사이의 특징은 잎이 크고 부드러워 충해를 입기 쉽다. 또 '*macrophylla*' 다음으로 꽃이 크고, 투명한 느낌의 파란색이 특징이다. 장식화가 뒤집히는 것은 꽃가루받이가 끝났다는 뜻이며, 또한 햇볕이 강하면 붉은 기미를 띤다. *H. serrata*의 품종은 오랫동안 존재해 왔으며, 수국의 아종(亞種)이나 변종(變種)으로 분류하는 경우도 많았었다. 본 종(種)은 형태가 매우 다양하고 일본에서는 야마아지사이 이외에도 에조아지사이, 아마기아마챠 등이 지방에 따라서 변종(變種)으로 나누기도 한다. 아마도 다른 품종과 교잡했을 가능성이 많으므로, 이를 정확히 정의할 수 있을 때까지 *H. serrata*를 별도의 종으로 취급되었지만, 현재에는 하나의 종(種)으로 분류하고 있다. 또한 산수국의 일부 품종에서 꽃의 색깔은 토양의 pH에 의해서 결정된다. 일반적으로 pH가 5.0 미만이면 깊고 선명한 파란색, pH가 오르면 파색에서 라벤더색, 보라색, pH 7.0(중성)에서는 선명한 분홍색으로 된다. pH는 토양에서 황산알루미늄의 가용성을 결정한다. 인 성분은 토양에서 황산알루미늄을 묶기 때문에, 분홍색 꽃을 원하는데 토양이 산성이면 석회를 첨가하여 pH를 높이고 균형 잡힌 비료를 사용한다. 파란색 꽃이 필요하면 황산알루미늄으로 pH를 낮춘다. 꽃이 빨리 피우고 싶으면 인 성분이 많은 비료를 공급한다. 산수국은 오래전부터 지금까지 새로 발견되며, 새로운 품종개발이 활발하지만, 원산지는 주로 한국과 일본의 산지 등에서 여전히 많이 보인다. 일본에서는 신품종등록이 비교적 체계적으로 이루어져있지만, 한국에서는 산지에서 발견되고 있는 종이나, 신품종 등록이 제대로 이루어져 있지 않는 점이 아쉬운 현실이다.

H. serrata 한택식물원

재배방법

토양: 비옥하고 부식질이 풍부하며 물 빠짐이 좋고 촉촉한 토양

높이와 넓이: 50~120(+150)cm/100~200cm

일조량과 물주기: 부분그늘~부분햇볕/보통이지만 북쪽에서는 완전한 햇볕, 남쪽에서는 오후 그늘이 필요하다. 덥고 건조한 땅에 노출되는 것을 금지한다.

번식법: 꺾꽂이, 휘묻이, 포기나누기, 씨뿌리기 등

가지치기: 둥근 모양으로 피는 산수국일 경우에 온화한 지역에서는 꽃이 만발한 후 시든 꽃차례는 개화 직후 제거될 수 있지만, 새싹의 성장이나 서리로부터 보호하기 위해 겨울 동안 식물에 그대로 두는 것이 가장 좋다. 이른 봄에 죽은 꽃차례를 제거하고, 줄기를 강하고 건강한 새싹으로 자른다. 평평한 모양은 꽃이 만발한 후에 시든 꽃차례는, 꽃 아래 두 번째 마디를 잘라, 식물의 에너지를 흡수하는 종자 발달을 방지할 수 있다. 작년의 성장이나 오래된 나무에 꽃이 피고 늦 여름에 가지치기를 하면 좋다.

내한성: −18°~−23℃가 좋지만 −23℃이하에서는 뿌리보호가 필요하다. 일반적으로 강건하지만 어린 식물은 늦 서리에 죽을 수도 있다. 뿌리 덮개는 수분을 보존하고 토양 온도를 완충한다.

병해충: 공기순환이 잘 되지 않는 습한 곳에서는 잎이 흰 가루 병에 감염되기 쉽고, 또는 다른 곰팡이에 감염된 잎이나 잎 반점이 생긴 잎을 긁어모아 파괴해야한다.

용도: 정원용, 화분용, 울타리, 강조용, 절화용, 말린꽃 등

아쿠미나타산수국

학명: *Hydrangea serrata* 'Acuminata'

이명: *Hydrangea acuminata* Sieb.

Hydrangea buergeri Nakai

Hydrangea fertilis Nakai

Hydrangea coreana Lee

영명: Acuminata serrata hydrangea

일명: アクミナタ(아쿠미나타)

특징

식물형은 낙엽관목으로 높이는 80~150cm 정도이며, 일반적으로 줄기는 가는 편이다. 잎은 마주나며, 약간 긴 타원형으로, 끝은 뾰족하고, 가장자리는 톱니가 있다. **꽃차례는 산방상의 평평한 모양으로 작은 편이고, 장식화는 흰색~옅은 파란색 계통으로 주변을 둘러싸고, 양성화는 옅은 보라색 계통이다.** '블루버드'와 약간의 혼동도 있지만, '블루버드'는 양성화가 더 많다. 꽃피는 시기는 5~7월이며, 열매는 삭과로 8~9월에 익는다.

H. serrata 'Acuminata' 무제치늪

아이히메산수국

학명: *Hydrangea serrata* 'Aihime'

영명: Aihime serrata hydrangea

일명: アイヒメ(아이히메, 藍姬)

특징

식물형은 낙엽관목으로 높이는 50~80cm 정도이며, 줄기는 갈색을 띤다. 잎은 마주나며, 난상 피침형으로 녹색이지만, 햇볕을 받으면 가장자리가 붉게 되기도 한다. 잎 가장자리는 깊은 톱니가 있고, 끝은 뾰족한 편이다. **꽃차례는 산방상의 평평한 모양이며, 장식화는 큰 편으로 흩어지고 화려하며, 바깥쪽으로 고리를 형성한다. 양성화는 비옥한 작은 꽃들로 이루어진다.** 꽃피는 시기는 5~7월이며, 열매는 삭과로 8~9월에 익는다.

H. serrata 'Aihime' 강원도 미천골

H. serrata 'Aihime' 하코네싯세이카엔

H. serrata 'Aihime' 바람의 언덕

H. serrata 'Aihime' 토시마엔

H. serrata 'Aihimenishiki' 조가사키

H. serrata 'Aihime' 하코네고라식물원

H. serrata 'Aihimenishiki' 시즈오카고텐바농장

아이히메니시키산수국

학명: *Hydrangea serrata* 'Aihimenishiki'

영명: Aihimenishiki serrata hydrangea

일명: アイヒメニシキ(아이히메니시키, 藍姫錦)

특징

식물형은 낙엽관목으로, 높이는 50~100cm 정도이며, 줄기는 갈색을 띤다. 잎은 마주나며, 긴 타원형으로 녹색이지만, 잎 몸에 노란색의 얼룩무늬가 들어 있는 것이 특징이다. 잎 가장자리는 톱니가 있고, 끝은 뾰족한 편이다. **꽃차례는 산방상의 평평한 모양으로 장식화는 3~5개로 화려하며, 바깥쪽으로 고리를 형성한다. 양성화도 같은 색깔이다.** 꽃피는 시기는 5~7월이며, 열매는 삭과로 8~9월에 익는다.

아카바나야마산수국

학명: *Hydrangea serrata* 'Akabanayama'

영명: Akabanayama serrata hydrangea

일명: アカバナヤマ(아까바나야마, 赤花山)

특징

식물형은 낙엽관목으로 높이는 60~100cm 정도이며, 줄기는 가는 편이다. 잎은 마주나며, 타원형으로 녹색이지만 차차 단풍이 든다. 잎 가장자리는 톱니가 있고, 끝은 뾰족하다. **꽃차례는 산방상의 평평한 모양으로 장식화는 3~5개로 화려하고, 분홍색 계통이지만 차차 짙어지고, 양성화도 비슷한 색깔이다.** 꽃피는 시기는 5~7월이며, 열매는 삭과로 8~9월에 익는다.

H. serrata 'Akabanayama' 시카고식물원

H. serrata 'Akishinotemari' 토시마엔

H. serrata 'Akabanayama' 시카고식물원

H. serrata 'Akishinotemari' 다카하다후도산

아끼시노테마리산수국

학명: *Hydrangea serrata* 'Akishinotemari'

영명: Akishinotemari serrata hydrangea

일명: アキシノテマリ(아끼시노테마리, 秋篠てまり)

특징

식물형은 낙엽관목으로 높이는 50~80cm 정도로 느리게 자라며, 줄기는 약간 굽는다. 잎은 마주나며, 타원형으로 녹색이다. 잎 가장자리는 톱니가 있고, 끝은 뾰족한 편이다. **꽃차례는 산방상의 공 모양으로 피며, 장식화는 밝는 보라색으로 눈에 띄며, 다소 큰 편이다. 양성화도 비슷한 색깔이다.** 꽃피는 시기는 6~8월이며, 열매는 삭과로 8~9월에 익는다. '테마리' 공처럼 생긴데서 붙여진 이름이다.

아라유후지산수국

학명: *Hydrangea serrata* 'Alayufuji'

영명: Alayufuji serrata hydrangea

일명: アラユフジ(아라유후지, 新湯富士)

특징

식물형은 낙엽관목으로 높이는 60~100cm 정도이며, 줄기는 곧다. 잎은 마주나며, 길고 좁으며, 녹색이다. 잎 가장자리는 톱니가 있고, 끝은 뾰족한 편이다. **꽃차례는 산방상의 평평한 모양으로 장식화는 3~5개로 옅은 푸른색의 청량감이 있으며, 양성화도 비슷한 색으로 작은 꽃들로 이루어진다.** 꽃피는 시기는 5~7월이며, 열매는 삭과로 8~9월에 익는다.

H. serrata 'Alayufuji' 고민가뮤지엄

아마차산수국(감차)

학명: *Hydrangea serrata* 'Amacha'

영명: Amacha serrata hydrangea

일명: アマチャ(아마차, 甘茶)

특징

식물형은 낙엽관목으로 높이는 50~100cm 이상으로 자라며, 줄기는 곧은 편이다. 잎은 마주나며, 피침형으로, 녹색이지만 햇볕이 강하게 닿으면 잎의 색깔이 변한다. 잎 가장자리는 톱니가 있고, 끝은 뾰족하다. 잎에 단맛이 나므로 차 잎으로 이용된다. **꽃차례는 산방상의 평평한 모양이며, 장식화는 흰색~옅은 파란색이고, 양성화도 비슷한 색깔이다.** 꽃피는 시기는 6~8월이며, 열매는 삭과로 8~9월에 익는다. 산수국에는 '감차'의 성분이 있는 피로즈루친 배당체(配糖體)[*]의 함량이 많은 계통이 있고, '감차' 생산을 목적으로 재배하기도 하고 이것을 특히 '아마차'라고 부르는 일도 있다. 또한 잎에 단맛을 지닌 것으로 다양한 종류가 있다.

H. serrata 'Amacha' 토시마엔

H. serrata 'Amacha' 토시마엔

아마기아마차산수국

학명: *Hydrangea serrata* 'Amagiamacha'

이명: *Hydrangea serrata* var. ***angustata*** Franch. & Savatier

H. serrata var. ***angustata*** Makino

H. serrata subsp. ***angustata*** Sugimoto

영명: Amagiamacha serrata hydrangea

일명: アマギアマチャ(아마기아마차, 天城甘茶)

특징

식물형은 낙엽관목으로 높이는 60~100cm 정도이며, 줄기는 잘 분지하며 부드럽다. 잎은 마주나며, 약간 가늘고 긴 독특한 모양으로 매우 부드러운 촉감이 있으며, 노르스름한 중늑(中肋, middle veined)[*]이 잘

나타나 보이는 특징이 있으며, 햇볕이 강하게 닿으면 잎의 색깔이 붉게 변한다. 잎 가장자리는 톱니가 있고, 끝은 뾰족하다. **꽃차례는 큰 편으로 산방상의 평평한 모양이며, 장식화는 3~4개로 별 모양으로 순백색이며, 양성화도 흰색 계통이다.** 시간이 지나면서 열은 분홍색으로 변한다. 꽃피는 시기는 5~8월로 빠르며, 열매는 삭과로 8~9월에 익는다. 일본의 天城山(아마기야마)에서 자생한 산수국으로 마키노(Makino)에 의해서 학명이 붙여졌고, 그 주변의 절에서 차로써 마셨다고 전해진다. 잎에 단맛이 없는 것도 있다고 한다.

◉ 이두반도의 특산으로 잎이 작고 길이 10cm 이하로 피침형이고 단맛이 강하다.

H. serrata 'Amagiamacha' 바람의 언덕

아오아마차산수국

학명: ***Hydrangea serrata* 'Aoamacha'**

영명: Aoamacha serrata hydrangea

일명: アオマチャ(아오아마차, 青甘茶)

특징

식물형은 낙엽관목으로 높이는 50~80cm 정도로 느리게 자라며, 줄기는 부드럽다. 잎은 마주나며, 타원형으로 녹색이다. 잎 가장자리는 톱니가 있고, 끝은 뾰족하다. **꽃차례는 산방상의 평평한 모양이며, 장식화는 여러 겹이며 밝는 보라색이다. 양성화는 잘 보이지 않는다.** 꽃의 색깔은 토양 성분에 따라서 다르다. 꽃피는 시기는 6~8월이며, 열매는 삭과로 8~9월에 익는다.

H. serrata 'Aoamacha' 조가사키

아오바노후에산수국

학명: ***Hydrangea serrata* 'Aobanohue'**

영명: Aobanohue serrata hydrangea

일명: アオバノフエ(아오바노후에, 青葉の笛)

특징

식물형은 낙엽관목으로 높이는 50~80cm 정도로 느리게 자라며, 줄기는 약한 편이다. 잎은 마주나며, 타원형으로 녹색이다. 잎 가장자리는 톱니가 있고, 끝은 뾰족한 편이다. **꽃차례는 산방상의 평평한 모양이며, 장식화는 밝는 보라색으로 눈에 띄며, 다소 큰 편이다. 양성화는 옅은 색이다.** 꽃이 피기 시작하면 분홍색 계통과 파란색 계통으로 나누어지는 일이 있다고 한다. 꽃피는 시기는 6~8월이며, 열매는 삭과로 8~9월에 익는다.

H. serrata 'Aobanohue' 고민가뮤지엄

아오쿠모산수국

학명: *Hydrangea serrata* 'Aokumo'

영명: Aokumo serrata hydrangea

일명: アオクモ(아오쿠모, 靑雲)

특징

식물형은 낙엽관목으로 높이는 60~90cm 정도이며, 줄기에는 피목이 나타난다. 잎은 마주나며, 타원형으로 밝은 녹색이지만 차차 단풍이 든다. 잎 가장자리는 톱니가 있고, 끝은 뾰족한 편이다. **꽃차례는 산방상의 평평한 모양이며, 장식화는 밝는 파란색 계통이고 가끔 톱니도 보인다. 양성화는 보라색 계통이다.** 꽃피는 시기는 5~7월이며, 열매는 삭과로 8~9월에 익는다.

H. serrata 'Aokumo' 하코네싯세이카엔

아시안뷰티산수국

학명: *Hydrangea serrata* 'Asian beauty'

영명: Asian beauty serrata hydrangea

일명: アジアンビューティー(아시안뷰티)

시리즈: 아시안뷰티(일본오오에카인육종)

특징

식물형은 낙엽관목으로 높이는 80~120cm 정도이며, 줄기에는 가끔 피목이 나타난다. 잎은 마주나며 두텁고, 긴 타원형으로 녹색이지만, 잎 가장자리는 톱니가 있고, 끝은 뾰족하다. **꽃차례는 산방상의 평평한 모양이며, 장식화는 밝는 보라색 계통으로 눈에 띄고, 양성화도 조금 나타난다.** 꽃 피는 시기는 6~7월이며, 열매는 삭과로 8~9월에 익는다. 산수국과 수국의 교배종으로 알려져 있으며, 지바현의 오오에카인(大榮花園)에서 육종하였다.

H. serrata 'Asian beauty' 하코네싯세이카엔

아시안뷰티크라라산수국

학명: *Hydrangea serrata* 'Asian beauty kurara'

영명: Asian beauty kurara serrata hydrangea

일명: アシアンビューティークララ(아시안뷰티쿠라라)

시리즈: 아시안뷰티(일본오오에카인육종)

특징

식물형은 낙엽관목으로 높이는 80~120cm 정도이

며, 엉성한 피목이 나타난다. 잎은 마주나며 두텁고, 긴 타원형으로 녹색이지만, 잎 가장자리는 톱니가 있고, 끝은 뾰족하다. **꽃차례는 산방상의 평평한 모양으로 피며, 장식화는 밝는 보라색 계통으로 눈에 띄며, 다소 큰 편이다. 양성화는 보라색이다.** 꽃 피는 시기는 6~7월이며, 열매는 삭과로 8~9월에 익는다. 산수국과 수국의 교배종으로 알려져 있으며, 지바현의 오오에카인(大榮花園)에서 육종하였다. 이 이외에도 아시안뷰티 시리즈에는 다양한 품종들이 있다.

H. serrata 'Asian beauty kurara' 하코네싯세이카엔

H. serrata 'Awamurasaki' 다카하다후도산

H. serrata 'Awamurasaki' 토시마엔

아와무라사키산수국

학명: *Hydrangea serrata* 'Awamurasaki'

영명: Awamurasaki serrata hydrangea

일명: アワムラサキ(아와무라사키, 阿波紫)

특징

식물형은 낙엽관목으로 높이는 50~70cm 정도이며, 줄기는 휘어지듯 하다. 잎은 마주나며, 약간 길며 작고 녹색이지만, 햇볕이 강하게 닿으면 거무스름해진다. 잎 가장자리는 톱니가 있고, 끝은 뾰족하다. **꽃차례는 산방상의 평평한 모양으로 피며, 장식화는 3~4개의 보라색으로 드문드문 피며, 양성화도 옅은 보라색 계통이다. 잎의 크기에 비해 꽃차례는 큰 편이다.** 꽃피는 시기는 5~7월로 좀 빠른 편이며, 열매는 삭과로 7~9월에 익는다.

아야산수국

학명: *Hydrangea serrata* 'Aya'

영명: Aya serrata hydrangea

일명: アヤ(아야, 綾)

특징

식물형은 낙엽관목으로 높이는 80~100cm 정도이며, 줄기는 제멋대로다. 잎은 마주나며, 긴 타원형으로, 잎 가장자리는 톱니가 있고, 끝은 약간 뾰족하다. **꽃차례는 산방상의 흩어진 공 모양으로, 장식화는 겹으로 많이 피며 꽃자루가 길며 흰색~옅은 분홍색이다. 양성화는 잘 보이지 않는다.** 꽃피는 시기는 6~8월이며, 열매는 삭과로 10~11월에 익는다. 일본의 '마츠에다아끼라'씨가 산중 온천 남쪽에서 발견했다.

H. serrata 'Aya' 고민가뮤지엄

아야히메산수국

학명: *Hydrangea serrata* 'Ayahime'

영명: Ayahime serrata hydrangea

일명: アヤヒメ(아야히메, 綾姫)

특징

식물형은 낙엽관목으로 높이는 50~80cm 정도이며, 줄기는 휘어지며 엉성한 피목이 나타난다. 잎은 마주나며, 긴 타원형으로, 잎 가장자리는 톱니가 있고, 끝은 뾰족하다. **꽃차례는 산방상의 흩어진 모양으로, 장식화는 파란색 계통으로 피며 가끔 톱니도 보인다. 양성화는 많은 편이며 장식화와 비슷한 색깔이다.** 꽃피는 시기는 6~7월이며, 열매는 삭과로 8~9월에 익는다.

H. serrata 'Ayahime' 하코네싯세이카엔

아야나미산수국

학명: *Hydrangea serrata* 'Ayanami'

영명: Ayanami serrata hydrangea

일명: アヤナミ(아야나미, 綾波)

특징

식물형은 낙엽관목으로 높이는 80~100cm 정도이며, 줄기는 곧다. 잎은 마주나며, 타원형으로 작고 녹색이다. 잎 가장자리는 톱니가 있고, 끝은 뾰족한 편이다. **꽃차례는 산방상의 공 모양이고 장식화는 겹으로 밝은 보라색이 눈에 띄며, 다소 큰 편이다. 장식화가 다 피면 비뚤어진 공처럼 보인다. 양성화는 잘 보이지 않는다.** 꽃피는 시기는 6~8월이며, 열매는 삭과로 8~9월에 익는다.

H. serrata 'Ayanami' 핫세데라

베니바나야마산수국

학명: *Hydrangea serrata* 'Benibanayama'

영명: Benibanayama serrata hydrangea

일명: ベニバナヤマ(베니바나야마, 紅花やま)

특징

식물형은 낙엽관목으로 높이는 70~100cm 정도이며, 줄기는 약하다. 잎은 마주나며, 약간 긴 타원형으

로 녹색이지만, 햇볕이 강하게 닿으면 불그스름해진다. 잎 가장자리는 톱니가 있고, 끝은 뾰족하다. **꽃차례는 산방상의 평평한 모양이며, 장식화는 3~4개로 흰색으로 나타나지만, 시간이 지남에 따라서 분홍색~홍색으로 변하며 끝이 약간 뾰족하다. 양성화는 분홍색 계통이다.** 꽃피는 시기는 6~8월이며, 열매는 삭과로 8~9월에 짙은 갈색으로 익는다. '베니'는 붉다는 뜻이다.

H. serrata 'Benibanayama' 강원도미천골

베니푸우샤산수국

학명: *Hydrangea serrata* 'Benifuusha' (Thunb.) Ser.

영명: Benifuusha serrata hydrangea

일명: べニフウシャ(베니푸우샤, 紅風車)

특징

식물형은 낙엽관목으로 높이는 50~70cm 정도이며, 줄기는 곧은 편이다. 잎은 마주나며, 약간 긴 타원형으로 작고 녹색이다. 잎 가장자리는 톱니가 있고, 끝은 뾰족하다. **꽃차례는 산방상의 평평한 모양이며, 장식화는 3~4개로, 옅은 분홍색~홍색으로 드문드문 피며, 양성화는 보라색 계통이다. 바람이 불면 꽃잎이 회전하기도 한다.** 꽃피는 시기는 5~6월이며, 열매는 삭과로 7~9월에 익는다.

H. serrata 'Benifuusha' 시카고식물원

베니가쿠산수국

학명: *Hydrangea serrata* 'Benigaku'

영명: Benigaku serrata hydrangea

일명: べニガク(베니가쿠, 紅額)

특징

식물형은 낙엽관목으로 높이는 100~125cm 정도이며, 줄기는 곧은 편이다. 잎은 마주나며, 약간 긴 타원형으로 녹색이지만, 햇볕이 강하게 닿거나 가을이 되면 잎의 색깔이 청자색으로 변한다. 잎 가장자리는 톱니가 있고, 끝은 뾰족하다. **꽃차례는 산방상의 평평한 모양이며, 장식화는 3~4개로 톱니가 있는 것도 보이며, 흰색으로 나타나지만 시간이 지나면서 가장자리부터 빠르게 분홍색~홍색으로 변한다. 양성화도 옅은 색이다.** 꽃피는 시기는 6~8월이며, 열매는 삭과로 8~9월에 익는다.

H. serrata 'Benigaku' 핫세데라

베니무라사키산수국

학명: *Hydrangea serrata* 'Benimurasaki'

영명: Benimurasaki serrata hydrangea

일명: ベニムラサキ(베니무라사키, 紅紫)

특징

식물형은 낙엽관목으로 높이는 50~80cm 정도로 느리게 자라며, 줄기는 곧은 편이다. 잎은 마주나며, 타원형으로 작고, 녹색이다. 잎 가장자리는 톱니가 있고, 끝은 뾰족한 편이다. **꽃차례는 산방상의 평평한 모양이다. 장식화는 4~5개로 밝은 보라색~짙은 자주색으로, 다소 큰 편이지만 잘 달리지 않는 것이 특징이기도 하다. 양성화도 비슷한 색깔이다.** 꽃피는 시기는 6~8월이며, 열매는 삭과로 8~9월에 익는다.

H. serrata 'Benimurasaki' 바람의 언덕

베니니시키산수국

학명: *Hydrangea serrata* 'Beninishiki'

영명: Beninishiki serrata hydrangea

일명: ベニニシキ(베니니시키, 紅錦)

특징

식물형은 낙엽관목으로 높이는 50~80cm 정도이며, 줄기는 가는 편이다. 잎은 마주나며, 타원형으로 녹색 계통이며 얼룩무늬가 특징이다. 잎 가장자리는 톱니가 있고, 끝은 뾰족한 편이다. **꽃차례는 산방상의 평평한 모양이다. 장식화는 4~5개로 분홍색 계통이며, 양성화도 비슷한 색깔이다.** 꽃피는 시기는 6~8월이며, 열매는 삭과로 8~9월에 익는다.

H. serrata 'Beninishiki' 다카하다후도산

베니테마리산수국

학명: *Hydrangea serrata* 'Benitemari'

영명: Benitemari serrata hydrangea

일명: ベニテマリ(베니테마리, 紅てまり)

특징

식물형은 낙엽관목으로 높이는 60~80cm 정도이며, 줄기는 곧은 편이다. 잎은 마주나며, 약간 긴 타원형으로 녹색이지만, 햇볕이 강하게 닿으면 잎의 색깔이 거무스름해진다. 잎 가장자리는 톱니가 있고, 끝은 뾰족하다. **꽃차례는 산방상의 공 모양으로 피며, 장식화는 많으며, 톱니가 약간 있는 흰색~옅은 분홍색, 또는 옅은 청색으로 피며, 햇볕에 닿으면 차차 붉게 된다. 양성화는 잘 보이지 않는다.** 꽃피는 시기는 6~8월이며, 열매는 삭과로 8~9월에 익는다.

H. serrata 'Benitemari' 다카하다후도산

H. serrata 'Benitsurugi' 조가사키

베니츠루기산수국

학명: *Hydrangea serrata* 'Benitsurugi'

영명: Benitsurugi serrata hydrangea

일명: ベニツルギ(베니츠루기, 紅劍)

특징

식물형은 낙엽관목으로 높이는 60~70cm 정도이며, 줄기는 곧은 편이다. 잎은 마주나며, 넓은 피침형으로 녹색이지만, 햇볕이 강하게 닿으면 청자색으로 변한다. 잎 가장자리는 톱니가 있고, 끝은 뾰족하다. **꽃차례는 산방상의 평평한 모양이며, 장식화는 3~5개로 옅은 파란색 계통으로, 양성화는 많은 편이다.** 꽃피는 시기는 5~7월로 빠른 편이며, 열매는 삭과로 8~9월에 익는다.

H. serrata 'Benitsurugi' 하코네싯세이카엔

베니얏코산수국

학명: *Hydrangea serrata* 'Beniyakko'

영명: Beniyakko serrata hydrangea

일명: ベニヤッコ(베니얏코, 紅奴)

특징

식물형은 낙엽관목으로 높이는 50~80cm 정도이며, 줄기는 곧다. 잎은 마주나며, 타원형으로 녹색이다. 잎 가장자리는 톱니가 있고, 끝은 뾰족한 편이다. **꽃차례는 산방상의 평평한 모양이다. 장식화는 3~5개로 적자색이며 통 모양으로 만곡(彎曲)하면서 피고, 양성화도 옅은 색으로 작은 꽃들로 이루어진다.** 꽃피는 시기는 6~8월이며, 열매는 삭과로 8~9월에 익는다.

H. serrata 'Beniyakko' 바람의 언덕

베니야마산수국

학명: *Hydrangea serrata* 'Beniyama'

영명: Beniyama serrata hydrangea

일명: ベニヤマ(베니야마, 紅やま)

특징

식물형은 낙엽관목으로 높이는 100~125cm 정도이며, 줄기에는 피목이 보인다. 잎은 마주나며, 긴 타원형으로 녹색이지만, 햇볕이 강하게 닿으면 불그스름해진다. 잎 가장자리는 톱니가 있고, 끝은 뾰족하다. **꽃차례는 산방상의 평평한 모양이며, 장식화는 3~4개로 흰색이지만 시간이 지남에 따라서 밝은 붉은색으로 변하고, 그늘에서 자라면 흰색~옅은 색 계통이다. 양성화는 흰색 계통이다.** 꽃피는 시기는 6~8월이며, 열매는 삭과로 8~9월에 짙은 갈색으로 익는다. 가끔씩 '베니가쿠'와 혼동하기도 한다. RHS (AGM)을 수상했다.

H. serrata 'Beniyama' 토시마엔

줄기는 곧은 편이다. 잎은 마주나며, 타원형으로 녹색이지만, 얼룩무늬가 특징이다. 잎 가장자리는 톱니가 있고, 끝은 뾰족하다. **꽃차례는 산방상의 평평한 모양이며, 장식화는 3~4개로 옅은 파란색 계통으로, 양성화는 비슷한 색깔이다.** 꽃피는 시기는 5~7월로 빠른 편이며, 열매는 삭과로 8~9월에 익는다.

H. serrata 'Beniyamafuiri' 조가사키

H. serrata 'Beniyamafuiri' 조가사키

베니야마휘이리산수국

학명: *Hydrangea serrata* 'Beniyamafuiri'

영명: Beniyamafuiri serrata hydrangea

일명: ベニヤマフイリ(베니야마후이리, 紅山斑入)

특징

식물형은 낙엽관목으로 높이는 60~70cm 정도이며,

베니야마테마리산수국

학명: *Hydrangea serrata* 'Beniyamatemari'

영명: Beniyamatemari serrata hydrangea

일명: ベニヤマテマリ(베니야마테마리, 紅山てまり)

특징

식물형은 낙엽관목으로 높이는 60~70cm 정도이며,

줄기는 곧은 편이다. 잎은 마주나며, 타원형으로 녹색이다. 잎 가장자리는 톱니가 있고, 끝은 뾰족하다. **꽃차례는 산방상의 공 모양이다. 장식화는 옅은 분홍색 계통이고, 양성화는 잘 보이지 않는다.** 꽃피는 시기는 5~7월로 빠른 편이며, 열매는 삭과로 8~9월에 익는다.

H. serrata 'Beniyamatemari' 조가사키

H. serrata 'Besshitemari' 하코네싯세이카엔

벳시테마리산수국

학명: *Hydrangea serrata* 'Besshitemari'

영명: Besshitemari serrata hydrangea

일명: ベッシテマリ(벳시테마리, 別子てまり)

특징

식물형은 낙엽관목으로 높이는 50~70cm 정도이며, 줄기는 부드럽다. 잎은 마주나며, 약간 긴 타원형으로 아래로 쳐지는 편이고 녹색이다. 잎 가장자리는 톱니가 있고, 끝은 뾰족하다. **꽃차례는 산방상의 공 모양이며, 장식화의 꽃잎 3~4개로 많고, 둥글며 가장자리에는 톱니가 있는 것도 보인다. 색깔은 밝은 라일락색이고, 양성화는 드문드문 흩어져 있고 비슷한 색깔이다.** 꽃피는 시기는 5~7월로 빠른 편이며, 열매는 삭과로 8~9월에 익는다.

H. serrata 'Besshitemari' 토시마엔

블루베리치즈케익산수국

학명: *Hydrangea serrata* 'Blueberry Cheesecake'

영명: Blueberry Cheesecake serrata hydrangea

품종명: 블루베리치즈케익(미국육종)

특징

식물형은 낙엽관목으로 높이는 60~90cm 정도이며, 줄기는 곧다. 잎은 마주나며, 타원형으로 밝은 녹색이지만, 가을에 단풍이 든다. 잎 가장자리는 톱니가 있고, 끝은 뾰족한 편이다. **꽃차례는 산방상의 평평한 모양이며, 장식화는 노란색 중심이 나타나는 밝은 보**

라색~파란색 계통으로 눈에 띄며, 다소 큰 편으로 톱니도 나타나며 반쯤 겹으로 핀다. 양성화도 비슷한 색이다. 강하고 다시 피는 수국으로 오래된 나무와 새 나무에 꽃이 피는 특징이 있다. 꽃피는 시기는 6~8월이며, 열매는 삭과로 8~9월에 익는다.

H. serrata 'Bluebillow' 시카고식물원

블루빌로우산수국

학명: *Hydrangea serrata* 'Bluebillow'
영명: Bluebillow serrata hydrangea
품종명: 블루빌로우
특징

식물형은 낙엽관목으로 높이는 90~150cm 정도이며, 줄기는 곧다. 잎은 마주나며, 약간 긴 타원형으로 밝은 녹색이지만, 가을에는 단풍이 든다. 잎 가장자리는 다소 불규칙하면서 깊은 톱니가 있고, 끝은 뾰족하다. **꽃차례는 산방상의 평평한 모양이며, 장식화는 4~5개로 많고, 둥글며 가장자리에는 톱니가 있는 것도 보이며, 밝은 라일락색~짙은 홍색 계통으로 화려하고, 시간이 지남에 따라서 깊은 진홍색으로 변한다. 양성화는 많은 편이다.** 꽃피는 시기는 6~8월이며, 열매는 삭과로 8~9월에 익는다.

◉ 이 품종의 부모는 한국 산의 수풀이 우거진 경사면에서 자라는 것이 발견되어 Blue Billow의 뛰어난 강인함을 말한다.

H. serrata 'Bluebillow' 시카고식물원

블루버드산수국

학명: *Hydrangea serrata* 'Bluebird'
영명: Bluebird serrata hydrangea
일명: ブルーバード(브루바도)
중국명: 藍鳥(Lan niao, 남조)
특징

식물형은 낙엽관목으로 높이는 100~120(+150)cm 정도이며, 줄기는 곧다. 잎은 마주나며, 약간 긴 타원형으로 녹색이지만, 가을이 되면 단풍이 든다. 잎 가장자리는 톱니가 있고, 끝은 뾰족하다. **꽃차례는 산방상의 평평한 모양이며, 장식화는 4~5개이고, 가장자리에는 톱니가 있는 것도 보이며, 흰색~밝은 라일락색이며, 양성화는 많으며 짙은 색이다.** 꽃피는 시기는 6~10월이며, 열매는 삭과로 8~11월에 익는다. 1940년 이전부터 일본에서 육종하였으며, 일본에서는 'Aigaku'라 부르기도 한다. RHS (AM, AGM)을 수상했다.

H. serrata 'Bluebird' 태종대

H. serrata 'Bluebird' 케이프코드

H. serrata 'Bluebird' 케이프코드

H. serrata 'Bluebird' 바람의 언덕

블루데클산수국

학명: *Hydrangea serrata* 'Blue Deckle'

영명: Blue Deckle serrata hydrangea

품종명: 블루데클(영국육종)

특징

식물형은 낙엽관목으로 높이는 80~130cm 정도이며, 줄기는 곧다. 잎은 마주나며, 긴 타원형으로 짙은 녹색이지만, 가을이 되면 단풍이 든다. 잎 가장자리는 톱니가 있고, 끝은 뾰족하다. **꽃차례는 산방상의 평평한 모양이며, 장식화는 4~5개이고, 가끔 고르지 못한 톱니도 보이며, 끝이 뾰족하며, 파란색 계통~밝은 라일락색이다. 양성화는 많은 편으로, 바다의 녹색과 라일락~자주색으로 화려하고 반짝거린다.** 꽃피는 시기는 6~8월이며, 열매는 삭과로 8~9월에 익는다. 영국의 Michael Haworth-Booth에 의해서 육종하였다.

H. serrata 'Blue Deckle' 강원도미천골

붕고나데시코산수국

학명: *Hydrangea serrata* 'Bungonadeshiko'

영명: Bungonadeshiko serrata hydrangea

일명: ブンゴナデシコ(붕고나데시코, 豊後なでしこ)

특징

식물형은 낙엽관목으로 높이는 80~120cm 정도이며, 줄기에는 피목이 보인다. 잎은 마주나며, 피침형으로 옅은 녹색이고, 잎 가장자리는 톱니가 있고, 끝은 뾰족하다. **꽃차례는 산방상의 평평한 모양이며, 장식화는 4~5개이고, 깊은 톱니가 나타나고 옅은 파란색이다. 양성화는 많은 편이며, 장식화와 비슷한 색깔이다.** 꽃피는 시기는 5~7월이며, 열매는 8~9월에 익는다.

H. serrata 'Bungonadeshiko' 하코네싯세이카엔

붕고테마리산수국

학명: *Hydrangea serrata* 'Bungotemari'
영명: Bungotemari serrata hydrangea
일명: ブンゴテマリ(붕고테마리, 豐後てまり)
특징

식물형은 낙엽관목으로 높이는 80~120cm 정도이며, 줄기에는 피목이 보인다. 잎은 마주나며, 타원형으로 녹색이고, 잎 가장자리는 톱니가 있고, 끝은 뾰족하다. **꽃차례는 산방상의 둥근 모양이며, 장식화는 3~4개이고 옅은 파란색이다. 양성화는 잘 보이지 않지만 가끔씩 있다.** 꽃피는 시기는 5~7월이며, 열매는 8~9월에 익는다.

H. serrata 'Bungotemari' 고민가뮤지엄

부젠노콘이로산수국

학명: *Hydrangea serrata* 'Buzennokoniro'
영명: Buzennokoniro serrata hydrangea
일명: ブゼンノコンイロ(부젠노콘이로, 豐前の紺色)
특징

식물형은 낙엽관목으로 높이는 60~80cm 정도이며, 줄기에는 피목이 보인다. 잎은 마주나며, 타원형으로 녹색이고, 잎 가장자리는 거친 톱니가 있고, 끝은 뾰족하다. **꽃차례는 산방상의 평평한 모양이며, 장식화는 3~4개이고, 짙은 파란색이다. 양성화는 비슷한 색으로 많은 편이다.** 꽃피는 시기는 5~7월이며, 열매는 8~9월에 익는다.

H. serrata 'Buzennokoniro' 하코네고라식물원

쵸우슈우이신산수국

학명: *Hydrangea serrata* 'Choushuishin'

영명: Choushuishin serrata hydrangea

일명: チョウシュウイシン(쵸우슈우이신, 長州維新)

특징

식물형은 낙엽관목으로 높이는 70~100cm 정도이며, 줄기는 곧다. 잎은 마주나며, 타원형으로 녹색이고, 잎 가장자리는 톱니가 있고, 끝은 뾰족하다. **꽃차례는 산방상의 평편한 모양이며, 장식화는 4~5개이고, 옅은 파란색이다. 양성화는 비슷한 색으로 많다.** 꽃피는 시기는 5~7월이며, 열매는 8~9월에 익는다.

H. serrata 'Choushuishin' 조가사키

쵸우슈우카차산수국

학명: *Hydrangea serrata* 'Choushukacha'

영명: Choushukacha serrata hydrangea

일명: チョウシュウカチャ(쵸우슈우카차, 長州花車)

특징

식물형은 낙엽관목으로 높이는 80~120cm 정도이며, 줄기에는 피목이 보인다. 잎은 마주나며, 타원형으로 녹색이고, 잎 가장자리는 톱니가 있고, 끝은 뾰족하다. **꽃차례는 산방상의 둥근 모양이며, 장식화는 4~5개이고, 옅은 파란색이다. 양성화도 비슷한 색으로 많은 편이다.** 꽃피는 시기는 5~7월이며, 열매는 8~9월에 익는다.

H. serrata 'Choushukacha' 조가사키

지리산수이산수국

학명: *Hydrangea serrata* 'Chrisan-sui'

영명: Chrisan-sui serrata hydrangea

특징

식물형은 낙엽관목으로 높이는 80~90cm 정도이며, 줄기는 곧다. 잎은 마주나며, 약간 긴 타원형으로 짙은 녹색이다. 잎 가장자리는 톱니가 있고, 끝은 뾰족하다. 가을이 되면 단풍이 든다. **꽃차례는 산방상의 평평한 모양이며, 장식화는 겹으로 피며, 푸른색 계통~분홍색 계통이다. 양성화도 비슷한 색깔로 나타난다.** 꽃피는 시기는 5~7월이며, 열매는 삭과로 8~9월에 익는다. 한국의 지리산에서 Dan Hinkley에 의해서 발견되었고, 지리산을 'Chrisan'으로 잘 못 표기하였으며, 'Sue'는 유명한 Crug Farm Nursery의 식물학자 이름 'Sue Wynn-Jones'에서 유래했다.

H. serrata 'Chrisan-sui' 바람의 언덕

데어데블산수국

학명: *Hydrangea serrata* 'Daredevil'

영명: Daredevil serrata hydrange

품종명: 데어데블

특징

식물형은 낙엽관목으로 높이는 80~120cm 정도이며, 줄기는 곧다. 잎은 마주나며, 약간 긴 타원형으로 거무스름하며, 가을이 되면 불타듯 한 붉은색으로 변한다. 잎 가장자리는 톱니가 있고, 끝은 뾰족하다. **꽃차례는 산방상의 평평한 모양이며, 장식화는 선명한 분홍색이지만 산성 토양에서는 보라색이다. 시간이 지남에 따라 붉은색으로 변한다. 양성화는 보통이다.** 꽃 피는 시기는 7~9월이며, 열매는 삭과로 8~10월에 익는다. 2021년~2022년을 위한 새로운 품종으로 소개하고 있다. 미국식물특허 USPP 33,412를 받고, 보호되고 있다.

다이어뎀산수국

학명: *Hydrangea serrata* 'Diadem'

영명: Diadem serrata hydrangea

품종명: 다이어뎀

특징

식물형은 낙엽관목으로 높이는 60~80cm 정도이며, 줄기는 곧다. 잎은 마주나며, 약간 긴 타원형으로 짙은 녹색이다. 잎 가장자리는 톱니가 있고, 끝은 뾰족하다. **꽃차례는 산방상으로 평평하며, 장식화는 4~5개이고, 톱니가 있는 것도 있으며, 옅은 파란색~분홍색으로 나타난다. 양성화도 파란색 계통이다.** 꽃피는 시기는 6~9월로 오랫동안 피며, 종종 늦여름에 두 번 피기도 한다. 열매는 삭과로 8~10월에 익는다. 1962년 이전에 영국의 Michael Haworth-Booth에 의해서 육종되었다. RHS (AM, AGM)을 수상했다.

H. serrata 'Diadem' 시카고식물원

에조호시노산수국

학명: *Hydrangea serrata* 'Ezohoshino'

영명: Ezohoshino serrata hydrangea

일명: エゾホシノ(에조호시노, エゾ星野)

특징

식물형은 낙엽관목으로 높이는 60~80cm 정도이며, 줄기는 곧다. 잎은 마주나며, 타원형으로 녹색이다. 잎 가장자리는 톱니가 있고, 끝은 뾰족하다. **꽃차례는 산방상의 평평한 모양으로, 장식화는 4개로 밋밋하며 주로 파란색 계통으로 나타난다. 양성화도 비슷한 색깔이다.** 꽃피는 시기는 6~8월이고, 열매는 삭과로 9~10월에 익는다.

H. serrata 'Ezohoshino' 하코네시싯세이카엔

에조시보리산수국

학명: *Hydrangea serrata* 'Ezoshibori'
영명: Ezoshibori serrata hydrangea
일명: エゾシボリ(에조시보리, えぞ絞り)
특징

식물형은 낙엽관목으로 높이는 80~120cm 정도이며, 줄기에는 피목이 보인다. 잎은 마주나며, 타원형으로 녹색이고, 잎 가장자리는 톱니가 있고, 끝은 뾰족하다. **꽃차례는 산방상의 평평한 모양이다. 장식화는 옅은 파란색이지만, 줄 무늬가 나타나는 특징이 있다. 양성화도 비슷한 색깔로 많은 편이다.** 꽃피는 시기는 5~7월이며, 열매는 8~9월에 익는다.

H. serrata 'Ezoshibori' 시즈오카고텐바농장

포겟미낫산수국

학명: *Hydrangea serrata* 'Forget Me Not'
영명: Forget Me Not serrata hydrangea
품종명: 포겟미낫(벨기에육종)
특징

식물형은 낙엽관목으로 높이는 80~100cm 정도이며, 줄기는 곧다. 잎은 마주나며, 약간 긴 타원형으로 다소 좁으며, 짙은 녹색이다. 잎 가장자리는 톱니가 있고, 끝은 뾰족하다. **꽃차례는 산방상의 평평한 모양이며, 장식화는 3~4개이고, 가끔 고르지 못한 톱니도 보이며, 중첩되기도 하고 주로 파란색 계통이고, 양성화는 많은 편으로, 파란색이다.** 꽃피는 시기는 6~9월이며, 열매는 삭과로 8~10월에 익는다. 2000년 이선에 벨기에의 Belder and van Trier이 육종하였다.

H. serrata 'Forget Me Not' 바람의 언덕

후가쿠산수국

학명: *Hydrangea serrata* 'Fugaku'
영명: Fugaku serrata hydrangea
일명: フガク(후가쿠, 富岳)
특징

식물형은 낙엽관목으로 높이는 60~90cm 정도이며, 줄기는 부드럽다. 잎은 마주나며 약간 긴 타원형으로 녹색이다. 잎 가장자리는 작 은 톱니가 있고, 끝은 뾰족하다. **꽃차례는 산방상의 평평한 모양이며, 장식화는 둥그스름하며 옅은 파란색~분홍색 계통으로 4~5개이다. 양성화도 장식화와 비슷한 색이다.** 꽃피는 시기는 5~6월로 빠른 편이며, 열매는 삭과로 7~9월에 익는다.

H. serrata 'Fugaku' 핫세데라

H. serrata 'Fugennohana' 하코네싯세이카엔

H. serrata 'Fugennohana' 하코네싯세이카엔

후겐노하나산수국

학명: *Hydrangea serrata* 'Fugennohana'

영명: Fugennohana serrata hydrangea

일명: フゲンノハナ(후겐노하나, 普賢の花)

특징

식물형은 낙엽관목으로 높이는 60~90cm 정도이며, 줄기는 곧다. 잎은 마주나며 긴 타원형으로 다소 좁은 편이며 녹색이지만, 햇볕이 닿으면 청동색으로 변한다. 잎 가장자리는 작은 톱니가 있고, 끝은 매우 뾰족하다. **꽃차례는 산방상의 평평한 모양이며, 장식화는 옅은 보라색 계통으로 4~5개로 길며, 양성화도 장식화와 비슷한 색이다.** 꽃피는 시기는 5~6월로 빠른 편이며, 열매는 삭과로 7~9월에 익는다.

후이리아마차산수국

학명: *Hydrangea serrata* 'Fuiriamacha'

영명: Fuiriamacha serrata hydrangea

일명: フイリアマチャ(후이리아마차, 斑入甘茶)

특징

식물형은 낙엽관목으로 높이는 50~80cm 정도로 느리게 자란다. 잎은 마주나며, 타원형으로 작지만, 잎에 노란색의 얼룩무늬가 산재해 있는 것이 특징이다. 잎 가장자리는 톱니가 있고, 끝은 뾰족한 편이다. **꽃차례는 산방상의 평평한 모양이며, 장식화는 밝고 옅은 파란색으로 눈에 띄며, 다소 큰 편이다. 양성화도 비슷한 색이다.** 꽃피는 시기는 6~8월이며, 열매는 삭과로 8~9월에 익는다.

H. serrata 'Fuiriamacha' 토시마엔

후이리시즈카산수국

학명: *Hydrangea serrata* 'Fuirishizuka'

영명: Fuirishizuka serrata hydrangea

일명: フイリシズカ(후이리시즈카, 斑入静香)

특징

식물형은 낙엽관목으로 높이는 50~80cm 정도이며, 줄기는 부드럽다. 잎은 마주나며 피침형으로 녹색이지만, 얼룩무늬가 들어간 특징이 있으며, 흰색의 얼룩무늬가 옅어져 없어지는 경우도 많다. 잎 가장자리는 듬성듬성한 톱니가 있고, 끝은 약간 뾰족하다. **꽃차례는 산방상의 평평한 모양이며, 장식화는 흰색으로 4개며, 양성화도 흰색~옅은 연두색으로, 수분이 되면 장식화는 뒤집어진다.** 꽃피는 시기는 5~6월로 빠른 편이며, 열매는 삭과로 6~10월에 익는다.

H. serrata 'Fuirishizuka' 고민가뮤지엄

후지나데시코산수국

학명: *Hydrangea serrata* 'Fujinadeshiko'

영명: Fujinadeshiko serrata hydrangea

일명: フジナデシコ(후지나데시코, 富士撫子)

특징

식물형은 낙엽관목으로 높이는 80~100cm 정도이며, 줄기는 곧다. 잎은 마주나며, 약간 긴 타원형으로 다소 좁으며 옅은 녹색이나, 가을이 되면 단풍이 든다. 잎 가장자리는 톱니가 있고, 끝은 갑자기 뾰족해진다. **꽃차례는 산방상의 평평한 모양이며, 장식화는 3~4개이고, 가장자리에 패랭이꽃처럼 톱니가 있는 것이 특징이며, 흰색이지만 시간이 지남에 따라서 옅은 분홍색으로 변한다. 양성화도 흰색 계통이다.** 꽃피는 시기는 6~7월이며, 열매는 삭과로 8~9월에 익는다.

H. serrata 'Fujinadeshiko' 토시마엔

후지노아츠시히메산수국

학명: *Hydrangea serrata* 'Fuji no Atsushihime'

영명: Fuji no Atsushihime serrata hydrangea

일명: フジノアツシヒメ(후지노아츠시히메, 富士の篤姫)

특징

식물형은 낙엽관목으로 높이는 60~90cm 정도이며, 줄기는 곧다. 잎은 마주나며, 긴 타원형으로 녹색이지만, 햇볕이 닿으면 청동색으로 변한다. 잎 가장자리는 톱니가 있고, 끝은 뾰족하다. **꽃차례는 산방상의 평평한 모양이다. 장식화는 3~4개로 둥그스름하고 오목하며 파란색으로 나타난다. 양성화는 많은 편이다.** 꽃피는 시기는 5~7월이며, 열매는 삭과로 8~9월에 익는다.

H. serrata 'Fujinoatsushihime' 하코네싯세이카엔

후지노죠신산수국

학명: *Hydrangea serrata* 'Fuji no Joshin'
영명: Fuji no Joshin serrata hydrangea
일명: フジノジョシン(후지노죠신, 富士の淨心)
특징
식물형은 낙엽관목으로 높이는 60~90cm 정도이며, 줄기에는 피목이 보인다. 잎은 마주나며, 타원형으로 녹색이지만, 햇볕이 닿으면 쉽게 청동색으로 변한다. 잎 가장자리는 톱니가 있고, 끝은 뾰족하다. **꽃차례는 산방상의 평평한 모양이며, 장식화는 3~5개로 둥그스름하고, 약간 겹쳐지고 흰색으로 나타난다. 양성화는 다소 많은 편이다.** 꽃피는 시기는 5~7월이며, 열매는 삭과로 8~9월에 익는다.

H. serrata 'FujinoJoshin' 하코네싯세이카엔

후지노시라유키산수국

학명: *Hydrangea serrata* 'Fuji no Shirayuki'
영명: Fuji no Shirayuki serrata hydrangea
일명: フジノシラユキ(후지노시라유키, 富士の白雪)
특징
식물형은 낙엽관목으로 높이는 60~90cm 정도이며, 줄기는 곧다. 잎은 마주나며, 피침형으로 다소 좁으며 옅은 녹색이다. 잎 가장자리는 톱니가 듬성하게 있고, 끝은 뾰족하다. **꽃차례는 산방상의 평평한 모양이며, 장식화는 홑과 겹이 같이 나타나며 흰색이다. 양성화도 흰색 계통이다.** 꽃피는 시기는 5~7월로 빠른 편이며, 열매는 삭과로 8~9월에 익는다.

H. serrata 'Fujinoshirayuki' 하코네싯세이카엔

후지노타키산수국

학명: *Hydrangea serrata* 'Fuji no Taki'

영명: Fuji no Taki serrata hydrangea

일명: フジノタキ(후지노타키, 富士の籠)

특징

식물형은 낙엽관목으로 높이는 60~100cm 정도이며, 줄기는 굽는 편이지만 곧기도 한다. 잎은 마주나며, 긴 타원형으로 녹색이다. 잎 몸에는 잎맥이 잘 나타나며, 잎 가장자리는 톱니가 있고, 끝은 별로 뾰족하지 않다. 가을이 되면 밝은 노란색계통으로 단풍이 든다. **꽃차례는 산방상의 평평한 모양이지만 뭉쳐져 보이기도 하며, 장식화의 꽃잎은 둥그스름하며 12~15개 정도가 겹으로 피며, 서로 중첩되어 만발하고 순수한 흰색이지만 시간이 지남에 따라서 연한 분홍색으로 변한다. 양성화는 옅은 연두색이지만 잘 보이지 않기도 한다.** 꽃피는 시기는 5~7월이며, 열매는 삭과로 8~9월에 익는다. 1980년 일본의 Katsumata Kazuyoshi가 육종하였다. RHS (AGM)을 수상했다.

H. serrata 'Fujinotaki' 하코네고라식물원

H. serrata 'Fujinotaki' 하코네싯세이카엔

후지노타키니시키산수국

학명: *Hydrangea serrata* 'Fuji no Takinishiki'

영명: Fuji no Takinishiki serrata hydrangea

일명: フジノタキニシキ(후지노타키니시키, 富士の籠錦)

특징

식물형은 낙엽관목으로 높이는 60~100cm 정도이며, 줄기는 곧다. 잎은 마주나며, '후지노타키'와 비슷하지만 잎에 무늬가 들어있는 특징이 있다. **꽃차례는 산방상의 평평한 모양이지만 뭉쳐져 보이기도 하며, 장식화는 둥그스름하며 12개~15개 정도가 겹으로 피며, 서로 중첩되어 만발하고 흰색이지만 시간이 지남에 따라서 연한 분홍색으로 변한다. 양성화는 옅은 연두색이지만 잘 보이지 않기도 한다.** 꽃피는 시기는 5~7월이며, 열매는 삭과로 8~9월에 익는다.

H. serrata 'Fujinotakinishiki' 토시마엔

겨울수국

학명: *Hydrangea serrata* 'Fuyu Ajisai'

영명: Fuyu Ajisai serrata hydrangea

일명: フユアジサイ(후유아지사이, 冬あじさい)

특징

식물형은 상록활엽관목으로 높이는 60~80cm 정도이며, 줄기는 곧다. 잎은 마주나며, 긴 타원형으로 다소 좁으며 녹색이지만 두텁고 광택이 나기도 한다. 잎 가장자리는 톱니가 있고, 끝은 뾰족하다. **꽃차례는 산방상의 평평한 모양이며, 장식화는 크고 4개로 톱니가 있으며 옅은 파란색~흰색으로 핀다, 양성화도 흰색 계통이다.** 꽃의 색깔은 시간이 지남에 따라서 옅어져 흰색~황녹색으로 변한다.

◉ 겨울에도 꽃이 피는 진귀한 수국이며 常盤아지사이와 서양수국을 교배해서 얻은 수국이며, 휴면하지 않으므로 추위에 강하다.

H. serrata 'Fuyu Ajisai' 조가사키

H. serrata 'Fuyu Ajisai' 하코네고라식물원

가쿠호우산수국

학명: *Hydrangea serrata* 'Gakuhou'

영명: Gakuhou serrata hydrangea

일명: ガクホウ(가쿠호우, 額帽)

특징

식물형은 낙엽관목으로 높이는 60~90cm 정도이며, 줄기에는 피목이 나타난다. 잎은 마주나며, 타원형으로 녹색이다. 잎 가장자리는 톱니가 듬성하게 있고, 끝은 뾰족하다. **꽃차례는 산방상의 평평한 모양이다. 장식화는 옅은 파란색 계통으로 톱니도 보이고, 양성화도 비슷한 색깔로 많다.** 꽃피는 시기는 5~7월로 빠른 편이며, 열매는 삭과로 8~9월에 익는다.

H. serrata 'Gakuhou' 조가사키

H. serrata 'Gakuhou' 조가사키

골든선라이트산수국

학명: *Hydrangea serrata* 'Golden Sunlight'
영명: Golden Sunlight serrata hydrangea
품종명: 골든선라이트(네덜란드육종)
특징

식물형은 낙엽관목으로 높이는 80~100cm 정도이며, 줄기는 곧은 편이다. 잎은 마주나며, 약간 긴 타원형으로 봄에는 밝은 황색이 눈에 뛰며 늦여름에는 부드러운 녹색으로, 햇볕이 닿으면 발색해서 적자색을 띤다. 잎 가장자리는 잔잔한 톱니가 있고, 끝은 뾰족하다. **꽃차례는 산방상의 평평한 모양이며, 장식화는 옅은 분홍색~순수한 흰색으로 톱니가 나타나는 것이 특징이다. 양성화는 분홍색~파란색 계통이다.** 꽃피는 시기는 6~9월이며, 열매는 삭과로 8~10월에 익는다. 한때 'Gold Leaf'라는 이름으로 묘사되기도 하였다. 1995년 네덜란드의 H. Kolster에 의해서 육종하였고, 식물특허출원(PPAF)을 한 상태이다.

H. serrata 'Golden Sunlight' 조가사키

골든바니시키산수국

학명: *Hydrangea serrata* 'Goldenbanishiki'
영명: Goldenbanishiki serrata hydrangea
일명: ゴルデンバニシキ(고루덴바니시키)
특징

식물형은 낙엽관목으로 높이는 70~90cm 정도이며, 줄기는 휘어진다. 잎은 마주나며, 긴 타원형으로 얼룩무늬가 있고, 잎 가장자리는 잔잔한 톱니가 있고, 끝은 뾰족하다. **꽃차례는 산방상의 평평한 모양이며, 장식화는 4~5개로 짙은 보라색이며 흰 줄 무늬도 보인다. 양성화도 비슷한 색이다.** 꽃피는 시기는 6~8월이며, 열매는 삭과로 8~9월에 익는다.

H. serrata 'Goldenbanishiki' 핫세데라

그라시오사산수국

학명: *Hydrangea serrata* 'Graciosa'
영명: Graciosa serrata hydrangea
일명: グラシオサ(그라시오사)
특징

식물형은 낙엽관목으로 높이는 100~150cm 정도이며, 줄기는 곧다. 잎은 마주나며, 약간 긴 타원형으로 옅은 녹색이지만, 가을이 되면 단풍이 든다. 잎 가장자리는 톱니가 듬성하게 있고, 끝은 뾰족하다. **꽃차례는 산방상의 평평한 모양이며, 장식화의 꽃잎은 톱니가 보이며 옅은 분홍색이다. 양성화도 비슷한 색이다.** 꽃피는 시기는 6~8월이며, 열매는 삭과로 8~9월에 익는다.

그레이스우드산수국

학명: *Hydrangea serrata* 'Grayswood'

영명: Grayswood serrata hydrangea

일명: グレイスウッド(구레이스웃도)

특징

식물형은 낙엽관목으로 높이는 80~150cm 이상으로 자란다. 잎은 마주나며, 타원형으로 녹색이며, 가을에는 단풍이 들고 매우 크다. 잎 가장자리는 톱니가 있고, 끝은 뾰족하다. **꽃차례는 산방상의 평평한 모양이며, 장식화는 뾰족하며 3~4개로 서로 중첩되지 않는 편이고, 톱니가 있으며, 주로 분홍색 계통이지만 시간이 지남에 따라서 짙게 변한다. 양성화는 많으며, 짙은 보라색이다.** 꽃피는 시기는 6~10월로 길며, 열매는 삭과로 8~11월에 익는다. 영국의 그레이스우드 힐의 Chambers가 수입하였다. RHS (AM, AGM)을 수상했다.

H. serrata 'Grayswood' 바람의 언덕

H. serrata 'Grayswood' 밀양 법흥리

굼부리제주산수국

학명: *Hydrangea serrata* 'Gumburi'

영명: Gumburi serrata hydrangea

일명: グムブリ(구므부리)

특징

식물형은 낙엽관목으로 높이는 60~80cm 정도로 느리게 자라며, 줄기는 곧다. 잎은 마주나며, 타원형으로 녹색이다. 잎 가장자리는 톱니가 있고, 끝은 뾰족한 편이다. **꽃차례는 산방상의 평평한 모양이며, 장식화는 밝은 보라색으로 눈에 띄며 가끔씩 톱니도 나타난다. 양성화도 비슷한 색이다.** 꽃피는 시기는 6~7월이며, 열매는 삭과로 8~9월에 익는다. 장식화가 제주도 오름처럼 움푹 파인 모양에서 붙여진 이름이다. 아직 미등록종이다.

H. serrata 'Gumburi' 진재영

하치부세테마리산수국

학명: *Hydrangea serrata* 'Hachibusetemari'

영명: Hachibusetemari serrata hydrangea

일명: ハチブセテマリ(하치부세테마리, 鉢伏てまり)

특징

식물형은 낙엽관목으로 높이는 80~100cm 정도이며, 줄기에는 피목이 나타난다. 잎은 마주나며, 약간 타원형으로 녹색이다. 잎 가장자리는 톱니가 있고, 끝

은 갑자기 뾰족해진다. **꽃차례는 산방상의 둥근 모양으로 피며, 장식화는 3~4개로, 중첩되며 보라색 계통이고, 양성화는 눈에 잘 띄지 않으며, 짙은 보라색의 작은 꽃들로 이루어진다.** 꽃피는 시기는 6~7월이며, 열매는 삭과로 8~9월에 익는다. 일본의 하치부세산(鉢伏山)에서 발견되었다.

H. serrata 'Hachibusetemari' 토시마엔

하고로모노마이산수국

학명: *Hydrangea serrata* 'Hagoromonomai'
영명: Hagoromonomai serrata hydrangea
일명: ハゴロモノマイ(하고로모노마이, 羽衣の舞)
특징

식물형은 낙엽관목으로 높이는 70~90cm 정도이며, 줄기에는 피목이 나타난다. 잎은 마주나며, 긴 타원형으로 좁으며 녹색이다. 잎 몸에는 맥이 잘 보이고, 가장자리는 톱니가 있고, 끝은 뾰족하다. **꽃차례는 산방상의 둥근 모양처럼 보이며 작은 편이고, 장식화는 겹으로 피며 작고, 가장자리에는 실 모양의 붉은색 테두리가 있는 것이 특징이다. 양성화는 작은 꽃들로 이루어진다.** 꽃피는 시기는 6~8월이며, 열매는 삭과로 8~9월에 익는다.

H. serrata 'Hagoromonomai' 토시마엔

하쿠쵸우산수국

학명: *Hydrangea serrata* 'Hakuchou'
영명: Hakuchou serrata hydrangea
일명: ハクチョウ(하쿠쵸우, 白鳥)
특징

식물형은 낙엽관목으로 높이는 60~80cm 정도이며, 줄기에는 피목이 나타난다. 잎은 마주나며, 길고 좁으며 밝은 녹색이다. 잎 가장자리는 톱니가 있고, 끝은 뾰족하다. **꽃차례는 산방상의 반원형 모양이며, 장식화는 달걀 모양으로 가늘고 길며, 겹으로 피고, 양성화는 아주 적으며, 차차 겹으로 펴져서 둥글게 된다.** 전체적으로 보면 순수한 흰색의 작은 별처럼 보인다. 꽃피는 시기는 6~8월이며, 열매는 삭과로 8~9월에 익는다. 일본 시즈오카현의 고텐바(御殿場)농장이 후지산(富士山) 주변에서 발견했다.

H. serrata 'Hakuchou' 하코네싯세이카엔

H. serrata 'Hakuchou' 토시마엔

H. serrata 'Hakuchou' 시즈오카고텐바농장

하쿠센산수국

학명: *Hydrangea serrata* 'Hakusen'

영명: Hakusen serrata hydrangea

일명: ハクセン(하쿠센, 白扇)

특징

식물형은 낙엽관목으로 높이는 80~100cm 정도이며, 줄기는 약하다. 잎은 마주나며, 길고 좁으며 녹색이다. 잎 가장자리는 톱니가 있고, 끝은 뾰족하다. **꽃차례는 산방상의 공 모양으로 큰 편이고, 줄기가 약하여 아래로 쳐지기 쉽다. 장식화는 4~5개로 활짝 피게 되면 겹치게 되고, 흰색의 장식화 가운데가 녹색을 띠게 되어 아름답다. 양성화는 잘 보이지 않는다.** 꽃피는 시기는 5~6월이며, 열매는 삭과로 8~9월에 익는다.

H. serrata 'Hakusen' 토시마엔

한라산산수국

학명: *Hydrangea serrata* 'Hallasan'

영명: Hallasan serrata hydrangea

일명: ハルラサン(하루라산, 漢拏山)

특징

식물형은 낙엽관목으로 높이는 60~80cm 정도이며, 포복지가 있어서 줄기가 빽빽하다. 잎은 마주나며, 난형으로 짙은 녹색이나, 가을이 되면 불그스름하게 단풍이 든다. 잎 가장자리는 톱니가 있고, 끝은 뾰족하다. **꽃차례는 산방상의 평평한 모양이며, 장식화는 3~8개로 다양하고, 분홍색~파란색으로 나타나며, 양성화는 많은 편이다.** 꽃피는 시기는 6~8월이며, 열매는 삭과로 8~9월에 익는다. 한국 한라산 국립공원에서 채집되었다.

하나후부키산수국

학명: *Hydrangea serrata* 'Hanafubuki'

영명: Hanafubuki serrata hydrangea

일명: ハナフブキ(하나후부키, 花吹雪)

특징

식물형은 낙엽관목으로 높이는 100~130cm 정도이

며, 줄기는 곧다. 잎은 마주나며, 타원형으로 짙은 녹색이다. 잎 가장자리는 톱니가 있고, 끝은 뾰족하다. **꽃차례는 공 모양으로 피며, 장식화는 3~4개이고, 톱니가 있다. 가끔 중첩되기도 하고 주로 흰색~옅은 분홍색이고, 양성화는 잘 보이지 않는다.** 꽃피는 시기는 6~7월이며, 열매는 삭과로 8~9월에 익는다.

H. serrata 'Hanafubuki' 하코네싯세이카엔

하나마츠리산수국(히메쿠레나이)

학명: *Hydrangea serrata* 'Hanamatsuri'

영명: Hanamatsuri serrata hydrangea

일명: ハナマツリ(하나마츠리, 花まつり), 또는 姬クレナイ

특징

식물형은 낙엽관목으로 높이는 80~100cm 정도이며, 줄기는 곧다. 잎은 마주나며, 길고 좁은 편이며 짙은 녹색이다. 잎 가장자리는 톱니가 있고, 끝은 뾰족하다. **꽃차례는 산방상의 평평한 모양이며, 장식화의 꽃는 3~4개이고, 흰색으로 피지만 햇볕이 닿으면 붉게 변한다. 양성화는 많은 편으로, 흰색 계통이다.** 꽃피는 시기는 5~7월이며, 열매는 삭과로 8~9월에 익는다. '히메쿠레나이'라고도하며, 아마차(甘茶)의 붉은색 꽃이라고도 한다.

H. serrata 'Hanamatsuri' 조가사키

H. serrata 'Hanamatsuri' 조가사키

하나시구레산수국

학명: *Hydrangea serrata* 'Hanashigure'

영명: Hanashigure serrata hydrangea

일명: ハナシグレ(하나시구레, 花しぐれ)

특징

식물형은 낙엽관목으로 높이는 80~100cm 정도이며, 줄기는 곧은 편이다. 잎은 마주나며, 긴 타원형으로 짙은 녹색이다. 잎 가장자리는 톱니가 있고, 끝은 뾰족하다. **꽃차례는 산방상의 평평한 모양이며, 장식화는 3~4개로 톱니가 있으며 보라색으로 핀다. 양성화는 많은 편으로, 옅은 보라색이다.** 꽃피는 시기는 5~7월이며, 열매는 삭과로 8~9월에 익는다.

H. serrata 'Hanashigure' 시즈오카고텐바농장

하츠코이산수국

학명: *Hydrangea serrata* 'Hatsukoi'

영명: Hatsukoi serrata hydrangea

일명: ハツコイ(하츠코이, 初恋),

(일본가무화창포원육종)

특징

식물형은 낙엽관목으로 높이는 80~100cm 정도이며, 줄기는 곧다. 잎은 마주나며, 길고 약간 좁으며 밝은 녹색이다. 잎 가장자리는 톱니가 있고, 끝은 뾰족하고 햇볕이 닿으면 불그스름해진다. **꽃차례는 산방상의 평평한 모양이며 큰 편이다. 장식화는 4개로 톱니가 있으며, 가장자리에 실 같은 붉은 테두리가 나타나지만 시간이 지남에 따라서 없어진다. 양성화는 많은 편이다.** 꽃피는 시기는 5~7월이며, 열매는 삭과로 8~9월에 익는다. 혈통은 '키요스미사와'의 후손이다.

헤키운산수국

학명: *Hydrangea serrata* 'Hekiun'

영명: Hekiun serrata hydrangea

일명: ヘキウン(헤키운, 碧雲)

특징

식물형은 낙엽관목으로 높이는 60~80cm 정도이며, 줄기는 곧다. 잎은 마주나며, 타원형으로 녹색이다. 잎 가장자리는 톱니가 있고, 끝은 뾰족하다. **꽃차례는 산방상의 평평한 모양이며, 장식화는 3~4개로 둥그스름하고, 색깔은 항상 옅은 파란색 계통이다. 양성화는 적으며 비슷한 색깔이다.** 꽃피는 시기는 5~6월이며, 열매는 삭과로 8~9월에 익는다.

H. serrata 'Hekiun' 고민가뮤지엄

히다카신니시키야마산수국

학명: *Hydrangea serrata* 'Hidakashinnishikiyama'

영명: Hidakashinnishikiyama serrata hydrangea

일명: ヒダカシンニシキヤマ(히다카신니시키야마, 日高新錦山)

특징

식물형은 낙엽관목으로 높이는 60~80cm 정도이며, 피목이 나타난다. 잎은 마주나며, 타원형으로 잎 몸에는 맥이 잘 나타난다. 잎 가장자리는 톱니가 있고, 끝은 약간 뾰족하다. **꽃차례는 산방상의 평평한 모양이며, 장식화는 3~4개로 둥그스름하고, 분홍색 계통이며, 양성화는 작은 꽃들로 이루어진다.** 꽃피는 시기는 5~7월이며, 열매는 삭과로 8월~9월에 익는다.

H. serrata 'Hidakashinnishikiyama' 하코네싯세이카엔

H. serrata 'Himeamacha' 고민가뮤지엄

H. serrata 'Himeamacha' 조가사키

히메아마차산수국

학명: *Hydrangea serrata* 'Himeamacha'

영명: Hime Amacha serrata hydrangea

일명: ヒメアマチャ(히메아마차, 姫甘茶)

특징

식물형은 낙엽관목으로 높이는 50~70cm 정도이며, 줄기는 약하다. 잎은 마주나며, 긴 타원형으로 녹색이다. 잎 가장자리는 톱니가 있고, 끝은 뾰족하고 햇볕이 닿으면 불그스름해진다. **꽃차례는 산방상의 평평한 모양이며, 장식화는 3~4개로 둥그스름하고, 분홍색 계통이며, 양성화는 작은 꽃들로 이루어진다.** 꽃피는 시기는 5~7월이며, 열매는 삭과로 8월~9월에 익는다. 아마차(甘茶)보다 작다고 히메아마차(姫甘茶)라고 한다.

히메아오가쿠산수국

학명: *Hydrangea serrata* 'Himeaogaku'

영명: Himeaogaku serrata hydrangea

일명: ヒメアオガク(히메아오가쿠, 姫青額)

특징

식물형은 낙엽관목으로 높이는 60~80cm 정도이며, 줄기는 곧은 편이다. 잎은 마주나며, 긴 타원형으로 작고 녹색이다. 잎 가장자리는 톱니가 있고, 끝은 뾰족하고 햇볕이 닿으면 불그스름해진다. **꽃차례는 산방상의 평평한 모양으로 작으며, 장식화는 3~4개로 둥그스름하고, 짙은 파란색이다. 양성화는 많은 편이다.** 꽃피는 시기는 5~7월이며, 열매는 삭과로 8~9월에 익는다.

H. serrata 'Himeaogaku' 토시마엔

히메베니가쿠산수국

학명: *Hydrangea serrata* 'Himebenigaku'

영명: Himebenigaku serrata hydrangea

일명: ヒメベニガク(히메베니가쿠, 姬紅額)

특징

식물형은 낙엽관목으로 높이는 60~90cm 정도이며, 줄기는 곧다. 잎은 마주나며, 좁고 길며 녹색이다. 잎 가장자리는 톱니가 있고, 끝은 뾰족하고 햇볕이 닿으면 붉그스름해진다. **꽃차례는 산방상의 평평한 모양이며, 장식화는 3~4개로 둥그스름하고, 분홍색 계통으로 햇볕이 닿으면 잘 발색된다. 양성화는 비슷한 색깔로 보통이다.** 꽃피는 시기는 5~6월이며, 열매는 삭과로 7~8월에 익는다.

H. serrata 'Himebenigaku' 태종사

히메가쿠산수국

학명: *Hydrangea serrata* 'Himegaku'

영명: Himegaku serrata hydrangea

일명: ヒメガク(히메가쿠, 姬額)

특징

식물형은 낙엽관목으로 높이는 70~100cm 정도이며, 줄기는 곧다. 잎은 마주나며, 긴 타원형으로 녹색이다. 잎 가장자리는 톱니가 있고, 끝은 뾰족하다. **꽃차례는 산방상의 평평한 모양이며, 장식화는 3~4개로 둥그스름하고, 항상 옅은 보라색 계통이다. 양성화는 다소 많은 편으로 보라색이다.** 꽃피는 시기는 5~6월이며, 열매는 삭과로 8~9월에 익는다.

H. serrata 'Himegaku' 하쿠산진자

히와타리산수국

학명: *Hydrangea serrata* 'Hiwatari'

영명: Hiwatari serrata hydrangea

일명: ヒワタリ(히와타리, 火渡リ)

특징

식물형은 낙엽관목으로 높이는 80~100cm 정도이며, 줄기는 곧다. 잎은 마주나며, 타원형으로 녹색이지만, 햇볕이 닿으면 청동색으로 변한다. 잎 가장자리는 톱니가 있고, 끝은 뾰족하다. **꽃차례는 산방상의**

평평한 모양이며, 장식화는 4개로 둥그스름하고, 흰색으로 나타나지만 차차 분홍색으로 변한다. 양성화는 다소 많은 편이다. 꽃피는 시기는 5~7월이며, 열매는 삭과로 8~9월에 익는다.

H. serrata 'Hiwatari' 하코네싯세이카엔

홋카이도산수국

학명: *Hydrangea serrata* 'Hokkaido'

영명: Hokkaido serrata hydrangea

일명: ホッカイドウ(홋카이도, 北海道)

특징

식물형은 낙엽관목으로 높이는 80~120cm 정도이며, 줄기는 곧은 편이다. 잎은 마주나며, 긴 타원형으로 녹색이다. 잎 가장자리는 톱니가 있고, 끝은 뾰족하다. **꽃차례는 산방상의 평평한 모양이며, 장식화는 3~4개로 둥그스름하고, 흰색으로 나타나지만 차차 토양 성분에 따라서 옅은 분홍색~옅은 파란색으로 변한다. 양성화는 다소 많은 편이다.** 꽃피는 시기는 5~7월이며, 열매는 삭과로 8~9월에 익는다.

H. serrata 'Hokkaido' 가마쿠라메이게츠인

화이트온화이트산수국

학명: *Hydrangea serrata* 'Hsopr 014'

이명: *Hydrangea serrata* 'White on White'

영명: White on White serrata hydrangea

품종명: 화이트온화이트(뉴질랜드육종)

특징

식물형은 낙엽관목으로 높이는 50~70cm 정도이며, 줄기는 곧다. 잎은 마주나며, 타원형으로 짙은 녹색이다. 잎 가장자리는 톱니가 있고, 끝은 뾰족한 편이다. **꽃차례는 산방상의 반원 모양이다. 장식화는 겹으로 중앙에 진주 빛이 도는 순수한 흰색이지만 시간이 지남에 따라서 보라색으로 변한다. 양성화도 비슷한 색깔이다.** 꽃피는 시기는 6~7월이며, 열매는 삭과로 8~10월에 익는다.

H. serrata 'Hsopr 014' 토시마엔

휴우가아오산수국

학명: *Hydrangea serrata* 'Hyugaao'

영명: Hyugaao serrata hydrangea

일명: ヒュウガアオ(휴우가아오, 日向青)

특징

식물형은 낙엽관목으로 높이는 60~90cm 정도이며, 줄기는 곧은 편이다. 잎은 마주나며, 난형~타원형으로 녹색이다. 잎 가장자리는 톱니가 있고, 끝은 뾰족하다. **꽃차례는 산방상의 평평한 모양이며, 장식화는 3~4개로 둥그스름하고, 색깔은 토양 성분에 따라서 다르지만 주로 파란색으로 나타난다. 양성화는 다소 많은 편이다.** 꽃피는 시기는 5~7월이며, 열매는 삭과로 8~9월에 익는다.

H. serrata 'Hyugaao' 다카하다후도산

휴우가아오테마리산수국

학명: *Hydrangea serrata* 'Hyugaaotemari'

영명: Hyugaaotemari serrata hydrangea

일명: ヒュウガアオテマリ(휴우가아오테마리, 日向青てまり)

특징

식물형은 낙엽관목으로 높이는 60~90cm 정도이며, 줄기는 곧다. 잎은 마주나며, 타원형으로 녹색이다. 잎 가장자리는 톱니가 있고, 끝은 뾰족하다. **꽃차례는 산방상의 공 모양이며, 장식화는 3~4개로 둥그스름하고, 색깔은 토양 성분에 따라서 다소 다르지만 주로 파란색으로 나타난다. 양성화는 적다.** 꽃피는 시기는 5~7월이며, 열매는 삭과로 8~9월에 익는다.

H. serrata 'Hyugaaotemari' 하코네싯세이카엔

H. serrata 'Hyugaaotemari' 고민가뮤지엄

휴우가베니산수국

학명: *Hydrangea serrata* 'Hyugabeni'

영명: Hyugabeni serrata hydrangea

일명: ヒュウガベニ(휴우가베니, 日向紅)

특징

식물형은 낙엽관목으로 높이는 60~90cm 정도이며, 줄기는 곧다. 잎은 마주나며, 타원형으로 녹색이다. 잎 가장자리는 톱니가 있고, 끝은 뾰족하다. **꽃차례는 산방상의 평평한 모양이며, 장식화는 3~4개로 둥그스름하고, 색깔은 토양 성분에 따라서 다르지만 분홍색 계통이다. 양성화는 다소 많은 편이다.** 꽃피는 시

기는 5~7월이며, 열매는 삭과로 8~9월에 익는다.

H. serrata 'Hyugabeni' 조가사키

휴우가콘조우산수국

학명: *Hydrangea serrata* 'Hyugakonjou'
영명: Hyugakonjou serrata hydrangea
일명: ヒュウガコンジョウ(휴우가콘조우, 日向紺青)
특징

식물형은 낙엽관목으로 높이는 70~90cm 정도이며, 줄기는 곧다. 잎은 마주나고 길고 좁으며 녹색이다. 잎 가장자리는 톱니가 있고, 끝은 뾰족하다. **꽃차례는 산방상의 평평한 모양이며, 장식화는 3~4개로 둥그스름하고, 색깔은 토양 성분에 따라서 다르지만 주로 파란색으로나 타난다. 양성화는 다소 많은 편이다.** 꽃 피는 시기는 5~6월이며, 열매는 삭과로 8~9월에 익는다. 'Hyugaao'보다는 잎이 약간 좁다.

H. serrata 'Hyugakonjou' 조가사키

휴우가노베니카구라산수국

학명: *Hydrangea serrata* 'Hyuganobenikagura'
영명: Hyuganobenikagura serrata hydrangea
일명: ヒュウガベニカグラ(휴우가노베니카구라, 日向の紅神樂)
특징

식물형은 낙엽관목으로 높이는 70~90cm 정도이며, 줄기는 곧은 편이다. 잎은 마주나며, 피침형으로 밝은 녹색이다. 잎 가장자리는 규칙적인 톱니가 있고, 끝은 뾰족하다. **꽃차례는 산방상의 평평한 모양이며, 장식화는 3~5개로 분홍색이 눈에 띄며, 양성화도 비슷한 색깔이다.** 꽃피는 시기는 5~7월이며, 열매는 삭과로 7~9월에 익는다.

H. serrata 'Hyuganobenikagura' 하코네싯세이카엔

휴우가시보리산수국(서니데이즈)

학명: *Hydrangea serrata* 'Hyugashibori'
영명: Hyugashibori serrata hydrangea
일명: ヒュウガシボリ(휴우가시보리, 日向絞り)
특징

식물형은 낙엽관목으로 높이는 70~90cm 정도이며, 줄기는 곧다. 잎은 마주나며, 타원형으로 녹색이나, 잎에 무늬가 들어 있는 것도 있다. 잎 가장자리는 톱니가 있고, 끝은 뾰족하다. **꽃차례는 산방상의 평평한**

모양이다. 장식화의 특징은 청자색의 명료한 줄 무늬가 들어 있고, 3~4개로 둥그스름하다. 양성화는 다소 많은 편이다. 꽃피는 시기는 5~7월이며, 열매는 삭과로 7~9월에 익는다.

H. serrata 'Hyugashibori' 밀양 법흥리

H. serrata 'Hyugashibori' 바람의 언덕

인디안서머산수국

학명: *Hydrangea serrata* 'Indian Summer'

영명: Indian Summer serrata hydrangea

품종명: 인디안서머

특징

식물형은 낙엽관목으로 높이는 80~120cm 정도이며, 줄기는 곧다. 잎은 마주나며, 난형으로 짙은 녹색이나, 가을이 되면 붉게 단풍이 든다. 잎 가장자리는 톱니가 있고, 끝은 뾰족하다. 꽃차례는 산방상의 평평한 모양이며, 장식화는 3~4개로 둥그스름하고, 토양 성분에 따라서 다르지만 주로 흰색~연분홍색으로 나타나며, 가장자리에는 톱니가 있다. 양성화는 다소 많은 편이다. 꽃피는 시기는 6~7월이며, 열매는 삭과로 8~9월에 익는다.

H. serrata 'Indian Summer' 케이프코드

인터메디아산수국

학명: *Hydrangea serrata* 'Intermedia'

영명: Intermedia serrata hydrangea

품종명: 인터메디아

특징

식물형은 낙엽관목으로 높이는 80~125cm 정도이며, 줄기는 어두운 색이 난다. 잎은 마주나며, 난형으로 짙은 녹색이나, 가을이 되면 붉게 단풍이 든다. 잎 가장자리는 톱니가 있고, 끝은 뾰족하다. **꽃차례는 산방상의 평평한 모양이며, 장식화는 3~4개로 둥그스름하고, 주로 흰색~연분홍색으로 나타나며, 가장자리에는 톱니가 있다. 양성화는 다소 많은 편이다.** 꽃피는 시기는 6~8월이며, 열매는 삭과로 8~9월에 익는다.

H. serrata 'Intermedia' 바람의언덕

이로도리산수국

학명: *Hydrangea serrata* 'Irodori'

영명: Irodori serrata hydrangea

일명: イロドリ(이로도리, 彩)

특징

식물형은 낙엽관목으로 높이는 80~150cm 정도이며, 줄기는 곧다. 잎은 마주나며, 난형으로 녹색이나, 가을이 되면 붉게 단풍이 든다. 잎 가장자리는 톱니가 있고, 끝은 뾰족하다. **꽃차례는 산방상의 평평한 모양이며, 장식화는 3~4개로 크며 톱니가 있고, 주로 푸른색으로 나타난다. 양성화는 많으며 옅은 보라색이다.** 햇볕이 닿으면 적자색으로 변하며 매우 아름답다. 꽃피는 시기는 6~8월이며, 열매는 삭과로 8~9월에 익는다.

H. serrata 'Irodori' 조가사키

이시즈치노히카리산수국

학명: *Hydrangea serrata* 'Ishizuchinohikari'

영명: Ishizuchinohikari serrata hydrangea

일명: イシヅチノヒカリ(이시즈치노히카리, 石鎚の光)

특징

식물형은 낙엽관목으로 높이는 70~90cm 정도이며, 줄기는 곧다. 잎은 마주나며, 타원형으로 녹색이다. 잎 가장자리는 톱니가 있고, 끝은 뾰족하다. **꽃차례는 산방상의 평평한 모양이며, 장식화는 여러 겹으로 피며 길쭉하다. 양성화는 많으며 파란색 계통이다.** 꽃피는 시기는 6~7월이며, 열매는 삭과로 8~9월에 익는다.

H. serrata 'Ishizuchinohikari' 고민가뮤지엄

이우치가스리산수국

학명: *Hydrangea serrata* 'Iuchigasuri'

영명: Iuchigasuri serrata hydrangea

일명: イウチガスリ(이우치가수리, 井内絣)

특징

식물형은 낙엽관목으로 높이는 70~90cm 정도이며, 줄기는 곧다. 잎은 마주나며, 타원형으로 녹색이다. 잎 가장자리는 톱니가 있고, 끝은 뾰족하다. **꽃차례는 산방상의 평평한 모양이며, 장식화는 여러 겹으로**

피며 길쭉하다. 양성화는 많으며 파란색 계통이다. 꽃피는 시기는 6~7월이며, 열매는 삭과로 8~9월에 익는다.

H. serrata 'Iuchigasuri' 시즈오카고텐바농장

H. serrata 'Iuchigasuri' 시즈오카고텐바농장

이와이즈미산수국

학명: *Hydrangea serrata* 'Iwaizumi'

영명: Iwaizumi serrata hydrangea

일명: イイワイズミ(이와이즈미, 岩泉)

특징

식물형은 낙엽관목으로 높이는 60~80cm 정도이며, 줄기는 곧은 편이다. 잎은 마주나며, 타원형으로 녹색이며 크고 부드럽다. 잎 가장자리는 톱니가 있고, 끝은 뾰족한 편이다. **꽃차례는 산방상의 평평한 모양이며, 장식화는 4개로 옅은 색깔로 투명하다. 양성화는 많으며 장식화와 비슷한 색깔이다.** 꽃피는 시기는 6~7월이며, 열매는 삭과로 8~9월에 익는다.

H. serrata 'Iwaizumi' 바람의 언덕

이야테마리산수국

학명: *Hydrangea serrata* 'Iyatemari'

영명: Iyatemari serrata hydrangea

일명: イヤテマリ(이야테마리, 祖谷てまり)

특징

식물형은 낙엽관목으로 높이는 70~90cm 정도이며, 줄기는 곧다. 잎은 마주나며, 타원형으로 녹색이다. 잎 가장자리는 톱니가 있고, 끝은 뾰족하다. **꽃차례는 산방상의 둥근 모양이며, 장식화는 분홍색 계통으로 조금 긴 편이다. 양성화는 많지 않고 비슷한 색깔이다.** 꽃피는 시기는 6~7월이며, 열매는 삭과로 7~8월에 익는다. 祖谷[이야]의 계곡에서 발견되었다.

H. serrata 'Iyatemari' 다카하다후도산

이요베니산수국

학명: *Hydrangea serrata* 'Iyobeni'

영명: Iyobeni serrata hydrangea

일명: イヨベニ(이요베니, 伊予紅)

특징

식물형은 낙엽관목으로 높이는 70~90cm 정도이며, 줄기는 곧다. 잎은 마주나며, 타원형으로 녹색이나, 가을이 되면 붉게 단풍이 든다. 잎 가장자리는 톱니가 있고, 끝은 뾰족하다. **꽃차례는 산방상의 평평한 모양이며, 장식화는 3~4개로 둥그스름하고, 짙은 홍색~무지개 색으로 나타난다. 양성화는 다소 많은 편이다.** 꽃피는 시기는 5~6월이며, 열매는 삭과로 7~8월에 익는다.

H. serrata 'Iyobeni' 다카하다후도산

이요가스리산수국

학명: *Hydrangea serrata* 'Iyogasuri'

영명: Iyogasuri serrata hydrangea

일명: イヨガスリ(이요가수리, 伊予絣)

특징

식물형은 낙엽관목으로 높이는 80~100cm 정도이며, 줄기는 곧다. 잎은 마주나며, 타원형으로 짙은 녹색이다. 잎 가장자리는 톱니가 있고, 끝은 뾰족하다. **꽃차례는 산방상의 평평한 모양이며, 장식화는 3~4개로 둥그스름하고, 분홍색~보라색계통이지만 대부분이 흰색의 얼룩덜룩한 줄 무늬 모양의 주름이 있다. 양성화는 다소 많은 편으로 보라색이다.** 꽃피는 시기는 6~7월이며, 열매는 삭과로 8~9월에 익는다.

H. serrata 'Iyogasuri' 토시마엔

이요칸세츠산수국

학명: *Hydrangea serrata* 'Iyokansetsu'

영명: Iyokansetsu serrata hydrangea

일명: イヨカンセツ(이요칸세츠, 伊予冠雪)

특징

식물형은 낙엽관목으로 높이는 40~50cm 정도이며, 줄기에는 피목이 나타난다. 잎은 마주나며, 다소 작고 좁으며, 녹색이지만, 잎에 얼룩덜룩한 흰색의 반점이 산재해 있는 것이 특징이다. 잎 가장자리는 톱니가 있고, 끝은 뾰족하다. **꽃차례는 산방상의 평평한 모양이며, 장식화는 3~4개로 둥그스름하고, 양성화는 적으며 보라색이다.** 꽃피는 시기는 5~6월이며, 열매는 삭과로 7~8월에 익는다.

H. serrata 'Iyokansetsu' 하코네싯세이카엔

이요칸자시산수국

학명: *Hydrangea serrata* 'Iyokanzashi'

영명: Iyokanzashi serrata hydrangea

일명: イヨカンザシ(이요칸자시, 伊予かんざし)

특징

식물형은 낙엽관목으로 높이는 70~90cm 정도이며, 줄기에는 피목이 나타난다. 잎은 마주나며, 타원형으로 큰 편이며 녹색이다. 잎 가장자리는 톱니가 있고, 끝은 뾰족하다. **꽃차례는 산방상의 평평한 모양으로 큰 편이고, 장식화가 다 피면 공 모양으로 보이고 겹으로 피는 것이 특징이다. 양성화는 가려져서 잘 안보이지만 활짝 피면 쉽게 보인다.** 꽃피는 시기는 6~8월이며, 열매는 삭과로 8~9월에 익는다.

H. serrata 'Iyokanzashi' 토시마엔

이요코마치산수국

학명: *Hydrangea serrata* 'Iyokomachi'

영명: Iyokomachi serrata hydrangea

일명: イヨコマチ(이요코마치, 伊予小町)

특징

식물형은 낙엽관목으로 높이는 80~120cm 정도이며, 줄기는 곧다. 잎은 마주나며, 타원형으로 독특한 비로드 모양으로 아름답다. 특히 새눈이 나올 무렵에 햇볕이 닿으면 적자색으로 나타난다. 잎 가장자리는 톱니가 있고, 끝은 뾰족하다. **꽃차례는 산방상의 평평한 모양이며, 장식화는 3~4개로 둥그스름하고, 양성화는 다소 많은 편으로 보라색이다.** 꽃피는 시기는 6~7월이며, 열매는 삭과로 8~9월에 익는다. 일본의 니요도카와 [仁淀川]의 주변에서 발견되었다.

H. serrata 'Iyokomachi' 토시마엔

H. serrata 'Iyokomachi' 토시마엔

이요무라사키베니산수국

학명: *Hydrangea serrata* 'Iyomurasakibeni'

영명: Iyomurasakibeni serrata hydrangea

일명: イヨムラサキベニ(이요무라사키베니, 伊予紫紅)

특징

식물형은 낙엽관목으로 높이는 70~90cm 정도이며, 줄기에는 피목이 나타난다. 잎은 마주나며, 타원형으로 큰 편이며 녹색이다. 잎 가장자리는 톱니가 있고, 끝은 뾰족하다. **꽃차례는 산방상의 평평한 모양으로 큰 편이고, 장식화는 적자색으로 피는 것이 특징이다. 양성화는 많은 편으로 파란색 계통이다.** 꽃피는 시기는 6~8월이며, 열매는 삭과로 8~9월에 익는다.

H. serrata 'Iyomurasakibeni' 고민가뮤지엄

이요니지산수국

학명: *Hydrangea serrata* 'Iyoniji'

영명: Iyoniji serrata hydrangea

일명: イヨニジ(이요니지, 伊予虹)

특징

식물형은 낙엽관목으로 높이는 70~90cm 정도이며, 줄기에는 피목이 나타난다. 잎은 마주나며, 타원형으로 녹색이다. 잎 가장자리는 톱니가 있고, 끝은 뾰족하다. **꽃차례는 산방상의 평평한 모양이며, 장식화는 무지개처럼 아름답다. 양성화는 많은 편이고 흰색 계통으로 핀다.** 꽃피는 시기는 6~7월이며, 열매는 삭과로 8~9월에 익는다.

H. serrata 'Iyoniji' 조가사키

이요니시키산수국

학명: *Hydrangea serrata* 'Iyonishiki'

영명: Iyonishiki serrata hydrangea

일명: イヨニシキ(이요니시키, 伊予錦)

특징

식물형은 낙엽관목으로 높이는 70~90 cm정도이며, 줄기는 곧다. 잎은 마주나며, 타원형으로 황색의 얼룩무늬가 특징이 있다. 얼룩의 잎이 녹색으로 변하지 않도록 그늘에 심지만 너무 어둡지 않게 한다. 잎 가장자리는 톱니가 있고, 끝은 뾰족하다. **꽃차례는 산방상의 평평한 모양이며, 장식화는 3~4개로 둥그스름하고, 연보라색으로 나타나며, 양성화는 적은 편이다.** 꽃피는 시기는 6~7월이며, 열매는 삭과로 8~9월에 익는다.

H. serrata 'Iyonishiki' 토시마엔

H. serrata 'Iyonishiki' 조가사키

이요노아오가스리산수국

학명: *Hydrangea serrata* 'Iyonoaogasuri'

영명: Iyonoaogasuri serrata hydrangea

일명: イヨノアオガスリ(이요노아오가수리, 伊予の青絣)

특징

식물형은 낙엽관목으로 높이는 60~80cm 정도이며, 줄기에는 피목이 나타난다. 잎은 마주나며, 타원형으로 다소 큰 편이다. 잎 가장자리는 톱니가 있고, 끝은 뾰족하다. **꽃차례는 산방상의 평평한 모양이며, 장식화는 3~4개로 넓고 둥그스름하며 흰색~옅은 파란색의 무늬가 들어있는 특징이 있다. 양성화는 많은 편이다.** 꽃피는 시기는 6~8월이며, 열매는 삭과로 8~9월에 익는다.

H. serrata 'Iyonoaogasuri' 하코네싯세이카엔

이요노히카리산수국

학명: *Hydrangea serrata* 'Iyonohikari'

영명: Iyonohikari serrata hydrangea

일명: イヨノヒカリ(이요노히카리, 伊予の光)

특징

식물형은 낙엽관목으로 높이는 60~80cm 정도이며, 줄기는 약한 편이다. 잎은 마주나며, 타원형이다. 잎 가장자리는 톱니가 있고, 끝은 뾰족하다. **꽃차례는 산방상의 평평한 모양이며, 장식화는 겹으로 가늘고 길며 밝은 분홍색이 나타나며, 양성화는 적은 편이다.** 꽃피는 시기는 6~8월이며, 열매는 삭과로 8~9월에 익는다.

H. serrata 'Iyonohikari' 고민가뮤지엄

이요노호시쿠즈산수국

학명: *Hydrangea serrata* 'Iyonohoshikuzu'
영명: Iyonohoshikuzu serrata hydrangea
일명: イヨノホシクズ(이요노호시쿠즈, 伊予の星屑)
특징

식물형은 낙엽관목으로 높이는 60~80cm 정도이며, 줄기에는 피목이 나타난다. 잎은 마주나며, 긴 타원형이다. 잎 가장자리는 톱니가 있고, 끝은 뾰족하다. **꽃차례는 산방상의 평평한 모양이며, 장식화는 다소 칼 모양으로 밝은 분홍색 계통이다. 양성화는 많으며 꽃이 피면 별 모양으로 흩어져 보인다고 붙여진 이름이다.** 꽃피는 시기는 6~7월이며, 열매는 삭과로 8~9월에 익는다.

H. serrata 'Iyonohoshikuzu' 토시마엔

이요노쥬우지세이산수국

학명: *Hydrangea serrata* 'Iyonojuujisei'
영명: Iyonojuujisei serrata hydrangea
일명: イヨノジュウジセイ(이요노쥬우지세이, 伊予の十字星)
특징

식물형은 낙엽관목으로 높이는 60~80cm 정도이며, 줄기에는 피목이 나타난다. 잎은 마주나며, 타원형으로 다소 큰 편이다. 잎 가장자리는 톱니가 있고, 끝은 뾰족하다. **꽃차례는 산방상의 평평한 모양이며, 장식화는 3~4개로 넓고 둥그스름하며 십자 모양으로 보인다. 색깔은 밝은 분홍색이 나타나며, 양성화는 많은 편이다.** 꽃피는 시기는 6~8월이며, 열매는 삭과로 8~9월에 익는다.

H. serrata 'Iyonojuujisei' 토시마엔

이요노사카즈키산수국

학명: *Hydrangea serrata* 'Iyonosakazuki'
영명: Iyonosakazuki serrata hydrangea
일명: イヨノサカズキ(이요노사카즈키, 伊予の盃)
특징

식물형은 낙엽관목으로 높이는 60~80cm 정도이며, 줄기는 곧다. 잎은 마주나며, 타원형으로 다소 큰 편이다. 잎 가장자리는 톱니가 있고, 끝은 뾰족하다. **꽃차례는 산방상의 평평한 모양이며, 장식화는 3~4개로 넓고 둥그스름하며 꽃잎 전체가 안쪽으로 말려들어간 듯 잔 모양으로 보이며, 색깔은 파란색 계통이고, 양성화는 많은 편이다.** 꽃피는 시기는 5~7월이며, 열매는 삭과로 7~8월에 익는다.

H. serrata 'Iyonosakazuki' 바람의 언덕

H. serrata 'Iyoshibori' 조가사키

이요시보리산수국

학명: *Hydrangea serrata* 'Iyoshibori'

영명: Iyoshibori serrata hydrangea

일명: イヨシボリ(이요시보리, 伊予絞り)

특징

식물형은 낙엽관목으로 높이는 80~100cm 정도이며, 줄기는 곧다. 잎은 마주나며, 타원형으로 녹색이다. 잎 가장자리는 톱니가 있고, 끝은 뾰족하다. **꽃차례는 산방상의 평평한 모양이다. 장식화는 3~4개로 둥그스름하고, 옅은 파란색 계통으로 흰색의 줄 무늬가 들어 있는 특징이 있으며 큰 편이다. 양성화는 많은 편이다.** 꽃피는 시기는 6~8월이며, 열매는 삭과로 8~9월에 익는다.

H. serrata 'Iyoshibori' 조가사키

이요시구레산수국

학명: *Hydrangea serrata* 'Iyoshigure'

영명: Iyoshigure serrata hydrangea

일명: イヨシグレ(이요시구레, 伊予しぐれ)

특징

식물형은 낙엽관목으로 높이는 60~90cm 정도이며, 줄기는 곧다. 잎은 마주나며, 타원형으로 짙은 녹색이다. 잎 가장자리는 톱니가 있고, 끝은 뾰족하다. **꽃차례는 산방상의 평평한 모양이며, 장식화는 3~4개로 둥그스름하고, 밝은 보라색 계통으로 나타나며, 작은 편이다. 양성화는 많은 것이 특징이다.** 꽃피는 시기는 6~8월이며, 열매는 삭과로 8~9월에 익는다.

H. serrata 'Iyoshigure' 조가사키

이요시로산수국

학명: *Hydrangea serrata* 'Iyoshiro'

영명: Iyoshiro serrata hydrangea

일명: イヨシロ(이요시로, 伊予白)

특징

식물형은 낙엽관목으로 높이는 60~90cm 정도이며, 줄기는 곧다. 잎은 마주나며, 긴 타원형으로 녹색이다. 잎 가장자리는 톱니가 있고, 끝은 뾰족하다. **꽃차례는 산방상의 평평한 모양이다. 장식화는 3~4개로 둥그스름하고 흰색이며, 매우 크고 톱니도 보인다. 양성화는 흰색 계통이다.** 꽃피는 시기는 6~7월이며, 열매는 삭과로 8~9월에 익는다.

H. serrata 'Iyoshiro' 고민가뮤지엄

이요시시테마리산수국

학명: *Hydrangea serrata* 'Iyoshishitemari'

영명: Iyoshishitemari serrata hydrangea

일명: イヨシシテマリ(이요시시테마리, 伊予獅子てまり)

특징

식물형은 낙엽관목으로 높이는 60~90cm 정도이며, 줄기에 피목이 나타난다. 잎은 마주나며, 타원형으로 녹색이다. 잎 가장자리는 톱니가 있고, 끝은 뾰족하다. **꽃차례는 산방상의 공 모양이며, 장식화는 옅은 분홍색 계통으로 나타난다. 양성화는 장식화에 가려져서 잘 보이지 않는다.** 작지만 귀하고 화려한 품종으로 취급되며, 꽃피는 시기는 6~7월이며, 열매는 삭과로 8~9월에 익는다.

H. serrata 'Iyoshishitemari' 하코네싯세이카엔

H. serrata 'Iyoshishitemari' 하코네고라식물원

이요테마리산수국

학명: *Hydrangea serrata* 'Iyotemari'

영명: Iyotemari serrata hydrangea

일명: イヨテマリ(이요테마리, 伊予てまり)

특징

식물형은 낙엽관목으로 높이는 70~90cm 정도이며, 줄기는 굽는 편이다. 잎은 마주나며, 타원형으로 밝은 녹색이다. 잎 가장자리는 톱니가 있고, 끝은 뾰족하

다. **꽃차례는 산방상의 공 모양으로 다소 크게 피며, 장식화는 많으며 둥그스름하고, 흰색, 살구색, 분홍색 계통으로 나타난다. 양성화는 장식화에 가려져서 잘 보이지 않는다.** 귀한 품종으로 취급되며, 꽃피는 시기는 6~7월이며, 열매는 삭과로 8~9월에 익는다.

H. serrata 'Iyotemari' 토시마엔

이요자쿠라산수국

학명: *Hydrangea serrata* 'Iyozakura'

영명: Iyozakura serrata hydrangea

일명: イヨザクラ(이요자쿠라, 伊予桜)

특징

식물형은 낙엽관목으로 높이는 70~100cm 정도이며, 줄기는 곧다. 잎은 마주나며, 타원형으로 녹색이지만, 햇볕이 닿으면 불그스름하게 변한다. 잎 가장자리는 톱니가 있고, 끝은 뾰족하다. **꽃차례는 산방상의 평평한 모양이며, 장식화는 3~4개로 둥그스름하게 피며, 옅은 분홍색 계통으로 나타난다. 양성화는 많으며 비슷한 색깔이다.** 꽃피는 시기는 6~7월이며, 열매는 삭과로 8~9월에 익는다.

H. serrata 'Iyozakura' 하코네싯세이카엔

이요잔세츠산수국

학명: *Hydrangea serrata* 'Iyozansetsu'

영명: Iyozansetsu serrata hydrangea

일명: イヨザンセツ(이요잔세츠, 伊予殘雪)

특징

식물형은 낙엽관목으로 높이는 70~90cm 정도이며, 줄기는 곧다. 잎은 마주나며, 긴 타원형으로 옅은 녹색이지만, 잎에 흰 반점이 있는 것이 특징이다. 잎 가장자리는 톱니가 있고, 끝은 뾰족하다. **꽃차례는 산방상의 평평한 모양이며, 장식화는 3~4개로 둥그스름하게 피며, 옅은 분홍색 계통으로 나타난다. 양성화는 보통이다.** 꽃피는 시기는 6~7월이며, 열매는 삭과로 8~9월에 익는다.

H. serrata 'Iyozansetsu' 하코네싯세이카엔

제주별산수국(송림)

학명: *Hydrangea serrata* 'Jejubyul'

영명: Jejubyul serrata hydrangea

품종명: 송림(제주별산수국)

특징

식물형은 낙엽관목으로 높이는 80~120cm 정도이며, 줄기는 곧다. 잎은 마주나며, 긴 타원형으로 녹색이다. 잎 가장자리는 톱니가 있고, 끝은 뾰족하다. **꽃차례는 산방상의 평평한 모양이지만 활짝 피면 둥글게 보인다. 장식화는 여러 겹으로 피고, 별처럼 보이며, 옅은 보라색~분홍색 계통으로 나타난다. 양성화는 보통이다.** 꽃피는 시기는 6~7월이며, 열매는 삭과로 8~9월에 익는다.

H. serrata 'Jejubyul' 바람의 언덕

H. serrata 'Jejubyul' 바람의 언덕

H. serrata 'Jejubyul' 밀양 법흥리

해협산수국(카이쿄우)

학명: *Hydrangea serrata* 'Kaikyo'

영명: Kaikyo serrata hydrangea

일명: カイキョウ(카이쿄우, 海峽)

특징

식물형은 낙엽관목으로 높이는 60~100cm 정도이며, 줄기는 곧다. 잎은 마주나며, 타원형으로 녹색이지만, 햇볕이 닿으면 쉽게 청동색으로 변한다. 잎 가장자리는 톱니가 있고, 끝은 뾰족하다. **꽃차례는 산방상의 평평한 모양이며, 장식화는 3~4개로 둥그스름하게 피며, 흰색의 불규칙한 줄 무늬가 들어 있다. 양성화는 많으며, 장식화와 비슷한 색깔이다.** 꽃피는 시기는 6~7월이며, 열매는 삭과로 8~9월에 익는다. 한국이 원산지다.

H. serrata 'Kaikyo' 하코네싯세이카엔

카이자키산수국

학명: *Hydrangea serrata* 'Kaizaki'
영명: Kaizaki serrata hydrangea
일명: カイザキ(카이자키, 貝咲)
특징
식물형은 낙엽관목으로 높이는 70~90cm 정도이며, 줄기는 곧다. 잎은 마주나며, 긴 타원형으로 큰 편이고 녹색이다. 잎 가장자리는 톱니가 있고, 끝은 뾰족하다. **꽃차례는 산방상의 평평한 모양이며, 장식화는 3~4개로 조개 모양으로 오목하면서 둥그스름하게 피며, 옅은 분홍색~보라색 계통으로 나타난다.** 꽃피는 시기는 6~8월이며, 열매는 삭과로 8~9월에 익는다.

H. serrata 'Kaizaki' 바람의 언덕

카나토노호시산수국

학명: *Hydrangea serrata* 'Kanatonohoshi'
영명: Kanatonohoshi serrata hydrangea
일명: カナトノホシ(카나토노호시, 奏音の星)
특징
식물형은 낙엽관목으로 높이는 70~90cm 정도이며, 줄기는 곧다. 잎은 마주나며, 넓은 피침형으로 녹색이다. 잎 가장자리는 톱니가 있고, 끝은 뾰족하다. **꽃차례는 산방상의 평평한 모양이다. 장식화는 여러 겹의 별 모양이며 분홍색 계통으로 나타난다. 양성화는 보통이며 장식화와 같은 색깔이다.** 꽃피는 시기는 6~7월이며, 열매는 삭과로 8~9월에 익는다.

H. serrata 'Kanatonohoshi' 하코네싯세이카엔

H. serrata 'Kanatonohoshi' 하코네싯세이카엔

카노노하나산수국

학명: *Hydrangea serrata* 'Kanonohana'
영명: Kanonohana serrata hydrangea
일명: カノノハナ(카노노하나, 鹿野の華)
특징
식물형은 낙엽관목으로 높이는 70~100cm 정도이며, 줄기는 곧다. 잎은 마주나며, 긴 타원형으로 녹색이고, 잎 가장자리는 톱니가 있고, 끝은 뾰족하다. **꽃차례는 산방상의 평평한 모양이며, 장식화는 3~4개로 뾰족한 편이고 옅은 분홍색 계통으로 나타나고, 가끔씩 톱니도 보인다. 양성화는 많으며 보라색 계통이다.** 꽃피는 시기는 6~8월이며, 열매는 삭과로 8~9월에 익는다.

H. serrata 'Kanonohana' 하코네싯세이카엔

카노테마리산수국

학명: *Hydrangea serrata* 'Kanotemari'

영명: Kanotemari serrata hydrangea

일명: カノテマリ(카노테마리, 鹿野テマリ)

특징

식물형은 낙엽관목으로 높이는 70~90cm 정도이며, 줄기에 피목이 나타난다. 잎은 마주나며, 넓은 피침형으로 녹색이다. 잎 가장자리는 톱니가 있고, 끝은 매우 뾰족하다. **꽃차례는 산방상의 둥근 모양이며, 장식화는 4~5개로 흰색이다. 양성화는 장식화 아래쪽에 가려져서 나타나며 흰색이다.** 꽃피는 시기는 6~7월이며, 열매는 삭과로 8~9월에 익는다.

H. serrata 'Kanotemari' 하코네싯세이카엔

케이게츠산수국

학명: *Hydrangea serrata* 'Keigetsu'

영명: Keigetsu serrata hydrangea

일명: ケイゲツ(케이게츠, 桂月)

특징

식물형은 낙엽관목으로 높이는 70~90cm 정도이며, 줄기는 곧다. 잎은 마주나며, 넓은 피침형으로 녹색이다. 잎 가장자리는 톱니가 있고, 끝은 뾰족하다. **꽃차례는 산방상의 평평한 모양이며, 장식화는 파란색 계통으로 나타난다. 양성화는 보통이며 장식화와 비슷한 색깔이다.** 꽃피는 시기는 6~7월이며, 열매는 삭과로 8~9월에 익는다. 자연잡종이다.

H. serrata 'Keigetsu' 고민가뮤지엄

케이텐노하나산수국

학명: *Hydrangea serrata* 'Keitennohana'

영명: Keiten-no-hana serrata hydrangea

일명: ケイテンノハナ(케이텐노하나, 敬天の華)

특징

식물형은 낙엽관목으로 높이는 50~70cm 정도이며, 줄기는 곧다. 잎은 마주나며, 긴 타원형으로 녹색이다. 잎 가장자리는 톱니가 있고, 끝은 뾰족한 편이다. **꽃차례는 산방상의 평평한 모양이며, 장식화는 겹으로 피고 아주 옅은 복숭아 빛이 도는 흰색~옅은 보라**

색 계통으로 나타난다. 양성화는 적다. 꽃피는 시기는 6~7월이며, 열매는 삭과로 7~8월에 익는다.

H. serrata 'Ketennohana' 고민가뮤지엄

킨레이산수국

학명: *Hydrangea serrata* 'Kinrei'

영명: Kinrei serrata hydrangea

일명: キンレイ(킨레이, 金鈴)

특징

식물형은 낙엽관목으로 높이는 50~70cm 정도이며, 줄기는 곧다. 잎은 마주나며, 피침형으로 황금색 계통의 흩어진 무늬가 특징이 있다. 잎 가장자리는 톱니가 있고, 끝은 뾰족한 편이다. **꽃차례는 산방상의 평평한 모양이다. 장식화는 흰색 계통으로 나타나고 양성화도 비슷한 색깔이다.** 꽃피는 시기는 6~7월이며, 열매는 삭과로 7~8월에 익는다.

H. serrata 'iKinrei' 시즈오카고텐바농장

키요수미산수국(키요수미사와)

학명: *Hydrangea serrata* 'Kiyosumi'

이명: *Hydrangea serrata* 'Kiyosumisawa'

영명: Kiyosumi serrata hydrangea

일명: キヨスミ(키요수미, 清澄), キヨスミサワ(키요수미사와, 清澄沢)

특징

식물형은 낙엽관목으로 높이는 60~100cm 정도이며, 줄기에는 피목이 나타난다. 잎은 마주나며, 타원형으로 녹색이지만 햇볕이 닿으면 청동색으로 된다. 잎 가장자리는 톱니가 있고, 끝은 뾰족하다. **꽃차례는 산방상의 평평한 모양이며, 장식화는 3~4개로 둥그스름하게 피며, 흰색 계통이지만 가장자리에는 분홍색, 파란색, 붉은색 등의 테두리가 있는 것이 특징이다. 양성화는 장식화와 비슷한 옅은 색 계통이다.** 꽃피는 시기는 6~7월이며, 열매는 삭과로 8~9월에 익는다. 씨뿌리기로 발아도 쉽고, 치바현 주변의 키요수미산에서 발견했다. RHS (AGM)을 수상했다.

H. serrata 'Kiyosumi' 하코네싯세이카엔

H. serrata 'Kiyosumi' 하코네싯세이카엔

코쵸우노마이산수국

학명: *Hydrangea serrata* 'Kochounomai'

영명: Kochounomai serrata hydrangea

일명: コチョウノマイ(코쵸우노마이, 胡蝶の舞)

특징

식물형은 낙엽관목으로 높이는 60~80cm 정도이며, 줄기는 곧다. 잎은 마주나며, 피침형으로 녹색이지만, 다소 두터운 편이다. 잎 가장자리는 톱니가 있고, 끝은 뾰족하다. **꽃차례는 산방상의 평평한 모양이다. 장식화는 크기가 다른 여러 겹으로 피며, 흰색 계통으로 나타난다. 양성화는 적은 편이다.** 꽃피는 시기는 6~7월이며, 열매는 삭과로 8~9월에 익는다.

H. serrata 'Kochounomai' 고민가뮤지엄

코이히메산수국

학명: *Hydrangea serrata* 'Koihime'

영명: Koihime serrata hydrangea

일명: コイヒメ(코이히메, 恋姬)

특징

식물형은 낙엽관목으로 높이는 60~80cm 정도이며, 줄기는 곧다. 잎은 마주나며, 긴 타원형으로 녹색이지만, 다소 두터운 편이다. 잎 가장자리는 톱니가 있고, 끝은 뾰족하다. **꽃차례는 산방상의 평평한 모양이며, 장식화는 3~4개로 둥그스름하게 피며, 색깔은 홍색 계통으로 나타난다. 양성화는 많으며 보라색 계통이다.** 꽃피는 시기는 6~7월이며, 열매는 삭과로 8~9월에 익는다.

H. serrata 'Koihime' 하코네싯세이카엔

H. serrata 'Koihime' 하코네싯세이카엔

코코노에니시키산수국

학명: *Hydrangea serrata* 'Kokonoenishiki'

영명: Kokonoenishiki serrata hydrangea

일명: ココノエニシキ(코코노에니시키, 九重錦)

특징

식물형은 낙엽관목으로 높이는 60~80cm 정도이며, 줄기는 곧은 편이다. 잎은 마주나며, 긴 타원형으로 녹색이지만, 얼룩덜룩하다. 잎 가장자리는 톱니가 있고, 끝은 뾰족하다. **꽃차례는 산방상의 평평한 모양이며, 장식화는 3~4개이고, 양성화는 많으며 보라색 계통의 작은 꽃들로 이루어진다.** 꽃피는 시기는 6~7월이며, 열매는 삭과로 8~9월에 익는다.

H. serrata 'Kokonoenishiki' 조가사키

코코노에노오우칸산수국

학명: *Hydrangea serrata* 'Kokonoenooukan'

영명: Kokonoenooukan serrata hydrangea

일명: ココノエノオウカン(코코노에노오우칸, 九重の王冠)

특징

식물형은 낙엽관목으로 높이는 50~70cm 정도이며, 줄기는 곧다. 잎은 마주나며, 타원형으로 녹색이다. 잎 가장자리는 듬성듬성한 톱니가 있고, 끝은 뾰족하다. **꽃차례는 산방상의 공 모양으로 피며, 장식화는 겹으로 피며 옅은 파란색 계통이다. 양성화는 적으며, 장식화와 비슷한 색깔이다.** 꽃피는 시기는 5~6월이며, 열매는 삭과로 7~8월에 익는다.

H. serrata 'Kokonoenooukan' 토시마엔

코코노에레이카산수국

학명: *Hydrangea serrata* 'Kokonoereika'

영명: Kokonoereika serrata hydrangea

일명: ココノエレイカ(코코노에레이카, 九重麗華)

특징

식물형은 낙엽관목으로 높이는 70~100cm 정도이며, 줄기에는 피목이 나타난다. 잎은 마주나며, 긴 타원형으로 짙은 녹색이다. 잎 가장자리는 톱니가 있고, 끝은 뾰족하다. **꽃차례는 산방상의 평평한 모양이다. 장식화는 여러 겹으로 둥그스름하게 피며, 파란색 계통이다. 양성화는 적은 편이다.** 전반적으로 꽃이 화려하여 눈에 띈다. 꽃피는 시기는 6~7월이며, 열매는 삭과로 8~9월에 익는다.

H. serrata 'Kokonoereika' 하코네싯세이카엔

코모치시치단카산수국

학명: *Hydrangea serrata* 'Komochishichidanka'

영명: Komochishichidanka serrata hydrangea

일명: コモチシチダンカ(코모치시치단카, 子持ち七段花)

특징

식물형은 낙엽관목으로 높이는 50~70cm 정도이며, 줄기는 약한 편이다. 잎은 마주나며 녹색이며, 타원형으로 잎 가장자리는 톱니가 있고, 끝은 뾰족하다. **꽃차례는 산방상의 평평한 모양이며, 장식화는 여러 겹으로 피지만, 작고 옅은 분홍색 계통이다. 양성화는 몇 개 정도로 적게 피며, 곧바로 퇴화해 버린다.** 꽃피는 시기는 6~7월이며, 열매는 삭과로 7~8월에 익는다. 일본 돗토리현에서 발견되었다.

H. serrata 'Komochishichidanka' 토시마엔

코리아나산수국

학명: *Hydrangea serrata* 'Koreana'

영명: Koreana serrata hydrangea

일명: コリアナ(코리아나)

특징

식물형은 낙엽관목으로 높이는 40~50cm 정도로 매우 낮게 자라며, 줄기는 곧은 편이다. 잎은 마주나며, 긴 타원형으로 녹색이다. 잎 가장자리는 톱니가 있고, 끝은 뾰족하다. **꽃차례는 산방상의 평평한 모양이다. 장식화는 4~5개로 둥그스름하고 파란색~분홍색 계통이다. 양성화는 보통으로 피며 비슷한 색깔이다.** 꽃피는 시기는 6~7월이며, 열매는 삭과로 7~8월에 익는다. 한국이 원산지이다.

H. serrata 'Koreana' 강원도미천골

코우칸세츠산수국

학명: *Hydrangea serrata* 'Koukansetsu'

영명: Koukansetsu serrata hydrangea

일명: コウカンセツ(코우칸세츠, 紅冠雪)

특징

식물형은 낙엽관목으로 높이는 60~80cm 정도이며, 줄기는 곧다. 잎은 마주나며, 긴 타원형으로 좁으며, 얼룩덜룩한 무늬가 들어 있고, 여름이 되면 새 잎은 흰색 계통으로 되는 특징이다. 잎 가장자리는 톱니가

있고, 끝은 갑자기 뾰족해 진다. **꽃차례는 산방상의 평평한 모양이며, 장식화는 분홍색~보라색 계통으로 흩어지듯이 피고, 양성화도 비슷한 색이다.** 꽃피는 시기는 6~7월이며, 열매는 삭과로 8~9월에 익는다.

쿠주우노시보리산수국

학명: *Hydrangea serrata* 'Kujunoshibori'

영명: Kujunoshibori serrata hydrangea

일명: クジュウノシボリ(쿠주우노시보리, 久住の絞り)

특징

식물형은 낙엽관목으로 높이는 60~80cm 정도이며, 줄기는 휘어진다. 잎은 마주나며, 긴 타원형으로 녹색이다. 잎 가장자리는 톱니가 있고, 끝은 뾰족하다. **꽃차례는 산방상의 평평한 모양이다. 장식화는 작은 편으로 주름이 지고, 옅은 파란색~분홍색 계통이다. 양성화는 장식화와 비슷한 색으로 핀다.** 꽃피는 시기는 5~6월이며, 열매는 삭과로 7~8월에 익는다.

H. serrata 'Kujunoshibori' 토시마엔

큐쥬노테마리산수국

학명: *Hydrangea serrata* 'Kujunotemari'

영명: Kujunotemari serrata hydrangea

일명: クジュウノテマリ(쿠주우노테마리, 九重のてまり)

특징

식물형은 낙엽관목으로 높이는 60~80cm 정도이며, 줄기는 곧다. 잎은 마주나며, 타원형으로 녹색이다. 잎 가장자리는 톱니가 있고, 끝은 뾰족하다. **꽃차례는 산방상의 공 모양이다. 장식화는 겹으로 피며 옅은 파란색~분홍색 계통이다. 양성화는 적으며, 잘 보이지 않는다.** 꽃피는 시기는 5~6월이며, 열매는 삭과로 7~8월에 익는다.

큐쥬우산산수국

학명: *Hydrangea serrata* 'Kujuusan'

영명: Kujuusan serrata hydrangea

일명: クジュウサン(쿠쥬우산, 九重山)

특징

식물형은 낙엽관목으로 높이는 60~80cm 정도이며, 줄기는 곧다. 잎은 마주나며, 타원형으로 녹색이지만, 잎 전체에 얼룩무늬가 산재해있다. 잎 가장자리는 톱니가 있고, 끝은 뾰족하다. **꽃차례는 산방상의 평평한 모양이며, 장식화는 4개이고, 옅은 보라색~분홍색 계통이다. 양성화는 장식화와 비슷한 색깔로 많은 편이다.** 꽃피는 시기는 5~6월이며, 열매는 삭과로 7~8월에 익는다.

H. serrata 'Kujuusan' 조가사키

H. serrata 'Kujuusan' 하코네싯세이카엔

H. serrata 'Kujuusan' 시즈오카고텐바농장

쿠라키노히카리산수국

학명: *Hydrangea serrata* 'Kurakinohikari'
영명: Kurakinohikari serrata hydrangea
일명: クラキノヒカリ(쿠라키노히카리, 倉木の光)
특징

식물형은 낙엽관목으로 높이는 60~80 cm정도이며, 줄기는 곧다. 잎은 마주나며, 타원형으로 녹색이다. 잎 가장자리는 톱니가 있고, 끝은 뾰족하다. **꽃차례는 산방상의 평평한 모양이다. 장식화는 옅은 파란색~분홍색 계통으로 흰색의 무늬가 나타나며 약간 길쭉한 편이다. 양성화는 장식화와 비슷한 색으로 많은 편이다.** 꽃피는 시기는 5~6월이며, 열매는 삭과로 7~8월에 익는다.

쿠라키테마리산수국

학명: *Hydrangea serrata* 'Kurakitemari'
영명: Kurakitemari serrata hydrangea
일명: クラキテマリ(쿠라키테마리, 倉木てまり)
특징

식물형은 낙엽관목으로 높이는 60~100cm 정도이며, 줄기는 곧다. 잎은 마주나며, 타원형으로 녹색이다. 잎 가장자리는 톱니가 있고, 끝은 뾰족한 편이다. **꽃차례는 산방상의 둥근 모양으로 아름답다. 장식화는 4개로 옅은 파란색이며, 톱니가 나타나기도 한다. 양성화는 장식화 사이에서 낮게 피며 비슷한 색깔이다.** 꽃피는 시기는 5~6월이며, 열매는 삭과로 7~8월에 익는다.

H. serrata 'Kurakitemari' 시즈오카고텐바농장

H. serrata 'Kurakitemari' 다카하다후도산

쿠레나이산수국

학명: *Hydrangea serrata* 'Kurenai'

영명: Kurenai serrata hydrangea

일명: クレナイ(쿠레나이)

특징

식물형은 낙엽관목으로 높이는 60~80(+100)cm 정도이며, 줄기는 곧다. 잎은 마주나며, 긴 타원형으로 옅은 녹색이지만 햇볕이 닿으면 불그스름해진다. 잎 가장자리는 톱니가 있고, 끝은 뾰족하다. **꽃차례는 산방상의 평평한 모양이다. 장식화는 3~4개로 붉게 피며, 양성화는 옅은 분홍색이 도는 흰색이다. 수국 중에서도 가장 붉은 색으로 피는 특징이 있다.** 처음에는 흰색으로 피지만 햇볕이 닿으면 빨갛게 되고 음지에서는 흰색이다. 토양 성분에 의한 변화는 없고, '쿠레나이'는 성숙의 모든 단계에서 아름답고, 꽃피는 시기는 5~6월이며, 열매는 삭과로 7~8월에 익는다.

H. serrata 'Kurenai' 하코네싯세이카엔

H. serrata 'Kurenai' 하코네싯세이카엔

H. aspera 'Peter *H. serrata* 'Kurenai' 토시마엔

쿠레나이니시키산수국

학명: *Hydrangea serrata* 'Kurenainishiki'

영명: Kurenainishiki serrata hydrangea

일명: クレナイニシキ(쿠레나이니시키, クレナイ錦)

특징

식물형은 낙엽관목으로 높이는 60~80(+100)cm 정도이며, 줄기는 곧다. 잎은 마주나며, 긴 타원형으로 얼룩무늬가 들어가 있으며, 가끔씩 소멸되는 일도 많다. 햇볕이 닿으면 붉은색으로 변하며, 잎 가장자리는 톱니가 있고, 끝은 뾰족하다. **꽃차례는 산방상의 평평한 모양이다. 장식화는 3~4개이며, 수국 중에서도 가장 붉은 색으로 핀다. 양성화는 옅은 분홍색이 도는 흰색이다.** 처음에는 흰색으로 피지만 햇볕이 닿으면 빨갛게 되고 음지에서는 흰색이다. 토양의 성분에 의한 변화는 없다.

쿠로히메산수국

학명: *Hydrangea serrata* 'Kurohime'

영명: Kurohime serrata hydrangea

일명: クロヒメ(쿠로히메, 黒姫)

특징

식물형은 낙엽관목으로 높이는 60~80cm 정도이며,

줄기는 곧다. 잎은 마주나며, 긴 타원형으로 밝은 녹색이다. 잎 가장자리는 톱니가 있고, 끝은 뾰족하다. **꽃차례는 산방상의 평평한 모양이다. 장식화는 4개이며, 옅은 보라색~분홍색 계통이다. 양성화는 많으며 비슷한 색깔이다.** 꽃피는 시기는 5~6월이며, 열매는 삭과로 7~8월에 익는다.

H. serrata 'Kurohime' 바람의 언덕

H. serrata 'Kurohime' 바람의 언덕

쿄테마리산수국

학명: *Hydrangea serrata* 'Kyotemari'

영명: Kyotemari serrata hydrangea

일명: キョテマリ(쿄테마리, 京てまり)

특징

식물형은 낙엽관목으로 높이는 60~80cm 정도이며, 줄기는 곧다. 잎은 마주나며, 타원형으로 녹색이다. 잎 가장자리는 톱니가 있고, 끝은 뾰족하다. **꽃차례는 산방상의 평평한 모양이다. 장식화는 4개이며, 옅은 보라색~분홍색 계통이지만, 활짝 피면 둥그스름하다. 양성화는 적은 편이다.** 꽃피는 시기는 5~6월이며, 열매는 삭과로 7~8월에 익는다.

H. serrata 'Kyotemari' 다카하다후도산

마이히메산수국

학명: *Hydrangea serrata* 'Maihime'

영명: Maihime serrata hydrangea

일명: マイヒメ(마이히메, 舞姬)

(일본가무화창포원육종)

특징

식물형은 낙엽관목으로 높이는 60~100cm 정도이며, 줄기에 피목이 나타난다. 잎은 마주나며, 긴 타원형으로 밝은 녹색이다. 잎 가장자리는 톱니가 있고, 끝은 뾰족하다. **꽃차례는 산방상의 평평한 모양이다. 장식화는 4개이며 큰 편이고 분홍색 계통이다. 양성화는 많고 옅은 보라색 계통이다.** 꽃피는 시기는 5~6월이며, 열매는 삭과로 7~8월에 익는다.

H. serrata 'Maihime' 토시마엔

마이카산수국

학명: *Hydrangea serrata* 'Maika'

영명: Maika serrata hydrangea

일명: マイカ(마이카, 舞華)

특징

식물형은 낙엽관목으로 높이는 60~100cm 정도이며, 줄기에 피목이 나타난다. 잎은 마주나며, 긴 타원형으로 밝은 녹색이다. 잎 가장자리는 톱니가 있고, 끝은 뾰족하다. **꽃차례는 산방상의 평평한 모양이다. 장식화는 4개이며 긴 편이고 분홍색 계통이다. 양성화는 많고 옅은 보라색 계통이다.** 꽃피는 시기는 5~6월이며, 열매는 삭과로 7~8월에 익는다.

H. serrata 'Maika' 조가사키

마이코산수국

학명: *Hydrangea serrata* 'Maiko'

이명: *Hydrangea serrata* f. *belladonna*

영명: Maiko serrata hydrangea

일명: マイコ(마이코, 舞妓)

특징

식물형은 낙엽관목으로 높이는 60~80cm 정도이며, 줄기에 피목이 나타난다. 잎은 마주나며, 타원형으로 작고 밝은 녹색이지만 햇볕이 닿으면 거무스름해진다. 잎 가장자리는 톱니가 있고, 끝은 뾰족하다. **꽃차례는 산방상의 둥근 모양으로 작은 편이다. 장식화는 4개이며 옅은 분홍색~흰색 계통이다. 양성화는 조금보이며 비슷한 색깔이다.** 꽃피는 시기는 5~6월이며, 열매는 삭과로 7~9월에 익는다. 교토대학의 무라타씨가 일본 醍醐山(다이고산)에서 발견하였지만, 그 이후 소실되어 표본만이 남아 있다가, 이후 T. Yamamoto에 의해 1990년경에 유럽에 소개되었다. '마이코'라는 이름으로 여기저기 배포되지만, 그 중 하나가 한라산에서 로버트와 옐레나 드 벨더 (Robert and Jelena de Belder)가 수집하였다.

H. serrata 'Maiko' 하코네싯세이카엔

H. serrata 'Maiko' 조가사키

타이니터프스터프산수국

학명: *Hydrangea serrata* 'Makd'

이명: *Hydrangea serrata* Tiny Tuff Stuff ™

영명: Tiny Tuff Stuff serrata hydrangea

특징

식물형은 낙엽관목으로 높이는 60~80cm 정도이며, 줄기는 곧다. 잎은 마주나며, 긴 타원형으로 짙은 녹색이고, 가을에 포도주색으로 변한다. 잎 가장자리는 톱니가 있고, 끝은 뾰족하다. **꽃차례는 산방상의 평평한 모양이다. 장식화는 4개 이상의 겹꽃이며, 화려한 흰색에서 파란색~밝은 분홍색으로 다시 핀다. 양성화도 많은 편이다.** 꽃피는 시기는 5~10월이며, 열매는 삭과로 7~11월에 익는다. 미국식물특허 USPP 24,842를 받고, 보호되고 있다.

H. serrata 'Makd' 바람의 언덕

코튼캔디산수국

학명: *Hydrangea serrata* 'Mak20'

이명: *Hydrangea serrata* Tuff Stuff ™

***Hydrangea serrata* 'Cotton Candy'**

영명: Tuff Stuff serrata hydrangea, Cotton Candy serrata hydrangea

일명: カトンキャンデー(카톤캰디)

품종명: 코튼캔디(미국PW육종)

특징

식물형은 낙엽관목으로 높이는 60~90cm 정도이며, 줄기는 곧다. 잎은 마주나며, 타원형으로 짙은 녹색이지만, 가을에 포도주색으로 변한다. 잎 가장자리는 톱니가 있고, 끝은 뾰족하다. **꽃차례는 산방상의 평평한 모양이다. 장식화는 4개 이상의 겹꽃이며, 양성화는 많으며 비슷한 색깔이다.** 산성 토양에 대한 명확한 선호가 있다. 대담하고 다소 거친 질감은 균형 잡힌 풍경에서 매우 효과적이며, 꽃피는 시기는 6~8월이며, 열매는 삭과로 8~9월에 익는다. 미국식물특허 USPP 24,820을 받고, 보호되고 있다.

H. serrata 'Mak20' 페스체스화원

만텐노호시산수국

학명: ***Hydrangea serrata* 'Mantennohoshi'**

영명: Mantennohoshi serrata hydrangea

일명: マンテンノホシ**(만텐노호시, 滿天の星)**

특징

식물형은 낙엽관목으로 높이는 70~90cm 정도이며, 줄기에 피목이 나타난다. 잎은 마주나며, 긴 타원형으로 녹색이지만 햇볕이 닿으면 약간 불그스름하게 변한다. 잎 가장자리는 톱니가 있고, 끝은 뾰족하다. **꽃차례는 산방상의 둥근 모양이다. 장식화는 3~4개로 둥그스름하게 피며, 짙은 보라색 계통으로 나타난다. 양성화는 적으며 조금 보인다.** 꽃피는 시기는 6~8월이며, 열매는 삭과로 8~9월에 익는다.

H. serrata 'Mantennohoshi' 하코네싯세이카엔

마루벤베니가쿠산수국

학명: ***Hydrangea serrata* 'Marubenbenigaku'**

영명: Marubenbenigaku serrata hydrangea

일명: マルベンベニガク**(마루벤베니가쿠, 丸弁紅額)**

특징

식물형은 낙엽관목으로 높이는 100~130cm 정도이며, 줄기에는 피목이 나타난다. 잎은 마주나며, 타원형으로 밝은 녹색이다. 잎 가장자리는 톱니가 있고, 끝은 뾰족하다. **꽃차례는 산방상의 평평한 모양이다. 장식화는 4~5개로 둥글고, 양성화는 옅은 보라색으로 햇볕이 닿으면 발색한다.** 꽃피는 시기는 5~6월이며, 열매는 삭과로 7~8월에 익는다.

⊙ 베니가쿠(紅額)와 혼동되기 쉽고, 히메베니가쿠(姬紅額)와 비슷하다.

H. serrata 'Marubenbenigaku' 핫세데라

마루코히메산수국

학명: ***Hydrangea serrata* 'Marukohime'**

영명: Marukohime serrata hydrangea

일명: マルコヒメ**(마루코히메, 丸子姬)**

특징

식물형은 낙엽관목으로 높이는 50~80cm 정도이며, 줄기는 곧다. 잎은 마주나며, 타원형으로 작고 녹색이다. 잎 가장자리는 톱니가 있고, 끝은 뾰족한 편이다. **꽃차례는 산방상의 공 모양이다. 장식화는 밝는 보라색으로 눈에 띄며, 다소 큰 편이다. 양성화도 비슷한 색이다.** 꽃 피는 시기는 6~7월이며, 열매는 삭과로 8~9월에 익는다.

H. serrata 'Marukohime' 핫세데라

마루루산수국

학명: *Hydrangea serrata* 'Maruru'

영명: Maruru serrata hydrangea

일명: マルル(마루루)

특징

식물형은 낙엽관목으로 높이는 60~80cm 정도이며, 줄기는 곧다. 잎은 마주나며, 타원형으로 녹색이다. 잎 가장자리는 톱니가 있고, 끝은 뾰족하다. **꽃차례는 산방상의 둥근 모양이다. 장식화는 여러 겹으로 빽빽하게 모여 있으며, 양성화는 장식화 사이에 조금 있다.** 주로 파스텔색조로 은은하며, 시간이 지남에 따라 다르다. 꽃피는 시기는 6월이며, 열매는 삭과로 7월에 익는다.

마루야마보탄산수국

학명: *Hydrangea serrata* 'Maruyamabotan'

영명: Maruyamabotan serrata hydrangea

일명: マルヤマボタン(마루야마보탄, 丸山牡丹)

특징

식물형은 낙엽관목으로 높이는 60~80cm 정도이며, 줄기에는 피목이 나타난다. 잎은 마주나며, 타원형으로 녹색이다. 잎 가장자리는 톱니가 있고, 끝은 뾰족하다. **꽃차례는 산방상의 둥근 모양으로 작다. 장식화는 4개로 빽빽하게 모여 있으며, 양성화는 장식화 사이에 조금 있다.** 꽃피는 시기는 6월이며, 열매는 삭과로 7월에 익는다.

H. serrata 'Maruyamabotan' 고민가뮤지엄

H. serrata 'Maruyamabotan' 시즈오카고텐바농장

H. serrata 'Maruyamabotan' 고민가뮤지엄

미도리보시테마리산수국

학명: *Hydrangea serrata* 'Midoriboshitemari'

영명: Midoriboshitemari serrata hydrangea

일명: ミドリボシテマリ(미도리보시테마리, 綠星てまり)

특징

식물형은 낙엽관목으로 높이는 80~100cm 정도이며, 줄기에는 피목이 나타난다. 잎은 마주나며, 타원형으로 녹색이지만, 가을이 되면 단풍이 든다. 잎 가장자리는 톱니가 있고, 끝은 뾰족한 편이다. **꽃차례는 엉성한 공 모양으로 피며, 가운데에 녹색의 별 모양 꽃이 붙어 있다. 장식화는 밝은 보라색의 겹으로 눈에 띄며, 다소 큰 편이다. 양성화도 비슷한 색이다.** 꽃피는 시기는 6~8월이며, 열매는 삭과로 8~9월에 익는다.

H. serrata 'Midoriboshitemari' 핫세데라

미에노하나산수국

학명: *Hydrangea serrata* 'Mienohana'

영명: Mie-no-hana serrata hydrangea

일명: ミエノハナ(미에노하나, 美栄の華)

특징

식물형은 낙엽관목으로 높이는 100~120cm 정도이며, 줄기에는 피목이 나타난다. 잎은 마주나며, 긴 타원형으로 밝은 녹색이다. 잎 가장자리는 톱니가 있고, 끝은 갑자기 뾰족하다. **꽃차례는 둥글납작하며, 장식화는 여러 겹으로 둥근 편이다. 양성화가 안쪽에 조금 보인다.** 산성 토양에서 더욱 파란색으로 변한다. 꽃피는 시기는 6월이며, 열매는 삭과로 7~8월에 익는다.

H. serrata 'Mienohana' 토시마엔

H. serrata 'Mienohana' 고민가뮤지엄

미하기니시키산수국

학명: *Hydrangea serrata* 'Mihaginishiki'

영명: Mihaginishiki serrata hydrangea

일명: ミハギニシキ(미하기니시키, 美萩錦)

특징

식물형은 낙엽관목으로 높이는 60~80cm 정도이며, 줄기는 곧다. 잎은 마주나며, 타원형으로 노란 얼룩무늬가 특징이지만 없어지기 쉽다. 잎 가장자리는 톱니가 있고, 끝은 뾰족한 편이다. **꽃차례는 산방상의 평평한 모양이며, 장식화는 3~4개이며, 파란색~옅은**

보라색 계통이다. 양성화는 많은 편이다. 꽃피는 시기는 6~7월이며, 열매는 삭과로 7~8월에 익는다.

미카에리비진산수국

학명: ***Hydrangea serrata*** **'Mikaeribijin'**
영명: Mikaeribijin serrata hydrangea
일명: ミカエリビジン(미카에리비진, 見返り美人)
특징
식물형은 낙엽관목으로 높이는 60~80cm 정도이며, 줄기는 곧다. 잎은 마주나며, 긴 타원형으로 녹색이다. 잎 가장자리는 톱니가 있고, 끝은 뾰족하다. **꽃차례는 산방상의 평평한 모양이다. 장식화는 3~4개로 둥그스름하게 피며, 옅은 파란색 계통으로 나타난다. 양성화는 적으며 작은 꽃들로 이루어진다.** 꽃피는 시기는 6~8월이며, 열매는 삭과로 8~9월에 익는다.

H. serrata 'Mikaeribijin' 하코네싯세이카엔

미카타야에산수국

학명: ***Hydrangea serrata*** **'Mikatayae'**
영명: Mikatayae serrata hydrangea
일명: ミカタヤエ(미카타야에, 美方八重)
특징
식물형은 낙엽관목으로 높이는 60~100cm 정도이며, 줄기는 곧은 편이다. 잎은 마주나며, 타원형으로 녹색이다. 잎 가장자리는 톱니가 있고, 끝은 뾰족하다. **꽃차례는 반원형으로 피며, 장식화는 여러 겹으로 가늘고 길며, 파란색~옅은 보라색 계통이다. 양성화는 아래쪽에 조금 보인다.** 꽃피는 시기는 6~7월이며, 열매는 삭과로 7~8월에 익는다.
◉잎을 덖어서 차로 마신다.
◉'시치단카'와 비슷하지만 장식화가 조금 둥근 편이다.

H. serrata 'Mikatayae' 고민가뮤지엄

H. serrata 'Mikatayae' 핫세데라

H. serrata 'Mikatayae' 토시마엔

미쿠루마가에시산수국

학명: *Hydrangea serrata* 'Mikurumagaeshi'

영명: Mikurumagaeshi serrata hydrangea

일명: ミクルマガエシ(미쿠루마가에시, 御車返し)

특징

식물형은 낙엽관목으로 높이는 60~100cm 정도이며, 줄기는 곧다. 잎은 마주나며, 긴 타원형으로 녹색이다. 잎 가장자리는 톱니가 있고, 끝은 뾰족하다. **꽃차례는 산방상의 평평한 모양이다. 장식화는 4개로 흰색이며 끝이 뾰족한 편이고, 양성화도 흰색으로 보통이다.** 꽃피는 시기는 5~6월이며, 열매는 삭과로 6~7월에 익는다.

H. serrata 'Mikurumagaeshi' 토시마엔

미네노유키산수국

학명: *Hydrangea serrata* 'Minenouki'

영명: Minenouki serrata hydrangea

일명: ミネノユキ(미네노유키, 峰の雪)

특징

식물형은 낙엽관목으로 높이는 70~90cm 정도이며, 줄기는 곧다. 잎은 마주나며, 긴 타원형으로 녹색이다. 잎 가장자리는 톱니가 있고, 끝은 뾰족하다. **꽃차례는 산방상의 평평한 모양이다. 장식화는 4개로 약간 칼처럼 끝이 뾰족한 편이고, 톱니도 나타나며 흰색이다. 양성화는 많으며 깨끗하게 핀다.** 꽃피는 시기는 6~7월이며, 열매는 삭과로 8~9월에 익는다.

H. serrata 'Minenouki' 고민가뮤지엄

미네노요우세이산수국

학명: *Hydrangea serrata* 'Minenoyousei'

영명: Minenoyousei serrata hydrangea

일명: ミネノヨウセイ(미네노요우세이, 嶺の妖精)

특징

식물형은 낙엽관목으로 높이는 70~90cm 정도이며, 줄기에 피목이 나타난다. 잎은 마주나며, 긴 타원형으로 옅은 녹색이다. 잎 가장자리는 톱니가 있고, 끝은 뾰족하다. **꽃차례는 산방상의 평평한 모양이다. 장식화는 3~4개로 둥그스름하게 피며, 옅은 분홍색 계통으로 나타난다. 양성화는 보통이며 흰색 계통이다.** 꽃피는 시기는 6~7월이며, 열매는 삭과로 8~9월에 익는다.

H. serrata 'Minenoyousei' 하코네싯세이카엔

미란다산수국

학명: *Hydrangea serrata* 'Miranda'

영명: Miranda serrata hydrangea

품종명: 미란다(영국육종)

특징

식물형은 낙엽관목으로 높이는 70~90cm 정도이며, 줄기는 곧다. 잎은 마주나며, 타원형으로 녹색이지만 가을이 되면 단풍이 든다. 잎 가장자리는 톱니가 있고, 끝은 뾰족하다. **꽃차례는 산방상의 평평한 모양이고, 자유롭게 꽃을 피운다. 장식화는 3~5개로, 연한 파란색, 분홍색, 자줏빛이 도는 빨간색까지 다양하며 가끔 줄 무늬가 보인다. 양성화는 많으며 비슷한 색이다.** 꽃피는 시기는 5~6월이며, 열매는 삭과로 6~7월에 익는다. Michael Haworth-Booth에 의해 선택되었고, H. macrophylla로 분류하기도 한다. RHS (AGM)을 수상했다.

미사토자쿠라산수국

학명: *Hydrangea serrata* 'Misatozakura'

영명: Misatozakura serrata hydrangea

일명: ミサトザクラ(미사토자꾸라, 美里桜)

특징

식물형은 낙엽관목으로 높이는 70~90cm 정도이며, 줄기에는 피목이 나타난다. 잎은 마주나며, 긴 타원형으로 녹색이다. 잎 가장자리는 톱니가 있고, 끝은 뾰족한 편이다. **꽃차례는 산방상의 평평한 모양이다. 장식화는 흰색~옅은 파란색으로 변하며, 양성화도 비슷한 색깔이다.** 꽃피는 시기는 6~8월이며, 열매는 삭과로 8~9월에 익는다.

H. serrata 'Misatozakura' 조가사키

미야비산수국

학명: *Hydrangea serrata* 'Miyabi'

영명: Miyabi serrata hydrangea

일명: ミヤビ(미야비, 雅)

특징

식물형은 낙엽관목으로 높이는 70~90cm 정도이며, 줄기는 곧다. 잎은 마주나며, 타원형으로 녹색이다. 잎 가장자리는 톱니가 있고, 끝은 뾰족한 편이다. **꽃차례는 산방상의 평평한 모양이다. 장식화는 흰색~옅은 파란색으로 변하며, 양성화도 비슷한 색깔이다.** 꽃피는 시기는 6~8월이며, 열매는 삭과로 8~9월에 익는다.

H. serrata 'Miyabi' 강원도미천골

미야코루리산수국

학명: *Hydrangea serrata* 'Miyakoruri'

영명: Miyakoruri serrata hydrangea

일명: ミヤコルリ(미야코루리, 宮古瑠璃)

특징

식물형은 낙엽관목으로 높이는 70~90cm 정도이며, 줄기에 피목이 나타난다. 잎은 마주나며, 긴 타원형으로 녹색이다. 잎 가장자리는 톱니가 있고, 끝은 뾰족하다. **꽃차례는 산방상의 평평한 모양이다. 장식화는 3~4개로 둥그스름하게 피며, 파란색 계통이다. 양성화는 장식화와 비슷한 색깔이다.** 꽃피는 시기는 6~7월이며, 열매는 삭과로 8~9월에 익는다.

H. serrata 'Miyakoruri' 하코네싯세이카엔

미야마쿠로히메산수국

학명: *Hydrangea serrata* 'Miyamakurohime'

영명: Miyamakurohime serrata hydrangea

일명: ミヤマクロヒメ(미야마쿠로히메, 深山黒姫)

특징

식물형은 낙엽관목으로 높이는 60~80cm 정도이며, 줄기는 곧다. 잎은 마주나며, 타원형으로 녹색이다. 잎 가장자리는 톱니가 있고, 끝은 뾰족하다. **꽃차례는 산방상의 평평한 모양이며, 다소 엉성하게 보인다. 장식화는 '쿠로히메'와 비슷하지만 일반적으로 파란색~옅은 보라색 계통으로 연하다. 양성화는 적다.** 꽃피는 시기는 5~6월이며, 열매는 삭과로 6~7월에 익는다.

H. serrata 'Miyamakurohime' 조가사키

미야마야에무라사키산수국

학명: *Hydrangea serrata* 'Miyamayaemurasaki'

영명: Miyamayaemurasaki serrata hydrangea

일명: ミヤマヤエムラサキ(미야마야에무라사키, 深山八重紫)

특징

식물형은 낙엽관목으로 높이는 80~120cm 정도이며, 줄기에는 피목이 나타난다. 잎은 마주나며, 타원형으로 녹색이다. 잎 가장자리는 톱니가 있고, 끝은 뾰족하다. **꽃차례는 산방상의 평평한 모양이다.**

장식화는 겹으로 피며 산성 토양에서 더욱 파란색으로 변하지만, 알칼리성 토양에서의 분홍색 계통도 아름답다. 양성화도 비슷한 색깔이다. 꽃피는 시기는 5~6월이며, 열매는 삭과로 7~8월에 익는다. RHS (AGM)을 수상했다.

H. serrata 'Miyamayaemurasaki' 조가사키

H. serrata 'Miyamayaemurasaki' 토시마엔

모에오우쵸산수국

학명: *Hydrangea serrata* 'Moeoucho'

영명: Moeoucho serrata hydrangea

일명: モエオウチョ(모에오우쵸, 萌黄蝶)

특징

식물형은 낙엽관목으로 높이는 60~80cm 정도이며, 줄기는 곧다. 잎은 마주나며, 넓은 피침형으로 옅은 녹색이다. 잎 가장자리는 톱니가 있고, 끝은 뾰족하다. **꽃차례는 산방상의 평평한 모양이다. 장식화는 4~5개로 둥그스름하게 피며, 흰색 계통으로 나타난다. 양성화도 흰색 계통으로 보통이다.** 꽃피는 시기는 6~7월이며, 열매는 삭과로 8~9월에 익는다.

H. serrata 'Moeoucho' 하코네싯세이카엔

모모바나산수국

학명: *Hydrangea serrata* 'Momobana'

영명: Momobana serrata hydrangea

일명: モモバナ(모모바나, 桃花)

특징

식물형은 낙엽관목으로 높이는 60~80cm 정도이며, 줄기는 곧다. 잎은 마주나며, 타원형으로 녹색이다. 잎 가장자리는 톱니가 있고, 끝은 뾰족하다. **꽃차례는 산방상의 평평한 모양이다. 장식화는 복숭아색이 특징이며, 양성화도 비슷한 색깔로 보통이다.** 꽃피는 시기는 6~7월이며, 열매는 삭과로 7~8월에 익는다.

H. serrata 'Momobana' 고민가뮤지엄

모모바나야마산수국

학명: *Hydrangea serrata* 'Momobanayama'

영명: Momobanayama serrata hydrangea

일명: モモバナヤマ(모모바나야마, 桃花山)

특징

식물형은 낙엽관목으로 높이는 50~80cm 정도이며, 줄기에는 피목이 나타난다. 잎은 마주나며, 타원형으로 밝은 녹색이다. 잎 가장자리는 톱니가 있고, 끝은 뭉툭한 편이다. **꽃차례는 산방상의 평평한 모양이다. 장식화는 3~4개로 복숭아 색이다. 양성화는 흰색으로 작은 꽃들로 이루어진다.** 꽃피는 시기는 6~7월이며, 열매는 삭과로 8~9월에 익는다.

H. serrata 'Momobanayama' 토시마엔

모모이로산수국

학명: *Hydrangea serrata* 'Momoiro'

영명: Momoiro serrata hydrangea

일명: モモイロ(모모이로, 桃色)

특징

식물형은 낙엽관목으로 높이는 50~80cm 정도이며, 줄기에는 피목이 나타난다. 잎은 마주나며, 가늘고 길며 녹색이다. 잎 가장자리는 톱니가 있고, 끝은 뾰족하다. **꽃차례는 산방상의 평평한 모양이다. 장식화는 복숭아 색으로 드물며, 톱니가 나타나기도 한다. 양성화는 흰색 계통~옅은 복숭아 색이다.** 꽃피는 시기는 6~8월이며, 열매는 삭과로 8~9월에 익는다.

H. serrata 'Momoiro' 토시마엔

모모이로야마산수국

학명: *Hydrangea serrata* 'Momoiroyama'

영명: Momoiroyama serrata hydrangea

일명: モモイロヤマ(모모이로야마, 桃色山)

특징

식물형은 낙엽관목으로 높이는 50~80cm 정도이며, 줄기는 곧다. 잎은 마주나며, 긴 타원형으로 옅은 녹색이다. 잎 가장자리는 톱니가 있고, 끝은 뾰족하다. **꽃차례는 산방상의 평평한 모양이다. 장식화의 꽃잎은 복숭아색이다. 이 식물은 토양 성분에 영향을 받지 않으며, 양성화는 흰색으로 많은 편이다.** 꽃피는 시기는 6~7월이며, 열매는 삭과로 7~8월에 익는다. 키가 작아서 '난쟁이산수국' 이라고도 한다.

H. serrata 'Momoiroyama' 하코네싯세이카엔

H. serrata 'Momoiroyama' 토시마엔

모모카산수국

학명: *Hydrangea serrata* 'Momoka'

영명: Momoka serrata hydrangea

일명: モモカ(모모카, 桃華)

특징

식물형은 낙엽관목으로 높이는 70~90cm 정도이며, 줄기에는 피목이 나타난다. 잎은 마주나며, 넓은 피침형으로 녹색이다. 잎 가장자리는 톱니가 있고, 끝은 뾰족하다. **꽃차례는 산방상의 평평한 모양이다. 장식화는 3~4개로 둥그스름하게 피며, 분홍색 계통으로 나타난다. 양성화는 보통이며 아주 옅은 분홍빛이 돈다.** 꽃피는 시기는 6~7월이며, 열매는 삭과로 7~8월에 익는다.

H. serrata 'Momoka' 하코네싯세이카엔

마운트아소산수국

학명: *Hydrangea serrata* 'Mount Aso'

영명: Mount Aso serrata hydrangea

일명: モンアソ(몬아소)

특징

식물형은 낙엽관목으로 높이는 80~120cm 정도이며, 줄기는 곧다. 잎은 마주나며, 타원형으로 녹색이다. 잎 가장자리는 듬성듬성한 톱니가 있고, 끝은 뾰족하다. **꽃차례는 산방상의 평평한 모양이다. 장식화는 3~4개로 분홍색 계통으로 드문드문 나타난다. 양성화는 반구형으로 보이는 매력이 있다.** 꽃피는 시기는 6~7월이며, 열매는 삭과로 7~8월에 익는다.

H. serrata 'Mount Aso' 바람의 언덕

H. serrata 'Mount Aso' 바람의 언덕

무소우노마이산수국

학명: *Hydrangea serrata* 'Musounomai'

영명: Musounomai serrata hydrangea

일명: ムソウノマイ(무소우노마이, 無双の舞)

특징

식물형은 낙엽관목으로 높이는 60~90cm 정도이며, 줄기에는 피목이 나타난다. 잎은 마주나며, 넓은 피침형으로 밝은 녹색이고 가장자리는 톱니가 있고, 끝은 뾰족하다. **꽃차례는 산방상의 공 모양이다. 장식화는 3~4개로 옅은 분홍색 계통이고, 양성화는 잘 보이지 않는다.** 꽃피는 시기는 6~7월이며, 열매는 삭과로 7~8월에 익는다.

H. serrata 'Musounomai' 시즈오카고텐바농장

무라사키아마차산수국

학명: *Hydrangea serrata* 'Murasakiamacha'

영명: Murasakiamacha serrata hydrangea

일명: ムラサキアマチャ(무라사키아마차, 紫甘茶)

특징

식물형은 낙엽관목으로 높이는 80~120cm 정도이며, 줄기에는 피목이 나타난다. '아마차'의 계통으로 잎은 마주나며, 피침형으로 녹색이지만 햇볕이 닿으면 불그스름하게 변한다. 잎 가장자리는 톱니가 있고, 끝은 뾰족하다. **꽃차례는 산방상의 평평한 모양이다. 장식화는 3~4개로 약간 큰 편이고 분홍색이다. 양성화는 보라색 계통으로 많은 편이다.** 꽃피는 시기는 6~7월이며, 열매는 삭과로 7~8월에 익는다.

H. serrata 'Murasakiamacha' 토시마엔

무라사키키요수미산수국

학명: *Hydrangea serrata* 'Murasakikiyosumi'

영명: Murasakikiyosumi serrata hydrangea

일명: ムラサキキヨスミ(무라사키키요수미, 紫清澄)

특징

식물형은 낙엽관목으로 높이는 120~180cm 정도이며, 줄기는 곧다. 잎은 마주나며, 타원형으로 녹색이지만 햇볕이 닿으면 불그스름해진다. 잎 가장자리는 톱니가 있고, 끝은 뾰족하다. **꽃차례는 산방상의 평평한 모양이다. 장식화는 불그스름한 복륜으로 분홍색~보라색 계통이다. 양성화도 비슷한 색으로 많은 편이다.** 꽃피는 시기는 6~7월이며, 열매는 삭과로 7~8월에 익는다.

H. serrata 'Murasakikiyosumi' 시즈오카고텐바농장

무라사키시키부산수국

학명: *Hydrangea serrata* 'Murasakishikibu'

영명: Murasakishikibu serrata hydrangea

일명: ムラサキシキブ(무라사키시끼부, 紫武部)
(일본가무화창포원육종)

특징

식물형은 낙엽관목으로 높이는 60~80cm 정도이며, 줄기는 곧다. 잎은 마주나며, 넓은 피침형으로 녹색이다. 잎 가장자리는 톱니가 있고, 끝은 뾰족하다. **꽃차례는 산방상의 평평한 모양이다. 장식화는 보라색 계통으로 둥그스름하다. 양성화는 크림색으로 많은 편이다.** 꽃피는 시기는 5~6월이며, 열매는 삭과로 6~7월에 익는다.

H. serrata 'Murasakishikibu' 고민가뮤지엄

무레사기산수국

학명: *Hydrangea serrata* 'Muresagi'

영명: Muresagi serrata hydrangea

일명: ムレサギ(무레사기, 群鷺)
(일본가무화창포원육종)

특징

식물형은 낙엽관목으로 높이는 80~120cm 정도로 자라며, 줄기는 곧다. 잎은 마주나며, 타원형으로 녹색이다. 잎 가장자리는 톱니가 있고, 끝은 뾰족한 편이다. **꽃차례는 산방상의 평평한 모양이다. 장식화는 흰색으로 큰 톱니가 나타나며, 양성화도 흰색 계통으로 많은 편이다.** 꽃피는 시기는 5~6월이며, 열매는 삭과로 8~9월에 익는다.

H. serrata 'Muresagi' 상하이천샨식물원

무사시노산수국

학명: *Hydrangea serrata* 'Musashino'

영명: Musashino serrata hydrangea

일명: ムサシノ(무사시노, 武藏野)

특징

식물형은 낙엽관목으로 높이는 70~100cm 정도이

며, 줄기는 곧다. 잎은 마주나며, 타원형으로 녹색이다. 잎 가장자리는 톱니가 있고, 끝은 뾰족한 편이다. **꽃차례는 산방상의 평평한 모양이다. 장식화는 흰색~옅은 파란색이며, 양성화도 비슷한 색깔로 많다.** 꽃피는 시기는 6~8월이며, 열매는 삭과로 8~9월에 익는다.

H. serrata 'Musashino' 조가사키

나데시코산수국

학명: *Hydrangea serrata* 'Nadeshiko'

영명: Nadeshiko serrata hydrangea

일명: ナデシコ(나데시코, 撫子)

특징

식물형은 낙엽관목으로 높이는 70~90cm 정도이며, 줄기에는 피목이 나타난다. 잎은 마주나며, 긴 타원형으로 녹색이다. 잎 가장자리는 톱니가 있고, 끝은 뾰족하다. **꽃차례는 산방상의 평평한 모양이다. 장식화는 3~5개로 가장자리에는 패랭이꽃처럼 톱니와 물결 모양이 특징이며 옅은 보라색 계통으로 나타난다. 양성화는 비슷한 색깔로 많다.** 꽃피는 시기는 6~7월이며, 열매는 삭과로 8~9월에 익는다.

H. serrata 'Nadeshiko' 토시마엔

나데시코가쿠산수국

학명: *Hydrangea serrata* 'Nadeshikogaku'

영명: Nadeshikogaku serrata hydrangea

일명: ナデシコガク(나데시코가쿠, 撫子額)

특징

식물형은 낙엽관목으로 높이는 60~90cm 정도이며, 줄기는 곧다. 잎은 마주나며, 긴 타원형으로 녹색이다. 잎 가장자리는 톱니가 있고, 끝은 뾰족하다. **꽃차례는 산방상의 평평한 모양이다. 장식화는 패랭이꽃처럼 톱니 모양이며, 흰색~옅은 보라색이다. 양성화는 비슷한 색이다.** 꽃피는 시기는 5~6월이며, 열매는 삭과로 6~7월에 익는다.

나루코무라사키산수국

학명: *Hydrangea serrata* 'Narukomurasaki'

영명: Narukomurasaki serrata hydrangea

일명: ナルコムラサキ(나루코무라사키, 鳴子紫)

특징

식물형은 낙엽관목으로 높이는 50~80cm 정도이며, 줄기는 약하다. 잎은 마주나며, 긴 타원형으로 녹색이지만 햇볕이 닿으면 불그스름해진다. 잎 가장자리는 톱니가 있고, 끝은 뾰족하다. **꽃차례는 산방상의 평평한 모양이다. 장식화는 둥그스름하고 분홍색~보라색 계통이다. 양성화는 옅은 파란색 계통이다.** 꽃피는 시기는 5~6월이며, 열매는 삭과로 6~7월에 익는다.

H. serrata 'Narukomurasaki' 고민가뮤지엄

니지산수국

학명: *Hydrangea serrata* 'Niji'
영명: Niji serrata hydrangea
일명: ニジ(니지, 虹)
특징

식물형은 낙엽관목으로 높이는 60~80cm 정도이며, 줄기는 굽은 편이다. 잎은 마주나며, 긴 타원형으로 녹색이다. 잎 가장자리는 톱니가 있고, 끝은 뾰족하다. **꽃차례는 산방상의 평평한 모양이다. 장식화는 3~4개로 무지개 색으로 아름답다. 양성화도 비슷한 색으로 보통이다.** 꽃피는 시기는 5~6월이며, 열매는 삭과로 6~7월에 익는다.

H. serrata 'Niji' 조가사키

니요도카와보쵸우산수국

학명: *Hydrangea serrata* 'Niyodokawabochou'
영명: Niyodokawabochou serrata hydrangea
일명: ニヨドカワボチョウ(니요도카와보쵸우, 仁淀川慕情)
특징

식물형은 낙엽관목으로 높이는 70~90cm 정도이며, 줄기에 피목이 나타난다. 잎은 마주나며, 긴 타원형으로 녹색이다. 잎 가장자리는 톱니가 있고, 끝은 뾰족하다. **꽃차례는 산방상의 평평한 모양이다. 장식화는 3~4개로 둥그스름하며 얼룩져 보이기도 하며, 옅은 파란색 계통이다. 양성화는 비슷한 색깔로 보통이다.** 꽃피는 시기는 6~8월이며, 열매는 삭과로 8~9월에 익는다.

H. serrata 'Niyodokawabochou' 하코네싯세이카엔

니요도모모히메산수국

학명: *Hydrangea serrata* 'Niyodomomohime'
영명: Niyodomomohime serrata hydrangea
일명: ニヨドモモヒメ(니요도모모히메, 仁淀桃姬)

특징

식물형은 낙엽관목으로 높이는 70~90cm 정도이며, 줄기에 피목이 나타난다. 잎은 마주나며, 긴 타원형으로 녹색이다. 잎 가장자리는 톱니가 있고, 끝은 뾰족하다. **꽃차례는 산방상의 평평한 모양으로 작다. 장식화는 3~4개로 둥그스름하게 피며, 복숭아 색 계통으로 나타난다. 양성화는 비슷한 색깔로 보통이다.** 꽃피는 시기는 6~7월이며, 열매는 삭과로 8~9월에 익는다.

H. serrata 'Niyodoyae' 하코네싯세이카엔

니요도야에산수국

학명: *Hydrangea serrata* 'Niyodoyae'

영명: Niyodoyae serrata hydrangea

일명: ニヨドヤエ(니요도야에, 仁淀八重)

특징

식물형은 낙엽관목으로 높이는 70~90cm 정도이며, 줄기에는 피목이 나타난다. 잎은 마주나며, 넓은 피침형으로 녹색이다. 잎 가장자리는 톱니가 있고, 끝은 뾰족하다. **꽃차례는 산방상의 평평한 모양이다. 장식화는 여러 겹으로 피며 옅은 보라색 계통이다. 양성화는 많으며 비슷한 색깔이다.** 꽃피는 시기는 6~8월이며, 열매는 삭과로 8~9월에 익는다.

H. serrata 'Niyodoyae' 하코네싯세이카엔

H. serrata 'Niyodoyae' 하코네싯세이카엔

노쿠로가스리산수국

학명: *Hydrangea serrata* 'Nokurogasuri'

영명: Nokurogasuri serrata hydrangea

일명: ノクロガスリ(노쿠로가수리, 野黑絣)

특징

식물형은 낙엽관목으로 높이는 70~90cm 정도이며,

줄기에 피목이 나타난다. 잎은 마주나며, 넓은 피침형으로 옅은 녹색이다. 잎 가장자리는 톱니가 있고, 끝은 뾰족하다. **꽃차례는 산방상의 평평한 모양이다. 장식화는 3~4개로 둥그스름하게 피며, 옅은 파란색 계통이며 흰색의 무늬가 나타난다. 양성화는 비슷한 색깔로 적은 편이다.** 꽃피는 시기는 6~8월이며, 열매는 삭과로 8~9월에 익는다.

H. serrata 'Nokurogasuri' 하코네싯세이카엔

노우세이산수국

학명: *Hydrangea serrata* 'Nousei'
영명: Nousei serrata hydrangea
일명: ノウセイ(노우세이, 濃青)
특징

식물형은 낙엽관목으로 높이는 70~90cm 정도이며, 줄기에는 피목이 나타난다. 잎은 마주나며, 타원형으로 크고 녹색이다. 잎 가장자리는 톱니가 크고, 끝은 뾰족한 편이다. **꽃차례는 산방상의 평평한 모양이다. 장식화는 옅은 파란색으로 눈에 띄며, 다소 큰 편이다. 양성화도 흰색~옅은 파란색이다.** 꽃피는 시기는 6~7월이며, 열매는 삭과로 8~9월에 익는다. 일본에서는 '에조노우세이'라고도 한다.

H. serrata 'Nousei' 고민가뮤지엄

노우시산수국

학명: *Hydrangea serrata* 'Noushi'
영명: Noushi serrata hydrangea
일명: ノウシ(노우시, 濃紫)
특징

식물형은 낙엽관목으로 높이는 60~80cm 정도이며, 줄기는 곧다. 잎은 마주나며, 넓은 피침형으로 녹색이다. 잎 가장자리는 톱니가 있고, 끝은 뾰족하다. **꽃차례는 산방상의 평평한 모양이다. 장식화는 4개로 둥글며 짙은 보라색이 눈에 띈다. 양성화도 비슷한 색깔로 많은 편이다.** 꽃피는 시기는 5~6월이며, 열매는 삭과로 6~7월에 익는다. '코무라사키'라고도 한다.

H. serrata 'Noushi' 토시마엔

오도리코아마차산수국

학명: *Hydrangea serrata* 'Odorikoamacha'

영명: Odorikoamacha serrata hydrangea

일명: オドリコアマチャ(오도리코아마차, 踊り子甘茶)

특징

식물형은 낙엽관목으로 높이는 80~120cm 정도이며, 줄기에는 피목이 나타난다. 잎은 마주나며, 긴 타원형으로 녹색이지만, 가을이 되면 청동색~붉은색 계통으로 단풍이 든다. 잎 가장자리는 톱니가 있고, 끝은 뾰족하고 큰 편이다. **꽃차례는 산방상의 평평한 모양이다. 장식화는 4~5개로 순수한 흰색이다. 양성화는 옅은 보라색으로 많다.** 꽃피는 시기는 5~6월이며, 열매는 삭과로 6~7월에 익는다. 산수국의 재배종으로 '아마차'의 잡종(雜種)으로 간주한다. 天城[아마기]지역에 자생하므로 '오도리코아지사이'라고도 부른다.

H. serrata 'Odorikoamacha' 고민가뮤지엄

오오아마차산수국(큰감차)

학명: *Hydrangea serrata* 'Ooamacha'

영명: Ooamacha serrata hydrangea

일명: オオアマチャ(오오아마차, 大甘茶)

특징

식물형은 낙엽관목으로 높이는 80~130cm 정도이며, 줄기에 피목이 나타난다. 잎은 마주나며, 긴 타원형으로 녹색이지만, 햇볕에 닿으면 붉게 변한다. 잎 가장자리는 톱니가 있고, 끝은 뾰족하다. **꽃차례는 산방상의 평평한 모양이다. 장식화는 흰색 계통으로 나타나고, 양성화는 옅은 보라색으로, 시간이 지남에 따라 퇴색된다.** 잎에서 단맛이 나는 특징이 있으며, 주로 차에 사용되거나, 약용의 '아마차'로서 이용된다. 꽃피는 시기는 5~6월이며, 열매는 삭과로 6~7월에 익는다.

H. serrata 'Ooamacha' 토시마엔

오오아마차니시키산수국

학명: *Hydrangea serrata* 'Ooamachanishiki'

영명: Ooamachanishiki serrata hydrangea

일명: オオアマチャニシキ(오오아마차니시키, 大甘茶錦)

특징

식물형은 낙엽관목으로 높이는 80~130cm 정도이며, 줄기에는 피목이 나타난다. 잎은 마주나며, 긴 타원형으로 잎자루는 분홍빛이 난다. 잎 가장자리는 톱니가 있고, 끝은 뾰족하다. 아마차의 계통으로 잎에 얼룩무늬가 들어 있는 특징이 있다. **꽃차례는 산방상의 평평한 모양이다. 장식화는 3~4개로 분홍색~파란색 계통이다. 양성화는 옅은 보라색이다.** 꽃피는 시기는 6~7월이며, 열매는 삭과로 7~8월에 익는다.

오오베니가쿠산수국

학명: *Hydrangea serrata* 'Oobenigaku'
영명: Oobenigaku serrata hydrangea
일명: オオベニガク(오오베니가쿠, 大紅額)
특징
식물형은 낙엽관목으로 높이는 100~150cm 정도이며, 줄기에는 피목이 나타난다. 잎은 마주나며, 타원형으로 녹색이지만, 베니가쿠[紅額]의 대형 품종이다. 잎 가장자리는 톱니가 있고, 끝은 뾰족하다. **꽃차례는 산방상의 평평한 모양이다. 장식화는 3~4개로 큰 편이고 햇볕이 닿으면 심홍색으로 나타나지만, 음지에서는 흰색이다.** 꽃피는 시기는 6~7월이며, 열매는 삭과로 7~8월에 익는다.

H. serrata 'Oobenigaku' 하코네싯세이카엔

오오니지산수국

학명: *Hydrangea serrata* 'Ooniji'
영명: Ooniji serrata hydrangea
일명: オオニジ(오오니지, 大虹)
특징
식물형은 낙엽관목으로 높이는 70~100cm 정도이며, 줄기는 곧다. 잎은 마주나며, 긴 타원형으로 녹색이다. 잎 가장자리는 톱니가 있고, 끝은 뾰족하다. **꽃차례는 산방상의 평평한 모양이다. 장식화는 둥글며 3~4개로 약간 큰 편이고, 파란색~적자색이며, 가운데가 푸른 복색이 난다. 양성화도 비슷한 색깔로 많다.** 꽃피는 시기는 5~6월이며, 열매는 삭과로 6~7월에 익는다.

H. serrata 'Ooniji' 토시마엔

오오츠루기산수국

학명: *Hydrangea serrata* 'Ootsurugi'
영명: Ootsurugi serrata hydrangea
일명: オオツルギ(오오츠루기, 大劍)
특징
식물형은 낙엽관목으로 높이는 70~90cm 정도이며, 줄기는 굽은 편이다. 잎은 마주나며, 긴 타원형으로 녹색이다. 잎 가장자리는 톱니가 있고, 끝은 뾰족하다. **꽃차례는 산방상의 평평한 모양이다. 장식화는 3~4개로 칼 모양으로 피며, 보라색 계통이다. 양성화는 장식화와 비슷한 색깔이며 보통이다.** 꽃피는 시기는 5~6월이며, 열매는 삭과로 7~8월에 익는다.

H. serrata 'Ootsurugi' 고민가뮤지엄

오오야마에조산수국

학명: *Hydrangea serrata* 'Ooyamaezo'

영명: Ooyamaezo serrata hydrangea

일명: オオヤマエゾ(오오야마에조, 大山エゾ)

특징

식물형은 낙엽관목으로 높이는 70~90cm 정도이며, 줄기에는 피목이 나타난다. 잎은 마주나며, 타원형으로 녹색이다. 잎 가장자리는 톱니가 있고, 끝은 뾰족하다. **꽃차례는 산방상의 평평한 모양이다. 장식화는 4~5개로 둥그스름하게 피며, 보라색 계통이다. 양성화는 장식화와 비슷한 색깔이며 많다.** 꽃피는 시기는 6~7월이며, 열매는 삭과로 8~9월에 익는다.

H. serrata 'Ooyamaezo' 하코네싯세이카엔

오시카와쿠레나이산수국

학명: *Hydrangea serrata* 'Oshikawakurenai'

영명: Oshikawakurenai serrata hydrangea

일명: オシカワクレナイ(오시카와쿠레나이, 押川紅)

특징

식물형은 낙엽관목으로 높이는 80~100cm 정도이며, 줄기는 곧다. 잎은 마주나며, 피침형으로 녹색이다. 잎 가장자리는 톱니가 있고, 끝은 뾰족하지만 햇볕에 닿으면 붉게 변한다. **꽃차례는 산방상의 평평한 모양이다. 장식화는 3~4개로 짙은 홍색이다. 양성화는 비슷한 색깔로 많다.** 꽃피는 시기는 6~7월이며, 열매는 삭과로 7~8월에 익는다.

H. serrata 'Oshikawakurenai' 고민가뮤지엄

오토히메산수국

학명: *Hydrangea serrata* 'Otohime'

영명: Otohime serrata hydrangea

일명: オトヒメ(오토히메, 乙姫)

특징

식물형은 낙엽관목으로 높이는 50~80cm 정도이며,

줄기는 곧다. 잎은 마주나며, 타원형으로 녹색이다. 잎 가장자리는 톱니가 있고, 끝은 뾰족한 편이다. **꽃차례는 산방상의 평평한 모양이다. 장식화는 흰색이지만 시간이 지남에 따라 불타듯 한 붉은색으로 변한다. 양성화는 흰색~옅은 분홍색 계통이다.** 꽃피는 시기는 6~7월이며, 열매는 삭과로 8~9월에 익는다.

H. serrata 'Otohime' 토시마엔

오토메노마이산수국

학명: *Hydrangea serrata* 'Otomenomai'

이명: *Hydrangea serrata* 'Kizawanohikari'

영명: Otomenomai serrata hydrangea

일명: オトメノマイ(오토메노마이, 乙女の舞),

キザワノヒカリ(키자와노히카리, 木沢の光)

특징

식물형은 낙엽관목으로 높이는 60~100cm 정도이며, 줄기에는 피목이 나타난다. 잎은 마주나며, 타원형으로 녹색이지만 햇볕이 닿으면 쉽게 청동색으로 변한다. 잎 가장자리는 톱니가 있고, 끝은 약간 뾰족하다. **꽃차례는 산방상의 평평한 모양이다. 장식화의 꽃잎은 여러 겹으로 가늘고 긴 편으로 독특하며 분홍색 계통이다. 양성화는 매우 빈약하고, 꽃피는 시기는 5~6월이며, 열매는 삭과로 6~7월에 익는다.**

H. serrata 'Otomenomai' 하코네싯세이카엔

H. serrata 'Otomenomai' 하코네싯세이카엔

H. serrata 'Otomenomai' 시즈오카고텐바농원

오토메노유메산수국

학명: *Hydrangea serrata* 'Otomenoyume'

영명: Otomenoyume serrata hydrangea

일명: オトメノユメ(오토메노유메, 乙女の夢)

특징

식물형은 낙엽관목으로 높이는 50~80cm 정도이며, 줄기는 곧다. 잎은 마주나며, 타원형으로 녹색이다. 잎 가장자리는 톱니가 있고, 끝은 뾰족한 편이다. **꽃차례는 산방상의 평평한 모양이다. 장식화는 3개로 밝은 분홍색으로 화사하며, 점점 짙어진다. 양성화도 비슷한 색깔이다.** 꽃피는 시기는 6~7월이며, 열매는 삭과로 8~9월에 익는다.

H. serrata 'Otomenoyume' 토시마엔

오우기테마리산수국

학명: *Hydrangea serrata* 'Ougitemari'

영명: Ougitemari serrata hydrangea

일명: オウギテマリ(오우기테마리, 扇てまり)

특징

식물형은 낙엽관목으로 높이는 50~80cm 정도이며, 줄기는 곧다. 잎은 마주나며, 타원형으로 녹색이다. 잎 가장자리는 톱니가 있고, 끝은 뾰족한 편이다. **꽃차례는 산방상의 공 모양이다. 장식화는 4개로 옅은 파란색 계통이다. 양성화는 아래에서 잘 보이지 않는다.** 꽃피는 시기는 6~7월이며, 열매는 삭과로 8~9월에 익는다.

H. serrata 'Ougitemari' 고민가뮤지엄

오우곤아츠시히메산수국

학명: *Hydrangea serrata* 'Ougonatsushihime'

영명: Ougonatsushihime serrata hydrangea

일명: オウゴンアツシヒメ(오우곤아츠시히메, 黃金篤姬)

특징

식물형은 낙엽관목으로 높이는 60~80cm 정도이며, 줄기에는 피목이 나타난다. 잎은 마주나며, 넓은 피침형으로 황금색이 특징이다. 잎 가장자리는 톱니가 있고, 끝은 뾰족하다. **꽃차례는 산방상의 평평한 모양이다. 장식화는 3~4개로 오목하며 둥그스름하게 피며, 파란색 계통으로 나타난다. 양성화는 비슷한 색깔로 보통이다.** 꽃피는 시기는 6~7월이며, 열매는 삭과로 8~9월에 익는다.

H. serrata 'Ougonatsushihime' 하코네싯세이카엔

오우곤스루가산수국

학명: *Hydrangea serrata* 'Ougonsuruga'

영명: Ougonsuruga serrata hydrangea

일명: オウゴンスルガ(오우곤스루가, 黃金駿河)

특징

식물형은 낙엽관목으로 높이는 80~200cm 정도이며, 줄기는 휘어지듯 하다. 잎은 마주나며, 피침형으로 가늘고 길다. 잎 가장자리는 톱니가 있고, 끝은 뾰족하고 녹황색이다. 그러나 햇볕이 강하면 잎이 타버리므로 주의가 필요하다. **꽃차례는 산방상의 평평한 모양이다. 장식화는 3~4개로 흰색이다. 양성화도 비슷한 색이며, 토양 성분에 영향을 덜 받는 편이다.** 꽃피는 시기는 6~7월이며, 열매는 삭과로 7~8월에 익는다.

H. serrata 'Ougonsuruga' 다카하다후도산

오우칸산수국

학명: *Hydrangea serrata* 'Oukan'

영명: Oukan serrata hydrangea

일명: オウカン(오우칸, 黃冠)

특징

식물형은 낙엽관목으로 높이는 60~80cm 정도이며, 줄기에는 피목이 나타난다. 잎은 마주나며, 긴 타원형으로 녹색이지만 새잎은 반쯤정도 황금색의 무늬가 들어있어 아름답다. 잎 가장자리는 톱니가 있고, 끝은 뾰족하다. **꽃차례는 산방상의 평평한 모양이다. 장식화는 3~4개로 파란색~보라색이다. 양성화도 파란색 계통이다.** 꽃피는 시기는 6~7월이며, 열매는 삭과로 7~8월에 익는다.

오우미산수국

학명: *Hydrangea serrata* 'Oumi'

영명: Oumi serrata hydrangea

일명: オウミ(오우미, 靑海)

특징

식물형은 낙엽관목으로 높이는 80~100cm 정도이며, 줄기는 곧다. 잎은 마주나며, 타원형으로 녹색이다. 잎 가장자리는 톱니가 있고, 끝은 뾰족한 편이다. **꽃차례는 산방상의 평평한 모양이다. 장식화는 3~4**

개로 약간 큰 편이고 분홍색 계통이다. 양성화는 짙은 보라색 계통으로 많은 편이다. 꽃피는 시기는 6~7월이며, 열매는 삭과로 7~8월에 익는다.

H. serrata 'Oumi' 조가사키

H. serrata 'Oumi' 조가사키

피노코산수국

학명: *Hydrangea serrata* 'Pinoko'

영명: Pinoko serrata hydrangea

품종명: 피노코

특징

식물형은 낙엽관목으로 높이는 100~120cm 정도이며, 줄기에는 피목이 나타난다. 잎은 마주나며, 넓은 피침형으로 짙은 녹색이다. 잎 가장자리는 톱니가 있고, 끝은 뾰족하다. **꽃차례는 산방상의 평평한 모양이다. 장식화는 4~5개로 흰색이지만 가장자리에 옅은 보라색의 테두리가 있다. 양성화는 봉오리일 때는 옅은 보라색을 띠나 시간이 지남에 따라서 옅어진다.** 꽃피는 시기는 6~7월이며, 열매는 삭과로 7~8월에 익는다. 융플라우어피코티×댄싱스노우

H. serrata 'Pinoko' 조가사키

프레지오사산수국

학명: *Hydrangea serrata* 'Preziosa'

영명: Preziosa serrata hydrangea

품종명: 프레지오사(독일육종)

특징

식물형은 낙엽관목으로 높이는 100~125cm 정도이다. 줄기는 다소 어두운 적갈색이다. 잎은 마주나며, 긴 타원형으로 녹색이지만 잎의 맥과 가장자리는 불그스름하다. 잎 가장자리는 톱니가 있고, 끝은 뾰족하다. **꽃차례는 산방상의 둥근 모양이다. 장식화는 4~5개로 처음에는 흰색이지만 햇볕이 심하거나 시간이 지남에 따라서 분홍색~적자색으로 변한다.** 꽃피는 시기는 6~8월이며, 열매는 삭과로 7~10월에 익는다. RHS (AM, FCC, AGM)을 수상했다.

◉ *H. macrophylla*와 *H. serrata*의 잡종(雜種)으로 보기도 한다.

H. serrata 'Preziosa' 바람의 언덕

H. serrata 'Prolifera' 조가사키

칠단화산수국

학명: *Hydrangea serrata* 'Prolifera'

영명: Prolifera serrata hydrangea

일명: シチダンカ, プロリフェラ(시치단카, 七段花, 프로리훼라)

특징

식물형은 낙엽관목으로 높이는 60~100cm 정도이며, 줄기에는 피목이 나타난다. 잎은 마주나며, 타원형으로 녹색이다. 잎 가장자리는 듬성듬성한 톱니가 있고, 끝은 뾰족하고 작은 편이다. **꽃차례는 산방상의 둥근 모양이다. 장식화는 별 모양의 겹꽃으로 아름답고, 양성화는 곧바로 떨어지는 경향이 있으며 퇴화된다.** 꽃피는 시기는 6~8월이며, 열매는 삭과로 7~9월에 익는다.

H. serrata 'Prolifera' 조가사키

라비스라즈리산수국

학명: *Hydrangea serrata* 'Ravisrazri'

영명: Ravisrazri serrata hydrangea

품종명: 라비스라즈리

특징

식물형은 낙엽관목으로 높이는 60~100cm 정도이고, 줄기는 강하며 피목이 나타난다. 잎은 마주나며, 긴 타원형으로 녹색이다. 잎 가장자리는 톱니가 있고, 끝은 뾰족하다. **꽃차례는 산방상의 둥근 모양이다. 장식화는 4~5개로 파란색 계통이며, 양성화는 잘 보이지 않는다.** 꽃피는 시기는 6~8월이며, 열매는 삭과로 8~9월에 익는다.

H. serrata 'Ravisrazri' 하코네싯세이카엔

리오노유메산수국

학명: *Hydrangea serrata* 'Rio no Yume'
영명: Rio no Yume serrata hydrangea
일명: リオノユメ(리오노유메, 리오の夢)
특징
식물형은 낙엽관목으로 높이는 80~100cm 정도이며, 줄기는 곧은 편이다. 잎은 마주나며, 타원형으로 밝은 녹색이다. 잎 가장자리는 톱니가 있고, 끝은 뾰족하다. **꽃차례는 산방상의 평평한 모양이다. 장식화는 동그스름하며 파란색이다. 양성화도 비슷한 색깔이며 많은 편이다.** 꽃피는 시기는 5~6월이며, 열매는 삭과로 7~8월에 익는다.

H. serrata 'Rionoyume' 고민가뮤지엄

롯코우하나야마산수국

학명: *Hydrangea serrata* 'Rokouhanayama'
영명: Rokouhanayama serrata hydrangea
일명: ロッコウハナヤマ(롯코우하나야마, 六甲ハナヤマ)
특징
식물형은 낙엽관목으로 높이는 50~70cm 정도이며, 줄기는 곧고 피목이 나타난다. 잎은 마주나며 좁은 타원형으로 녹색이다. 잎 가장자리는 듬성듬성한 톱니가 있고, 끝은 뾰족하다. **꽃차례는 산방상의 평평한 모양이다. 장식화는 옅은 색깔로 4개이지만 모두 자국이 들어가 있다. 양성화도 비슷하며 잘 피고 많은 편이다.** 꽃피는 시기는 6~7월이며, 열매는 삭과로 7~8월에 익는다.

H. serrata 'Rokouhanayama' 바람의 언덕

론드산수국

학명: *Hydrangea serrata* 'Rond'
영명: Rond serrata hydrangea
품종명: 론드
특징
식물형은 낙엽관목으로 높이는 80~100cm 정도이며, 줄기는 곧고 피목이 나타난다. 잎은 마주나며, 타원형으로 녹색이다. 잎 가장자리는 듬성듬성한 톱니가 있고, 끝은 뾰족하다. **꽃차례는 산방상의 평평한 모양이다. 장식화는 동그스름하며 겹꽃으로 파란색이다. 양성화도 파란색으로 피고 많은 편이다.** 꽃피는 시기는 6~7월이며, 열매는 삭과로 7~8월에 익는다.

H. serrata 'Rond' 조가사키

H. serrata 'Rond' 조가사키

H. serrata 'Rond' 조가사키

로살바산수국

학명: *Hydrangea serrata* 'Rosalba'

영명: Rosalba serrata hydrangea

품종명: 로살바(일본원산)

특징

식물형은 낙엽관목으로 높이는 80~125cm 정도이며, 줄기는 빽빽하다. 잎은 마주나며, 긴 타원형으로 짙은 녹색이다. 잎 가장자리는 톱니가 있고, 끝은 뾰족하다. **꽃차례는 산방상의 평평한 모양이다. 장식화는 4개로 핑크색을 띤 흰색이고, 양성화는 많으며 분홍색 계통으로 피지만, 시간이 지남에 따라서 빠르게 진홍색으로 변한다.** 꽃피는 시기는 5~7월이며, 열매는 삭과로 6~8월에 익는다. RHS (AM, AGM)을 수상했다.

류세이히카리산수국

학명: *Hydrangea serrata* 'Ryuseihikari'

영명: Ryuseihikari serrata hydrangea

일명: リュウセイヒカリ(류우세이히카리, 流星光)

특징

식물형은 낙엽관목으로 높이는 60~80cm 정도이며, 줄기에는 피목이 나타난다. 잎은 마주나며, 넓은 피침형으로 밝은 녹색이다. 잎 가장자리는 톱니가 있고, 끝은 매우 뾰족하다. **꽃차례는 산방상의 평평한 모양이다. 장식화는 여러 겹으로 파란색이고 별처럼 아름답다. 양성화는 많은 편으로 옅은 파란색이다.** 꽃피는 시기는 5~6월이며, 열매는 삭과로 6~7월에 익는다.

H. serrata 'Ryuseihikari' 하코네고라식물원

H. serrata 'Ryuseihikari' 시즈오카고텐바농원

사하시노쇼우산수국

학명: *Hydrangea serrata* 'Sahashi no Shou'

영명: Sahashi no Shou serrata hydrangea

일명: サハシノショウ(사하시노쇼우, 佐橋の莊)

특징

식물형은 낙엽관목으로 높이는 50~80cm 정도이며, 줄기는 곧다. 잎은 마주나며, 긴 타원형으로 녹색이다. 잎 가장자리는 톱니가 있고, 끝은 뾰족한 편이다. **꽃차례는 산방상의 평평한 모양이다. 장식화는 투명한 보라색으로 눈에 띄며, 다소 큰 편이다. 양성화도 보라색 계통이다.** 꽃피는 시기는 6~7월이며, 열매는 삭과로 8~9월에 익는다.

H. serrata 'Sahashinoshou' 조가사키

사이슈도야마산수국

학명: *Hydrangea serrata* 'Saisyudoyama'

영명: Saisyutoyama serrata hydrangea

일명: サイシュウドヤマ(사이슈우도야마, 濟州島やま)

특징

식물형은 낙엽관목으로 높이는 50~80cm 정도이며, 줄기에는 피목이 나타난다. 잎은 마주나며, 타원형으로 녹색이다. 잎 가장자리는 톱니가 있고, 끝은 뾰족하다. 꽃차례는 산방상의 평평한 모양이다. 장식화는 밝는 보라색으로 눈에 띄며, 양성화도 비슷한 색이다. 꽃피는 시기는 6~7월이며, 열매는 삭과로 7~9월에 익는다. 한국이 원산지이다.

H. serrata 'Saisyudoyama' 조가사키

사쿠라히메산수국

학명: *Hydrangea serrata* 'Sakurahime'

영명: Sakurahime serrata hydrangea

일명: サクラヒメ(사쿠라히메, 桜姬)

특징

식물형은 낙엽관목으로 높이는 60~80cm 정도이며, 줄기는 곧은 편이다. 잎은 마주나며, 넓은 피침형으로 작고 녹색이다. 잎 가장자리는 톱니가 있고, 끝은 뾰족하다. **꽃차례는 산방상의 평평한 모양이다. 장식화**

는 4~5개로 톱니가 많으며, 분홍색~보라색 계통으로 나타난다. 양성화는 장식화와 비슷한 색깔이다. 꽃피는 시기는 6~7월이며, 열매는 삭과로 8~9월에 익는다.

H. serrata 'Sakurahime' 하코네싯세이카엔

삼각봉산수국

학명: *Hydrangea serrata* 'Samgakbong'

영명: Samgakbong serrata hydrangea

일명: サンガクミネ(산가꾸미네, 三角峰)

특징

식물형은 낙엽관목으로 높이는 70~100cm정도이며, 줄기에는 피목이 나타난다. 잎은 마주나며, 긴 타원형으로 녹색이지만, 햇볕에 닿으면 붉은 기미를 띤다. 잎맥은 도드라지며. 잎 가장자리는 톱니가 있고, 끝은 뾰족하다. **꽃차례는 산방상의 평평한 모양이다. 장식화는 3~5개로 마름모꼴로 가장자리에는 톱니가 있으며, 짙은 파란색~분홍색으로 매우 아름답고, 흰색의 줄 무늬가 나타난다. 양성화도 처음에는 연두색으로 나타나지만 차차 옅은 파란색~분홍색 계통으로 핀다.** 꽃피는 시기는 5~6월이며, 열매는 삭과로 6~7월에 익는다. 한국 제주도 삼각산이 원산지이며, 미등록종이다.

H. serrata 'Samgakbong' 바람의 언덕

H. serrata 'Samgakbong' 밀양 법흥리

산인노하나산수국

학명: *Hydrangea serrata* 'Sanin no Hana'

영명: Sanin no Hana serrata hydrangea

일명: サンインノハナ(산인노하나, 山陰の花)

특징

식물형은 낙엽관목으로 높이는 70~90cm 정도이며, 줄기는 곧다. 잎은 마주나며, 긴 타원형으로 녹색이다. 잎 가장자리는 톱니가 있고, 끝은 뾰족하다. **꽃차례는 산방상의 평평한 모양이다. 장식화는 3~4개로 패랭이꽃처럼 보이고, 옅은 분홍색~보라색 계통으로 나타난다. 양성화는 비슷한 색깔로 보통이다.** 꽃피는 시기는 6~7월이며, 열매는 삭과로 8~9월에 익는다.

H. serrata 'Saninnohana' 고민가뮤지엄

H. serrata 'Sasanomai' 조가사키

H. serrata 'Saninnohana' 다카하다후도산

H. serrata 'Sasanomai' 조가사키

사사노마이산수국

학명: *Hydrangea serrata* 'Sasa no Mai'

영명: Sasa no Mai serrata hydrangea

일명: ササノマイ(사사노마이, 笹の舞)

특징

식물형은 낙엽관목으로 높이는 60~90cm 정도이며, 피목이 나타난다. 잎은 마주나며, 넓은 피침형으로 밝은 녹색이다. 잎 가장자리는 톱니가 있고, 끝은 뾰족하다. **꽃차례는 산방상의 둥근 모양이다. 장식화는 4개로 작은 편이며 처음에는 흰색이지만 시간이 지남에 따라 옅은 핑크색 등으로 변한다. 양성화는 잘 보이지 않는다.** 꽃피는 시기는 5~7월이며, 열매는 삭과로 6~8월에 익는다. 잎을 덖어서 차로 마신다.

세이자산수국

학명: *Hydrangea serrata* 'Seiza'

영명: Seiza serrata hydrangea

일명: セイザ(세이자, 星座)

특징

식물형은 낙엽관목으로 높이는 70~90cm 정도이며, 줄기는 곧다. 잎은 마주나며, 긴 타원형으로 녹색이다. 잎 가장자리는 톱니가 있고, 끝은 뾰족하다. **꽃차례는 산방상의 평평한 모양이다. 장식화는 3~4개로 둥그스름하게 피며, 옅은 파란색 계통으로 나타난다. 양성화는 많은 편이며 작은 꽃들로 이루어진다.** 꽃피는 시기는 6~7월이며, 열매는 삭과로 8~9월에 익는다.

H. serrata 'Seiza' 하코네싯세이카엔

세리나산수국

학명: *Hydrangea serrata* 'Serina'

영명: Serina serrata hydrangea

특징

식물형은 낙엽관목으로 높이는 90~120cm 정도이며, 줄기에는 피목이 나타난다. 잎은 마주나며, 타원형으로 밝은 녹색이지만 햇볕이 닿으면 붉게 변한다. 잎 가장자리는 톱니가 있고, 끝은 뾰족하다. **꽃차례는 산방상의 평평한 모양이다. 장식화는 4개로 큰 편이며 십자처럼 보이고 처음에는 꽃잎 안쪽이 흰색으로 피지만, 시간이 지남에 따라 차차 분홍색 계통으로 변한다. 양성화는 옅은 색으로 많은 편이다.** 꽃피는 시기는 5~7월이며, 열매는 삭과로 6~8월에 익는다.

세토노료우후우산수국

학명: *Hydrangea serrata* 'Seto no Ryouhu'

영명: Seto no Ryouhu serrata hydrangea

일명: セトノリョウフウ(세토노료우후우, 瀨戶の涼風)

특징

식물형은 낙엽관목으로 높이는 50~80cm 정도이며, 줄기는 처지는 편이다. 잎은 마주나며, 긴 타원형으로 녹색이다. 잎 가장자리는 톱니가 있고, 끝은 뾰족하다. **꽃차례는 산방상의 평평한 모양이다. 장식화는 3~4개로 투명한 파란색이다. 양성화는 흰색에 가깝다.** 꽃피는 시기는 5~6월이며, 열매는 삭과로 6~7월에 익는다.

H. serrata 'Setonoryouhu' 고민가뮤지엄

세토노시오카제산수국

학명: *Hydrangea serrata* 'Seto no Siokaze'

영명: Seto no Siokaze serrata hydrangea

일명: セトノシオカゼ(세토노시오카제, 瀨戶の潮風)

특징

식물형은 낙엽관목으로 높이는 50~80cm 정도이며, 줄기는 굽는다. 잎은 마주나며, 긴 타원형으로 녹색이다. 잎 가장자리는 톱니가 있고, 끝은 뾰족하다. **꽃차례는 산방상의 평평한 모양이다. 장식화는 3~4개로, 옅은 파란색 계통이다. 양성화는 보통이며 비슷한 색깔이다.** 꽃피는 시기는 5~6월이며, 열매는 삭과로 6~7월에 익는다.

H. serrata 'Setonosiokaze' 고민가뮤지엄

세토노유베니산수국

학명: *Hydrangea serrata* 'Seto no Yubeni'
영명: Seto no Yubeni serrata hydrangea
일명: セトノユウベニ(세토노유우베니, 瀬戸の夕紅)
특징

식물형은 낙엽관목으로 높이는 70~100cm 정도이며, 줄기는 곧다. 잎은 마주나며, 타원형으로 밝은 녹색이지만, 햇볕이 닿으면 청자색으로 변한다. 잎 가장자리는 톱니가 있고, 끝은 뾰족하다. **꽃차례는 산방상의 평평한 모양이다. 장식화는 4개로 붉은색 계통으로 큰 편이며 둥그스름하다. 양성화는 푸른색으로 꽤 많이 핀다.** 꽃피는 시기는 5~6월이며, 열매는 삭과로 6~7월에 익는다.

H. serrata 'Setonoyubeni' 하코네싯세이카엔

시치단카니시키산수국

학명: *Hydrangea serrata* 'Shichidankanishiki'
영명: Shichidankanishiki serrata hydrangea
일명: シチダンカニシキ(시치단카니시키, 七段花錦)
특징

식물형은 낙엽관목으로 높이는 50~100cm 정도이며, 줄기는 덥수룩하다. 잎은 마주나며, 긴 타원형으로 밝은 녹색이지만, 잎에 얼룩덜룩한 노란색의 무늬가 들어있다. 잎 가장자리는 톱니가 있고, 끝은 뾰족하다. **꽃차례는 산방상의 평평한 모양이다. 장식화는 겹꽃으로 끝이 가늘고 뾰족한 별 모양이다. '시치단카'는 꽃이 여러 단으로 보이기 때문에 붙여졌다고 생각한다. 양성화는 파란색으로 꽤 많다.** 꽃피는 시기는 5~6월이며, 열매는 삭과로 6~7월에 익는다.

시치헨게산수국

학명: *Hydrangea serrata* 'Shichihenge'
영명: Shichihenge serrata hydrangea
일명: シチヘンゲ(시치헨게, 七變化)

특징

식물형은 낙엽관목으로 높이는 50~80cm 정도이며, 줄기는 곧다. 잎은 마주나며, 긴 타원형으로 녹색이다. 잎 가장자리는 톱니가 있고, 끝은 꼬리처럼 뾰족하다. **꽃차례는 산방상의 평평한 모양이다. 장식화는 3~4개로 둥글고 눈에 띄며, 짙은 분홍색~자색으로 핀다. 양성화는 많으며 보라색이다.** 꽃피는 시기는 5~6월이며, 열매는 삭과로 6~7월에 익는다.

H. serrata 'Shichihenge' 고민가뮤지엄

시카노나데시코산수국

학명: *Hydrangea serrata* 'Shika no Nadeshiko'
영명: Shika no Nadeshiko serrata hydrangea
일명: シカノナデシコ(시카노나데시코, 鹿のなでしこ)
특징

식물형은 낙엽관목으로 높이는 50~80cm 정도이며, 줄기는 곧다. 잎은 마주나며, 긴 타원형으로 녹색이다. 잎 가장자리는 톱니가 있고, 끝은 뾰족하다. **꽃차례는 산방상의 평평한 모양이다. 장식화는 패랭이꽃처럼 눈에 띄며, 옅은 분홍색~보라색으로 피고, 양성화는 많으며 보라색이다.** 꽃피는 시기는 5~6월이며, 열매는 삭과로 6~7월에 익는다.

H. serrata 'Shikanonadeshiko' 고민가뮤지엄

시코쿠노부루산수국

학명: *Hydrangea serrata* 'Shikoku no Buru'
영명: Shikoku no Buru serrata hydrangea
일명: シコクノブル(시코쿠노부루, 四国のぶる)
특징

식물형은 낙엽관목으로 높이는 70~90cm 정도이며, 줄기는 곧다. 잎은 마주나며, 넓은 피침형으로 녹색이지만, 햇볕이 닿으면 가장자리부터 청동색으로 변한다. 잎 가장자리는 톱니가 있고, 끝은 뾰족하다. **꽃차례는 산방상의 평평한 모양이다. 장식화는 3~4개로 길쭉하며, 파란색 계통으로 나타난다. 양성화는 보통이며 장식화와 비슷한 색깔이다.** 꽃피는 시기는 6~7월이며, 열매는 삭과로 8~9월에 익는다.

H. serrata 'Shikokunoburu' 하코네싯세이카엔

시코우바이산수국

학명: *Hydrangea serrata* 'Shikoubai'

영명: Shikoubai serrata hydrangea

일명: シコウバイ(시코우바이, 紫紅梅)

특징

식물형은 낙엽관목으로 높이는 50~100cm 정도이며, 줄기는 덥수룩하다. 잎은 마주나며, 넓은 피침형으로 밝은 녹색이지만 햇볕이 닿으면 청동색으로 변한다. 잎 가장자리는 톱니가 있고, 끝은 뾰족하다. **꽃차례는 산방상의 평평한 모양이다. 장식화의 둥근 꽃잎은 안쪽으로 약간 말려 들어가고, 복색으로 눈에 띄며, 짙은 자색과 파란색이 혼재해서 핀다. 양성화는 장식화보다 옅은 색이다.** 꽃피는 시기는 5~6월이며, 열매는 삭과로 6~7월에 익는다.

H. serrata 'Shikoubai' 하코네싯세이카엔

H. serrata 'Shikoubai' 토시마엔

시마쥬료죠우산수국

학명: *Hydrangea serrata* 'Shimajuryojou'

영명: Shimajuryojou serrata hydrangea

일명: シマジュリョジョウ(시마쥬료죠우, 四万十旅情)

특징

식물형은 낙엽관목으로 높이는 60~90cm 정도이며, 줄기에 피목이 나타난다. 잎은 마주나며, 넓은 피침형으로 녹색이다. 잎 가장자리는 톱니가 있고, 끝은 뾰족하다. **꽃차례는 산방상의 평평한 모양이며, 장식화의 꽃잎 3~4개로 톱니가 많으며, 옅은 파란색 계통으로 나타난다. 양성화는 많은 편이며 작은 꽃들로 이루어지고 보라색 계통이다.** 꽃피는 시기는 6~8월이며, 열매는 삭과로 8~9월에 익는다.

H. serrata 'Shimajuryojou' 하코네싯세이카엔

시마나미노히카리산수국

학명: *Hydrangea serrata* 'Shimanami no Hikari'

영명: Shimanami no Hikari serrata hydrangea

일명: シマナミノヒカリ(시마나미노히카리, しまなみの光)

특징

식물형은 낙엽관목으로 높이는 70~80cm 정도로 자라며, 줄기는 곧다. 잎은 마주나며, 긴 타원형이다. 잎 가장자리는 톱니가 있고, 끝은 뾰족하다. **꽃차례는 산방상의 평평한 모양이다. 장식화는 여러 겹으로 약간 길며 옅은 보라색 계통으로 나타난다. 양성화는 장식화와 비슷한 색깔이다.** 꽃피는 시기는 6~7월이며, 열매는 삭과로 8~9월에 익는다.

H. serrata 'Shimanaminohikari' 고민가뮤지엄

시미주아키라산수국

학명: *Hydrangea serrata* 'Shimizuakira'

영명: Shimizuakira serrata hydrangea

일명: シミズアキラ(시미주아키라, 紫水晶)

특징

식물형은 낙엽관목으로 높이는 70~90cm 정도이며, 줄기는 곧다. 잎은 마주나며, 타원형으로 녹색이지만, 햇볕이 닿으면 청동색으로 변한다. 잎 가장자리는 톱니가 있고, 끝은 뾰족하다. **꽃차례는 산방상의 평평한 모양이다. 장식화는 4개로 둥그스름하며, 파란색 계통으로 나타난다. 양성화는 많으며 장식화와 비슷한 색깔이다.** 꽃피는 시기는 6~7월이며, 열매는 삭과로 8~9월에 익는다.

H. serrata 'Shimizuakira' 하코네싯세이카엔

신구우테마리산수국

학명: *Hydrangea serrata* 'Shinguutemari'

영명: Shinguutemari serrata hydrangea

일명: シングウテマリ(신구우테마리, 新宮てまり)

특징

식물형은 낙엽관목으로 높이는 70~90cm 정도이며, 줄기에는 피목이 나타난다. 잎은 마주나며, 넓은 피침형으로 밝은 녹색이지만 햇볕이 닿으면 갈색 계통으로 변하고 작다. 잎 가장자리는 톱니가 있고, 끝은 뾰족하다. **꽃차례는 산방상의 둥근 모양이다. 장식화는 3~4개로 둥그스름하며 파란색 계통이다. 양성화는 잘 보이지 않는다.** 꽃피는 시기는 6~7월이며, 열매는 삭과로 8~9월에 익는다.

H. serrata 'Shinguutemari' 하코네싯세이카엔

시노노메산수국

학명: *Hydrangea serrata* 'Shinonome'

영명: Shinonome serrata hydrangea

일명: シノノメ(시노노메, 東雲)

특징

식물형은 낙엽관목으로 높이는 50~80cm 정도이며, 줄기는 곧다. 잎은 마주나며, 타원형으로 녹색이다. 잎 가장자리는 톱니가 있고, 끝은 뾰족하다. **꽃차례는 평평한 모양이다. 장식화는 겹이며 안쪽은 흰색에 가깝지만 바깥으로 갈수록 보라색이 짙어진다. 양성화도 짙은 보라색이다.** 꽃피는 시기는 5~6월이며, 열매는 삭과로 6~7월에 익는다.

H. serrata 'Shinonome' 다카하다후도산

시라이토노타키산수국

학명: *Hydrangea serrata* 'Shiraito no Taki'

영명: Shiraito no Taki serrata hydrangea

일명: シライトノタキ(시라이토노타키, 白糸の瀧) (일본가무화창포원육종)

특징

식물형은 낙엽관목으로 높이는 70~90cm 정도이며, 줄기는 곧다. 잎은 마주나며, 긴 타원형으로 녹색이다. 잎 가장자리는 톱니가 있고, 끝은 뾰족한 편이다. **꽃차례는 산방상의 평평한 모양이다. 장식화는 흰색으로, 다소 길쭉하고 큰 편이다. 양성화도 비슷한 색으로 작은 꽃들로 이루어진다.** 꽃피는 시기는 6~7월이며, 열매는 삭과로 10~11월에 익는다.

H. serrata 'Shiraitonotaki' 고민가뮤지엄

시라사기산수국

학명: *Hydrangea serrata* 'Shirasagi'

영명: Shirasagi serrata hydrangea

일명: シラサギ(시라사기, 白鷺)

특징

식물형은 낙엽관목으로 높이는 120~150cm 정도이며, 줄기에는 피목이 나타난다. 잎은 마주나며, 긴 타원형으로 녹색이다. 잎 가장자리는 톱니가 있고, 끝은 뾰족하다. **꽃차례는 산방상의 평평한 모양이다. 장식화는 처음에는 흰색이지만, 햇볕이 닿으면 쉽게 발색하고 마치 '베니'와 닮았다. 양성화도 흰색으로 많은 편이다.** 꽃피는 시기는 5~6월이며, 열매는 삭과로 6~7월에 익는다.

H. serrata 'Shirasagi' 조가사키

시라유키히메산수국

학명: *Hydrangea serrata* 'Shirayukihime'

영명: Shirayukihime serrata hydrangea

일명: シラユキヒメ(시라유키히메, 白雪姬)

특징

식물형은 낙엽관목으로 높이는 50~80cm 정도이며, 줄기에는 피목이 나타나며 튼튼하다. 잎은 마주나며, 긴 타원형으로 황녹색이다. 잎 가장자리는 톱니가 있으며 끝은 뾰족한 편이다. **꽃차례는 산방상의 평평한 모양이다. 장식화는 흰색~옅은 파란색으로 청량하고, 양성화는 장식화와 비슷한 색깔로 많은 편이다.** 꽃피는 시기는 5~6월이며, 열매는 삭과로 6~7월에 익는다.

H. serrata 'Shirayukihime' 조가사키

시로바나아마차산수국

학명: *Hydrangea serrata* 'Shirobanaamacha'

영명: Shirobanaamacha serrata hydrangea

일명: シロバナアマチャ(시로바나아마차, 白花甘茶)

특징

식물형은 낙엽관목으로 높이는 80~110cm 정도이며, 줄기에는 피목이 나타난다. 잎은 마주나며, 긴 타원형으로 녹색이다. 잎 가장자리는 톱니가 있고, 끝은 뾰족하다. **꽃차례는 산방상의 평평한 모양이다. 장식화는 3~4개로, 아마차(甘茶)의 흰색 품종이다. 양성화는 옅은 파란색~보라색 계통으로 많다.** 꽃피는 시기는 5~6월이며, 열매는 삭과로 6~7월에 익는다.

H. serrata 'Shirobanaamacha' 토시마엔

시로후지산수국

학명: *Hydrangea serrata* 'Shirofuji'

영명: Shirofuji serrata hydrangea

일명: シロフジ(시로후지, 白富士)

특징

식물형은 낙엽관목으로 높이는 50~80cm 정도이며, 줄기는 빽빽하다. 잎은 마주나며, 긴 타원형으로 작고 녹색이다. 잎 가장자리는 톱니가 있고, 끝은 뾰족하다. **꽃차례는 산방상으로 흩어진 모양이다. 장식화는 흰색의 별 모양으로 겹꽃이며 큰 편으로 꽃자루가 길어서**

눈에 띄며 햇볕이 닿으면 불그스름해진다. 양성화는 적은 편이다. 꽃피는 시기는 5~6월이며, 열매는 삭과로 6~10월에 익는다. RHS (AGM)을 수상했다.

H. serrata 'Shirofuji' 조가사키

시로푸우샤산수국

학명: *Hydrangea serrata* 'Shirofuusha'
영명: Shirofuusha serrata hydrangea
일명: シロフウシャ(시로푸우샤, 白風車)
특징

식물형은 낙엽관목으로 높이는 50~80cm 정도이며, 줄기에는 피목이 나타난다. 잎은 마주나며, 긴 타원형으로 녹색이다. 잎 가장자리는 톱니가 있고, 끝은 뾰족하다. **꽃차례는 산방상의 평평한 모양이다. 장식화는 순수한 흰색으로 겹으로 피며, 양성화도 흰색 계통이다.** 꽃피는 시기는 5~6월이며, 열매는 삭과로 6~10월에 익는다.

H. serrata 'Shirofuusha' 다카하다후도산

시로가쿠산수국

학명: *Hydrangea serrata* 'Shirogaku'
영명: Shirogaku serrata hydrangea
일명: シロガク(시로가쿠, 白額)
특징

식물형은 낙엽관목으로 높이는 80~100cm 정도이며, 줄기는 곧다. 잎은 마주나며, 긴 타원형으로 밝은 녹색이다. 잎 가장자리는 톱니가 있고, 끝은 뾰족하다. **꽃차례는 산방상의 평평한 모양이다. 장식화는 흰색으로 4~5개로 끝이 뾰족한 편이다. 양성화도 흰색 계통으로 많다.** 꽃피는 시기는 5~6월이며, 열매는 삭과로 6~10월에 익는다.

H. serrata 'Shirogaku' 바람의 언덕

시로마이코산수국

학명: *Hydrangea serrata* 'Shiromaiko'
영명: Shiromaiko serrata hydrangea
일명: シロマイコ(시로마이코, 白舞妓)
특징

식물형은 낙엽관목으로 높이는 50~80cm 정도이며, 줄기는 부드럽다. 잎은 마주나며 가늘고 길며 녹색이다. 잎 가장자리는 톱니가 있고, 끝은 뾰족한 편이다. **꽃차례는 산방상의 공 모양이다. 장식화는 흰색~열은 보라색으로 눈에 띄며, 다소 큰 편이다. 양성화는**

작은 꽃들로 이루어지지만 잘 보이지 않는다. 꽃 피는 시기는 6~7월이며, 열매는 삭과로 8~9월에 익는다.

H. serrata 'Shiromaiko' 하코네싯세이카엔

H. serrata 'Shiromaiko' 조가사키

시로타에산수국

학명: *Hydrangea serrata* 'Shirotae'

영명: Shirotae serrata hydrangea

일명: シロタエ(시로타에, 白妙)

특징

식물형은 낙엽관목으로 높이는 50~80cm 정도이며, 줄기는 곧다. 잎은 마주나며, 가늘고 길며 녹색이다. 잎 가장자리는 톱니가 있고, 끝은 약간 뾰족하다. **꽃차례는 산방상으로 흩어진다. 장식화는 겹으로 다소 늘어지며 흰색이고, 양성화도 흰색으로 작다. 꽃잎의 색깔은 햇볕이 닿으면 불그스름하게 변한다.** 꽃피는 시기는 5~6월이며, 열매는 삭과로 6~10월에 익는다.

H. serrata 'Shirotae' 토시마엔

시로야마산수국

학명: *Hydrangea serrata* 'Shiroyama'

영명: Shiroyama serrata hydrangea

일명: シロヤマ(시로야마, 白山)

특징

식물형은 낙엽관목으로 높이는 50~80cm 정도이며, 줄기는 곧다. 잎은 마주나며, 긴 타원형으로 녹색이다. 잎 가장자리는 톱니가 있고, 끝은 뾰족한 편이다. **꽃차례는 산방상의 평평한 모양이다. 장식화는 3~4개로 흰색이고, 양성화는 처음에는 녹색이지만 흰색 계통으로 피고, 지역에 따라 녹색이기도 하다.** 꽃피는 시기는 6~7월이며, 열매는 삭과로 8~9월에 익는다. '시로야마'는 홑피기, 겹피기, 테마리피기가 있다.

H. serrata 'Shiroyama' 핫세데라

시즈카산수국

학명: *Hydrangea serrata* 'Shizuka'

영명: Shizuka serrata hydrangea

일명: シズカ(시즈카, 靜香)

특징

식물형은 낙엽관목으로 높이는 50~80cm 정도이며, 줄기는 굽어지기도 한다. 잎은 마주나며, 가늘고 길며 녹색이다. 잎 가장자리는 톱니가 있고, 끝은 약간 뾰족하다. **꽃차례는 산방상의 평평한 모양이다. 장식화는 흰색으로 3~4개며, 양성화도 흰색 계통이지만, 시간이 지남에 따라 순수한 흰색으로 변한다.** 꽃피는 시기는 5~6월이며, 열매는 삭과로 6~10월에 익는다.

H. serrata 'Shizuka' 고민가뮤지엄

H. serrata 'Shizuka' 조가사키

쇼조산수국

학명: *Hydrangea serrata* 'Shojo'

영명: Twirligig serrata hydrangea

일명: ショジョ(쇼죠)

특징

식물형은 낙엽관목으로 높이는 60~90cm 정도이며, 줄기는 곧다. 잎은 마주나며, 타원형으로 밝은 녹색이지만, 가을이 되면 붉게 단풍든다. 잎 가장자리는 톱니가 있고, 끝은 뾰족하다. **꽃차례는 산방상의 평평한 모양이다. 장식화는 3~5개로 색은 옅은 분홍색~파란색 계통으로 피며, 양성화도 비슷한 색으로 많은 편이다.** 꽃피는 시기는 5~7월이며, 열매는 삭과로 7~9월에 익는다. RHS (AGM)을 수상했다.

H. serrata 'Shojo' 시카고식물원

아하산수국

학명: *Hydrangea serrata* 'Smnhsdd'

영명: Tuff Stuff Ah-Ha serrata hydrangea

품종명: 터프스터프아하(미국PW육종)

특징

식물형은 낙엽관목으로 높이는 60~90cm 정도이며, 줄기는 곧다. 잎은 마주나며, 타원형으로 녹색으로 가장자리는 톱니가 있다. **꽃차례는 산방상의 평평한 모양이다. 장식화는 겹으로 수련처럼 보이는 별 모양이**

고 분홍색~파란색 계통으로 피며, 양성화도 비슷한 색깔이다. 꽃피는 시기는 6~9월까지 두 번씩 피며, 열매는 삭과로 8~11월에 익는다. 산수국과 큰 잎 수국의 교잡종이다. 미국식물특허 USPP 29,832를 받고, 보호되고 있다.

H. serrata 'Smnhsdd' 바람의 언덕

스프레딩뷰티산수국

학명: *Hydrangea serrata* 'Spreading Beauty'
영명: Spreading Beauty serrata hydrangea
원산지: 한국한라산
특징

식물형은 낙엽관목으로 높이는 60~90cm 정도이며, 줄기는 곧다. 잎은 마주나며, 타원형으로 녹색이지만, 가을이 되면 붉게 단풍든다. 잎 가장자리는 톱니가 있고, 끝은 약간 뾰족하다. **꽃차례는 산방상의 평평한 모양이다. 장식화는 3~5개로 분홍색~파란색 계통으로 피며, 양성화도 옅은 색으로 많은 편이다.** 꽃피는 시기는 6~8월까지 반짝이듯 피며, 열매는 삭과로 8~11월에 익는다.

H. serrata 'Spreading Beauty' 태종사

타키노쇼우산수국

학명: *Hydrangea serrata* 'Taki no Shou'
영명: Taki no Shou serrata hydrangea
일명: タキノショウ(타키노쇼우, 瀧の粧)
특징

식물형은 낙엽관목으로 높이는 70~90cm 정도이며, 줄기에는 피목이 나타난다. 잎은 마주나며, 긴 타원형으로 녹색이고 약간 처지는듯하다. 잎 가장자리는 톱니가 있고, 끝은 뾰족하다. **꽃차례는 산방상의 평평한 모양이다. 장식화는 3~4개로 둥그스름하며, 옅은 파란색 계통이다. 양성화는 비슷한 색깔로 적은 편이다.** 꽃피는 시기는 6~8월이며, 열매는 삭과로 8~9월에 익는다.

H. serrata 'Takinoshou' 하코네싯세이카엔

탄고카이자키산수국

학명: *Hydrangea serrata* 'Tangokaizaki'

영명: Tangokaizaki serrata hydrangea

일명: タンゴカイザキ(탄고카이자키, 丹後貝咲)

특징

식물형은 낙엽관목으로 높이는 60~80cm 정도이며, 줄기에는 피목이 나타난다. 잎은 마주나며, 긴 타원형으로 녹색이다. 잎 가장자리는 톱니가 있고, 끝은 뾰족하다. **꽃차례는 산방상의 평평한 모양이다. 장식화는 3~4개로 조개 모양으로 안으로 오목하며, 색깔은 토양 성분에 따라 다르다. 양성화는 비슷한 색깔로 적은 편이다.** 꽃피는 시기는 6~8월이며, 열매는 삭과로 8~9월에 익는다.

H. serrata 'Tangokaizaki' 바람의 언덕

타노지산수국

학명: *Hydrangea serrata* 'Ta no Ji'

영명: Ta no Ji serrata hydrangea

일명: タノジ(타노지, 田の字)

특징

식물형은 낙엽관목으로 높이는 50~80cm 정도이며, 줄기는 곧다. 잎은 마주나며, 긴 타원형으로 녹색이다. 잎 가장자리는 톱니가 있고, 끝은 뾰족한 편이다. **꽃차례는 산방상의 평평한 모양이다. 장식화는 보라색으로 눈에 띄며 짙어 진다. 장식화가 밭 모양으로 핀다고 붙여진 이름이고, 양성화도 비슷한 색으로 많다.** 꽃피는 시기는 6~7월이며, 열매는 삭과로 8~9월에 익는다.

H. serrata 'Tanoji' 메이게츠인

H. serrata 'Tanoji' 바람의 언덕

H. serrata 'Tanoji' 케이프코드

텐다이노히카리산수국

학명: ***Hydrangea serrata* 'Tendainohikari'**
영명: Tendainohikari serrata hydrangea
일명: テンダイノヒカリ(텐다이노히카리, 天代の光)
특징

식물형은 낙엽관목으로 높이는 70~90cm 정도이며, 줄기에는 피목이 나타난다. 잎은 마주나며, 넓은 피침형으로 녹색이지만, 햇볕이 닿으면 갈색으로 변한다. 잎 가장자리는 톱니가 있고, 끝은 뾰족하다. **꽃차례는 산방상의 평평한 모양이다. 장식화는 3~4개로 둥그스름하지만 끝은 뾰족하며, 옅은 파란색~분홍색 계통으로 나타난다. 양성화는 흰색 계통으로 보통이다.** 꽃피는 시기는 6~8월이며, 열매는 삭과로 8~9월에 익는다.

H. serrata 'Tendainohikari' 하코네싯세이카엔

텐구즈카니시키산수국

학명: ***Hydrangea serrata* 'Tenguzkanishiki'**
영명: Tenguzkanishiki serrata hydrangea
일명: テングヅカニシキ(텐구즈카니시키, 天狗塚錦)
특징

식물형은 낙엽관목으로 높이는 70~90cm 정도이며, 줄기에는 피목이 나타난다. 잎은 마주나며, 타원형으로 밝은 녹색이지만, 얼룩무늬가 특징이다. 잎 가장자리는 톱니가 있고, 끝은 뾰족하다. **꽃차례는 산방상의 평평한 모양이다. 장식화는 4~5개로 둥그스름하고 옅은 파란색 계통이고 톱니도 나타난다. 양성화도 비슷한 색깔이며 작은 꽃들로 이루어진다.** 꽃피는 시기는 6~7월이며, 열매는 삭과로 8~9월에 익는다.

H. serrata 'Tenguzkanishiki' 조가사키

텐류우아오이산수국

학명: ***Hydrangea serrata* 'Tenryuaoi'**
영명: Tenryuaoi serrata hydrangea
일명: テンリュウアオイ(텐류우아오이, 天龍碧)
특징

식물형은 낙엽관목으로 높이는 70~90cm 정도이며, 줄기에는 피목이 나타난다. 잎은 마주나며, 긴 타원형으로 녹색이지만, 햇볕이 닿으면 청동색으로 변한다. 잎 가장자리는 톱니가 있고, 끝은 매우 뾰족하다. **꽃차례는 산방상의 평평한 모양이다. 장식화는 3~4개로 둥그스름하며, 파란색 계통이다. 양성화는 많으며 짙은 파란색이다.** 꽃피는 시기는 6~7월이며, 열매는 삭과로 8~9월에 익는다.

H. serrata 'Tenryuaoi' 하코네싯세이카엔

텐시노에쿠보산수국

학명: *Hydrangea serrata* 'Tenshi no Ekubo'

영명: Tenshi no Ekubo serrata hydrangea

일명: テンシノエクボ(텐시노에쿠보, 天使のエクボ)

특징

식물형은 낙엽관목으로 높이는 70~90cm 정도로 자라며, 줄기에는 피목이 나타난다. 잎은 마주나며, 긴 타원형으로 녹색이지만, 햇볕이 닿으면 청동색으로 변한다. 잎 가장자리는 톱니가 있고, 끝은 뾰족하다. **꽃차례는 산방상의 평평한 모양이지만, 장식화가 활짝 피면 공 모양처럼 보인다. 장식화는 4~5개로 둥그스름하게 겹쳐지며 파란색 계통이다. 양성화는 옅은 색으로 보통이다.** 꽃피는 시기는 6~7월이며, 열매는 삭과로 8~9월에 익는다.

H. serrata 'Tenshinoekubo' 하코네싯세이카엔

텐시노테마리산수국

학명: *Hydrangea serrata* 'Tenshi no Temari'

영명: Tenshi no Temari serrata hydrangea

일명: テンシノテマリ(텐시노테마리, 天使のてまり)

특징

식물형은 낙엽관목으로 높이는 70~90cm정도이며, 줄기에는 피목이 나타난다. 잎은 마주나며, 긴 타원형으로 녹색이지만 햇볕이 닿으면 청동색으로 변한다. 잎 가장자리는 톱니가 있고, 끝은 뾰족하다. **꽃차례는 산방상의 둥근 모양이다. 장식화는 4~5개로 약간 뾰족하며, 가끔씩 톱니도 보이며 파란색~보라색 계통이다. 양성화는 장식화 사이에서 나타나며 비슷한 색깔이다.** 꽃피는 시기는 6~7월이며, 열매는 삭과로 8~9월에 익는다.

H. serrata 'Tenshinotemari' 하코네싯세이카엔

툰베르기산수국

학명: *Hydrangea serrata* 'Thunbergii'

영명: Thunbergii serrata hydrangea

특징

식물형은 낙엽관목으로 높이는 70~100cm 정도이며, 줄기는 곧다. 잎은 마주나며, 긴 타원형으로 녹색이다. 잎 가장자리는 톱니가 있고, 끝은 약간 뾰족하다. **꽃차례는 산방상의 평평한 모양이다. 장식화는 흰색이지만**

열은 분홍색~보라색이 돌며, 양성화는 옅은 파란색 계통이다.** 꽃피는 시기는 6~7월이며, 열매는 삭과로 8~9월에 익는다. 현재 일본에서 많이 재배되며, 차대용이나 설탕대신 다이어트용으로 사용되기도 한다.

H. serrata 'Thunbergii' 토시마엔

H. serrata 'Thunbergii' 바람의 언덕

티아라산수국

학명: *Hydrangea serrata* 'Tiara'

영명: Tiara serrata hydrangea

품종명: 티아라(영국육종)

특징

식물형은 낙엽관목으로 높이는 70~100cm 정도이며, 줄기는 곧다. 잎은 마주나며 긴 타원형으로 녹색이다. 잎 가장자리는 톱니가 있고, 끝은 약간 뾰족하다. **꽃차례는 산방상의 평평한 모양이다. 장식화는 4~5개로 옅은 분홍색~파란색 계통이고, 양성화도 비슷한 색이다.** 꽃피는 시기는 6~7월이며, 열매는 삭과로 7~9월에 익는다. RHS (AGM)을 수상했다.

H. serrata 'Tiara' 시카고식물원

H. serrata 'Tiara' 시카고식물원

토사미수즈산수국

학명: *Hydrangea serrata* 'Tosamisuzu'

영명: Tosamisuzu serrata hydrangea

일명: トサミスズ(토사미수즈, 土佐美鈴)

특징

식물형은 낙엽관목으로 높이는 60~80cm 정도이며, 줄기는 곧다. 잎은 마주나며, 긴 타원형으로 녹색이다. 잎 가장자리는 톱니가 있고 약간 붉은 기미가 돌며, 끝은 뾰족하다. **꽃차례는 산방상의 평평한 모양이다. 장식화는 4개로 옅은 파란색~보라색이다. 양성화도 보라색 계통이다.** 꽃피는 시기는 5~6월이며, 열매는 삭과로 6~7월에 익는다.

H. serrata 'Tosamisuzu' 하코네싯세이카엔

토사노아카츠키산수국

학명: *Hydrangea serrata* 'Tosa no Akatsuki'
영명: Tosa no Akatsuki serrata hydrangea
일명: トサノアカツキ(토사노아카츠키, 土佐の曉)
특징

식물형은 낙엽관목으로 높이는 70~90cm 정도이며, 피목이 나타난다. 잎은 마주나며, 긴 타원형으로 녹색이다. 잎 가장자리는 위 2/3정도에는 잔잔한 톱니가 있고, 아랫부분은 밋밋한 편이고, 끝은 뾰족하다. **꽃차례는 산방상의 평평한 모양이다. 장식화는 4~5개로 둥그스름하게 피며, 옅은 분홍색 계통이다. 양성화는 보통이다.** 꽃피는 시기는 6~7월이며, 열매는 삭과로 8~9월에 익는다.

H. serrata 'Tosanoakatsuki' 하코네싯세이카엔

토사노아오수즈산수국

학명: *Hydrangea serrata* 'Tosa no Aosuzu'
영명: Tosa no Aosuzu serrata hydrangea
일명: トサノアオスズ(토사노아오수즈, 土佐の青鈴)
특징

식물형은 낙엽관목으로 높이는 60~80cm 정도이며, 줄기에는 피목이 나타난다. 잎은 마주나며, 넓은 피침형으로 녹색이다. 잎 가장자리는 톱니가 있고, 끝은 약간 뾰족하다. **꽃차례는 산방상의 평평한 모양이다. 장식화는 4개로 옅은 파란색~보라색으로 둥근 편이다. 양성화도 보라색 계통이다.** 꽃피는 시기는 5~6월이며, 열매는 삭과로 6~7월에 익는다.

H. serrata 'Tosanoaosuzu' 시즈오카고텐바농원

토사노라쿠엔산수국

학명: *Hydrangea serrata* 'Tosa no Rakuen'
영명: Tosa no Rakuen serrata hydrangea
일명: トサノラクエン(토사노라쿠엔, 土佐の樂園)
특징

식물형은 낙엽관목으로 높이는 60~80cm 정도이며, 줄기에는 피목이 나타난다. 잎은 마주나며, 타원형으로 녹색이다. 잎 가장자리는 톱니가 있고, 끝은 약간 뾰족하다. **꽃차례는 산방상의 평평한 모양이다. 장식화는 4개로 옅은 파란색~보라색이다. 양성화도 보라**

색 계통이다. 꽃피는 시기는 5~6월이며, 열매는 삭과로 6~7월에 익는다.

H. serrata 'Tosanorakuen' 고민가뮤지엄

H. serrata 'Tosanorakuen' 다카하다후도산

토사노키라보시산수국

학명: *Hydrangea serrata* 'Tosa no Kiraboshi'
영명: Tosa no Kiraboshi serrata hydrangea
일명: トサノキラボシ(토사노키라보시, 土佐のきら星)
특징

식물형은 낙엽관목으로 높이는 50~80cm 정도이며, 줄기에는 피목이 나타난다. 잎은 마주나며, 긴 타원형으로 옅은 녹색이다. 잎 가장자리는 톱니가 있고, 끝은 뾰족하다. **꽃차례는 산방상의 평평한 모양이다. 장식화는 별 모양으로 피고, 파란색 계통이다. 양성화는 비슷한 색깔로 작은 꽃들로 이루어진다.** 꽃피는 시기는 6~7월이며, 열매는 삭과로 7~8월에 익는다.

H. serrata 'Tosanokiraboshi' 토시마엔

토사노코쵸산수국

학명: *Hydrangea serrata* 'Tosa no Kocho'
영명: Tosa no Kocho serrata hydrangea
일명: トサノコチョ(토사노코쵸, 土佐の小蝶)
특징

식물형은 낙엽관목으로 높이는 50~80cm 정도이며, 줄기에는 피목이 나타난다. 잎은 마주나며, 넓은 피침형으로 옅은 녹색이다. 잎 가장자리는 톱니가 있고, 끝은 뾰족하다. **꽃차례는 산방상의 평평한 모양이다. 장식화는 3~4개로 둥그스름하게 피고, 옅은 파란색 계통이다. 양성화는 보통이며 작은 꽃들로 이루어진다.** 꽃피는 시기는 6~7월이며, 열매는 삭과로 7~8월에 익는다.

H. serrata 'Tosanokocho' 하코네싯세이카엔

토사노마호로바산수국

학명: *Hydrangea serrata* 'Tosa no Mahorova'

영명: Tosa no Mahorova serrata hydrangea

일명: トサノマホロバ(토사노마호로바, 土佐のまほろば)

특징

식물형은 낙엽관목으로 높이는 70~100cm 정도이며, 줄기는 굽는 편이다. 잎은 마주나며 긴 타원형이며 밝은 녹색이다. 잎 가장자리는 톱니가 있고, 끝은 약간 뾰족하다. **꽃차례는 산방상의 둥근 모양이다. 장식화는 겹으로 가늘고 길며, 옅은 파란색~보라색이다. 양성화도 보라색 계통이다.** 꽃피는 시기는 5~6월이며, 열매는 삭과로 6~7월에 익는다.

H. serrata 'Tosanomahorova' 하코네싯세이카엔

H. serrata 'Tosanomahorova' 고민가뮤지엄

토사노유메산수국

학명: *Hydrangea serrata* 'Tosa no Ume'

영명: Tosa no Ume serrata hydrangea

일명: トサノユメ(토사노유메, 土佐の夢)

특징

식물형은 낙엽관목으로 높이는 50~80cm 정도이며, 줄기는 곧다. 잎은 마주나며, 타원형으로 녹색이다. 잎 가장자리는 톱니가 있고, 끝은 뾰족한 편이다. **꽃차례는 산방상의 평평한 모양이다. 장식화는 밝은 파란색이고 꽃잎에 줄 무늬가 나타난다. 양성화도 비슷한 색으로 많은 편이다.** 꽃피는 시기는 6~7월이며, 열매는 삭과로 8~9월에 익는다.

H. serrata 'Tosanoume' 고민가뮤지엄

토사노우미산수국

학명: *Hydrangea serrata* 'Tosa no Umi'

영명: Tosa no Umi serrata hydrangea

일명: トサノウミ(토사노우미, 土佐の海)

특징

식물형은 낙엽관목으로 높이는 50~80cm 정도이며, 줄기는 곧다. 잎은 마주나며, 넓은 피침형으로 녹색이지만 햇볕이 닿으면 불그스름해진다. 잎 가장자리는 톱니가 있고, 끝은 뾰족한 편이다. **꽃차례는 산방상의**

평평한 모양이다. 장식화는 밝은 파란색이고 양성화도 비슷한 색으로 빈약한 편이다. 꽃피는 시기는 6~7월이며, 열매는 삭과로 8~9월에 익는다.

H. serrata 'Tosanoumi' 고민가뮤지엄

토사료쿠후우산수국

학명: *Hydrangea serrata* 'Tosaryokufuu'

영명: Tosaryokufuu serrata hydrangea

일명: トサリョクフウ(토사료쿠후우, 土佐綠風)

특징

식물형은 낙엽관목으로 높이는 70~100cm 정도이며, 줄기는 곧다. 잎은 마주나며, 좁고 긴 편이며 짙은 녹색으로 무성하다. 잎 가장자리는 톱니가 있고, 끝은 약간 뾰족하다. **꽃차례는 산방상의 평평한 모양이다. 장식화는 3~4개로 녹색의 주름이 들어있는 독특한 품종이다. 양성화도 비슷한 색깔이다.** 꽃피는 시기는 5~6월이며, 열매는 삭과로 6~7월에 익는다.

H. serrata 'Tosaryokufuu' 조가사키

H. serrata 'Tosaryokufuu' 토시마엔

토사세이류우산수국

학명: *Hydrangea serrata* 'Tosaseiryuu'

영명: Tosaseiryuu serrata hydrangea

일명: トサセイリュウ(토사세이류우, 土佐清流)

특징

식물형은 낙엽관목으로 높이는 50~80cm 정도이며, 줄기는 곧다. 잎은 마주나며, 긴 타원형으로 녹색이다. 잎 가장자리는 톱니가 있고, 끝은 뾰족한 편이다. **꽃차례는 산방상의 평평한 모양이다. 장식화는 파란색 계통으로 가늘다. 양성화도 비슷한 색으로 작은 꽃들로 이루어진다.** 꽃피는 시기는 6~8월이며, 열매는 삭과로 8~9월에 익는다.

H. serrata 'Tosaseiryuu' 토시마엔

토사스즈카제산수국

학명: ***Hydrangea serrata*** **'Tosasuzukaze'**

영명: Tosasuzukaze serrata hydrangea

일명: トサスズカゼ(토사스즈카제, 土佐涼風)

특징

식물형은 낙엽관목으로 높이는 60~80cm 정도이며, 줄기는 굽어진다. 잎자루는 보이지 않을 정도로 짧다. 잎은 마주나며, 긴 타원형이며, 밝은 녹색이지만, 햇볕이 닿으면 불그스름해진다. 잎 가장자리는 톱니가 있고, 끝은 약간 뾰족하다. **꽃차례는 산방상의 평평한 모양이다. 장식화는 4개며 흰색으로 청량감이 있으며, 가늘고 긴 것이 특징이다. 양성화는 조금 많은 편이다.** 꽃피는 시기는 5~6월이며, 열매는 삭과로 6~7월에 익는다.

H. serrata 'Tosasuzukaze' 하코네싯세이카엔

H. serrata 'Tosasuzukaze' 다카하다후도산

H. serrata 'Tosasuzukaze' 토시마엔

토사텐노카와산수국

학명: ***Hydrangea serrata*** **'Tosaten no Kawa'**

영명: Tosaten no Kawa serrata hydrangea

일명: トサテンノカワ(토사텐노카와, 土佐天の川)

특징

식물형은 낙엽관목으로 높이는 50~80cm 정도이며, 줄기는 가늘다. 잎은 마주나며, 좁고 긴 편이며, 녹색이다. 잎 가장자리는 톱니가 있고, 끝은 약간 뾰족하다. **꽃차례는 산방상의 평평한 모양이다. 장식화는 파란색 계통으로 꽃잎의 맥이 선명하게 보여 눈에 띈다. 양성화도 비슷한 색이다.** 꽃피는 시기는 5~6월이며, 열매는 삭과로 6~7월에 익는다.

H. serrata 'Tosatennokawa' 고민가뮤지엄

토사와라베산수국

학명: *Hydrangea serrata* 'Tosawarabe'

영명: Tosawarabe serrata hydrangea

일명: トサワラベ(토사와라베, 土佐童)

특징

식물형은 낙엽관목으로 높이는 50~80cm 정도이며, 줄기에는 피목이 나타난다. 잎은 마주나며 좁고 긴 편이며 황녹색이다. 잎 가장자리는 톱니가 있고, 끝은 약간 뾰족하다. **꽃차례는 산방상의 평평한 모양이다. 장식화는 작지만 겹으로 피며, 옅은 파란색 계통이다. 양성화도 비슷한 색이다.** 꽃피는 시기는 5~6월이며, 열매는 삭과로 6~7월에 익는다.

H. serrata 'Tosawarabe' 시즈오카고텐바농장

토사유우쵸산수국

학명: *Hydrangea serrata* 'Tosayuucho'

영명: Tosayuucho serrata hydrangea

일명: トサユウチョ(토사유우쵸, 土佐游蝶)

특징

식물형은 낙엽관목으로 높이는 70~100cm 정도이며, 줄기에는 피목이 나타난다. 잎은 마주나며, 좁고 긴 편이며 녹색으로 무성하다. 잎 가장자리는 톱니가 있고, 끝은 약간 뾰족하다. **꽃차례는 산방상의 평평한 모양이다. 장식화는 3~4개로 크며 보라색 계통이다. 양성화도 비슷한 색깔로 많은 편이다.** 꽃피는 시기는 5~6월이며, 열매는 삭과로 6~7월에 익는다.

H. serrata 'Tosayuucho' 다카하다후도산

츠에테마리산수국

학명: *Hydrangea serrata* 'Tsuetemari'

영명: Tsuetemari serrata hydrangea

일명: ツエテマリ(츠에테마리, 津江てまり)

특징

식물형은 낙엽관목으로 높이는 50~80cm 정도이며, 줄기는 휘어진다. 잎은 마주나며, 넓은 피침형으로 녹색이다. 잎 가장자리는 톱니가 있고, 끝은 약간 뾰족하다. 가을이 되면 단풍이 든다. **꽃차례는 산방상의 둥그스름한 모양이다. 장식화는 둥글며, 처음에는 옅은 연두색 계통이지만, 차차 옅은 푸른색 계통~옅은 분홍색 계통이다. 양성화는 비슷한 색으로 나타난다.** 꽃피는 시기는 5~6월이며, 열매는 삭과로 6~8월에 익는다.

H. serrata 'Tsuetemari' 다카하다후도산

H. serrata 'Tsukinouji' 고민가뮤지엄

H. serrata 'Tsuetemari' 고민가뮤지엄

츠키노오우지산수국

학명: *Hydrangea serrata* 'Tsuki no Uji'

영명: Tsuki no Uji serrata hydrangea

일명: ツキノオウジ(츠키노오우지, 月の皇子)

특징

식물형은 낙엽관목으로 높이는 60~90cm 정도이며, 줄기는 곧다. 잎은 마주나며, 긴 타원형으로 녹색이다. 잎 가장자리는 톱니가 있고, 끝은 약간 뾰족하다. **꽃차례는 산방상의 평평한 모양이다. 장식화는 옅은 분홍색으로 피지만 차차 진하게 되고, 양성화도 비슷한 색으로 나타난다.** 꽃피는 시기는 6~7월이며, 열매는 삭과로 8~9월에 익는다.

츠루가코칸산수국

학명: *Hydrangea serrata* 'Tsurugakokan'

영명: Tsurugakokan serrata hydrangea

일명: ツルガコカン(츠루가코칸)

특징

식물형은 덩굴성의 낙엽관목으로 높이는 100~200cm 정도이며, 줄기는 늘어진다. 잎은 마주나며, 피침형으로 옅은 녹색이다. 잎 가장자리는 톱니가 있고, 끝은 뾰족하다. **꽃차례는 산방상의 평평한 모양이다. 장식화는 흰색으로 빈약하게 달리고, 양성화도 흰색이다.** 꽃피는 시기는 6~7월이며, 열매는 삭과로 7~8월에 익는다.

H. serrata 'Tsurugakokan' 토시마엔

츠루기노마이산수국

학명: ***Hydrangea serrata*** **'Tsurugi no Mai'**

영명: Tsurugi no Mai serrata hydrangea

일명: ツルギノマイ**(츠루기노마이, 劍の舞)**

특징

식물형은 낙엽관목으로 높이는 50~80cm 정도이며, 줄기에는 피목이 나타난다. 잎은 마주나며, 타원형으로 녹색이지만, 햇볕이 닿으면 청동색으로 변한다. 잎 가장자리는 톱니가 있고, 끝은 뾰족하다. **꽃차례는 산방상의 둥그스름한 모양이다. 장식화는 밝은 보라색의 겹꽃으로 눈에 띈다. 양성화는 빈약한 편이다.** 꽃피는 시기는 6~7월이며, 열매는 삭과로 8~9월에 익는다.

H. serrata 'Tsuruginomai' 하코네싯세이카엔

H. serrata 'Tsuruginomai' 하코네싯세이카엔

츠루히메산수국

학명: ***Hydrangea serrata*** **'Tsuruhime'**

영명: Tsuruhime serrata hydrangea

일명: ツルヒメ**(츠루히메)**

특징

식물형은 낙엽관목으로 높이는 50~80cm 정도이며, 줄기에는 피목이 나타난다. 잎은 마주나며, 넓은 피침형으로 녹색이지만, 햇볕이 닿으면 청동색으로 변한다. 잎 가장자리는 톱니가 있고, 끝은 갑자기 뾰족해진다. **꽃차례는 산방상의 평평한 모양이다. 장식화는 보라색 계통이다. 양성화는 많은 편이다.** 꽃피는 시기는 6~7월이며, 열매는 삭과로 8~9월에 익는다.

H. serrata 'Tsuruhime' 조가사키

츠시마산수국

학명: ***Hydrangea serrata*** **'Tsushima'**

영명: Tsushima serrata hydrangea

일명: ツシマ**(츠시마, 対馬)**

특징

식물형은 낙엽관목으로 높이는 80~120cm 정도이며, 줄기는 곧다. 잎은 마주나며, 약간 긴 타원형으로

짙은 녹색이며, 가을이 되면 단풍이 든다. 잎 가장자리는 톱니가 있고, 끝은 뾰족하다. **꽃차례는 산방상의 평평한 모양이다. 장식화는 흰색으로 톱니가 있으며, 시간이 지나면서 옅은 파란색 계통으로 변한다. 양성화도 비슷한 색깔로 나타난다.** 꽃피는 시기는 5~7월이며, 열매는 삭과로 8~9월에 익는다.

H. serrata 'Tsushima' 토시마엔

와라베산수국

학명: *Hydrangea serrata* 'Warabe'

영명: Warabe serrata hydrangea

일명: ワラベ(와라베, 童)

특징

식물형은 낙엽관목으로 높이는 80~120cm 정도이며, 줄기는 덤불 같다. 잎은 마주나며, 긴 타원형으로 녹색이다. 잎 가장자리는 톱니가 있고, 끝은 뾰족한 편이다. **꽃차례는 산방상의 공 모양이다. 장식화는 순수한 흰색이지만 시간이 지남에 따라서 분홍색~붉은색으로 변한다. 양성화는 장식화에 가려져 잘 보이지 않는다.** 꽃피는 시기는 6~7월이며, 열매는 삭과로 8~9월에 익는다.

H. serrata 'Warabe' 고민가뮤지엄

우드랜더산수국

학명: *Hydrangea serrata* 'Woodlander'

영명: Woodlander serrata hydrangea

품종명: 우드랜더

특징

식물형은 낙엽관목으로 높이는 80~110cm 정도이며, 줄기는 덥수룩하다. 잎은 마주나며, 타원형이며, 녹색이지만, 햇볕이 닿으면 쉽게 자주색으로 변한다. 잎 가장자리는 톱니가 있고, 끝은 뾰족하다. **꽃차례는 산방상의 평평한 모양이다. 장식화는 3~5개로 분홍색으로 핀다. 양성화도 비슷한 색으로 핀다.** 꽃피는 시기는 5~7월이며, 열매는 삭과로 6~8월에 익는다.

H. serrata 'Woodlander' 시카고식물원

H. serrata 'Woodlander' 시카고식물원

야에아마차산수국

학명: *Hydrangea serrata* 'Yaeamacha'

영명: Yaeamacha serrata hydrangea

일명: ヤエアマチャ(야에아마차, 八重甘茶)

특징

식물형은 낙엽관목으로 높이는 50~80cm 정도이며, 줄기는 곧다. 잎은 마주나며, 타원형이며, 밝은 녹색이지만 햇볕이 닿으면 다색으로 변한다. 잎 가장자리는 톱니가 있고, 끝은 뾰족하다. 또한 잎에 단 맛이 나는 특징이 있다. **꽃차례는 산방상의 평평한 모양이다. 장식화는 파란색 계통으로 겹으로 피지만 홑꽃도 있다. 양성화도 비슷한 색이다.** 꽃피는 시기는 5~7월이며, 열매는 삭과로 6~8월에 익는다.

H. serrata 'Yaeamacha' 하코네싯세이카엔

H. serrata 'Yaeamacha' 다카하다후도산

야에하쿠센산수국

학명: *Hydrangea serrata* 'Yaehakusen'

영명: Yaehakusen serrata hydrangea

일명: ヤエハクセン(야에하쿠센, 八重白扇)

특징

식물형은 낙엽관목으로 높이는 60~80cm 정도이며, 줄기는 굽는다. 잎은 마주나며, 가늘고 길며 녹색이다. 잎 가장자리는 톱니가 있고, 끝은 뾰족하다. **꽃차례는 산방상의 평평한 모양이다. 장식화는 흰색의 겹으로 핀다. 양성화는 퇴화되는 일이 많다.** 꽃피는 시기는 5~7월이며, 열매는 삭과로 6~8월에 익는다.

H. serrata 'Yaehakusen' 조가사키

야쿠시마아마차산수국

학명: *Hydrangea serrata* 'Yakushimaamacha'

영명: Yakushimaamacha serrata hydrangea

일명: ヤクシマアマチャ(야쿠시마아마차, 屋久島甘茶)

특징

식물형은 낙엽관목으로 높이는 100~150cm 정도이며, 줄기는 튼튼하다. 잎은 마주나며, 타원형으로 밝은 녹색이다. 잎 가장자리는 톱니가 있고, 끝은 뾰족하다. 잎을 차로 덖어서 마실 수 있는 특징이 있다. **꽃차례는 산방상의 평평한 모양이다. 장식화는 3~4개로 흰색이며, 양성화도 흰색 계통이다.** 꽃피는 시기는 6~7월이며, 열매는 삭과로 7~8월에 익는다.

H. serrata 'Yakushimaamacha' 조가사키

야쿠시마코가쿠산수국

학명: *Hydrangea serrata* 'Yakushimakogaku'

영명: Yakushimakogaku serrata hydrangea

일명: ヤクシマコガク(야쿠시마코가쿠, 屋久島小額)

특징

식물형은 낙엽관목으로 높이는 120~200cm 정도이며, 줄기는 늘어지듯 자란다. 잎은 마주나며, 피침형으로 녹색이다. 잎 가장자리는 톱니가 있고, 끝은 뾰족하다. **꽃차례는 산방상의 평평한 모양이다. 장식화는 3~4개로 흰색이며, 잔잔한 톱니가 있는 것도 보인다. 양성화도 흰색 계통이다. '코가쿠'는 꽃이 작다고 붙여진 이름이다.** 꽃피는 시기는 6~7월이며, 열매는 삭과로 7~8월에 익는다.

H. serrata 'Yakushimakogaku' 조가사키

야쿠시마콘테리기산수국

학명: *Hydrangea serrata* 'Yakushimakonderiki'

영명: Yakushimakonderiki serrata hydrangea

일명: ヤクシマコンテリキ(야쿠시마콘테리기, 屋久島こんてりき)

특징

식물형은 낙엽관목으로 높이는 120~200cm 정도이며, 줄기는 늘어지듯 자란다. 잎은 마주나며, 피침형으로 길며, 밝은 녹색이다. 잎 가장자리는 톱니가 두드러지고, 끝은 매우 뾰족하다. **꽃차례는 산방상의 평평한 모양이다. 장식화는 3~4개로 흰색이며, 굵은 톱니가 있다. 양성화도 흰색 계통이다.** 꽃피는 시기는 6~7월이며, 열매는 삭과로 7~8월에 익는다.

H. serrata 'Yakushimakonderiki' 하코네싯세이카엔

야쿠시마모에산수국

학명: *Hydrangea serrata* 'Yakushimamoe'

영명: Yakushimamoe serrata hydrangea

일명: ヤクシマモエ(야쿠시마모에, 屋久島萌)

특징

식물형은 낙엽관목으로 높이는 120~180cm 정도이며, 줄기는 곧다. 잎은 마주나며, 가는 편이고 밝은 녹색이다. 잎 가장자리는 톱니가 있고, 끝은 뾰족하다. **꽃차례는 산방상의 평평한 모양이다. 장식화는 3~4개로 흰색으로 피며, 가는 거치가 있는 것도 보인다. 양성화도 흰색으로 많은 편이다.** 꽃피는 시기는 6~7월이며, 열매는 삭과로 7~8월에 익는다.

H. serrata 'Yakushimamoe' 조가사키

야쿠시마시라유키산수국

학명: *Hydrangea serrata* 'Yakushimashirayuki'

영명: Yakushimashirayuki serrata hydrangea

일명: ヤクシマシラユキ(야쿠시마시라유키, 屋久島白雪)

특징

식물형은 낙엽관목으로 높이는 120~200cm 정도이며, 줄기는 부드럽다. 잎은 마주나며, 피침형으로 밝은 녹색이다. 잎 가장자리는 톱니가 있고, 끝은 뾰족하다. **꽃차례는 산방상의 평평한 모양이다. 장식화는 3~4개로 흰색으로 피며, 가는 톱니가 있는 것도 보인다. 양성화도 흰색이다.** 꽃피는 시기는 6~7월이며, 열매는 삭과로 7~8월에 익는다.

H. serrata 'Yakushimashirayuki' 다카하다후도산

H. serrata 'Yakushimashirayuki' 조가사키

H. serrata 'Yakushimashirayuki' 조가사키

요이노호시산수국

학명: *Hydrangea serrata* 'Yoi no Hoshi'

영명: Yoi no Hoshi serrata hydrangea

일명: ヨイノホシ(요이노호시, 宵の星)

특징

식물형은 낙엽관목으로 높이는 90~120cm 정도이며, 줄기는 곧다. 잎은 마주나며, 타원형으로 녹색이다. 잎 가장자리는 톱니가 있고, 끝은 뾰족하다. **꽃차례는 산방상의 평평한 모양이다. 장식화는 3~4개로 분홍색~붉은색 계통으로 다양한 색으로 피며, 흰색의 무늬가 들어 있어 심오한 느낌이 들기도 하며, 불균등한 톱니가 있는 것도 있다. 양성화는 처음에는 연두색이나 차차 백색~옅은 분홍색이다.** 꽃피는 시기는 6~7월이며, 열매는 삭과로 7~8월에 익는다.

H. serrata 'Yoinohoshi' 핫세데라

H. serrata 'Yoinohoshi' 고민가뮤지엄

H. serrata 'Yoinohoshi' 토시마엔

요코나미노히카리산수국

학명: *Hydrangea serrata* 'Yokonami no Hikari'

영명: Yokonami no Hikari serrata hydrangea

일명: ヨコナミノヒカリ(요코나미노히카리, 横浪の光)

특징

식물형은 낙엽관목으로 높이는 60~80cm 정도이며, 줄기는 곧다. 잎은 마주나며, 좁고 길며, 밝은 녹색이지만 흰색의 무늬가 들어있는 특징이 있다. 잎 가장자리는 톱니가 있고, 끝은 밋밋하다. **꽃차례는 산방상의 평평한 모양이다. 장식화는 3~4개로 옅은 파란색으로 피며, 양성화도 비슷한 색이다.** 꽃피는 시기는 5~6월이며, 열매는 삭과로 7~8월에 익는다.

요코나미노츠키산수국

학명: *Hydrangea serrata* 'Yokonami no Tsuki'

영명: Yokonami no Tsuki serrata hydrangea

일명: ヨコナミノツキ(요코나미노츠키, 横浪の月)

특징

식물형은 낙엽관목으로 높이는 60~80cm 정도이며, 줄기는 곧다. 잎은 마주나며, 좁고 긴 편이며, 잎 가장자리는 톱니가 있고, 끝은 약간 밋밋하고 밝은 녹색이지만 햇볕이 닿으면 붉은 기미를 띤다. **꽃차례는 산방상의 평평한 모양이다. 장식화는 4~5개로 옅은 청색으로 피며, 그 위에 옅은 파란색의 양성화가 달빛에 비추이듯이 핀다.** 꽃피는 시기는 5~6월이며, 열매는 삭과로 7~8월에 익는다.

H. serrata 'Yokonaminotsuki' 하코네싯세이카엔

H. serrata 'Yokonaminotsuki' 토시마엔

요미즈미히메산수국

학명: *Hydrangea serrata* 'Yomizumihime'

영명: Yomizumihime serrata hydrangea

일명: ヨミズミヒメ(요미즈미히메, 醉湖姬)

특징

식물형은 낙엽관목으로 높이는 50~80cm 정도이며, 줄기에는 피목이 나타난다. 잎은 마주나며, 넓은 피침형으로 녹색이다. 잎 가장자리는 톱니가 있고, 끝은 뾰족한 편이다. **꽃차례는 산방상의 평평한 모양이다. 장식화는 3~5개로 분홍색 계통이지만, 가끔 겹꽃도 보인다. 양성화도 많으며 비슷한 색이다.** 꽃피는 시기는 6~8월이며, 열매는 삭과로 8~9월에 익는다. 자연잡종이다.

H. serrata 'Yomizumihime' 하코네싯세이카엔

요우키히산수국

학명: *Hydrangea serrata* 'Youkihi'

영명: Youkihi serrata hydrangea

일명: ヨウキヒ(요우키히, 楊貴妃)

특징

식물형은 낙엽관목으로 높이는 80~100cm 정도이

며, 줄기는 곧다. 잎은 마주나며, 타원형이며 밝은 녹색이다. 잎 가장자리는 톱니가 있고, 끝은 뾰족하다. **꽃차례는 산방상의 평평한 모양이다. 장식화는 3~4개로 분홍색~보라색 계통으로 둥그스름하게 핀다. 양성화는 담자색으로 많다.** 꽃피는 시기는 6~7월이며, 열매는 삭과로 7~8월에 익는다.

H. serrata 'Youkihi' 토시마엔

유후노메구미산수국

학명: *Hydrangea serrata* 'Yuhu no Megumi'

영명: Yuhu no Megumi serrata hydrangea

일명: ユフノメグミ(유후노메구미, 由布の恵み)

특징

식물형은 낙엽관목으로 높이는 50~80cm 정도이며, 줄기에는 피목이 나타난다. 잎은 마주나며, 긴 타원형으로 녹색이다. 잎 가장자리는 톱니가 있고, 끝은 뾰족한 편이다. **꽃차례는 산방상의 평평한 모양이다. 장식화는 겹으로 피며 옅은 파란색 계통으로 길쭉하다. 양성화는 크림색 계통이다.** 꽃피는 시기는 6~8월이며, 열매는 삭과로 8~9월에 익는다.

H. serrata 'Yuhunomegumi' 하코네싯세이카엔

유후노니지산수국

학명: *Hydrangea serrata* 'Yuhu no Niji'

영명: Yuhu no Niji serrata hydrangea

일명: ユフノニジ(유후노니지, 由布の虹)

특징

식물형은 낙엽관목으로 높이는 50~80cm 정도이며, 줄기에는 피목이 나타난다. 잎은 마주나며, 긴 타원형으로 녹색이다. 잎 가장자리는 톱니가 있고, 잎의 끝은 뾰족한 편이다. **꽃차례는 산방상의 평평한 모양이다. 장식화는 둥그스름하며 복숭아 색 계통이다. 양성화는 옅은 보라색 계통이다.** 꽃피는 시기는 6~7월이며, 열매는 삭과로 8~9월에 익는다.

H. serrata 'Yuhunonigi' 토시마엔

유후노오토메산수국

학명: *Hydrangea serrata* 'Yuhu no Otome'

영명: Yuhu no Otome serrata hydrangea

일명: ユフノオトメ(유후노오토메, 由布の乙女)

특징

식물형은 낙엽관목으로 높이는 50~80cm 정도이며, 줄기에는 피목이 나타난다. 잎은 마주나며, 긴 타원형으로 녹색이다. 잎 가장자리는 톱니가 있고, 끝은 뾰족한 편이다. **꽃차례는 산방상의 평평한 모양이다. 장식화는 겹으로 피며 옅은 파란색 계통이다. 양성화는 크림색 계통으로 작은 꽃들로 이루어진다.** 꽃피는 시기는 6~7월이며, 열매는 삭과로 8~9월에 익는다.

H. serrata 'Yuhunootome' 시즈오카고텐바농장

지리산야생산수국

학명: *Hydrangea serrata*

특징

식물형은 낙엽관목으로 높이는 30~80cm 정도이며, 줄기는 가늘지만 강하다. 잎은 마주나며, 긴 타원형이며, 밝은 녹색이다. 잎 가장자리는 듬성하고 무딘 톱니가 있고, 끝은 뾰족하다. **꽃차례는 산방상의 평평한 모양이다. 장식화는 겹으로 녹색 계통이며, 가장자리에는 가끔씩 톱니가 있고, 전체적으로 둥그스름하게 핀다. 양성화는 처음에는 연두색으로 피나 차차 옅은 분홍색 계통이다.** 꽃피는 시기는 5~6월이며, 열매는 삭과로 7~8월에 익는다.

H. serrata 지리산

다양한 야생산수국

학명: *Hydrangea serrata*

특징

식물형은 낙엽관목으로 높이는 30~100cm 정도이며, 줄기는 가는 편이다. 잎은 마주나며, 긴 타원형~넓은 펼침형이며, 밝은 녹색이다. 잎 가장자리는 톱니가 있고, 잎의 끝은 뾰족하다. **꽃차례는 산방상의 평평한 모양이거나 둥근모양과 다양하게 나타난다. 장식화는 3~4개로 처음에는 연두색이지만 차차 보라색계통으로 둥그스름하게 핀다. 양성화도 처음에는 연두색이지만 차차 담자색으로 많다.** 꽃피는 시기는 6~7월이며, 열매는 삭과로 7~8월에 익는다.

마산 무학산 노승익님께서 제공한 야생산수국들

세라티폴리아수국

학명: *Hydrangea serratifolia* (Hook. & Arn.)Phil.

이명: *Hydrangea integerrima* Hayata

영명: Serratifolia hydrangea

원산지: 칠레와 아르헨티나의 안데스 산맥 등

특징

식물형은 덩굴성의 상록관목으로 길이는 500~1200cm 정도로 천천히 자란다. 어린줄기나 잎, 꽃차례 등에 곧추서는 털이 있다. 잎은 마주나며 긴 타원형으로 길이 7~15cm, 폭은 3~7cm 정도로 광택이 있으며 녹색이다. 잎 가장자리는 밋밋하거나 약간의 듬성듬성한 톱니가 있고, 끝은 뾰족하지 않다. **꽃차례는 산방상의 평평한 모양이다. 장식화는 3~4개로 매우 적고, 양성화는 흰색 계통으로 많다.** 꽃피는 시기는 7~8월로 다소 늦으며, 열매는 삭과로 8~10월에 익는다. 독성이 있다고 알려져 있다.

⊙이명의 *H. integerrima*는 톱니 모양의 잎이 아니기 때문이다.

⊙ICBN의 규칙에 따라 *H. serratifolia*라는 이름을 사용해야 한다.

시코키아나수국(시코쿠)

학명: *Hydrangea sikokiana* Maxim.

영명: Sikokiana hydrangea

일명: ヤハズアジサイ(야하즈아지사이)

원산지: 일본 혼슈, 큐슈의 깊은 산 등

특징

식물형은 낙엽관목으로 높이는 100~150cm 정도이며, 어린줄기, 가지, 꽃차례, 꽃줄기에 솜털이 있다. 잎은 떡갈잎수국과 약간 닮았고 마주나며, 열편(裂片)은 깊은 편이다. 잎 가장자리는 듬성듬성하고 불규칙한 톱니가 있고, 끝은 약간 뾰족하고 옅은 녹색이다. **꽃차례는 산방상의 평평한 모양이다. 장식화는 3~4개로 조금 흩어져 있으며, 양성화는 흰색 계통으로 많다.** 꽃피는 시기는 5~6월이며, 열매는 삭과로 6~7월에 익는다. 일본의 혼슈와 큐슈에 서식하며, 드물게 재배하기도 한다. 일본에서는 '야하즈아지사이'라고 부르는데 이것은 잎이 잘려 들어간 모양이 화살 닮은 것에서 비롯된다.

스테노필라수국

학명: *Hydrangea stenophylla* Merr. et Chun

영명: Stenophylla hydrangea

중국명: 柳叶绣球(liu ye xiu qiu, 류엽수구)

원산지: 장시(江西)서남부, 광둥(广东)~구이저우(贵州)동남부 등

특징

식물형은 낙엽관목으로 높이는 80~200cm 정도이며, 어린 줄기는 자주 빛을 띠고 마르면 갈색이다. 이년차 줄기는 일반적으로 흰색의 광택이 나며 껍질이 벗겨지지 않는다. 잎자루는 1~2cm이다. 잎은 마주나며 좁고 길며 8~20cm 정도이다. 잎 가장자리는 듬성듬성한 톱니가 있고, 끝은 무디게 뾰족해지고 짙은 녹색이다. **꽃차례는 산방상의 평평한 모양으로 빈약한 편이고, 장식화는 3~4개로 옅은 노란색이 나며, 녹색의 주름이 들어있는 독특한 품종이다. 양성화도 비슷한 색으로 수분이 되면 장식화는 뒤집어진다.** 꽃잎의 색깔은 토양의 성분에 영향을 받을 수 있다. 꽃피는 시기는 5~6월이며, 열매는 삭과로 9~10월에 익으며 씨앗도 갈색으로 날개가 없으며 크기는 1mm도 안 된다. 야생에서는 계곡이나 산비탈의 드문드문한 숲이나, 덤불이 빽빽한 해발 700~800m에서 보인다. 잎이 버드나무처럼 부드럽고 길다고 붙여진 이름이다.

⊙중국고등식물 제 6권, 278쪽

스테이르말키수국

학명: *Hydrangea steyermarkii* Stand.

영명: Steyermarkii hydrangea

원산지: 과테말라의 산악, 코스타리카, 온두라스, 멕시코동남부 등

특징

식물형은 덩굴성의 상록관목으로 습윤한 열대생물군계에서 자라며, 줄기에는 펠트처럼 갈색의 털로 덮여 있다. 잎은 마주나며 긴 타원형이며, 길이 5~15cm, 폭 6~8cm 정도이다. 잎은 광택이 있으며 짙은 녹색으로, 가장자리는 듬성듬성한 톱니가 있고 끝은 약간 뾰족하다. **꽃차례는 산방상의 평평한 모양이다. 장식화는 잘 보이지 않고, 양성화는 흰색 계통이다.** 꽃피는 시기는 7~8월이며, 열매는 삭과로 8~10월에 익는다. 해발 1,500~2,500m의 산악지역에 서식한다.

스트리고사수국

학명: ***Hydrangea strigosa*** Rehd.

이명: ***Hydrangea aspera*** var. ***macrophylla*** (Hemsley) Rehd.

Hydrangea strigosa var. ***purpurea*** C. C. Yang

중국명: 蜡莲绣球(la lian xiu qiu, 납련수구)

원산지: 안후이(安徽), 저장(浙江), 푸지안(福建), 장시(江西), 허난(河南), 후베이(湖北), 후난(湖 南), 광둥(广东)북부, 광시(广西)북부, 구이저우(贵州), 윈난(云南)서북부, 쓰촨(四川), 산시(陕西)남부~깐수(甘肃)남부 등

특징

식물형은 낙엽관목으로 높이는 100~300cm 정도이며, 어린 줄기는 회갈색이 나고 불명확한 4각형으로 조밀한 줄 무늬가 있으며, 수피는 벗겨진다. 잎자루는 1~7cm이다. 잎은 마주나며, 좁고 긴 편이며, 길이 8~28cm 정도이다. 잎 가장자리는 톱니가 있고, 끝은 뾰족하고 아래 부분은 쐐기(V자) 모양이거나 둥그스름하며 짙은 녹색이다. 잎의 양면에는 회갈색의 털이 있어 뻣뻣하다. **꽃차례는 산방상 취산화서로 위가 볼록하면서 평평하고 매우 크다. 장식화는 4~5개로 흰색~보라색으로 밋밋하다. 양성화는 옅은 적자색이다.** 자방은 하위이다. 꽃피는 시기는 7~8월이며, 열매는 삭과로 10~12월에 익는다. 씨앗은 갈색으로 양쪽 끝에 날개가 있으며, 씨앗 껍질에는 줄 무늬가 있다. 야생에서는 해발 500~1800m 계곡의 드문드문한 숲이나 덤불, 산비탈의 산책로 등에서 볼 수 있다.

◉중국고등식물 제 6권, 285쪽

성파넨시스수국

학명: ***Hydrangea sungpanensis*** Hand.-Mazz.

중국명: 松潘绣球(song pan xiu qiu, 송반수구)

원산지: 쓰촨(四川), 윈난(云南) 등

특징

식물형은 낙엽활엽 관목 또는 소교목으로 높이는 300~1000cm 정도로 자란다. 어린 줄기는 갈색~회갈색으로 두껍고 줄 무늬가 있다. 시간이 지나면서 수피는 벗겨진다. 잎자루는 2~6cm이다. 잎은 마주나며 타원형이며 길이 9~19cm, 폭 4~14cm이다. 가장자리는 톱니가 있고, 끝은 짧게 뾰족하고, 아래 부분은 쐐기(V자) 모양~둥그스름하고, 짙은 황색~녹색이다. **꽃차례는 산방상의 취산꽃차례로 평평하며 크다. 장식화는 둥글며 3~5개로 밋밋하거나 몇 개의 톱니가 있는 것도 있으며, 분홍빛이 도는 황색을 띤다. 양성화는 녹색의 긴 타원형으로 수분이 되면 장식화는 뒤집어진다.** 꽃피는 시기는 7월이며, 열매는 삭과로 9월에 익는다. 씨앗은 갈색으로 좁은 타원형~방추형으로 양족 끝에 긴 날개가 있으며, 씨껍질에는 줄 무늬가 있다. 자방은 하위이다. 야생에서는 해발 2300~3500m의 산비탈이나 빽빽하거나 숲이나 엉성한 정상 등에서 볼 수 있다.

◉중국고등식물 제 6권, 282쪽

타라포텐시스수국

학명: ***Hydrangea tarapotensis*** Briq.

이명: ***Hydrangea antioquiensis*** Engl.

Hydrangea bangii Engl.

영명: Tarapotensis hydrangea

원산지: 콜롬비아, 볼리비아 및 페루의 안데스 산맥 등

특징

식물형은 덩굴성의 상록관목으로 습윤한 열대생물군계에서 자라며, 줄기와 꽃차례에는 부드러운 털이 있다. 잎은 마주나며 타원형으로 길이 9~15cm, 폭 4~9cm 정도로 광택이 나고 짙은 녹색이다. 잎 가장자리는 듬성듬성한 톱니가 있고, 끝은 약간 뾰족하다. **꽃차례는 산방상의 평평한 모양이다. 장식화는 보이지 않고, 양성화는 흰색 계통이다.** 꽃피는 시기는 7~8월이며, 열매는 삭과로 9~10월에 익는다. 콜롬비아, 볼리비아 및 페루의 안데스 산맥에서 서식하는 고유종이다.

피나무잎덩굴수국

학명: *Hydrangea tiliifolia* Léveillé

이명: *Hydrangea anomala* 'tiliifolia'

Hydrangea anomala subsp. ***petiolaris* 'tiliifolia'**

영명: Tiliifolia climbing hydrangea

원산지: 한국제주도 등

특징

식물형은 덩굴성의 상록 또는 낙엽관목이며, 줄기와 꽃차례에는 부드러운 털이 있다. 잎은 마주나며 타원형이며 광택이 나고 짙은 녹색으로 매우 작다. 잎 가장자리는 톱니가 있고, 끝은 약간 뾰족하다. 잎의 앞 · 뒷면에도 털이 있다. **꽃차례는 산방상의 평평한 모양이다. 장식화는 4개로 흰색이며 톱니가 있고, 양성화는 흰색~크림색 계통이다.** 꽃피는 시기는 7~8월이며, 열매는 삭과로 9~10월에 익는다. 종소명의 '틸리폴리아'는 '틸리아(피나무)'속의 잎을 닮았다고 유래되었으며, 'quelpartensis'와 비슷한 모양이다.

엄벨라타수국

학명: *Hydrangea umbellata* Rehd.

이명: *Hydrangea chinensis* Maxim.

영명: Umbellata hydrangea

특징

식물형은 상록활엽관목으로 높이는 120~150(+200)cm 정도이며, 줄기는 자라면서 피목이 벗겨진다. 잎은 마주나며 긴 타원형으로 길이 8~13cm, 폭 4~7cm 정도로 광택이 난다. 잎 가장자리에는 톱니가 있고, 끝은 약간 뾰족하고 짙은 녹색이다. **꽃차례는 산방상의 평평한 모양이다. 장식화는 4~5개로 흰색이고, 양성화도 흰색 계통이다. 양성화가 퇴색하여도 장식화는 오래가는 편이다.** 꽃피는 시기는 5~7월로 빠른 편이며, 열매는 삭과로 8~10월에 익는다. '마크로필라'보다 추위에 강하다.

빌로사수국

학명: *Hydrangea villosa* Rehd.

이명: *Hydrangea aspera* 'Villosa' D. Don

영명: Villosa rough leaf hydrangea

중국명: 柔毛绣球(rou mao xiu qiu, 유모수구)

특징

식물형은 낙엽관목으로 높이는 100~250(+800)cm 정도로 자란다. 줄기는 곧거나 덤불지며 기어 오르기도 한다. 잎은 마주나며 긴 타원형으로 벨벳느낌이며 가장자리는 잔잔한 톱니가 있고 밝은 녹색이다. 잎의 윗면에는 비스듬한 억센 털이 있고 뒷면은 부드러운 털이 있다. **꽃차례는 산방상의 평평한 모양이며 크다. 장식화는 4~5개로 흰색~옅은 분홍색 계통이고, 밋밋하거나 엉성한 톱니가 있다. 양성화는 라일락색~보라색이며, 수분이 되면 장식화는 뒤집어진다.** 꽃잎의 색깔은 토양 성분에 영향을 받을 수 있다. 꽃피는 시기는 7~9월이며, 열매는 삭과로 9~11월에 익는다. Ben J. M. Zonneveld의 DNA 연구는 '빌로사'를 독립된 종으로 유지해야하는 이유를 설명하고 있다.

이전에 H. aspera로 분류되었던 여러 품종이 현재 H. villosa에 포함된다. RHS (AM, AGM)을 수상했다.

비니칼라수국(자엽)

학명: *Hydrangea vinicolor* Chun
영명: Vinicolor hydrangea
중국명: 紫叶绣球(zi ye xiu qiu, 자엽수구)
원산지: 장시(江西)동남부, 후난(湖南)남부, 광둥(广东), 광시(广西)동부~구이저우(贵州)남부 등
특징

식물형은 낙엽관목으로 높이는 100~200cm 정도이며, 어린 줄기는 짙은 자홍색으로 털이 없고, 시간이 지나면서 수피는 벗겨진다. 잎자루의 길이는 1cm 정도이다. 잎은 마주나며 좁고 긴 편으로 길이 8~15cm이다. 잎 가장자리는 약간 회전하며 듬성듬성한 톱니가 있고, 끝은 약간 뾰족하고 짙은 녹색이다. 양면에 털이 없다. **꽃차례는 산방상의 취산화서로 평평하다. 어린 꽃 표피에는 부드럽고 꼬부라진 털이 밀생한다. 장식화는 없으며, 양성화는 큰 편이고 흰색 계통이다.** 꽃피는 시기는 4~5월이며, 열매는 삭과로 8~10월에 익는다. 씨앗은 옅은 갈색이고 날개가 없다. 야생에서는 해발 300~900m의 계곡의 울창한 숲이나 숲 아래 또는 언덕 등에서 보인다.
⊙중국고등식물 제 6권, 278쪽

잰토누라수국(과쿠)

학명: *Hydrangea xanthoneura* Diels
중국명: 挂苦绣球(gua ku xiu qiu, 괘고수구)
원산지: 윈난(云南), 구이저우(贵州), 쓰촨(四川), 산시(陕西)서남부~깐수(甘肃)남부 등
특징

식물형은 낙엽관목 또는 소교목으로 높이는 100~700cm 정도이며, 어린 줄기는 흑색 또는 갈색~회갈색이며, 광택이 나거나 털이 없으며 드물게 피목이 보이기도 한다. 피목이 있는 2년차 줄기는 껍질이 두껍고 쉽게 벗겨지지 않는다. 잎자루 1.5~5cm이고, 잎은 마주나며 긴 타원형이며 길이 8~18cm, 폭 3~10cm 정도로 녹색이다. 잎 가장자리는 빽빽한 톱니가 있고, 끝은 약간 뾰족하고, 아래 부분은 쐐기(V자) 모양~둥그스름하다. 잎의 윗면에는 털이 없고, 뒷면에는 축 방향으로 줄 무늬와 털이 있다. **꽃차례는 산방상의 취산화서로 평평하지만 가운데가 불룩하며, 지름이 10~20cm이다. 장식화는 4~5개로 황록색이다. 양성화도 흰색~옅은 녹색으로 긴 타원형이다. 양성화가 수분이 되면 장식화는 뒤집어진다.** 자방은 하위이다. 꽃피는 시기는 6~7월이며, 열매는 삭과로 9~10월에 익는다. 씨앗은 갈색을 띠며 좁은 타원형으로 양쪽 끝에 날개가 있고, 씨껍질에는 줄 무늬가 있다. 야생에서는 해발 1600~2900m의 산비탈, 덤불, 숲 등에서 볼 수 있다.
⊙중국고등식물 제 6권, 283쪽

변종잰토누라수국(쓰촨과쿠)

학명: *Hydrangea xanthoneura* var. *setchuenensis* Rehd.
중국명: 四川挂苦绣球(si chuan gua ku xiu qiu, 사천괘고수구)
원산지: 후베이(湖北)서북부, 쓰촨(四川) 등
특징

본 변종과 과쿠수국의 가장 큰 차이점은 잎 뒷면이 보통 약간 굽고 부드러운 털로 빽빽하게 덮여 있고, 잎맥과 겨드랑이 사이에 수염 같은 털이 없고, 그물맥이 뚜렷하지 않다는 점이다. 꽃피는 시기는 6~7월, 열매는 삭과로 9~10월에 익는다. 야생에서는 해발 1600~3200m 계곡이나 산비탈의 길가에 있는 드문드문 숲에서 자라는 것을 볼 수 있다.

⊙중국고등식물 제 6권, 283쪽

즈와넨시스수국

학명: ***Hydrangea zhewanensis*** P. S. Hsu et X. P. Zhang

중국명: 浙皖绣球(zhe wan xiu qiu, 절환수구)

원산지: 안후이(安徽)동남부~저장(浙江) 등

특징

식물형은 낙엽관목으로 높이는 70~150cm 정도이며, 어린줄기는 갈색을 띠고 꼬부라진 부드러운 털이 있으며 광택이 있다. 차차 털은 없어지고 껍질이 벗겨진다. 잎자루는 1~4cm로 다소 긴 편이다. 잎은 마주나며 타원형~마름모 모양의 타원형으로, 길이 6~19cm 정도이다. 가장자리는 톱니가 있고, 끝은 뾰족하고 아래 부분은 쐐기(V자) 모양으로 녹색이다. **꽃차례는 산방상의 취산화서로 평평한 모양이며 가운데가 볼룩한 편이고 지름이 6~12cm 정도 된다.** 장식화는 3~4개로 옅은 파란색이다. 양성화도 비슷한 색으로 파란색 계통이다. 양성화가 수분이 되면 장식화는 차차 뒤집어진다. 자방은 반쯤 하위이다. 꽃잎의 색깔은 토양의 성분에 영향을 받을 수 있다. 꽃피는 시기는 6~7월이며, 열매는 삭과로 10~11월에 익는다. 씨앗은 양쪽 끝에 짧은 날개가 있으며 갈색이다. 야생에서는 해발 690~1500m의 계곡이나 산비탈의 개울둑을 따라 드문드문한 숲이나 덤불에서 볼 수 있다.

⊙중국고등식물 제 6권, 280쪽

스키조플라그마수국

학명: ***Schizophragma hydrangeoides***

영명: Climbing hydrangea

원산지: 히말라야, 한국, 일본 등

특징

식물형은 덩굴성의 낙엽관목으로 처음에는 성장이 느리지만, 시간이 지나면서 매우 활발하게 자란다. 줄기는 옅은 적갈색으로 공중뿌리가 나와 길이는 500~1200cm 이상으로 구불거리면서 벽이나 나무 덩굴 또는 굴뚝 등을 타고 올라간다. 잎은 마주나며 난상 타원형으로 규칙적인 톱니가 있고, 짙은 녹색이지만 가을에 노랗게 단풍이 든다. **꽃차례는 산방상의 평평한 모양이다. 장식화는 흰색으로 삼각형 비슷하고, 양성화는 많은 편이다.** '아노말라', '페티오라리스'와 표면적으로 유사한 덩굴식물이지만, 가장 큰 차이점은 장식화에 꽃잎(꽃받침)이 하나뿐이다. 일반적으로 정착이 느려, 향기로운 꽃이 피기까지는 최대 7년이 걸린다는 보고가 있다.

⊙속명의 schizo는 갈라지는 것을 의미한다.

Schizophragma hydrangeoides 시카고식물원

Schizophragma hydrangeoides 런던큐가든

재배방법

토양: 비옥하며 부식질이 풍부하고, 물 빠짐이 좋고 촉촉한 토양

높이와 넓이: 500~1200cm/80~200cm(품종에 따라서 차이가 많다).

일조량과 물주기: 부분그늘~햇볕/보통

번식법: 꺾꽂이, 휘묻이, 포기나누기, 씨뿌리기 등

가지치기: 대부분의 꽃은 식물 위쪽으로 나오므로 가능한 한 가지치기를 하지 않은 상태로 두지만, 단, 덩굴수국은 여름에 꽃핀 후 가지치기를 하며, 꽃이 핀 직후에 너무 긴 새싹을 자른다. 이렇게 확립된 식물은 2~3년 동안 현재 위치에 있었기 때문에 건강한 잎과 꽃으로 강한 성장을 할 수 있는 잘 발달된 뿌리 체계가 있다. 한 번에 광범위하게 자르면 다음 해 여름 몇 년 동안 꽃피기가 줄어들 가능성이 있으므로 꽃의 손실을 방지하기 위해 3~4년에 걸쳐 과감하게 전정을 하고 식물의 크기를 점차적으로 조절한다. 작년의 성장이나 오래된 나무에 피고 늦여름에 가지치기를 한다.

내한성: −18°~−29°C(겨울철 보호가 필요)

병충해: 해충에는 진딧물, 진드기, 비늘, 응애, 민달팽이 또는 달팽이가 포함될 수 있고, 질병에는 botrytis 마름병, 잎 반점, 흰가루병, 곰팡이, 회색곰팡이, 뿌리 썩음 등이 있다.

용도: 화분용, 정원용(울타리), 절화용, 마른 꽃 등

Schizophragma hydrangeoides 런던큐가든

문라이트덩굴수국

학명: ***Schizophragma hydrangeoides*** **'moonlight'**

영명: Moonlight climbing hydrangea

특징

식물형은 덩굴성의 관목으로 길이는 800~1500cm 이상으로 자라지만, 처음에는 성장이 느리다. 줄기는 옅은 적갈색으로 공중뿌리가 나와 구불거리면서 벽이나 나무 덩굴 또는 굴뚝 등을 타고 올라간다. 잎자루는 길고 잎은 마주나며 난상 타원형으로 광택이 있으며 규칙적인 톱니가 있고, 짙은 녹색이지만 가을에 노랗게 단풍이 든다. **꽃차례는 산방상의 평평한 모양으로 큰 편이다. 장식화는 1개로 드물게 나타나며 흰색으로 삼각형 비슷하고, 양성화는 많으며 처음에는 녹색이지만 시간이 지남에 따라서 흰색 계통으로 변한다.** 오래된 나무에서 꽃이 피며, 꽃피는 시기는 5~7월이고, 열매는 삭과로 7~9월에 익는다. RHS (AGM)을 수상했다.

S. hydrangeoides 'moonlight' 토시마엔

S. hydrangeoides 'moonlight' 바람의 언덕

S. hydrangeoides 'moonlight' 바람의 언덕

S. hydrangeoides 'moonlight' 토시마엔

로지움덩굴수국

학명: *Schizophragma hydrangeoides* 'Roseum'

영명: Rosem climbing hydrangea

특징

식물형은 덩굴성의 관목으로 줄기는 적갈색으로 공중뿌리가 나와 길이는 800~1500cm 이상으로 벽이나 나무 덩굴 또는 굴뚝 등을 타고 올라간다. 잎은 마주나며 심장형으로 짙은 녹색이지만 가을에는 노랗게 단풍이 든다. 가장자리는 톱니가 있고, 끝은 약간 뾰족하다. **꽃차례는 산방상의 평평한 모양으로 매우 크다. 장식화는 1개로 분홍색이며 크고 화려하다. 양성화는 많으며 처음에는 녹색이지만 시간이 지남에 따라서 흰색 계통으로 변한다.** 오래된 나무에서 꽃이 피며, 꽃피는 시기는 7~8월이며, 열매는 삭과로 8~9월에 익는다. RHS (AGM)을 수상했다.

S. hydrangeoides 'Roseum' 바람의 언덕

로즈센세이션덩굴수국

학명: *Schizophragma hydrangeoides* 'Rose Sensation'™

영명: Rose Sensation climbing hydrangea

품종명: 로즈센새이션

특징

식물형은 덩굴성 관목으로 길이는 1000~1500cm 이상으로 벽이나 나무 덩굴 또는 굴뚝 등을 타고 올라간다. 줄기는 옅은 갈색이 나고 잘 뻗으며, 중간 중간에 공중뿌리가 나타난다. 잎자루는 붉은 색을 띠며 길다. 잎은 마주나며 난형으로 밝은 녹색이고 규칙적인 톱니가 있다. **꽃차례는 산방상의 평평한 모양이다. 장식화는 1개로 흰색 바탕에 분홍색의 물감을 뿌려놓은 듯하며 독특하고 삼각형 비슷하다. 양성화는 많으며 처음에는 녹색이지만 시간이 지남에 따라서 흰색계통으로 변한다.** 오래된 나무에서 꽃이 피며, 꽃피는 시기는 6~7월이며, 열매는 삭과로 7~8월에 익는다.

S. hydrangeoides 'Rose Sensation'™ 바람의 언덕

고텐바농장에서 시험중인 수국

학명: *Schizophragma hydrangeoides*

S. hydrangeoides 고텐바농장

S. hydrangeoides 고텐바농장

Schizophragma hydrangeoides 런던큐가든

부록

- 용어설명
- 학명찾기
- 영명찾기
- 국명찾기
- 참고 및 인용문헌

용어설명

감색(紺色, navy blue): 검은 빛을 띤 푸른색, 어두운 남색

개과(蓋果, Dehiscent): 열매 껍질이 가로로 벌어져서 위쪽이 뚜껑같이 되는 열매 모양

고유종(固有種, endemic species): 특정지역에만 분포하는 생물 종

과(科, family): 분류 계급 상 목(目)의 하위계급이며, 속(屬)의 상위계급이다.

관목(灌木, shrub): 목질화 된 조직으로 주동체가 없는 식물로, 여러 줄기가 지면에서 오르고 크기는 3~4m 이하이다.

교목(喬木, tree): 목질화 된 조직으로 구성되고 주동체가 있는 식물로 보통 6m 이상이다.

교배종(交配種, hybrid/crossbreed): 생물의 암 수를 인공적으로 수정 또는 수분시켜서 다음 세대를 얻는 품종

교잡종(交雜種, cross species): 계통, 품종, 성질 따위가 다른 것끼리 교배하여 새롭게 생긴 품종

근연종(近緣種): 생물의 분류에서 종끼리 서로 가까운 관계인 종

기근(氣根, aerial root): 식물의 땅위줄기 및 땅속에 있는 뿌리에서 나와 공기가운데 노출되 어 있는 뿌리

꽃받침조각(sepal, tepal): 꽃받침을 구성하는 낱개로 악편(萼片)이라고 한다.

꽃줄기(花柄, pedicel): 꽃을 바치고 서 있는 자루이다.

꽃차례(花序, inflorescence): 화축(花軸)에 붙는 꽃들의 배열상태이다.

단모(單毛, simple trichome): 분지되지 않는 털과 돌기를 말함

동의어(同義語, synonymy): 형태는 다르나 동일한 의미를 가지는 두 개 이상의 단어

동정(同定, identification): 식물이 속해있는 분류군을 식별하고, 그 이름을 밝혀냄

막질 (膜質, membranous): 얇은 종이처럼 부드러우며 유연한 반투명으로 막과 같은 상태

멸종위기종(滅種危機種, endangered species): 특정 기준에 의해서 멸종이 될 가능성이 매우 높다고 분류된 생물종이다.

명명(命名, nomenclature): 어느 수준의 범주이든 하나의 분류군에 이름을 부여함

모용(毛茸, trichome): 식물체에 난 털

방사상칭형(放射相稱形, actinomorphic): 정제화관이라고도 한다.

배당체(配糖體, glycoside): 식물체에 널리 분포하고 있으며, 당 분자와 작용기가 서로 연결되어 있는 원자의 종류로 구분 가능하다.

변종(變種, variety): 같은 종류의 생물 가운데 변이가 생겨서 성질과 형태가 달라진 종류

부식질(腐植質, humus): 지표 및 땅속에 존재하는 생물이외의 유기물을 통틀어서 말함

분류(分類, classification): 구조적이나 기원적, 기타 특정에 의하여 구별되는 체계와 계급

분비모(分泌毛, trichome): 식물체의 표면에 발달하는 부드러운 털

삭과(蒴果, capsule): 합생심피 자방이 성숙한 건개과로 많은 씨가 들어있고, 갈라지는 선에 따라 명칭이 다르다.

산방상(繖房狀, corymbose): 흩어진 모양

산방화서(繖房花序, corymb): 화경 끝이 거의 같은 높이로 자라서 꽃이 중앙을 향하여 피어 들어가는 화서

산형화서(傘形花序, umbel): 길이가 거의 같은 화경들이 한 지점에서 우산모양을 한 화서로 갈라진 지점에는 총포가 있다.

삼출엽(三出葉, ternate): 잎사귀가 3개가 돌려난 모양

상표명(商標名, brand name): 사업자가 경쟁업체의 것과 구별하기 위하여 사용하는 이름

선상(腺狀, glandular): 점액, 정유, 꿀 등 특정의 물질을 분비하는 샘이 있는 모양

속(屬, genus): 분류 계급 상 과(科)의 하위계급이며, 종(種)의 상위계급이다.

속명(屬名, generic name): 생물을 분류할 때 과(科)와 종(種)사이의 속(屬)에 주어진 이름

수관(樹冠, crown): 나무의 가지와 잎이 달려있는 줄기의 위 부분

수분(受粉, pollination): 수술의 꽃가루주머니가 터져 꽃가루가 암술머리에 운반되는 과정을 말하며, 즉 꽃가루받이라고도 한다.

수피(樹皮, bark): 나무의 껍질

실생(實生, seedling): 종자에서 발아하여 생긴 어린식물

심피(心皮, carpel): 꽃의 중앙에 위치하며, 잎이 변하여 생긴다.

씨(種子, seed): 배(胚)와 배유(胚乳)를 공유하는 성숙된 배주(胚珠)를 말한다.

아종(亞種, subspecies): 종(種)의 하위계급으로, 종(種)을 다시 나눈 생물분류단위

악(萼, calyx): 꽃받침의 총칭

악열편(萼裂片): 악편과 같이 쓰임

악통(萼筒): 통 모양으로 된 길쭉한 꽃받침

악편(萼片, sepal): 꽃부분 중에서 가장 바깥쪽에 위치하며, 꽃받침의 낱개 즉 꽃받침 잎이라고도 함

양성화(兩性花, bisexual flower): 한 꽃 속에 수술과 암술이 모두 있는 꽃

왜성종(矮性種, dwarf cultivar): 키 등이 커지지 않는 성질을 가진 종류

원예품종(園藝品種): 원예적으로 의미가 있는 무언가의 형질이 구별되는 개체군으로서 인위적으로 작출 된 것을 말하며, 학명으로의 표기는 인용부(' ')로, 원예품종명을(cv.)라는 기호를 사용해서 원예품종이라고 하여 자생종과 구분한다.

원종(原種, pure species): 어떤 품종에 대하여 본래의 성질을 가진 종자로서, 품종개량 이전의 원형인 동식물을 말함

원추화서(圓錐花序, panicle): 소화경이 여러 차례 갈라져서 전체적으로 원뿔모양이 되는 화서

위기종(危機種, critical species): 절멸의 위기에 빠져있고, 만일 현재 상태를 초래한 압박요인이 계속된다면 그 존속이 곤란한 종

웅예(雄蘂, stamen): 수술의 낱개

유기질(有機質, organic matter): 유기물을 주성분으로 한 물질로 단순한 탄소화합물을 말함

육종(育種, breeding): 식물이나 동물을 인간이 원하는 형태로 진화시켜 변형시키는 과정

윤생(輪生, whorled): 한마디에 세 개 또는 그 이상의 여러 잎이 돌아가며 붙는 잎 순서

위험종(危險種, endangered species): 절멸의 위험이 증대하고 있고, 만일 현재 상태를 초래 한 압박요인이 계속 작용한다면 가까운 장래에 위기종단계로 이행하는 것이 확실시 되는 종

이명(異名, synonym): 본명 이외에 일반적으로 불리는 별명이며, 종에 대한 학명으로 오용되기도 한다.

잎맥(葉脈, leaf venation): 잎 내에서 유관속(維管束)이 차지하는 자리를 말한다.

잎자루(葉柄, petiole): 잎이 붙어있는 꼭지를 말한다.

자방(子房, ovary): 꽃의 암술대 밑에 붙은 통통한 주머니 모양을 한 부분으로 씨방을 말함

잡종(雜種, hybrid): 서로 다른 계통 간의 교배로 생긴 생물로, 여러 종의 유전자가 섞인 생물 을 말함

장식화(裝飾花, ornamental flower): 수술과 암술이 퇴화하고 없으며, 주로 수분(受粉)을 위하여 있거나 아름다움을 자랑하기 위함

재배종(栽培種, cultivar): 'cv.'라는 약자로 쓰며, 학명 다음에 재배식물명을 쓴다.

전연(全緣, entire): 매끈하고 톱니가 없는 잎 가장자리

점액질(粘液質, mucilage): 진흙처럼 점성이 강한 성분의 흙 성분을 말함

조락성(早落性, fugaciousness): 빨리 떨어지는 성질

조직배양(組織培養, tissue culture): 식물의 특정조직이나 기관을 분리하여 일정한 배양기로 그 조직이나 기관을 증식하는 방법

종(種, species): 생물분류계급의 기초 단위

종소명(種小名, specific epithet): 생물의 학명을 이명법으로 표시할 때에, 속명(屬名)에 이어지는 제 2의 단어로 그 종(種)자체의 이름이다.

중늑(中肋, middle veined): 잎의 한 가운데를 세로로 통하고 있는 굵은 잎맥

총포(總苞, involucre): 꽃대의 끝에서 꽃의 밑동을 싸고 있는 비늘 모양의 조각

취산화서(聚繖花序, cyme): 중앙에 있는 꽃이 먼저 핀 다음 주위의 꽃들이 피는 화서

턱잎(托葉, stipule): 잎자루 밑에 붙은 한 쌍의 작은 잎

페브리푸긴(febrifugine): 알칼로이드 성분으로 당 수치를 내려주는 등의 자가 면역 질환을 억제하는 효능

포복경(匍匐莖, 匍匐枝, stolon, runner): 지상에서 수평으로 기는 줄기

포엽(苞葉, bract): 잎의 변태로 꽃이나 꽃받침을 둘러싸고 있는 작은 잎

표본식물(標本植物, specimen Plant): 정원에 흥미로움을 더하기 위해 심는 특이한 화초

품종(品種, forma): 종(種)의 하위계급단위로, 식물의 유전적 개량을 통하여 생긴 새로운 생물종을 말함.

피목(皮目, lenticel): 줄기의 표면에 생기는 통기조직(通氣組織)이다.

피트(peat): 주로 연못하층에서 나오는 검은색의 단립성의 흙으로서 수태, 양치류, 사초 등이 습지에서 퇴적해서 부식된 것이다. 보수력과 통기성이 풍부하다.

피트모스(peat moss): 이탄층이나 습지, 늪 등에서 양치식물류나 수생식물류 및 그 밖의 것이 퇴적해서 세월이 흐른 후 부식화되어 쌓인 것. '선태이탄'이라고도 말함

학명(学名, scientific name): 속명(屬名)과 종소명(種小名)의 조합으로 된 이명법을 사용하며, 그 생물이 갖고 있는 모든 정보의 전달매체이다.

화서(花序, inflorescence): 화축(花軸)에 붙는 꽃들의 배열상태

휴면(休眠, dormancy): 동식물이 생활 기능을 활발히 하지 아니하거나 발육을 정지하는 일을 말하며, 씨의 경우 적당한 환경 조건이 되면 휴면기에서 깨어나 발아함

휴면아(休眠芽, dormant bud): 겨울 눈, 동아(冬芽)라고도 하며, 겨울잠을 자는 동안 정단분열조직을 갖고 있는 곁눈을 말함

희귀종(稀貴種, rare species): 일정 지역에 소수의 개체가 서식하기 때문에 환경조건이 악화되면 멸종위기에 있는 생물

AGM(Award of Garden Merit): 정원상

AM(Award of Merit): 공로상

ESTO(Endless Summer® The Original): 엔드레스서머디오리지날의 약자

ICBN(International Code of Botanical Nomenclature): 국제식물명명규약

ICNCP(International Code of Nomenclature for Cultivated Plants):국제재배식물명명규약

IPNI(International Plant Names Index): 국제식물명색인

KVBC(왕립 보스큡 원예 협회): 1861년부터 새로운 식물 품종을 기념하고 있음

NGA(National Gardening Asociations): 국제원예학회

PBR(Plant Breeders' Rights): 식물육종가권리

POWO(Plants of the World online): 식물의 세계적 온라인 기관

PP(Plant Patent): 식물특허

PPAF: Plant Patent Applied For(식물특허신청, 식물특허출원)

PW(Proven Winners): 미국 미시건 주에 있는 육종전문회사 겸 다국적기업

® (Registered): 상표 등록된 표시

RHS(Royal Horticultural Society): 영국의 왕립원예협회

TM(Trade Mark): 트레이드 마크의 약자로 상품 식별을 위한 기호나 문자, 상표라고도 한다.

USDA: United States Department of Agriculture의 약자로 미국농무성(美國農務省)을 말 함

USPP: (United States Plant Patent): 미국식물특허

학명찾기

영명찾기

국명찾기

참고 및 인용문헌

The Hydrangea Book	2021	Michael A. Dirr	Stipes
Hydrangeas for AMERICAN GARDENS	2020	MICHAEL A. DIRR	EPBM
HYDRANGEAS	2020	Naomi Slade	GIBBS SMITH
HORTENSIAS et HYDRANGÉAS	2019	Thierry de Ryckel	ULMER
Our Favorite Hydrangeas	2019	Joan Harrison	The Cape Cod Hydrangea Society
TODAY'S HYDRANGEAS	2018	TIM BOEBEL	
ENCYCLOPEDIA OF FLOWERING SHRUBS	2014	Jim Gardiner	THE TIMBER PRESS
DIRR'S ENCYCLOPEDIA OF TREES & SHRUBS	2011	MICHAEL A. DIRR	
ENCYCLOPEDIA OF Hydrangeas	2004	C. J. VAN GELDEREN D. M. VAN GELDEREN	TIMBER PRESS
Hydrangeas	2004	Toni Lawson-Hall Brian Rothera	TIMBER PRESS
BOTANICA	1997	R.G.Turner Jr.	BARNES&NOBLE
AN ILLUSTRATED FLORA OF THE NORTHERN UNITED STATES AND CANADA	1970	Britton and Brown	Dover
アジサイ	2018	川原田那彦	NHK出版
アジサイ全国縦断の旅	2015	鎌倉アジサイ同好会顧問	大友三夫
上海植物园植物名录	2014	奉树成 王玉勤 主编	上海科学技术出版社
アジサイ	2014	川原田那彦	NHK出版
日本のアジサイ図鑑	2010	川原田那彦외 2인	柏書房
アジサイの魅力	2010	高橋 章	農文協
アジサイの世界	2010	日本アジサイ協會/鎌倉アジサイ同好會	家の光協会
생명과학대사전	2007	강영희	아카데미서적
식물형태학	2005	이규배	라이프사이언스
ヒマラヤ植物大図鑑	2005	吉田外司夫	山と溪谷社
中国高等植物 第六卷	2003	傅立国 외 5인	青岛出版社
現代植物分類學	2002	李惟性	도서출판祐成
園藝植物大事典	1988	塚本洋太郎	小学館

漢韓辭典	1988		금성교과서(주)
대한식물도감	1979	이창복	향문사

www.americahydrangeasociety.org
www.ashwoodnurseries.com
www.astraflowers.com
www.aucklandbotanicgardens.co.nz
www.crocus.co.uk
www.efloras.org
www.endlesssummerhydrangeas.com
www.esveld.nl
www.garden.org
www.gardenia.net
www.gardendesign.com
www.gardenersworld.com
www.gardeningexpress.co.uk
www.geocities.co.jp
www.global.flower
www.glynchurch.co.nz
www.heritagemuseumsandgardens.org
www.heritagehydrangeas.com
www.hydrangeasplus.com
www.hydrangeamania.com
www.jogasaki.org
www.missouribotanicalgarden.org
www.monrovia.com
www.naturehills.com
www.plantingtree.com
www.plantlust.com
www.provenwinners.com
www.rhs.org.uk
www.ricky-aoyagi.com
www.shootgardening.com
www.signaturehydrangeas.co.uk
www.thecapecodhydrangeasociety.org
www.thompson-morgan.com
www.whiteflowerfarm.com
www.whitehousenursery.com.au
www.wikipedia.org

HYDRANGEAS

수국도감

초판 인쇄일 2024년 5월 17일

초판 발행일 2024년 5월 30일

편 저_ 하순혜

발행자_ 정구국

편집 · 디자인_ 최진아

발행처_ 현대아트콤

Tel. 02-2285-3766 Fax. 02-2285-3771

서울특별시 중구 수표로 22-21 경구빌딩 2층

출판등록 _ 301-2008-146

정가 85,000원

ISBN 979-11-85396-33-0